全过程工程咨询实践与案例丛书

水利项目全过程工程咨询实践与案例

浙江江南工程管理股份有限公司　编

胡新赞　谷金省　韩仲凯　主编

U0391505

中国建筑工业出版社

图书在版编目（CIP）数据

水利项目全过程工程咨询实践与案例／浙江江南工程管理股份有限公司编.—北京：中国建筑工业出版社，2020.5（2023.7重印）

（全过程工程咨询实践与案例丛书）

ISBN 978-7-112-24990-9

Ⅰ.①水… Ⅱ.①浙… Ⅲ.①水利工程管理–工程项目管理–咨询服务–案例 Ⅳ.① TV512

中国版本图书馆CIP数据核字（2020）第047753号

  本书以房屋建筑工程全过程工程咨询理论体系为指引，在分析水利类项目的管理体系、项目特点、建设模式的基础上，剖析了水利项目全过程工程咨询建设模式，为我国水利项目全过程工程咨询提供了典型的工程案例，填补了该领域实践研究的空白。

  在对水利类项目全过程工程咨询深入研究的同时，以某大型水利项目全过程工程咨询案例为实践，对水利类项目全过程工程咨询的服务内容，包括项目目标管理、组织管理、投资管理、采购与招标管理、项目报批报建管理、工程勘察设计及技术管理、项目进度管理、工程质量与创优管理、绿色施工与环境管理（水土保持）、项目资源管理、项目信息管理、项目沟通与相关方管理、项目风险管理、收尾管理、智慧建造等内容作了详细阐述。之后，又选择了黑臭水体治理、饮水、供水、污水处理等项目实施案例，对水利类项目全过程工程咨询服务模式及其成效作了较全面的阐述。

  本书可供水利类项目咨询服务单位、相关领域学生、研究机构、建设单位、政府有关部门等参考使用。

责任编辑：封 毅
责任校对：赵 菲

全过程工程咨询实践与案例丛书
水利项目全过程工程咨询实践与案例
浙江江南工程管理股份有限公司 编
胡新赞 谷金省 韩仲凯 主编
*
中国建筑工业出版社出版、发行（北京海淀三里河路9号）
各地新华书店、建筑书店经销
北京建筑工业印刷厂制版
建工社（河北）印刷有限公司印刷
*
开本：787×1092毫米 1/16 印张：24¾ 字数：566千字
2020年6月第一版 2023年7月第三次印刷
定价：**68.00**元
ISBN 978-7-112-24990-9
（35733）

本 书 委 员 会

总策划：李建军

主　编：胡新赞　谷金省　韩仲凯

副主编：于　琦　吴国诚　刘　青　陶升健

编　委：（按照姓氏笔画排序）

马玉安　尹立奇　王敬东　王翌明　石　晶

安　健　吉石磊　孙　浩　李　明　陈飞龙

余晓华　张静玉　范金诚　周　婷　赵建恩

钱　铮　曹冬兵　董科余　曾桂萍　裴　仰

廖庆丰　谭清清

校　对：周　婷

序　一

《水利项目全过程工程咨询实践与案例》一书介绍的水利工程项目采用全过程工程咨询，很有创新性和研究价值。

先简要介绍全过程工程咨询。

2017 年 2 月，国务院办公厅印发《关于促进建筑业持续健康发展的意见》，要求完善工程建设组织模式，培育全过程工程咨询，并明确提出，"政府投资工程应带头推行全过程工程咨询，鼓励非政府投资工程委托全过程工程咨询服务"。住房和城乡建设部随后推出全过程工程咨询试点。国家发展和改革委员会也发布了《工程咨询行业管理办法》，对全过程工程咨询作出进一步诠释，即全过程工程咨询是采用多种服务方式组合，为项目决策、实施和运营持续提供局部或整体解决方案以及管理服务。近年来全过程工程咨询在我国工程建设中发展很快，认知度和认可度与日俱增。推行全过程工程咨询有益于提高工程建设管理和咨询服务水平，适应社会主义市场经济和建设项目市场国际化需要。全过程工程咨询是行业进步的必然方向。

然后再说说水利工程项目。

我们知道，水是人类生存和发展的必须资源，但其自然存在的状态并不完全符合人类的意愿，只有通过开发、改造、利用，才能满足人民生活和生产对水资源的需要。水利工程是工程建设领域中极为重要的一个分支，是用于控制和调配自然界的地表水和地下水，达到除害兴利的目的。随着社会现代化发展，水利工程在国民经济中的地位日益重要。

水利工程不仅工程技术综合性很强，而且还受到社会、经济等多种因素的制约，所以采用全过程工程咨询模式是非常适宜的。把所有的咨询服务整合在一起，选择工程管理和咨询经验丰富的企业和团队，通过统筹考虑、科学策划、重点预控、强化实施，最大限度地做到安全、经济、高效，这正是推行全过程工程咨询的目的所在。

《水利项目全过程工程咨询实践与案例》一书除了着重介绍了一个长距离深埋输水隧洞工程项目外，又用相对简练的篇幅介绍了 5 个其他不同类型的水利工程项目采用全过程工程咨询的案例，从实践中来，又能指导实践，非常值得一读。

中国工程院院士

浙江大学教授　龚晓南

序 二

2017年5月，住房和城乡建设部开始试点推行全过程工程咨询，两年多来，全过程工程咨询服务模式虽然逐步被行业接受，但适用于工程建设全行业的相关标准和规范仍未正式统一。政府鼓励推进的全过程工程咨询服务模式仍然处于继续探索阶段，相关各方对如何有效开展全过程工程咨询工作尚存在诸多问题和困惑。

目前，我国经济建设高速发展，投资体制改革逐步深化，更多新知识、新技术应用于投资建设领域，国际竞争日益激烈，国际合作更加密切，为工程咨询业带来了重要机遇和挑战。为有效发挥全过程工程咨询服务模式的优势，更好地为推动行业快速、高效发展，与国际接轨，并为建设方创造更大的效益，浙江江南工程管理股份有限公司作为国内从事全过程工程咨询服务模式首批企业，在全过程工程咨询服务实践中积极研究与探索，设立专项资金、成立课题攻关组，在实践中不断总结提升，形成课题成果与同行们共同分享。

水利项目全过程工程咨询的研究是一片新天地。公司以往和现在正在实施的全过程工程咨询项目中，房屋建筑和市政基础设施项目工程占了公司全过程工程咨询业务量的90%以上，研究成果与案例实践总结比较丰富，对水利项目的全过程工程咨询研究时间不长，课题组克服困难、积极探索，以最快的速度将研究成果公之于众。本书以对某水利项目全过程工程咨询案例研究为主进行详细分析，例如水利项目的技术难点、咨询重点、风险特点等，提出全过程工程咨询的咨询重点和管控措施，为项目顺利实施做好总控和预控。同时，本书精心挑选的其他水利类项目全过程工程咨询的典型案例来自于在全国各地承接的具有代表性的水利类（或称水务）项目，通过对项目案例咨询与管理经验进行总结、提炼，从各个层面进行剖析，分析全过程工程咨询取得的效果，佐证全过程工程咨询模式的优势，从而达到在实际工程中应用理论和指导实践的作用。

回顾过去，不断总结水利项目全过程工程咨询的实践经验；展望未来，不断创新水利项目全过程工程咨询理论及管理方法。希望通过本书对进一步提升水利项目全过程工程咨询服务能力，总结提炼水利项目全过程工程咨询管理经验，引领工程咨询行业健康发展起到一定的促进作用。

本书以水利类项目为主题，为我国水利项目全过程工程咨询提供了典型的工程案例，填补对水利项目全过程工程咨询研究的空白。

浙江江南工程管理股份有限公司董事长

前　言

　　2019年是住房和城乡建设部全过程工程咨询两年试点的收官之年，也是试点经验的总结之年。全过程工程咨询历经两年试点，已经在房建领域开展了大批的项目实践，全过程工程咨询的服务内容、服务模式及相关市场行为规范逐渐达成行业共识，相关服务体系也在逐步形成。全过程工程咨询第一次将传统碎片化咨询服务，如投资综合性咨询、项目管理、招标代理、勘察设计、工程监理、造价咨询等业务资源和专业能力整合起来，实现项目组织、管理、经济、技术等全方位一体化，将工程投资与建设全过程有机统一起来，有效解决了传统建设管理模式下的项目投资、建设及运营各阶段相互割裂所带来的弊端，取得了巨大的经济效益和社会效益。整个社会和行业对于全过程工程咨询的态度也从开始的质疑、观望到积极接纳和支持。

　　全过程工程咨询在房屋建筑工程领域取得的成功也促进了其他领域对于全过程工程咨询的积极推行。自2018年开始，水利、能源等领域也逐渐开始加快推行全过程工程咨询，一些大的水利、能源项目也陆续开始采用全过程工程咨询模式。

　　在开展房屋建筑工程全过程工程咨询研究与实践的同时，我们在水利、市政与基础设施等工程领域也在积极地研究、探索与实践，承接了一些国内有较大影响力的水利、市政与基础设施等项目全过程工程咨询。为进一步总结提炼全过程工程咨询管理经验，提升全过程工程咨询服务的效率与品质，我们编写《水利项目全过程工程咨询实践与案例》一书，旨在以理论研究结合实践案例，全方位阐述水利项目全过程工程咨询的管理范围、过程、方式和成效，且重在应用。深圳某水库连通工程是公司近年来承接规模最大、建设标准最高、影响力最大的一个水利项目，项目涉及专业多、工艺繁杂，同时也是国内第一个采用全过程工程咨询管理模式的水利项目，本书以该项目工作实践作为主线，对水利项目全过程工程咨询总体策划及各阶段的具体服务作详细研究与探索。同时，书中还选取了5个典型的全过程工程咨询水利类项目，包括黑臭水体治理工程、净水工程、污水处理工程、农村饮用水达标提标工程、引水工程等案例，目的是通过典型案例尽可能全面地探讨长距离引水、水环境治理、污水处理等水利或水务相关项目的咨询服务方式、内容、成效及发展前景，以填补国内水利领域的全过程工程咨询行业研究的空白，促进行业规范化、系统化发展。

　　受制于知识面与项目实践的局限，本书中尚存在很多不足与疏漏，希望读者批评指正，以共同促进专项研究进一步深入和完善，推动全过程工程咨询服务模式在水利领域的发展！

胡新赟

目　　录

第一篇

水利项目全过程工程咨询概论

　　本篇在对全过程工程咨询有关术语描述的基础上，通过对国家发布的有关全过程工程咨询政策文件进行解读，分析研判了水利类项目采用全过程工程咨询模式的可行性和发展趋势。水利类项目的建设模式、建设过程和实施特点，与房屋建筑工程有着很多的契合点，房屋建筑工程推广实施的全过程工程咨询（包括有关专项咨询）建设模式，同样适用于水利类项目。

第1章 全过程工程咨询概述

1.1 全过程工程咨询专业术语

1.1.1 全过程工程咨询 Whole-process project consultation

是指对包括项目决策、工程建设、项目运营三个阶段的建设项目全生命周期提供组织、管理、经济和技术等各有关方面的工程咨询服务，包括项目的全过程工程项目管理以及投资咨询、勘察、设计、造价咨询、招标代理、监理、运行维护咨询以及 BIM 咨询等专业咨询服务。全过程工程咨询服务可采用多种组织方式，由投资人授权一家单位负责或牵头，为项目决策至运营持续提供局部或整体解决方案以及管理服务[①]。

1.1.2 总咨询工程师 Director of project consultation

是指由全过程工程咨询企业法定代表人书面授权，履行合同、主持全过程工程咨询服务机构工作的负责人。总咨询工程师作为全过程工程咨询项目负责人，应具备咨询工程师、建筑师、结构工程师、其他勘察设计类工程师、造价工程师、监理工程师、建造师等一项或多项国家类（一级）注册执业资格，具备相应专业的副高级及以上专业职称，并具有类似工程咨询经验。

1.1.3 专业咨询项目负责人 Project leader of professional consultation

是指由专业咨询企业委派，具备相应资格和能力、主持相应专业咨询服务工作的负责人。

专业咨询项目负责人应具备咨询工程师、建筑师、结构工程师、其他勘察设计类工程师、造价工程师、监理工程师、建造师等一项或多项国家类（一级）注册执业资格或具有工程类、工程经济类中、高级职称，并具有类似专业咨询经验[②]。

---

① 广东省全过程工程咨询指导意见（征求意见稿）（咨询企业版），广东省住房和城乡建设厅，2018 年 4 月 4 日.
② 陕西省全过程工程咨询服务导则（试行），陕建发〔2019〕1007 号，陕西省住房和城乡建设厅，2019 年 1 月 9 日.

1.2　相关专业术语

1.2.1　建设项目　**Construction project**

为完成依法立项的新建、扩建、改建工程而进行的，有起止日期的，达到规定要求的一组相互关联的受控活动，包括全过程工程项目管理、投资咨询、勘察、设计、造价咨询、招标代理、监理等工作[①]。

1.2.2　水利工程　**Water conservancy project**

水利工程是用于控制和调配自然界的地表水和地下水，达到除害兴利目的而修建的工程。也称为水工程。

1.2.3　工程项目管理　**Project management**

咨询单位受项目建设单位的委托，在项目实施的全过程或分阶段实施过程中，通过项目策划和项目控制，努力实现项目投资目标、进度目标和质量目标的专业化管理和服务活动[②]。

1.2.4　项目管理策划　**Project management planning**

为达到项目管理目标，在调查、分析有关信息的基础之上，遵循一定的程序，对未来（某项）工作进行全面的构思和安排，制定和选择合理可行的执行方案，并根据目标要求和环境变化对方案进行修改、调整的活动。

1.2.5　投资管理　**Tendering management**

为实现中标目的，按照招标文件规定的要求向招标人递交投标文件所进行的计划、组织、指挥、协调和控制等活动。

1.2.6　采购管理　**Procurement management**

对项目的勘察、设计、施工、监理、供应等产品和服务的采购业务过程进行的计划、组织、指挥、协调和控制等活动。

1.2.7　合同管理　**Contract management**

对项目合同的编制、订立、履行、变更、索赔、争议处理和终止等管理活动。

---

① GB/T 50852—2013，建设工程咨询分类标准［S］．北京：中国建筑工业出版社，2013.
② 建设工程项目管理试行办法，建市〔2004〕200 号，中华人民共和国建设部，2004 年 11 月 16 日．

3

1.2.8 项目设计管理 Project design management

对项目勘察、设计工作开展的计划、组织、指挥、协调和控制等活动。

1.2.9 项目技术管理 Project technical management

对项目技术工作进行的计划、组织、指挥、协调和控制等活动。

1.2.10 进度管理 Schedule management

为实现项目的进度目标而进行的计划、组织、指挥、协调和控制等活动。

1.2.11 质量管理 Quality management

为确保项目的质量特性满足要求而进行的计划、组织、指挥、协调和控制等活动。

1.2.12 资源管理 Resources management

对项目所需人力、材料、机具、设备和资金等进行的计划、组织、指挥、协调和控制等活动。

1.2.13 信息管理 Information management

对项目信息的收集、整理、分析、处理、存储、传递和使用等活动。

1.2.14 沟通管理 Communication management

对项目内外部关系的协调及信息交流所进行的策划、组织和控制等活动。

1.2.15 风险管理 Risk management

对项目风险进行识别、分析、应对和监控的活动[1]。

1.2.16 收尾管理 Closing stage management

对项目的收尾、试运行、竣工结算、竣工决算、回访保修、总结等进行的计划、组织、协调和控制等活动。

1.2.17 绿色建造 Green manufacturing

工程项目从设计、施工、运行、报废全寿命期内，对环境的影响（副作用）最小，资源利用率最高，最大限度地实现人与自然和谐共生建造方式。

---

[1] GB/T 50326—2017，建设工程项目管理规范［S］. 北京：中国建筑工业出版社，2017.

1. 2. 18　海绵城市　Sponge city

通过城市规划、建设的管控，从"源头减排、过程控制、系统治理"着手，综合采用"渗、滞、蓄、净、用、排"等技术措施，统筹协调水量与水质、生态与安全、分布与集中、绿色与灰色、景观与功能、岸上与岸下、地上与地下等关系，有效控制城市降雨径流，最大限度地减少城市开发建设行为对原有自然水文和生态环境造成的破坏，使城市能够像"海绵"一样，在适应环境变化、抵御自然灾害等方面具有良好的"弹性"，实现自然积存、自然渗透、自然净化的城市发展方式，有利于达到修复城市水生态、涵养城市水资源、改善城市水环境、保障城市水安全、复兴城市文化的多重目标[①]。

1.3　咨询与工程咨询

1.3.1　咨询

咨询（consultation）意思是通过某些人头脑中所储备的知识经验和通过对各种信息资料的综合加工而进行的综合性研究开发。咨询产生智力劳动的综合效益，起着为决策者充当顾问、参谋和外脑的作用。咨询一词拉丁语为 consultatio，意为商讨、协商。在中国古代"咨"和"询"原是两个词，咨是商量，询是询问，后来逐渐形成一个复合词，具有以供询问、谋划、商量、磋商等意思。作为一项具有参谋、服务性的社会活动，在军事、政治、经济领域中发展起来，已成为社会、经济、政治活动中辅助决策的重要手段，并逐渐形成一门应用性软科学[②]。

作为咨询的一方，一般都是有需要了解的情况或解决的问题，并愿意求助他人，从而产生显示的咨询需求；作为被咨询的一方，只有愿意为对方提供咨询，并被对方选中，从而接受咨询任务，以满足咨询需求。没有咨询需求就没有咨询供给，咨询需求的内容决定咨询供给的内容。反之，没有咨询供给，咨询需求就不能实现，咨询供给的程度决定咨询需求的满足程度。咨询需求和咨询供给是咨询活动的两个必备条件。

咨询是运用知识、技能、经验、信息提供服务的脑力劳动，旨在为他人出谋划策，解决疑难问题。因此咨询活动是一种智力活动，咨询服务是一种智力服务。

1.3.2　工程咨询

人的社会性以及单位和个人认识世界的局限性，使得咨询成为人类社会生存和发展的必需。咨询是自语言和文字产生以来就有了一种智力交流活动，随着人类社会的发展，咨

---

① GB/T 51345—2018，海绵城市建设评价标准 [S]. 北京：中国建筑工业出版社，2018.

② 360 百科. 咨询 .https：//baike.so.com/doc/1371425-1449624.html.

询活动渗透到政治、经济、军事、文化等领域的各个方面。咨询服务的领域、对象和内容不同，咨询的含义、用语和类型也不同。工程咨询作为广义咨询中的一个重要分支，有其特定的含义。

工程咨询是以技术为基础，综合运用多学科知识、工程实践经验、现代科学和管理方法，为经济社会发展、投资建设项目决策与实施全过程提供咨询和管理的智力服务 [①]。

1.4 全过程工程咨询

2017年2月，国务院办公厅印发了《关于促进建筑持续健康发展的意见》（国办发〔2017〕19号），首次在建筑业提出了"全过程工程咨询"的概念；5月2号，住房城乡建设部下发了《关于开展全过程工程咨询试点工作的通知》（建市〔2017〕101号），要求在全国开展全过程工程咨询的试点；11月6日，国家发展改革委发布了新修订的《工程咨询行业管理办法》（2017第9号令），明确工程咨询服务范围涵盖"全过程工程咨询"；2019年3月15日，国家发展改革委、住房和城乡建设部联合发布了《关于推进全过程工程咨询服务发展的指导意见》（发改投资规〔2019〕515号），进一步指导与推动全过程工程咨询的发展，全国各地的配套文件也纷至沓来。尽管全过程工程咨询目前仅在建筑行业推行，但作为一种工程建设管理创新的模式，其具有普适性，为水利工程领域推进全过程工程咨询提供了有益的借鉴。

建筑业全过程工程咨询的范围是投资项目的全寿命周期，包括决策阶段、实施阶段（设计和施工）和运营阶段，具体由委托合同确定，服务内容可以是工程项目的全过程、全方位的实施策划、控制和协调，也可以是单项或多项组合专业工程咨询。其服务内容可以简单地表达为："1＋X"模式，其中：

"1"——全过程工程项目管理咨询，服务内容是全过程的策划、控制和协调工作，接近于建设单位的工作，在合同委托范围内，它是贯穿全过程的全方位的"工程项目管理"咨询。工程项目管理的范围，根据《建设工程项目管理试行办法》（建设部建市〔2004〕200号）的规定，具体范围如表1.4所示。

建设工程项目管理的范围与内容　　　　　　　　　　　　　　表1.4

序号	范围与内容
1	协助建设单位进行项目前期策划，经济分析、专项评估与投资确定
2	协助建设单位办理土地征用、规划许可等有关手续
3	协助建设单位提出工程设计要求、组织评审工程设计方案、组织工程勘察设计招标、签订勘察设计合同并监督实施，组织设计单位进行工程设计优化、技术经济方案比选并进行投资控制

---

① 国家发展改革委.工程咨询业2010-2015年发展规划纲要〔Z〕.2010-2-11.

序号	范 围 与 内 容
4	协助建设单位组织工程监理、施工、设备材料采购招标
5	协助建设单位与工程总承包企业等施工企业及建筑材料、设备、构配件供应等企业签订合同并监督实施
6	协助建设单位提出工程实施用款计划，进行工程竣工结算和工程决算，处理工程索赔，组织竣工验收，向建设单位移交竣工档案资料
7	生产试运行及工程保修期管理，组织项目后评估
8	项目管理合同约定的其他工作

"X"——专业工程管理咨询服务的集合，承担全过程工程咨询的企业可以根据委托方的意愿、自身服务能力、资质和信誉等状况承担一项或多项专业工程咨询服务，"剩余"的其他专业工程咨询服务可以由委托方直接委托或全过程工程咨询企业通过转委托、联合体、合作体等方式统筹组织和管理。

对于项目的投资决策综合性咨询，"X"包括了"项目决策咨询"或"评估咨询"的部分或全部；对于项目的工程建设全过程咨询，"X"包含了工程勘察、工程设计、招标代理、工程造价咨询、环境保护咨询、水土保持咨询、工程监理、BIM管理或咨询等的部分或全部。

根据当前国内的情况和实践的状况，建筑业的全过程工程咨询目前大致有三大类服务模式：

1. 顾问型模式

该模式是指全过程工程咨询企业受建设单位委托，按照合同约定，为工程项目的组织实施提供全过程或若干阶段的顾问咨询服务。该模式特点是咨询单位只是顾问，不直接参与项目的实施管理。

2. 管理型模式

该模式是全过程工程咨询企业受建设单位委托，按照合同约定，代表建设单位对工程项目的组织实施进行全过程或若干阶段的管理和咨询服务。其特点是咨询单位不仅是顾问，还直接对项目的实施进行管理。咨询单位可根据自身的能力和资质条件提供相应咨询服务。

3. 一体化协同管理模式

该模式是指全过程工程咨询企业和建设单位共同组成管理团队，对工程项目的组织实施进行全过程或若干阶段的管理和咨询服务。

以上三种模式，咨询单位可根据自身的能力和资质条件提供单项或多项咨询服务[①]。

全过程工程咨询的产生是建筑业发展的必然结果，而建筑业不仅仅是指房屋建筑，按

---

① 杨卫东，等.全过程工程咨询实践指南［M］.北京：中国建筑工业出版社，2018.

照《国民经济行业分类》GB/T 4754—2017 的规定，建筑业包含了房屋工程建筑业、土木工程建筑业、建筑安装业、建筑装饰装修及其他建筑业，即 47 ～ 50，4 个大类。通过上述三种模式的特点分析，结合水利类项目的实施特点，我们认为，全过程工程咨询不仅仅是建筑业发展的必然结果，也是整个工程建设行业发展的必然结果，水利类项目当然也不例外。因此，建筑业推行或实施的全过程工程咨询各种服务模式同样适用于市政基础设施项目和水利类项目。

第2章　水利项目全过程工程咨询

2.1　水利与水利工程

水利一词最早见于战国末期问世的《吕氏春秋》中的《孝行览·慎人》篇，但它所讲的"取水利"系指捕鱼之利。

约公元前104～前91年，西汉史学家司马迁写成《史记》，其中的《河渠书》（见《史记·河渠书》）是中国第一部水利通史。该书记述了从禹治水到汉武帝黄河瓠子堵口这一历史时期内一系列治河防洪、开渠通航和引水灌溉的史实，司马迁感叹道："哉水之为利害也甚"，并指出"自是之后，用事者争言水利"。从此，水利一词就具有防洪、灌溉、航运等除害兴利的含义。

现代由于社会经济技术不断发展，水利的内涵也在不断充实扩大。1933年，中国水利工程学会第三届年会的决议中就曾明确指出，"水利范围应包括防洪、排水、灌溉、水力、水道、给水、污渠、港工八种工程在内"。其中的"水力"指水能利用，"污渠"指城镇排水。进入20世纪后半叶，水利中又增加了水土保持、水资源保护、环境水利和水利渔业等新内容，水利的含义更加广泛。

因此，水利一词可以概括为：人类社会为了生存和发展的需要，采取各种措施，对自然界的水和水域进行控制和调配，以防治水旱灾害，开发利用和保护水资源。研究这类活动及其对象的技术理论和方法的知识体系称水利科学[①]。水利工程是防洪、除涝、灌溉、发电、供水、围垦、水土保持、移民、水资源保护等工程（包括新建、扩建、改建、加固、修复）及其配套和附属工程的统称。

本书所讲的水利项目，不但包含了建筑业中的部分内容，也包含了上述水利工程内容以及水的生产和供应业、水利管理业、生态保护和环境治理业等内容，泛指与水相关的工程建设行业。

2.2　水利的管理体系

2.2.1　水利的行政管理体系

我国由于水旱灾害频繁，各朝历代都把水利作为治国安邦的大事。历代政府中多设置

---

① 360百科.水利.https：//baike.so.com/doc/5233986-5466789.html.

水官和管理机构，承担国家的水行政管理事务。新中国成立以后设立了水利部，负责全国水行政管理。长期以来，我国各级的水行政管理体制尽管比较明确，水利部及各省（市）水利厅（局）、各县（市）水利局作为水行政主管部门，但城建部门负责城市供水及管理，电力部门承担水电运行及管理，环保部门负责水环境的监测和保护，卫生部门承担饮用水水源地水质监测等，导致我国水资源管理实际上长期存在"多龙管水"的状况。

随着我国经济体制改革的不断深入，我国政府部门机构改革也取得了较为显著的成效。在明晰不同政府部门机构职能、协调各个机构之间的关系、提高政府部门办事效率的改革思想指导下，我国水利部作为水行政主管部门的地位得到进一步确认，开始了水务一体化改革这条艰难而又极其重要的历程。水务一体化突出水利部门对水资源开发、利用、保护实施全面统一管理的权威地位，同时建设部门、卫生部门、环保部门在水行政主管部门的统一管理框架下，分别对城市供水、饮用水卫生、区域环境保护等实施行业指导。

全国第一家水务局是1993年组建的深圳市水务局。作为全市水行政工作的主管部门，主要职能是负责全市水资源的开发利用和保护、防洪排涝、供水、节水、排水、水土保持、水污染防治、污水回用、中水利用、海水利用等，并负责全市水务企业的行业管理。此后我国水务一体化改革蓬勃发展。各省、自治区、直辖市及所属市、县水利管理部门，积极探索一体化管理的新思路和途径，为提高水资源利用效率和管理水平奠定了良好的基础。

2.2.2　水利工程的建设管理体系

水利工程建设管理是指水利工程从立项审批、施工准备、实施阶段管理到竣工验收和评价的全过程管理，其内容涉及面宽，管理事务庞杂。按照《水利工程建设项目管理规定》（水利部水建〔1995〕128号）明确的建设程序执行，水利工程建设程序一般分为项目建议书、可行性研究报告、施工准备、初步设计、建设实施、生产准备、竣工验收、后评价等阶段[①]。传统的建设模式是将项目中的投资决策、设计、施工等阶段分隔开来，各单位分别负责不同环节和不同专业的工作，这不仅增加了成本，也分割了建设工程的内在联系，在这个过程中由于缺少全产业链的整体把控，信息流被切断，很容易导致建设项目在投资决策、项目管理过程中各种问题的出现以及带来安全和质量的隐患，使得建设单位难以得到完整的产品和服务。

为了解决水行业行政管理的弊端，提出了水务一体化的行政改革思路，对于水利工程建设管理的弊端，同样也应该走一体化建设管理的道路——全过程工程咨询。

2.3　水利项目的发展趋势与行业前景

兴水利、除水患，历来是中华民族治国安邦的大事。党中央、国务院始终高度重视水利工作，"十二五"时期，中央相继作出了加快水利改革发展、保障国家水安全、实行最

---

① 水利工程建设程序管理暂行规定．水利部水建〔1998〕16号，2019年5月10日水利部令第50号第四次修订．

严格水资源管理制度、推进重大水利工程建设、加强水污染防治等一系列决策部署，水安全上升为国家战略，水利改革发展取得重大成就，圆满完成了"十二五"规划确定的主要目标和任务。

"十三五"时期是我国全面建成小康社会的决胜阶段，尽管我国水利建设取得了巨大成就，但与经济社会发展、人民生活水平提高、生态环境改善的需求相比，目前我国的水安全保障能力还存在不少差距，在水资源时空分布不均、水旱灾害频发等老问题仍未根本解决的同时，水资源短缺、水生态损害、水环境污染等新问题更加凸显，新老水问题相互交织。特别是受超强厄尔尼诺事件和拉尼娜现象的先后影响，2016 年我国天气异常，洪涝灾害呈现多年少有的南北并发、多地齐发态势，长江、太湖等流域及部分省份降雨多、洪水大、灾害重，暴露出防洪减灾体系仍存在不少薄弱环节，需要着力补齐小型水利工程和城市排水防涝等"短板"。

《水利改革发展"十三五"规划》明确"十三五"水利改革发展主线。特殊的自然地理和气候条件决定了我国是世界上治水任务最为繁重、治水难度最大的国家之一。从现实情况看，水已经成为我国严重短缺的资源，成为制约环境质量的主要因素，成为经济社会发展面临的严重安全问题。加快水利改革发展，不仅事关农业农村发展，而且事关经济社会发展全局；不仅关系到防洪安全、供水安全、粮食安全，而且关系到经济安全、生态安全、国家安全。2014 年，习近平总书记就保障国家水安全发表重要讲话，从治国理政、文明兴衰、民族永续发展的高度，深刻阐述了保障国家水安全的重大战略和实践问题。

《水利改革发展"十三五"规划》明确八大重点任务：全面推进节水型社会建设、改革创新水利发展体制机制、加快完善水利基础设施网络、提高城市防洪排涝和供水能力、进一步夯实农村水利基础、加强水生态治理与保护、优化流域区域水利发展布局、全面强化依法治水、科技兴水。八大任务为水利行业发展指明方向，从七大流域治理、开发与保护、城镇双水源供水、农村居民用水、农田灌溉到水文化、生态水利、智慧水务，为水利工程建设提供了广阔的发展前景，国家层面的顶层规划，为行业健康稳定持续发展打下坚实基础。

遵循国家《水利改革发展"十三五"规划》，全国各省立足地方实际，相继出台地方水利"十三五"规划。如，广东省"十三五"水利发展规划重点任务包括七个方面：一是完善水利防灾减灾体系；二是优化水资源配置；三是夯实农村水利基础；四是推进水生态文明建设；五是提升水利信息化水平；六是深化水利改革；七是强化管理提升能力。规划总投资 3956 亿元。浙江省"十三五"水利发展规划坚持"科学治水"方针，进一步加强水利科技工作，有力推进水利科技创新进程，以科技创新推动水利现代化，营造水利发展新优势，实现传统水利向现代水利的跨越。规划总投资 2960 亿元。2020 年浙江省政府工作报告提出，2020 年目标任务和重点工作强调合理推进长三角生态绿色一体化发展示范区建设、加快推动浙江省生态文明示范建设，持续深化污染防治，深入推进蓝天碧水、净土、清废行动，深入推进"五水共治"，深入实施生态修复，完善生态保护机制。湖北省"十三五"水利发展与改革总体目标为："两江防洪总体无忧，三条红线基本达标。江河湖库生态改善，城乡供水安全可靠。农田水利稳步推进，水电装机逐步提高。涵闸站坝运行安全，水利扶贫全面达标。行业能力大幅提升，管理改革初见成效。"规划总投资1822亿元。重庆市水利"十三五"规划发展目标：围绕五大功能区域发展战略，加快完善水利基础设施网络，全面深化水利改革，强化水利社会管理，规划总投资1200亿元。18个省市"十三五"规划水利重点工程包含大中型水库、水利枢纽工程、引调水工程，全国水利水电工程建设投资规模巨大，市场前景广阔，发展方向从传统水务转向现代智慧水务，为水利工程可持续发展开辟了新的空间，给企业指明了新的发展方向。

中国是世界上严重缺水国家之一，同时随着城镇化发展及污染情况，一方面用水需求不断增长，水资源短缺的问题随着经济发展日趋严重，直接影响国计民生，另一方面要实现"绿水青山就是金山银山"的良好生态环境，水环境治理是其重要内容之一。因此，水利工程建设任重道远，需要水利水电类工程企业勇于担负社会责任，不忘初心，为国民经济持续健康发展不懈努力。

2.4　水利项目全过程工程咨询的特点

如前文所述，水利项目与建筑工程项目相同，其全过程工程咨询的服务模式也可采用"1＋X"的模式进行表达，但与建筑工程相比，水利工程也有着自己的特点。一是投资主体不同。建筑工程民间投资居多，水利行业项目基本都是政府投资。二是建设主体不同。建筑工程建设主体职业程度化高，水利行业尤其是大型项目建设单位临时组建居多。三是建设条件不同。建筑工程建设边界清晰，土地多为出让，建设占地以及范围相对较小；水利项目占地大、周期长、范围广、不确定因素多，后期设计变更难以避免。为此贺春雷[①]等提出了两种模式：

模式A：设计类咨询与项目管理类咨询合并。建设方与一方签订全过程工程咨询服务合同，包括设计业务和项目管理。

模式B：设计类咨询与项目管理类咨询分开，建设方与两家签订合同。双方独立开展工作，形成专业上的协作与制衡，避免运动员和裁判员一体化。

模式A需要建设单位有较强的技术力量和管控能力。从目前水利项目建设管理看，前期多是水利部门公职人员负责，后期多是临时组建工作班子，难以适应模式A。相比建筑工程，水利行业采用B模式更加合适。

水利项目全过程工程咨询必须符合水利项目的特点，遵循项目特质而有针对性开展全过程工程咨询工作，充分发挥全过程工程咨询的经验优势、系统服务优势，做好项目全过程风险识别和风险管控，保障项目顺利实施。水利工程的特点主要表现在以下方面。

---

① 贺春雷，孙正东.重大水利项目推行全过程工程咨询探讨［J］.中国水利，2019（8）：35-36.

2.4.1　报建手续复杂

水利工程对前期工作实现分级管理，大、中型水利项目按隶属关系一般由主管业务部门或省、市、自治区审批，对国民经济有重大影响、合作关系比较复杂的项目经主管业务部门审查后，还需报国务院或国家发改部门批准。

另外，由于大、中型甚至部分小型水利工程，项目位置需要跨越多个行政区域，每个区段的部分工程建设手续需要在相应区域申报办理，如施工临时用地、永久用地、施工临时道路与市政道路的接驳、施工用水用电和永久用水用电等的接驳。

2.4.2　工程技术复杂

水利工程一般包括测绘、地质、水文、规划、水工、施工组织、水力机械、金结、电气、给排水、水保、环保、造价、安全监测、BIM 等专业或类别，专业协调难度大，技术管理要求高。

2.4.3　水文地质影响

由于水利工程往往涉及范围大，水工建筑物基础可能坐落在江、河、湖泊上，建筑物也可能深埋在山体或地下，水文、地质条件在前期勘察过程中无法全部探明，冰凌、洪水与潮水、暴雨、潮汐、蒸发等各种水文要素都是随机变量，具有不确定性，所有这些都导致实施过程中复杂地质区域的施工条件多变，给设计和施工增加极大的难度，甚至导致重大设计变更。

2.4.4　功能要求特殊

水利项目往往承担着挡水、蓄水、输水或泄水的任务，水利工程失事破坏会导致次生灾害，甚至造成重大社会不利影响，因而对水工建筑物的稳定、强度、防渗、抗冲、耐磨、抗冻、抗裂等性能都有特殊要求。水利水电工程对地基的要求比较严格，工程又常处于地质条件比较复杂的地区和部位，地基处理不好就会留下隐患，事后难以补救，需要根据地基情况确定处理措施。

水利项目除了特殊的结构功能之外，使用功能也有其特殊性。水利项目一般同时具有航运、发电等综合利用要求，如水利枢纽工程就包括发电厂、船闸港口等，同时要满足电力部门、航运部门的规程规范要求。这些特殊的综合性的功能要求都给水利项目的建设提出了巨大的挑战。

2.4.5　水质保证

为城市服务的供水、污水处理和水环境整治等工程，从工程专业性质上通常被称作市政工程，虽然与传统意义上的水利工程有一定差异，但是从工程实施过程、管理理念与特点看，与水利工程基本一样。由于其关系到城市居民生活安全、生态与环境安全，其对水体本身的质量要求相对比较高。

2.4.6　涉水施工较多

水利工程多在河道、湖泊、沿海及其他水域施工，需根据水流的自然条件及工程建设的要求进行施工导流、截流及水下作业。

2.4.7　投资控制难度较大

大型水利工程多处于交通不便的偏远山谷地区，工期长，涉及建筑材料的采购运输和机械设备的进出场，成本费用高，价格波动大。前期未查明复杂的水文、地质条件，导致工程变更多。涉及移民征地时，项目概算往往不能反映真实情况，出现与实际比较大的偏差。

2.4.8　政策处理极难

征地拆迁安置问题是关系到社会和谐稳定的事情，协调难度极高。由于水利项目的特殊性，其开挖会填筑土石方量巨大，土石方的挖填易造成环境破坏，水土保持问题随之而来，相关的环保风险也很高。

2.4.9　安全风险较高

大型水利水电工程往往涉及深基坑、爆破、深井、设备吊装、矿山法（钻爆法）隧洞、盾构或 TBM 隧洞施工，水上水下、高空作业等，安全风险高。

2.4.10　运维管理要求高

现代水利工程发展以智慧运营、无人值守代替传统运维模式，对运维管理提出更高要求。

2.4.11　施工组织难度大

大中型水利工程多处于交通不便的偏远山谷地区，远离后方基地，建筑材料的采购运输，机械设备的进出场等因素，给施工组织带来极大的难度。水利项目还往往会与现有水利工程相连接，如何在不影响现有水利工程正常蓄水、供水、泄洪等正常运行的情况下进行施工，也是工程组织的重难点。

2.4.12　验收程序、类别多

水利工程验收按照法人验收、政府验收，各类验收都有严格的程序。

2.5　水利项目全过程工程咨询的要点

水利类项目在建设程序与实施阶段方面，虽然与房屋建筑工程有着很多类似的做法，比如项目实施过程都有如决策阶段、招标采购阶段、勘察设计阶段、竣工验收和移交阶段、运营维护阶段等，但是在每一个阶段的具体实施方法还是有一些不同，有着其特殊性，复杂程度或实施难度常常超过房屋建筑工程，如前文所述的报批报建、项目选址、可行性研究与工程勘察等都有着其特殊和相对复杂的方面。因此，全过程工程咨询单位在开展具体工作时，要结合水利类项目的特点有针对性地进行策划、并组织实施。

2.5.1　前期决策阶段的控制要点

水利类工程项目在前期决策阶段的咨询工作是相当重要，它对于整个水利类工程项目的实现都有比较重大的影响，甚至关系到项目的成败。比如不同线路、不同地址的选择，将直接影响工程投资额和工期目标；不同施工方法的选择，将直接影响工程实施难度，直接关系到工程质量与安全风险因素的大小，同样也决定着投资和工期目标。因此，该阶段是全过程工程咨询充分发挥作用，体现咨询价值与成效的重要工作阶段。

首先，全过程工程咨询方应依据建设方对项目的功能需求，对项目的实施进行认真策划，对影响工程目标的内容进行充分调研和方案比选，确定方案最优、造价可控、安全可靠的实施方案。对关键内容，依据全过程工程咨询单位自身的经验，或通过组织专家会、调研对比类似项目等方式，给予建设方专业与技术上的可行性建议。全过程工程咨询方介入管理工作的时间应尽可能早，介入项目工作后，介入的深度应尽可能深，认真贯彻"以目标为导向，贯穿全过程""以运营为导向，贯穿全过程"的全过程工程咨询的核心理念，这样才能充分发挥咨询工作的效用。

其次，对于水利类项目各类风险的预控也是该阶段的核心内容。在此阶段咨询方应结合水利工程经验，针对工程涉及的拆迁、移民、勘察、工程方案和施工方案的潜在风险做好预案预控措施。水利工程项目特点是不确定因素多，因此，全过程工程咨询要坚决贯彻"以风险预控为导向，贯穿全过程"的又一全过程工程咨询核心理念，在前期做好风险策划与预控，体现咨询方工作价值的另一重要方面。

2.5.2　招标采购阶段的控制要点

由于水利类项目的特殊性，不论是工程勘察设计、工程咨询类其他服务内容承包单位，还是工程施工承包单位，承包单位的实施能力和重视程度直接决定了项目实施的效果。与实施能力有关联的内容包括专业匹配度、类似工程经验、管理团队、设备能力、后援支持团队、单位对项目重视程度、投入的资源和人员力量等。大中型项目，建议选择有实力的大中型企业，尽量减少标段的划分，有利于发挥大企业整体优势和实力，实现规模经济；减少协调界面，提高工效、缩短工期；提高全面履约能力并降低风险；有利于统一验收移交。此外水利项目的机电设备，往往是非标产品，设备制造、运输和安装都有其特殊要求，制造周期较长，策划不周甚至影响整个工程建设工期。因此，招标采购前，全过程工程咨询单位需要做细市场调查，与建设单位一起坚持择优选优的指导原则。

围绕上述原则，招标采购工作开展过程中，设计管理的重点是技术要求编制、招标清单项目完整性审核、清单特征描述审核等，造价管理的重点是计价标准确定、合同条款策划、清单项目完整性审核、清单项目单价审核、主要清单项目工程量审核等，监理管理工作重点是合同条款策划、确定施工组织方案、参与确定措施项目计价原则等。

2.5.3 勘测设计阶段的控制要点

水利类项目全过程工程咨询在勘测设计阶段重要工作是将工程项目勘测设计大纲、项目建议书、可行性研究报告、初步设计报告、专题报告、科研报告、招标文件技术条款及招标图纸等内容要求，充分研究分析，形成内容详实、依据充分、功能需求与定位明确无误的勘察设计任务书，指导勘测设计单位编制勘测设计大纲，并由全过程工程单位联合业主审批，监督勘测设计单位按批准的勘测设计大纲完成各阶段勘测设计文件，同时依据水利类行业的发展趋势，充分运用先进的信息化技术来实现工程目标。

勘测设计阶段是直接决定一个工程功能、经济、实施进度、后期运营等方面的核心阶段，全过程咨询方应与勘测设计单位进行充分沟通，确保设计意图能够在后续施工过程中得到完整的体现。勘测设计阶段，全过程工程咨询单位的工作原则：① 严控勘测，全过程深度介入勘察过程，严控勘测成果质量，保障设计依据的可靠性；② 限额设计，在设计初期开展限额设计，从源头上对工程总投资进行把控；③ 比选评审，落实设计方案比选制度与专家评审制度，确保方案的科学性与可实施性；④ 深化设计，打造最适用于本工程的设计方案，为施工顺利推进和后期运营保驾护航。

主要咨询工作管控的重点包括：① 设计管理，充分了解使用需求、重大技术方案把控、精细化审核；② 造价管理，限额设计、概算审查、材料设备档次确定、类似项目指标分析、重要材料设备市场调研；③ 工程监理，施工难易程度对工期和造价影响分析、施工进度安排对造价影响分析、设计选用的材料设备采购便利性分析。

2.5.4 施工阶段的控制要点

工程施工阶段是将建设单位需求、设计文件等直接转换为工程实体的过程，全过程工程咨询机构的工程监理人员是对接工程施工工作的主要团队，监理工作与现场施工紧密配合，直接把控工程质量、安全、进度及造价等。因此，在此阶段，咨询方投入的专业管理人员需要与工程施工内容的多少和难易必须匹配。

同时，水利类项目的施工期通常较长，在整个漫长施工过程中，质量、安全、进度、造价、环境等方面易受到各种因素影响而发生变化，如汛期、暴雨等自然因素的影响较为明显，致使实际施工与规划设计方案出现差异。这时，全过程咨询方应全阶段准确地计算实际发生的工作量，严谨地采取多种措施控制工程变更和成本，配合设计咨询，在设计管理方面严格审核设计变更，从源头上来控制整个工程的造价成本。

另外，当前环境下水利工程的全过程咨询模式由于各地的建设方不同、法规政策不同，其工作的主要范围，介入全阶段工作管理的深度，拥有的管理权限都不尽相同，如何最大化地发挥全过程咨询的优势，尚有探讨与发展的空间。

工程施工阶段，设计管理的重点包括控制使用需求变化、关注技术标准更新、审核工程变更技术合理性等，造价管理的重点包括投资指标动态分析、合理编制资金计划、进度款审核、变更签证审核等，工程监理除上述基本工作外还有重点把控施工方案审核优化、变更签证审核、形象进度确认等。

2.5.5　验收移交阶段的控制要点

竣工验收移交通常是水利工程项目建设全过程最后一个程序，由于水利工程的特殊性，其竣工后运营成效及设计功能的实现是建设方最关注的内容之一。

在该阶段，全过程工程咨询机构需要充分发挥出自身专业技术能力与管理能力，严格地检查工程建设是否符合设计要求、规范与合同要求，拟竣工验收和移交的产品是否合格、所使用的建筑材料品牌档次是否合规等。对于部分有特殊需要的水利类项目，全过程工程咨询方应高效地组织工程试运行，把工程后期可能遇到的运营问题提前暴露，并及早解决，让使用方没有后顾之忧。试运营期间，重点关注功能（引水流量、污水处理能力等）是否达到预定目标、输水管道运行监测、泵站运行监测、分析存储数据、输水管线设施设备的保护等。

期间，设计管理的重点包括复核设计变更完整性（变更减少项），造价管理的重点包括编制结算策划方案、重点抽查主要结算项目质量、全面检查结算文件完整性和规范性等，监理管理的工作重点包括审查结算文件真实性、督促结算文件时效性等。

第3章　水利项目有关专项咨询

专项咨询是全过程工程咨询单位根据项目的特殊需要或项目的特点专门提供的咨询服务，项目的特殊性或特点包括线路、水质、地质、结构造型、工期、造价、项目规模、项目所涉及的专业面以及项目目标和项目定位等，因此，水利项目建设方在选择全过程工程咨询单位时，可以根据项目实际情况委托其专项咨询的专项内容和相关要求。

3.1　海绵城市

随着城市文明的不断发展，人民对于生活水平的要求也越来越高，随之而来对于城市基础设施的要求也不断提高，特别是对于容易因雨水带来内涝等灾害的城市，城市雨水的处理系统发展显得尤其重要。海绵城市这个概念也就应运而生。海绵城市是在城市落实生态文明建设理念、绿色发展要求的重要举措，有利于推进城市基础建设的系统性，有利于将城市建成人与自然和谐共生的生命共同体。

其中海绵城市建设评价应遵循海绵城市建设的技术路线与方法，目标与问题导向相结合，按照"源头减排、过程控制、系统治理"理念系统谋划，因地制宜，灰色设施和绿色设施相结合，采用"渗、滞、蓄、净、用、排"等方法综合施策[①]。

对于各个地方的新建、扩建、改建的水务工程，海绵城市建设的重点工作为对雨水径流的源头减排、过程控制、系统治理的全流程的管理，水务工程的建设主要着重于过程控制、系统治理两个条件，也应与源头减排的重要环节如地块类项目（建筑小区，道路、停车场及广场，公园与防护绿地）的海绵城市建设措施需要进行统筹衔接。一般城市地方性指标可以以生态岸线恢复、水域面积率、水环境质量、城市蓝线、防洪（潮）标准、内涝防治设计重现期、城市面源污染、管网漏损率、污水再生利用率、雨水资料利用率、年径流总量控制率、开发建设项目裸露地表覆盖率、开发建设项目边坡生态防护率、开发建设项目边坡生态防护率等方面进行控制。水利工程一般分为河道整治类、排水防涝类、治污设施类、水资源与供水保障类、水土保持类项目，以下从控制内容和要点进行阐述[②]。

---

① 海绵城市建设评价标准 GB/T 51345—2018［S］. 北京：中国建筑工业出版社，2018.

② 深圳市水务局. 深圳市水务工程项目海绵城市建设技术指引（试行）［Z］. 2018.

3.1.1 河道整治类项目

对于河道整治类的项目,可以从生态岸线恢复比例、水域面积率、水环境质量、城市防洪(潮)标准、蓝线保护、生态补水等方面进行控制,其中海绵城市建设的控制要点主要为:

(1)生态岸线建设。内容包括陆域缓冲带,生态护岸、水域生物群落构建及已建硬质护岸绿色改造等内容。雨水管网不得有污水直接排入水体;雨水排放口设置消能、过滤、净化设施,减轻对河岸生态系统的冲击。将河道岸线恢复为生态型驳岸,并可设计亲水公共平台,恢复河道水文化功能,其中生态护岸材料需要满足结构安全、稳定和耐久性等要求。

(2)湿地滞洪区建设,需结合历史河流洪涝情况,优化滞洪区的布局,加大河流的行洪能力。

(3)河道清障清淤,落实河道蓝线、河道管理线的固定,对违法侵占河道的建筑物进行清除,改造阻水构筑物,保障河道行洪安全。定期对河道进行清淤,有条件建设区域可采用原位生态修复技术,改善水体水质。对于淤泥产生的尾水也必须处理,应达到水体可接纳标准后方可排放。

(4)生态补水,经充分的规划和评估后,利用非水源水库、山塘对旱季河道进行补水;也可利用经水质提升后的污水处理厂尾水、湿地处理后水质达到要求的出水,对河道进行补水。

(5)堤岸建设,对经评估不满足防洪标准的河道进行防洪能力提升,完善山体截洪系统,加强泥石流沟排查与治理,加强海堤、挡潮坝等建设。

3.1.2 排水防涝类项目

对于排水防涝类项目,可以从雨水管渠规划建设标准、泵站建设标准、内涝防治标准、超标暴雨行泄通道、附属设施管理用地年径流总量控制率等方面进行控制,主要海绵城市建设控制要点为:

(1)雨水管网建设。严格按照雨水设计标准设计,优化竖向路由,增加管网过流能力,减少内涝风险,选择优质管材。

(2)泵站和闸。要按照远期规划人口所对应的暴雨重现期计算其规模,使防洪标准达不低于《防洪标准》GB 50201—2014规定的标准。对于场站附属管理用地,要求配建绿色屋顶、雨水花园、渗透铺装等海绵设施。

(3)内涝防治系统。因地制宜建设雨水调蓄设施(雨水调蓄工程可分为源头调蓄工程、灌渠调蓄工程和超标雨水调蓄工程),并加强日常维护和清淤等工作;利用地表水系、沟渠、低洼地等作为超标暴雨的排放通道,并加强管理,也可试点应用地下洞库等技术措施。

(4)内涝点整治。设置雨水调蓄设施、超标暴雨径流排放通道等措施。

3.1.3 治污设施类项目

对于治污设施类项目,可以从城市面源污染控制、水环境质量、排水体制、截流倍数、附属设施管理用地年径流总量控制率等方面进行控制，主要海绵城市建设控制要点为：

（1）污水管网建设。提高污水管网覆盖率和污水收集率。对于新建地区严格执行雨污分流制，已建合流制地区随地块改造或正本清源。增加管网及井的入渗分析，选择优质管材，提高施工质量。

（2）污水处理设施，对已建污水厂进行改造，加强应急能力和雨季抗冲击能力，实现污泥的稳定化、减量化、无害化、资源化。

（3）正本清源。对城市区域范围内合流制地区进行排查和完善、改造。做到管网与建筑小区内的海绵设施相衔接，对于建筑屋顶雨水管进行断接，引入附近绿地后再进入雨水管，对于屋面按照绿色屋顶要求进行实施，对于室外场地按照对有条件的场地进行渗透铺装，周边采用植草沟或渗透排水沟进行实施。

（4）初期雨水径流污染控制。结合地块源头海绵设施建设，控制初期雨水径流污染。合理建设初期雨水贮存设施。

（5）截污系统建设：短期内无法进行雨污分流改造的合流制地区，完善截污系统。对于面源污染特别严重的地区，设置初期雨水调蓄设施。

3.1.4　水资源与供水保障类项目

对于水资源与供水保障类项目，可以从水域面积率、饮用水安全、管网漏损率、污水再生利用率、雨水资源利用率、蓝线保护、集中式水源水库水质达标率、建设项目用水节水、附属设施管理用地年径流总量控制率等方面进行控制，主要海绵城市建设控制要点为：

（1）水库建设。落实蓝线、生态控制线管理规定，保护现状水面率，新建水库或对原有水库进行扩建，从而提高城市水面率和水资源量，加强面源污染控制和水库的调蓄功能。

（2）供水管网改造。对供水管网进行管材升级，优化管网路由，加强巡查维护，减少管网漏损。

（3）非常规水资源利用。建设再生水厂，充分利用河道、沟渠、湿地、洼地、小山塘、水库等进行蓄水，对城区分散式雨洪进行利用，建设海水淡化工程。

3.1.5　水土保持类项目

对于水土保持类项目，可以从边坡生态防护率、裸露地表覆盖率、扰动土地整治率、林草植被恢复率等方面进行控制，主要海绵城市建设控制要点为：

（1）在重点预防区内，需要控制自然水土流失，加强山体绿化。

（2）在重点治理区内，需要控制人为水土流失。

对于采用全过程工程咨询的水利工程，要从项目策划阶段开始考虑海绵城市建设，贯穿方案设计、施工图设计、建设实施、验收及运营全过程。

3.2　BIM 技术

3.2.1　水利项目实施 BIM 技术的必要性

大中型水利工程具有体量庞大、技术复杂、项目周期长、环境影响因素多、土方工程量大等特点，进而造成的工程进度计划、施工组织设计及项目管理等均存在巨大的难度。此外，随着项目信息化及项目后期运营维护需求的提升，传统的项目建设模式已很难满足水利工程建设的需求。

当前，BIM 技术在政府强有力的推动下，企业积极参与、市场需求旺盛、人才不断涌入，已经成为各方研究的重要领域、企业转型升级的有力工具、行业改变生产方式的有效推动力，备受关注。"BIM 建模软件—信息数据—专业分析软件及平台"构成了 BIM 技术的基本工作模式。通过建立数字化的 BIM 模型，添加项目相关的数据信息，运用专业的分析软件及平台对信息处理并利用，为提高效率、保证质量、节约成本、缩短工期发挥重要作用。水利项目实施 BIM 技术的必要性主要包括以下方面：

1. BIM 技术的可视化

BIM 可视化优势，即 BIM 建模及优化的过程就是项目虚拟建造的过程，BIM 技术有力地支持设计与施工一体化，减少了实际过程中的"错、漏、碰、缺"等问题的发生，减少了建设过程的资源浪费，节约项目工期，带来了显著的经济及社会效益，改变了传统的生产方式。在水利项目施工过程中，鉴于施工场地巨大，利用 BIM 模型的可视化，完成现场施工机具布置、施工场地设计，确定最佳的材料堆放及临时设施位置，实现二次搬运最小化的目的。

2. BIM 技术的协同性

BIM 技术的协同性操作是区别于传统工程实施流程的主要特征。通过协同平台，各专业可各自完成各自的任务，既可以实现独立工作，又可以信息共享，实现提高工作效率的目的。对于水利工程项目，由于项目复杂、涉及专业多，通过 BIM 协同平台，各专业、部门、工序之间的信息传递准确性、快速性将极大提升。

3. BIM 技术的参数化

随着对 BIM 技术研究的逐渐深入，BIM 技术由最初以可视化为目的的 BIM 三维模型，逐步发展到具有属性参数、深入分析参数信息、挖掘参数价值的阶段。在水利项目中，通过建立参数化的地形模型，进行土方开挖及土方回填计算，实现土方的定量控制。此外，若出现环境变化或设计变更等，参数化模型可以实时联动，快速应对。

4. BIM 技术的信息化

在项目实施的过程中，各实施阶段均会形成大量的信息，尤其是水利工程项目，由于建设工期长，若人员流动性大，建设过程信息极易流失或管理混乱。BIM 模型是强大的信息集成、交流、分析及共享平台，能够有效地解决水利工程项目信息管理水平低下的问题。

3.2.2　BIM 应用总体目标

确定 BIM 应用的总体目标，是 BIM 应用的第一步。对于水利工程项目，BIM 应用的目标主要有减少设计变更、提升设计品质、提升工作效率、缩短项目周期、节约施工成本、打造相关平台、方便运营维护等。各类型的项目目标与选择 BIM 实施阶段有直接对应关系。

BIM 技术的实施阶段，主要包括 BIM 设计阶段、BIM 施工阶段、BIM 运维阶段，各阶段均对应各类目标。其中，BIM 设计阶段所对应的目标是减少设计变更、提高设计品质；BIM 施工阶段所对应的目标是缩短项目周期、节约施工成本、提升工作效率；BIM 运维阶段所对应的目标是打造相关平台、方便运营维护。作为全过程工程咨询方，可以根据项目的特点、建设单位的需求，合理选择项目总体目标及项目实施阶段。

此外，项目目标设立还需考虑投入与产出的关系，BIM 技术的投入首要考虑因素是 BIM 模型精度。目前水利项目尚无 BIM 模型细度等级的划分规定，然而对于建筑工程，国家及各省市均已出台了相关的标准，以浙江省工程建设标准《建筑信息模型（BIM）应用统一标准》DB33/T1154—2018 为例：工程项目各阶段 BIM 模型细度等级应满足项目所需的 BIM 应用要求，其对应等级代号见表 3.2-1 所示。根据目前的水利工程项目实施经验，建议模型等级设置在 LOD300 以上。

各阶段 BIM 模型细度等级

表 3.2-1

各阶段模型名称	模型细度等级代号	形成阶段
方案设计模型	LOD100	方案设计阶段
初步设计模型	LOD200	初步设计阶段
施工图设计模型	LOD300	施工图设计阶段
深化设计模型	LOD350	深化设计阶段
施工过程模型	LOD400	施工实施阶段
竣工及运维模型	LOD500	竣工验收及运行维护阶段

3.2.3　BIM 项目组织架构及各方职责

BIM 项目组织架构的选择是 BIM 实施首要考虑的问题，将对项目正常运行和全过程工程咨询方 BIM 工作起决定性的影响。对于全过程工程咨询项目，BIM 项目的组织架构，主要分为两个层级：建设单位项目管理部为第一层级，主要起到把控整体方向、提出需求任务的作用；全过程工程咨询单位 BIM 团队及 BIM 具体实施团队为第二层级，全过程工程咨询单位主要起到组织、策划及管理的作用，BIM 具体实施团队具体负责项目 BIM 实施。各参建单位需相互配合，各司其职，最终完成 BIM 工作。

根据不同的实施团队，将 BIM 项目组织架构分为以下三类：① 设计与施工单位各自实施 BIM 的模式；② 第三方 BIM 咨询单位主导实施 BIM 的模式；③ EPC 总承包方主导实施 BIM 的模式。鉴于目前水利工程实施 EPC 总承包模式，因此以 EPC 总承包方主导实施 BIM 的模式为例，说明全过程工程咨询方在该模式下如何开展 BIM 技术咨询与管理工作，该模式下的组织架构见图 3.2 所示。

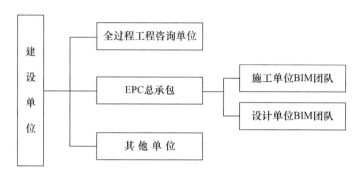

图 3.2　EPC 总承包方主导实施 BIM 模式组织框架

EPC 总承包主导实施模式，即 EPC 总承包合同中包含 BIM 子项，由总承包单位自行完成 BIM 工作，并将 BIM 成果用到各个阶段。当 EPC 总承包实力较强，设计施工均其自身完成，则设计及施工 BIM 均由一个团队完成；若 EPC 总承包为联合体形式，那么 BIM 团队可能由设计 BIM 及施工 BIM 两个团队组成。在该模式下，各单位职责如下：

1. 建设单位单位职责

（1）明确 BIM 需求及实施阶段；

（2）把控 BIM 整体方向，协调各方分歧；

（3）提供 BIM 费用投入；

（4）对完成情况进行评估考核。

2. 全过程工程咨询单位职责

（1）负责工程项目 BIM 实施准备工作；

（2）负责编制《项目总体 BIM 实施方案》；

（3）负责项目 BIM 应用管理工作及成果审核工作；

（4）负责工程项目 BIM 实施成果的总结和推广。

3. 设计单位职责

（1）提供设计各阶段的 BIM 模型，包括但不限于水利工程建筑物、地形模型、机电设备等各专业的综合模型；

（2）基于设计模型的各类分析、计算等数据及分析报告；

（3）对施工单位进行设计 BIM 成果交底，保证设计 BIM 模型与信息能够顺利传递到施工阶段；

（4）完成规范及建设单位要求的其他设计阶段 BIM 成果。

4. 施工单位职责

（1）编制《EPC 单位 BIM 实施方案》，配合全过程工程咨询单位完成《项目总体 BIM

实施方案》；

（2）在设计 BIM 模型的基础上继续深化，满足施工阶段 BIM 需求；

（3）基于施工 BIM 模型，完成计划的施工 BIM 应用点，并出具相关分析计算报告、指导现场施工的成果文件；

（4）根据现场实际实施情况，修改并完善模型，最终形成竣工模型，为运营维护做准备。

考虑到 EPC 总承包模式下，EPC 总承包单位实力较强，且 BIM 成果质量、BIM 成果带来效益、设计 BIM 及施工 BIM 的关系，均为 EPC 总承包的内部问题。因此，BIM 全过程工程咨询方不仅充当管理的角色，更需要有合作的态度。除了满足合同约定要求、维护好建设单位利益，一般以《EPC 总承包项目实施计划书》为管理依据，重点把控最终 BIM 成果，至于中间过程的其内部 BIM 沟通可不必介入过多。

3.2.4　项目总体 BIM 实施方案

BIM 技术的实施，需事先制定详细及全面的实施方案，作为项目管理为主的 BIM 全过程工程咨询方，制定合理的 BIM 总体实施方案更是关系到项目的成败。此外，水利项目的 BIM 实施有其特殊之处，也需在项目总体 BIM 实施方案得以体现。BIM 总体实施方案，主要包括工程简介、项目实施目标、BIM 实施准备工作、BIM 实施规划、BIM 成果管理检查机制、BIM 协同实施、BIM 实施保障措施等内容。

1. 工程简介

工程简介是 BIM 总体实施方案的首要内容，主要是对项目总体情况进行描述、项目重难点进行分析。在项目前期，充分考虑重难点将对后续项目运作、资源配置、应用点选择、项目管理都将有深刻的影响。对于水利工程项目，分析项目重难点时，建议考虑以下方面的内容：

（1）充分了解建设单位要求，建设单位的需求是多方面的，建设单位的需求是项目管控的重点；

（2）认真研读相关图纸及资料，明确项目重难点部位；

（3）对项目进行现场勘查或收集分析勘察资料，充分了解地形及场地的特点；

（4）明确项目是否需要实施运维，如需实施，则各阶段信息的录入、信息的传递、模型的精度均是管控的重点；

（5）分析项目进度及项目体量大小，若工期紧任务重，则应做好 BIM 进度分析与模拟；

（6）分析项目的组织模式，若项目参与方多，协调要求高，则应重点加强 BIM 组织协调及管控；

（7）明确项目是否有特殊要求，若需评杯评奖，则需重点策划，加强过程资料收集。

2. 项目实施目标

项目目标包括总体目标及各阶段的项目目标，对项目目标的内容以有论述，此处主要强调确定项目目标需要注意以下几方面的内容：

（1）在确定总体目标时，首先需要详细的听取建设单位的意见，对建设单位的意见进行分析；

（2）应充分考虑项目投入与产出的关系，目标不宜设置过高；

（3）充分考虑全过程工程咨询方人员的技术实力及 BIM 实施单位的综合能力；

（4）在确定各阶段的 BIM 目标时，应考虑各阶段目标的衔接，保证信息的延续性。

3．BIM 实施准备工作

在 BIM 实施前，需要做诸多准备工作，主要包括 BIM 组织总体实施框架、BIM 软件标准化统一、项目界面划分及明确各单位人员的主要职责。其中 BIM 组织总体实施框架及各单位人员的主要职责，以上章节已有论述。

（1）BIM 软件标准化统一。BIM 软件众多、版本各有不同，甚至同一应用点，都有不同的软件可供选择，对于水利项目部分特殊的应用点，也需特别约定相对应的 BIM 软件。此外，考虑到单位之间模型流转与衔接，若未统一软件标准及数据格式，将对后期项目运行产生不利的影响，甚至导致项目无法实施。不同阶段、不同应用点的软件选择及数据格式，见表 3.2-2 所示。

BIM 软件及数据格式　　　　　　　　　　　　　　　　　　表 3.2-2

序号	应用类型	软件名称	版本要求	交付格式	备　　注
1	模型创建	Autodesk Revit	2016	*.rvt	包括 Architecture、Structure、MEP
		Rhino	5.0 及以上	*.IGS	
		Catia	V5 及以上	*.CATProduct	
		Tekla	V19.0 及以上	*.DB1	
		Autodesk Civil 3D	2016	*.DWG	
2	模拟浏览	Navisworks	2016	*.nwd	
		Lumion 3D	5.0 及以上	*.DAE	
		3D Studio Max	2014 版	*.3dxml	
3	协同管理	BIM 管理平台			

（2）项目界面划分。BIM 涉及众多部门，且涉及模型的流转、信息的传递，不同阶段模型深度均有不同的要求，若前期不对此进行明确的工作界面划分，将引起后期工作的混乱。界面应和招标文件中各方的要求保持一致。若为总承包模式，强化总承包统领分包的责任并认定其为成果唯一对接口，避免施工单位太多引起的管理混乱。

4．BIM 实施规划

BIM 实施规划，主要包括 BIM 应用点的策划及选择、技术经验的总结与推广等，其中 BIM 应用点的策划及选择是 BIM 咨询与管理工作核心工作。除了传统的 BIM 应用点，水利项目还有其专门的 BIM 应用点，读者可以依据项目自身特点选取。

（1）基于地形 BIM 模型的土方量计算；

（2）基于水工建筑物 BIM 模型的枢纽布置；

（3）基于 BIM 技术的坝体混凝土工程量计算；

（4）基于 BIM 的水利工程施工现场安全管理。

在项目实施过程中，对技术经验的总结与推广，也是项目实施规划中的内容。主要包括 BIM 技术总结（新闻稿、宣传稿、观摩会）、BIM 奖项申报、BIM 宣传视频制作、BIM 课题研究、BIM 技术专项培训以及 BIM 论文编写等。此部分内容均需前期合理规划，在项目实施过程中收集过程资料及信息，方便后期成果整理。

5. BIM 成果管理与检查机制

在 BIM 实施过程中，BIM 质量是项目实施的生命线，如何对成果进行有效管理，把控 BIM 质量，需在总体实施方案中明确。在提出质量管控之前，应明确何为高质量 BIM 成果。由于 BIM 标准及 BIM 规范对 BIM 成果的质量没有明确的规定，且 BIM 成果均为优化性质，优化质量很难定量描述，因此目前很多 BIM 成果存在无法落地的情况。高质量 BIM 成果的标准，建议满足以下特点：

（1）BIM 模型能够反映设计图纸的设计意图，即 BIM 建模应准确无误，使图纸信息完整的反映到 BIM 模型中；

（2）BIM 模型能够准确反映现场地形、场地等现场信息；

（3）BIM 分析计算结果能够反馈设计，指导或优化设计；

（4）BIM 优化后的模型，不应改变设计意图、不违反规范要求、符合实际施工习惯及要求，能够真正实现落地；

（5）BIM 项目信息能够一脉相承，实现项目管理信息化。

对于 EPC 总承包模式下的 BIM 成果质量管控，建议 BIM 质量采用三级控制。设计单位及分包的深化设计 BIM 单位，对自己成果进行内部审核并出具内部审核报告，此为第一级管控；设计单位及分包的深化设计 BIM 单位将 BIM 成果提交到总承包单位，由总承包单位进行再次审核，并出具审核意见，此为第二级管控；总承包单位将审核意见反馈给各方进行修改，最终将成果提交与全过程工程咨询方审核，并出具审核意见，此为第三级管控。

3.2.5　BIM 实施的保障措施

在 BIM 实施过程中，需要有良好的制度作保障，BIM 工作方能顺利的实施。主要包括会议制度保障、进度控制保障、履约评价保障等保障制度。

1. 会议保障制度

（1）BIM 例会制度。BIM 例会一般由全过程工程咨询方主持，建设单位参与、各参建单位参加的方式，一般两周召开一次，特殊情况另行通知。然而，如之前提到的，在 EPC 总承包单位模式下，若 EPC 总承包内部会议，应由 EPC 总承包单位主持，全过程工程咨询方参加。

会议任务是协调解决参加单位在 BIM 实施过程中存在的 BIM 技术应用问题，保证项目 BIM 应用的总体性、完整性、统一性。总结工程 BIM 工作进展情况，协调应用过程中存在的技术问题，提出下阶段的具体工作目标，了解各参建单位在工作过程中遇到的难点、关键点，并给出指令性或指导性的意见。

（2）各专业协调会议。在各参建单位 BIM 实施过程中遇到比较重大、急需解决的问题，由相关单位 BIM 负责人提前召开各专业协调会议，商讨和确定解决方案。会议一般由全过程工程咨询方主持，并指定专人负责会议记录，在会后在 BIM 管理平台上形成会议纪要。

2. 进度保障制度

进度控制是 BIM 实施管控的重要内容，对于周期较长的水利工程项目显得尤为重要。前期制定的进度计划如何有效的执行，进度落后或 BIM 工作内容变更如何调整进度计划，均需要有进度保障措施。

目前，一般的 BIM 管理平台已有进度控制功能模块，可以要求各参建单位每月末制定下月详细的 BIM 工作计划，并指定责任人，经相关人员审批后，该条工作计划将自动生成为"工作任务"，推送到该责任人的工作日历中。工作日历亦在 BIM 平台进行展示，用户每次登陆平台后均可看到本人的当前工作安排。

3. 履约保障制度

可建议建设单位，采用完善的履约评价管理体系进行 BIM 工作的履约情况进行全面管控，并制定履约细则文件，就履约细则中的内容进行逐条落实，保障项目更好地达成建造目标。

3.3　法务咨询

在国内经济高速发展，基础设施持续建设的大背景下，越来越多的水利工程陆续上马，但在工程实施过程中，会产生大量的合同索赔、纠纷甚至诉讼的情况，大部分的上述情况产生于招标投标、合同履约、竣工验收、工程结算阶段。这对于水利工程的发展既造成了一定的阻碍和困惑，又为其后续的发展提供了一定的条件。

水利工程作为建设工程的一种形式，首先要遵循的就是由全国人大常委会发布的《中华人民共和国建筑法》（中华人民共和国主席令第二十九号）。关于基本建设程序的要求，《中华人民共和国建筑法》第七条规定："建筑工程开工前，建设单位应当按照国家有关规定向工程所在地县级以上人民政府建设行政主管部门申请领取施工许可证；但是，国务院建设行政主管部门确定的限额以下的小型工程除外。 按照国务院规定的权限和程序批准开工报告的建筑工程，不再领取施工许可证。简言之，建设单位在建筑工程开工前必须申请领取施工许可证或开工报告，否则即为违法施工。"同时《中华人民共和国建筑法》第八条规定："申请领取施工许可证，应当具备下列条件：

（一）已经办理该建筑工程用地批准手续；

（二）依法应当办理建设工程规划许可证的，已经取得建设工程规划许可证；

（三）需要拆迁的，其拆迁进度符合施工要求；

（四）已经确定建筑施工企业；

（五）有满足施工需要的资金安排、施工图纸及技术资料；

（六）有保证工程质量和安全的具体措施。

建设行政主管部门应当自收到申请之日起七日内，对符合条件的申请颁发施工许可证。"

以上是建设单位可以申请领取施工许可证的前置条件。《中华人民共和国建筑法》第六十四条规定："违反本法规定，未取得施工许可证或者开工报告未经批准擅自施工的，责令改正，对不符合开工条件的责令停止施工，可以处以罚款。"

一般发生合同索赔、纠纷甚至诉讼的双方当事人为建设工程合同的发包方和承包方，工程发包是指建设单位遵循公开、公正、公平的原则，通过采用公告或邀请书等方式提出项目内容及其条件和要求，约请有兴趣参与竞争的单位按规定条件提出实施计划、方案和价格等，再采用一定的评价方法择优选定承包单位，最后以合同形式委托其完成指定工作的活动。建筑工程发包分为招标发包和直接发包两类。其中，《中华人民共和国建筑法》第十五条规定："建筑工程的发包单位与承包单位应当依法订立书面合同，明确双方的权利和义务。发包单位和承包单位应当全面履行合同约定的义务。不按照合同约定履行义务的，依法承担违约责任。"第二十二条规定："建筑工程实行招标发包的，发包单位应当将建筑工程发包给依法中标的承包单位。建筑工程实行直接发包的，发包单位应当将建筑工程发包给具有相应资质条件的承包单位。"

在招标投标阶段，根据全国人民代表大会发布的《中华人民共和国合同法》（中华人民共和国主席令第十五号）第十五条："要约邀请是希望他人向自己发出要约的意思表示。寄送的价目表、拍卖公告、招标公告、招股说明书、商业广告等为要约邀请。商业广告的内容符合要约规定的，视为要约。"要约邀请在招标阶段的表现形式为由招标人通过国家指定的报刊、信息网络或者其他媒介发布招标公告（资格预审公告），或有招标人向三个以上具备承担招标项目的能力、资信良好的特定的法人或者其他组织发出投标邀请书。《中华人民共和国合同法》第十四条规定："要约是希望和他人订立合同的意思表示，该意思表示应当符合下列规定：

（一）内容具体确定；

（二）表明经受要约人承诺，要约人即受该意思表示约束。"

在投标阶段表现的形式即为投标人编制投标文件进行投标，具体对于投标人的组织形式、资格条件、投标文件的要求和投标文件的提交时间、地点都有约定，如《中华人民共和国招标投标法》第二十七条规定："投标人应当按照招标文件的要求编制投标文件。投标文件应当对招标文件提出的实质性要求和条件作出响应。招标项目属于建设施工的，投标文件的内容应当包括拟派出的项目负责人与主要技术人员的简历、业绩和拟用于完成招标项目的机械设备等。"《中华人民共和国合同法》第二十一条规定："承诺的定义为承诺是受要约人同意要约的意思表示。"

在中标阶段的表现形式为向中标人发出中标通知书,《中华人民共和国招标投标法》第四十五条规定："中标人确定后,招标人应当向中标人发出中标通知书,并同时将中标结果通知所有未中标的投标人。中标通知书对招标人和中标人具有法律效力。中标通知书发出后,招标人改变中标结果的,或者中标人放弃中标项目的,应当依法承担法律责任。"《中华人民共和国招标投标法》第四十六条规定："招标人和中标人应当自中标通知书发出之日起三十日内,按照招标文件和中标人的投标文件订立书面合同。招标人和中标人不得再行订立背离合同实质性内容的其他协议。招标文件要求中标人提交履约保证金的,中标人应当提交。"

在合同履行阶段,承发包双方的争议焦点一般为双方是否履行了各自的权利义务,尽管水利水电土建工程施工合同条件(示范文本 GF—2016—0208)对此都进行了明确的约定,但在实践过程中,由于水利工程较房建工程比有较大的复杂性,尤其是水文地质条件、现场施工环境性、合同管理人才的缺乏,合同中的条款对于特殊情况的无法适用,都会导致在承发包双方出现扯皮或争议时缺少合同依据。比如,水利水电工程建设常常涉及河道,往往需要进行对河道截流,河道流量变化与季节密切相关,有时在短时间内无法开工,进而引发纠纷。这就要求承发包双方在合同签订前应充分对现场情况进行调研和走访,尽可能将出现的情况写进合同中,进而防止在建设过程中引发纠纷甚至走法律诉讼程序[①]。

对于采用全过程工程咨询模式的水利工程,全过程工程咨询单位因在介入项目后立即运用自身的专业团队、丰富的实战经验为建设单位出谋划策,做好前期、招标、合同策划,对于现场的复杂情况、各种可能引发纠纷甚至诉讼的情况做好规避的对策,进而保证水利工程的顺利实施。

3.4　PPP 咨询

PPP(Public-Private Partnership),又称 PPP 模式,即政府和社会资本合作,是公共基础设施中的一种项目运作模式。在该模式下,鼓励私营企业、民营资本与政府进行合作,参与公共基础设施的建设。国家发展改革委在《关于开展政府和社会资本合作的指导意见》(发改投资〔2014〕2724 号)中提出,政府和社会资本合作(PPP)模式是指政府为增强公共产品和服务供给能力、提高供给效率,通过特许经营、购买服务、股权合作等方式,与社会资本建立的利益共享、风险分担及长期合作关系。开展政府和社会资本合作,有利于创新投融资机制,拓宽社会资本投资渠道,增强经济增长内生动力;有利于推动各类资本相互融合、优势互补,促进投资主体多元化,发展混合所有制经济;有利于理顺政

---

① 黄钰.探索水利水电工程施工合同履行瑕疵引起索赔纠纷的解决办法 [J].中外企业家,2018(30):218.

府与市场关系，加快政府职能转变，充分发挥市场配置资源的决定性作用[①]。财政部在《关于推广运用政府和社会资本合作模式有关问题的通知》(财金〔2014〕76号)中提出，政府和社会资本合作模式是在基础设施及公共服务领域建立的一种长期合作关系。通常模式是由社会资本承担设计、建设、运营、维护基础设施的大部分工作，并通过"使用者付费"及必要的"政府付费"获得合理投资回报；政府部门负责基础设施及公共服务价格和质量监管，以保证公共利益最大化。当前，我国正在实施新型城镇化发展战略。城镇化是现代化的要求，也是稳增长、促改革、调结构、惠民生的重要抓手。立足国内实践，借鉴国际成功经验，推广运用政府和社会资本合作模式，是国家确定的重大经济改革任务，对于加快新型城镇化建设、提升国家治理能力、构建现代财政制度具有重要意义[②]。

　　水利工程具有很强的系统性和综合性、对环境影响很大、施工作业条件复杂、水利工程的效益具有随机性，且具有规模大、技术复杂、工期较长、投资多，建设时必须按照基建程序和相关标准执行。故对采用PPP模式具有特殊的意义。目前，对于水利工程可以实施PPP模式的新建项目及存量项目有水库建设及运营、河道治理及运营、农村安全饮水工程(含农村自来水)、湿地公园、河道治理等。对于一个水利工程的PPP项目，一般流程为：

　　(1)项目立项和筛选。在此阶段一般需要编制的文件为项目初步实施方案、可行性研究报告、项目简介等，同时政府财政部门会和相关业务主管部门对潜在的社会资本和政府资本合作项目进行考虑，择优选择社会资本。

　　(2)进行物有所值和评价财政承受能力评价。① 物有所值评价：政府财政部门和相关主管部门在进行物有所值评价时会从定性和定量两方面进行评价，最终完成物有所值评价报告的编制，并报财政部门备案；② 财政承受能力评价：对于物有所值评价通过的项目，需要进行财政承受能力评价，为保证财政在项目后续过程中的可持续性，财政主管部门需根据项目全寿命周期内的政府债务、财政支出等因素，对部分政府补贴或付费的项目，进行财政承受能力论证并形成最终结论。

　　(3)成立PPP项目专项组。项目组需要负责PPP项目的前期评估及论证、PPP实施方案编制、同类项目考察、与社会资本合作方谈判、PPP项目合同签订、项目后期设计、施工、运营实施和合作期满移交等工作，并需负责与外围政府职能部门的协调与沟通。

　　(4)编制PPP实施方案。项目专项组需要对市场情况进行充分调查研究，并进行反复的分析论证，最终编制具备操作性的PPP实施方案，实施方案中需要包括PPP运作方式，政府资本在项目中的比重，社会资本方应具备的条件等内容。

　　(5)PPP实施方案审核。在PPP实施方案编制完成并送主管部门审核后，政府财政部门会会同相关主管部门对PPP实施方案进行联合审查并上报政府常务会进行审批，并出具书面评审意见。最终评审通过后按照实施方案推进。

　　(6)资格预审。财政部关于印发《政府和社会资本合作项目采购管理办法》的通知第

---

① 国家发展改革委.《关于开展政府和社会资本合作的指导意见》(发改投资〔2014〕2724号)[Z].2014.

② 中华人民共和国财政部.《关于推广运用政府和社会资本合作模式有关问题的通知》(财金〔2014〕76号)[Z].2014.

五条明确要求 PPP 项目采购应当实行资格预审[①]。项目实施机构应当根据项目需要准备资格预审文件，发布资格预审公告，邀请社会资本和与其合作的金融机构参与资格预审，验证项目能否获得社会资本响应和实现充分竞争。项目专项小组需要准备资格预审文件并进行对参与资格预审的社会资本择优录取，最终确定入围单位；项目专项小组应考察社会资本方融资能力、水工程项目运营资质及能力、水利或市政建设施工资质等条件。

（7）PPP 社会资本方招标文件的编制：项目专项组应组织招标代理公司编制招标文件及合同，在此设置的融资利率一般可按照五年期人民银行长期贷款基准利率设置上浮率上限，一般上浮率不超过 30%；通过市场竞争的一般可设置工程建设投资总造价下浮率、融资成本、社会资本方股东资本金投资回报率、最低需求水量（保底水量）、运营期限、影子水价等。

（8）PPP 社会资本方投标文件的评审。在 PPP 社会资本方投标文件递交后，有评审委员会按照招标文件中约定的评标办法对投标文件进行评审，最终形成评标报告，并推荐中标候选人。

（9）合同谈判与签订。项目专项组对评审结果进行确认并开始与中标候选人进行合同谈判，最终完成合同签订的工作。

（10）项目建设（设计、施工、验收）与运营。在确定社会资本合作方后，按照 PPP 实施方案和项目合同的要求成立项目公司，并对本项目进行项目前期、设计、施工的管理，并负责对竣工的项目进行验收及运营。

（11）项目资本金及融资管理。水利相关基础设施项目资本金占总投资比率一般占 30% 以下，项目公司应及时进行融资的工作，政府财政主管部门和项目专项组需要做好监督管理工作。

（12）绩效监测与支付。项目专项组应根据项目合同约定，定期监测项目产出绩效，并定期形成报告，最终按照合同约定和绩效进行支付。

（13）中期评估：项目专项组在每过 3～5 年后对本项目进行中期评估。重点分析项目的运行情况和合规性、适应性。

（14）PPP 项目整体移交。根据项目合同约定，项目运营期满后，对本项目需进行移交。

（15）性能测试和资产交割。项目公司应将项目资产和知识产权等移交到相关部门或机构。

（16）绩效评价。项目移交完成后，政府财政主管部门应组织有关部门对项目产出（如运营服务标准、水质、水量、水压等）、效益、政府和社会资本合作模式等进行绩效评价，并形成评价报告[②]。

目前国内做得比较成功的 PPP 项目有南宁市竹排江上游植物园段流域治理、江西峡

---

① 中华人民共和国财政部 . 财政部关于印发《政府和社会资本合作项目采购管理办法》的通知［Z］. 2015.

② 湖南省水利厅 . 水务 PPP 项目操作要点［Z］. 2017.

江水利枢纽工程项目、陕西南门沟水利枢纽工程项目、山东省临沂中心城区水环境综合整治工程河道治理 PPP 项目等。

3.5　无人机应用

无人机系统专业工程咨询即运用无人机系统对工程项目规划、勘察、设计、施工、运营维护等各个阶段进行管理与咨询，是提高管理人员工作效率的一种专业咨询。

无人机系统，通常包括操作人员控制无人机的便携式控制站和一个或者多个无人驾驶飞行器。所使用的无人机可配备各种传感器，如静态照相机、光谱仪、热成像相机、测距仪等。大多数无人机系统能在无人机和控制站之间进行实时数据传输，有些具有额外的板载数据存储功能，可用于增强数据采集。无人机系统可在多种环境中工作效率更高，更安全，成本更低[①]。

大型水利项目与一般土木工程相比，自身的特点也非常鲜明。除了工程量大、投资多、工期长等特点之外，还有具有地形地貌资料获取困难、工程地质条件复杂、工作线路长、管理困难、对自然环境和社会环境影响大、失事后果非常严重等特点。针对这些特点，无人机系统专业工程咨询可以很好地解决此类问题。

3.5.1　规划阶段的无人机应用

水利规划设计要建立在当地经济社会发展和水资源状况的基础上。根据经济社会发展对水利的需求来确定水利发展的任务和重点。经济社会发展的需求就是水利工作的重点。近些年，在国家"十二五"和"十三五"对水利行业提出新要求的背景下，在中央治水兴水方针政策的强力推动下，水利迈入了科学发展、跨越发展的新阶段。

针对水利规划的项目多位于偏僻经济欠发达地区，各项目的基础资料及高分辨的遥感摄像难以获取，且获取的资料比较陈旧，难以满足现阶段的水利规划工作要求。针对地区偏远资料获取难、时效性低等问题，利用无人机航拍高科技技术，获取地形基础数据及现状背景资料，可以获得相关立体三维数据、地形图、土地利用及淹没区面积等资料，较为准确地反映现实的地形地貌基本信息，建立实景模型。实景建模是基于无人机系统倾斜摄影技术，通过无人机搭载高精度相机或激光扫描仪采集现场数据，并利用逆向建模技术对数据进行处理，最终生成高精度三维数字模型。实景模型的建立，为水利规划的科学决策提供强有力的保障[②]。

3.5.2　施工准备阶段的无人机应用

在项目勘察设计阶段，以无人机遥感技术，勘察规划区域的地形地貌，完成对整片场

---

① 杨卫东等. 全过程工程咨询实践指南［M］. 北京：中国建筑工业出版社，2018.

② 李万能，陈黎. 无人机遥感技术在水利管理中的应用探讨［J］. 亚热带水土保持，2017，29（1）：41-43+57.

地区域进行测绘，再辅以区域内重点部分的详细勘察，即可得到粗细有致的勘察报告。较传统的勘察方法而言，节省了人力物力，且能更快速、高效地获得勘察结果。

3.5.3　施工阶段的无人机应用

对于施工阶段而言，无人机对于施工工地现场进行拍摄巡查，获得影像数据为施工现场的安全管理、进度控制、施工质量控制、计量测算估算、违规施工取证提供有效依据，也为打造数据库管理平台提供切实可行的原始资料。

实景建模也是施工阶段的重要内容。通过浏览实景模型，管理人员在办公室就能直观看到项目现场的情况。周期性三维模型的建立，能更真实记录项目建设的过程。

在实景模型浏览过程中，管理人员可对建筑物或者构筑物的长度、高度、面积、体积、进度进行测量，获取准确的几何信息，并将模型测量数据与设计图纸对比即可检出。施工和设计不符的部分，必要时要求施工方进行纠正，避免施工质量问题[①]。

水土保持也是水利项目的重要内容。同样，在施工阶段也可以通过无人机系统建立的实景模型进行分析对自然环境的影响，进而判断水土保持的效果。

3.5.4　运营维护阶段的无人机应用

除照相机外，无人机可搭载各种小型传感器采集数据以辅助项目管理。如无人机搭载热成像仪可以用于地下管道检测，搭载光谱仪可进行河道水质监测，确定水体污染程度和污染源位置等。同传统人工采集数据相比，无人机搭载传感器效率更高更安全。

1. 水质监测

目前水管理部门针对水资源管理主要通过各级水资源部门进行，采用常规水质检测、水量控制等传 统技术手段，针对突发事件应急处理时效性及工作强度等方面存在较大的提升空间。结合无人机先进技术，配合高分辨率的卫星遥感对管辖区域进行定期覆盖，对水量少、富营养化、取水量及水资源面积等因素，采用无人机立体航拍模式，并利用水环境遥感技术对无人机高分辨率数据进行分析与统计，能够较好地解决水资源管理的关键问题，是水利信息化发展的趋势，也为水管理部门科学决策与管理提供技术保障。

2. 抗旱防汛

随着全球气候变暖趋势的发展，水资源时空分布不均加剧，年径流减少趋势明显，径流年内分配不均匀，洪涝与干旱灾害发生频次增加。考虑到洪水灾害、水污染事件、分洪排导及特大旱灾等涉水的重大公共事件，具有涉及面广、影响大等特点，直接关系到人的生命与财产安全。洪水灾害、特大灾害等日常监督与监测工作主要采用卫星遥感为基础数据源，难以实时、快速地获取高分辨率的相关数据，严重影响到防汛抗旱管理部门的决策与分析。

实时、快速与高分辨率的影像数据的获得直接关系到防汛抗旱决策工作正确与否，也

---

① 杨卫东等. 全过程工程咨询实践指南［M］. 北京：中国建筑工业出版社，2018.

直接关系到人民生命财产损失的严重程度。而无人机系统在日常防汛检查中，可克服地处偏僻、人员缺少等不利因素，快速赶到出险空域，立体地查看蓄滞洪区的地形、地貌和水库、堤防险工险段。通过先进的无人机设备能够加快获取防汛抗旱现场影像，经数据处理后获得洪水淹没区面积、洪涝受灾面积、损失情况、干旱样方计算、干旱受灾面积及调查工作，为科学救济、赔偿等方面提供技术支持，无人机防汛抗旱系统使相关的政府部门对应急突发事件的情况了解更加全面、对突发事件的反应更加迅速、相关人员之间的协调更加充分、决策更加有据。通过快速、及时、准确地收集到应急信息，以及多种方式进行高效地沟通，为决策者提供科学的辅助决策信息[1]。

---

① 李万能，陈黎.无人机遥感技术在水利管理中的应用探讨［J］.亚热带水土保持，2017，29（1）：41-43+57.

第二篇

某大型水利项目全过程工程咨询案例

本篇选取深圳市 GM 水库—QLJ 水库输水隧洞连通工程作为案例，对项目开展全过程工程咨询的相关工作进行了系统、全面的解读，结构完整、内容全面、理念领先。全过程工程咨询单位从项目立项通过开始介入，全方位地展现项目各主要咨询工作以及相应的措施、方法、流程等。通过这个案例的展现，读者能够真正了解水利类项目应该从哪些方面着手做好全过程工程咨询工作，这也是本书的核心篇章。

第4章 建设背景及编制依据

4.1 建设背景

珠江三角洲地区的水资源开发利用率为7.8%，其中东江（含东江三角洲）38.3%，北江9.5%，西江1.3%；西江流域水资源开发利用潜力较大，而东江水利用率已逼近国际公认的40%警戒线。水资源成为制约粤港澳大湾区建设的重大瓶颈。国务院部署的172项节水供水重大水利工程之一包含珠江三角洲水资源配置工程，工程设计取水总流量80m³/s，其中深圳分水流量40m³/s，该工程到深圳市的交水点为深圳市 GM 水库、QLJ 水库两座水库。

深圳市年平均水资源总量为20.5亿 m³，年人均水资源仅为全省1/10，年人均水资源仅为全国1/11，属严重缺水城市。深圳市境内无大江、大河、大湖、大库，目前市内水源供应呈现以东江水为主、本地水源为辅的特点。考虑近几年的连续干旱形势，深圳市积极开展应急备用水源工程系统的建设。

《深圳市水务发展"十三五"规划》明确提出构建双水源双安全供水网络，统筹西江和东江双水源，积极配合省政府推进 GM 水库—QLJ 水库输水隧洞连通工程建设，《珠三角水资源配置工程建设项目建议书》指出该水库连通工程将作为对港供水的应急备用水源，有效提高香港的水资源战略储备能力。

中共中央、国务院发布《关于支持深圳建设中国特色社会主义先行示范区的意见》提出五大战略地位：高质量发展高地、法治城市示范、城市文明典范、民生幸福标杆、可持续发展先锋；建设 GM 水库—QLJ 水库输水隧洞连通工程符合城市可持续发展，能够提高人民幸福指数，有利于深圳市高质量的发展。

建设 GM 水库—QLJ 水库输水隧洞连通工程可以利用已有对港供水管道输水到香港（10m³/s），作为香港备用水源，助力粤港澳大湾区的建设，体现深圳市对建设"粤港澳大湾区建设"国家战略的响应。

建设 GM 水库—QLJ 水库输水隧洞连通工程是解决西江来水的重要工程，实现对西江来水的分配和使用；可以保障深圳市在遇到突发供水事件时有90天应急供水的能力。

建设 GM 水库—QLJ 水库输水隧洞连通工程将深圳市的原水系统由"线"向"网"升级，使东江、西江水源连通，实现东西水源"互为备用"，灵活调度，解决了深圳市中西部未来发展的供水问题。

在上述建设背景下，建设单位于 2019 年 7 月采用全过程工程咨询管理模式发布招标公告，浙江江南工程管理股份有限公司通过公开竞争成为该项目全过程工程咨询服务单位。

4.2　服务大纲编制依据

项目咨询服务机构进场后，即组织相关人员编制 GM 水库—QLJ 水库连通工程项目全过程工程咨询服务大纲，服务大纲的编制依据主要有：

（1）《国务院办公厅关于促进建筑业持续健康发展的意见》（国办发〔2017〕19 号）；

（2）住房和城乡建设部《关于开展全过程工程咨询试点工作的通知》（建市〔2017〕101 号）；

（3）2019 年 3 月 15 日，国家发展改革委、住房和城乡建设部《关于推进全过程工程咨询服务发展的指导意见》；

（4）深圳市住房和建设局《关于发布〈深圳市建设工程施工工期定额〉（2017）的通知》（深建市场〔2017〕21 号）；

（5）深圳市建设工程勘察设计工期定额（2018）；

（6）建筑信息模型应用统一标准 GB/T 51212—2016；

（7）建筑信息分类和编码标准 GB/T 51269—2017；

（8）建筑信息模型施工应用标准 GB/T 5125—2017；

（9）《建设工程项目管理规范》GB/T 50326—2017；

（10）《水利工程施工监理规范》SL 288—2014；

（11）《水利水电工程质量检验与验收规程》SL 176—2007；

（12）《建筑工程施工质量验收统一标准》GB 50300—2018；

（13）经批准的项目建议书；

（14）项目条件及环境分析资料；

（15）《全过程工程咨询服务合同》（含项目招标投标文件）；

（16）水利工程勘察、设计、施工及验收规范、操作规程等；

（17）深圳市政府有关本项工程建设工作的文件、会议纪要等；

（18）国家、广东省、深圳市现行有关法律、法规、规定等。

第5章 项 目 概 况

5.1 项目总投资

项目总投资估算约为 109 亿元，资金来源为深圳市政府投资。

5.2 建设规模

项目建设任务是将 GQ 水库、QLJ 水库某两座水库连通，并连通沿线 5 个水厂，输水全长 42.1km，直径 6.4m，内衬钢管直径为 5.2m，设计输水规模初步确定为 267 万 m^3/d。

5.3 建设目标

功能：确保整个项目达到项目设计要求，运行稳定；

质量：确保大禹奖，争创詹天佑奖、鲁班奖；

安全文明：不发生较大及以上安全事故、确保 AAA 级国家安全文明标准化工地；

工期：2027.10.31 交付使用；

投资：不超投资概算；

环境：确保建设绿色生态、人与环境和谐共处；

廉洁：打造廉洁、阳光工程。

5.4 参建单位信息

建设单位：略

全过程工程咨询单位：浙江江南工程管理股份有限公司

全阶段勘察设计单位：略

质量安全监督单位：略

施工单位：略

其他：略

5.5 项目的重点和难点分析

5.5.1 岩土工程勘察阶段

1. 勘察应满足结构设计和主要施工方法的需要

对于明挖法和盖挖法，勘探孔一般布置于结构边线外 2m 左右，明挖进出水口、盾构井等钻孔可沿其中心线布置；结构外侧 1 倍开挖深度范围宜布置钻孔。岩土工程勘察需查明岩土分层及厚度；查明基岩产状、起伏及坡度情况；查明不良地质；查明地下水类型、水位、水量、补给来源、渗透性、对混凝土及钢结构的腐蚀性；判断管涌、浮托破坏的可能性；判断砂层的液化特征；判断基坑降水的可能性；进行土石可挖性分级；评价环境对基坑开挖施工的承受能力；提供围护结构（桩、墙、土钉、锚杆等参数）；提供工程地质纵横断面等。对于 TBM 法，勘探孔沿线路两侧交错布置于外 3～5m。岩土工程勘察需查明地层构造、层序以及地层中洞穴、透镜体和障碍物分布。对于软土、松散砂层、含漂石、卵石地层、高粉黏粒含量地层、掌子面软硬不均地层及硬岩地层等对 TBM 盾构机具选择和施工有重大影响的地层，应重点勘察。查明硬岩的节理发育情况和岩体基本质量分级；查明地下水位、渗透系数、腐蚀性，估算掌子面涌水量（作为衡量失稳后破坏后果的一个参考指标）；提供力学计算和 TBM 盾构机、刀具选型所需的岩土物理、力学参数；进行土石可挖性分级并提供工程地质纵横断面。对于矿山法，勘察孔尽量布置在开挖范围外侧 3～5m。岩土工程勘察最首要的任务是进行准确的围岩分级。另外，勘察还应着重查明水文地质条件，估算单位长度（可按 1m 或 10m）的涌水量；查明构造破碎带、含水松散围岩、膨胀性围岩、岩溶、遇水软化崩解围岩以及可能产生岩爆的围岩；进行土石可挖性分级并提供工程地质纵横断面。对于冻结法施工，另需提供地层含水量、地下水流速、开挖范围岩土层温度及热物理指标等。

2. 勘察应着重查明不良地质及特殊性岩土

深圳地区地质条件复杂，影响工程的不良地质作用较多，如断裂、岩溶（含白垩系红层溶蚀及空洞）、花岗岩残积层及风化带、球状风化、风化深槽、软土、硬岩等。断裂带岩体破碎，设计时应尽量绕避，无法绕避时应穿过断裂带；由于断裂带地下水活动复杂，对地下工程施工威胁较大，勘察阶段应予以查明断裂带的范围、产状、构造破碎情况及富水性。断裂的活动性对引水工程可能会造成一定程度的影响，必要时应进行断裂专题勘察，为设计考虑是否需对结构进行特殊处理提供资料。由于钻探具有一孔之见的局限性，设备的型号一经确定后开挖断面尺寸较难更改以及岩溶发育的局部无规律性，必要时钻探应结合物探方法进行综合探查。硬岩对 TBM 盾构机的选型及施工方法有重大影响。一般在岩石天然单轴抗压强度高于 80MPa 时宜选用单刃盘型滚刀，同时结合岩石强度和节理裂隙发育情况设计滚刀间距。TBM 盾构机在硬岩地层中掘进时，刀具磨损严重，有时甚至损坏刀具和磨损刀盘，掘进效率极低，此时宜选用矿山法（钻爆法）施工。由此可见，查明硬岩的分布、强度、石英含量（研磨性）、裂隙发育情况是很有必要的。花岗岩残积土及全强风化带，石英及黏粒含量均较高，具有遇水软化及崩解特性。采用矿山法时极易失稳垮塌，采用盾构法时易结泥饼、极大地降低掘进效率。花岗岩残积土及全强风化带若夹有球状风化物，由于风化球周围岩体与球状风化岩体本身强度存在较大差距，易造成刀具损坏，甚至会导致刀盘变形乃至使整个TBM盾构机瘫痪。岩土工程勘察应详细查明风化带的厚度、分布、球状风化体的规模、抗压强度等，进行有必要的颗分试验，为TBM盾构机设计和选型提供依据。

3. 应提供合理的岩土参数和工程措施建议

不同的结构与施工方法，不同功能的建（构）筑物对岩土工程勘察的要求也不同，这种不同在岩土参数和工程措施建议上也应有所体现。如对于明挖盾构井，重点岩土参数有地下水位、各岩土密度、抗剪强度指标、侧压力系数、桩端（侧）阻力特征值等；对于盾构法，重要的岩土参数主要是范围内各岩土层天然抗压强度；岩土工程勘察提供岩土参数和建议时，应有的放矢，结合施工方法和设计的需要，这样做也使岩土测试抓住重点，避免不必要的工作，节省勘察投入。

4. 引水工程岩土勘察工作施工受环境制约明显

引水线路设计要考虑沿线水厂用水情况，线路穿过部分的商业区和居民区，地面建筑、交通、地下管线等成为制约勘察施工的明显因素。由于岩土工程勘察可能存在妨碍地面交通、损坏地下管线、造成环境污染等问题，交通、园林等部门对勘察施工审批程序严格，由此可能造成两方面后果，一是部分钻孔无法施工导致影响勘察成果的质量，二是影响勘察工期继而影响引水设计和施工工期。

5. 山区勘探

本线路经过山地很多改为公园，一般属林木保护区，树木茂盛，钻机移动困难，有些位置无法通车，甚至没有道路，加大了勘探难度。有些位置地势陡峭，要勘探到设计标高，深度达200多米，消耗的工期是平常的3～7倍。建议探孔的位置适当调整，加快工期，外部需建设单位同产权单位及相关管理部门协调。工作工人防护用品要到位，运输不能破坏当地植被。

6. 穿越河道、水库位面勘探

河流、水库根据水位及流速确定施工平台的承载浮筏类别，适当加大施工操作平台的工作面积，准备好安全措施（必需配置救生衣）。不会游泳的工作人员不得在水上工作，水上作业人员必需通过游泳实操考核才能上岗。水上勘探的封孔标准必需按已批准方案执行，制定预案，预防透水事故。

7. 穿越高速公路、高架桥梁、市政立交桥勘探

该部位可以根据相关产权单位提供地质报告及图纸作相应的位移，在物勘测量时，要复合图纸中主要标的物的坐标精准度。这类位置往往有其他单位的浅层管线，必需采用雷达进行探地扫描后才能开钻，外业由建设单位同产权单位协商后进场，查明桥梁监测方案，编制专项作业方案，经有关部门审批后实施。

8．穿越铁路勘探

在物探结束后，铁路部位安排的勘探点要最先汇报给建设单位。确定必需要的，马上整理好相关资料，由建设单位同铁路部门协商。施工时，严格遵守铁路部门的安全制度，并接受其监督。

9．穿越地铁勘探

地铁部门由建设单位出面协调，各相关单位参加联席会议上确定方案，在实施勘探孔定位后，由第三方或地铁方进行复测，确保钻孔在规定区域。

10．特殊地质段勘探

（1）GM 水库—沈海高速有 3 条小型断裂带，地质较差，如勘探人员发现碎裂带（即水压试验，水压损失严重，或抽水试验，涌水很大），建议加密勘探点，彻底调查其情况，为设计及施工提供精准的依据。

（2）沈海高速段，没有小型断裂带，以红砂岩石为主，该种类岩石强度较低，有裂隙水（在河道、塘、水库附近，要加勘探点），该种类岩石会夹有薄土层或硬质岩石，一般按软质岩石处理。

（3）沈海高速段—QLJ 水库段，有 3 条碎裂带，属强度低的软岩，勘探特别重视，一定要调查清楚断裂带的位置及断裂带地下水量情况，为设计和施工提供准确围岩性质。

5.5.2　可行性方案（方案设计）阶段

1．进出水口及水工建筑比选

（1）进出水口位置离岸远近，将决定栈桥或导流槽的长度，直接影响工程造价。

（2）施工便道直通水工建筑的施工位置，便道路基良好。

（3）进出水口的位置道路离主路尽量近，方便同市政、电力等其他基础设施连接。

（4）水工建筑满足功能需求外，其建筑外观争取成为评定各类奖项标志性构筑物，并成为水库景观的一部分。

（5）道路及栈桥符合重型设备运输要求。

2．线路、线型、施工井的方案

（1）线路要避开重要建筑物、构筑物，同主要交通线不能重叠（铁路、地铁、高速公路、桥梁）。

（2）线型符合 TBM 盾构机拐弯半径需要，还要考虑钢构件运输的拐弯半径。

（3）考虑不良地质，参考其他施工经验，始发井设置在标高低位，由低往高施工，如遇到大流量涌水，最大限度保证设备及人员安全。

3．机电设备

（1）因评定各类奖项的要求，提升外观标准是必需的选项。

（2）主要水泵及电气设备比选进行专家充分认证。

（3）选择的设备同土建结构配套，考虑进出道路的顺畅、道桥承载力满足等要求。

4. 水土保持、环境

（1）临时设施按相应标准建设，部分按永久性设施的工程要接入市政设施。

（2）其环境工程及园林景观按评定各类奖项标准设计。绿化要注重色块或季节性色块的应用，树木品种选择精品类别的，创造绿化特色景观为目的。

5.5.3 施工准备阶段与施工阶段

本工程隧洞施工准备工作主要是不良地质段 TBM 的选型论证及其施工阶段对不良地质的处理方案的选择。

1. 影响 TBM 选型的因素

由于 TBM 施工过程是连续的，具有隧洞施工"工厂化"的特点，而且具有机械化程度高、快速、安全、劳动强度小、对地层扰动小、通风条件好、衬砌支护质量好以及减少开挖中辅助工程等优点。但 TBM 也有对地质条件的依赖性大、设备的型号一经确定后开挖断面尺寸较难更改以及一次性投资较大等劣势，在单位成本上，随掘进长度的增加而降低，地质资料直接影响到 TBM 的选型和施工造价。因此，TBM 选型应该注意适应地质因素，要求质量可靠、功能齐配，并选择一支能力强、经验丰富的施工队伍。

2. 地质因素

TBM 选型必须同时考虑到如下地质因素：

（1）沿线地形、地貌条件和地质情况，进出口边坡的稳定条件；地质的岩性，包括软弱、膨胀、易溶和岩溶的分布，以及可能存在的有害气体及放射性元素。

（2）岩层的性状，主要断层、破碎带和节理裂隙密集带的位置、规模和形状。

（3）地下水位、水温和水的化学成分特别是涌水量丰富的含水层、汇水构造等，以预测掘进时突然涌水的可能性并估算最大涌水量。

（4）提供的围岩工程地质分类，以及各类岩体的物理力学性质、参数，以及对不同围岩的稳定性给出的评价。TBM 性能的发挥在很大程度上依赖于工程地质和水文地质条件，如岩体的裂隙等级、岩石的单轴抗压强度和韧性将决定 TBM 掘进速率和工程成本；埋深岩的等级、涌水大小等涉及掘进后的支护方法、形式及种类。硬岩的掘进虽然首选敞开式 TBM，但是地质上的非同一性，尚需要敞开式 TBM 具备一定通过软弱围岩的能力。因为软弱地层岩体胶结性能差，开挖面自稳时间短，此时 TBM 上的支护设备就显得十分重要，如锚杆设备、临时喷射混凝土设备和架设圈梁设备等。若通过的软弱地层洞段多或较长时，应考虑是否加大上述设备的数量或能力；当通过断层或特殊困难地段时，应使用超前支护设备，对刀盘前部地层进行预加固处理。若工程中常遇瓦斯，当瓦斯浓度为 5%～16% 时，遇到火源具有随时发生爆炸的可能性。为此，需要在 TBM 上安装瓦斯测量和警示系统，当瓦斯体积浓度达到 55% 时，它发出声响或警示灯光，如果瓦斯体积浓度达到 0.7% 时应通知操作人员停止 TBM 掘进或立即加大通风量，以保证安全。

3. 设备保障因素

TBM 都要根据地质条件、支护要求、工程进度和开挖洞径进行设计制造。即使是同类型主机，尚需自主确认驱动型式、控制系统、测量系统、记录系统等规格和关键参数，特别是与之配合的后配套系统更是关系到 TBM 技术性能和效率的发挥。

4. 科学管理因素

工程本身带有一定的不确定性，这方面取决于预测地质资料和实际地质状况的一致性；也取决于面对地质条件的变化，施工管理和施工组织的应变能力。有经验的、善于管理的施工承包商，可以降低由于地质条件的变化带来的风险。TBM 是由数十台设备组成的一个联动体，任何一台设备出现故障，都将影响 TBM 的正常工作，并直接影响掘进效率。每道工序、每个岗位的管理都是保证整机连续作业的关键。随时掌握地质变化，调整掘进参数和不同的支护要求，需要有合理判断。充分发挥管理上的优势并不断进行创新，配合项目设计单位、合格的 TBM 制造商以及有经验的施工承包商的共同研究和决策，是 TBM 施工成功的保证。

5. TBM 选型

直径为 1.5 ～ 15.0m 的圆形隧洞都适合 TBM 施工，特别是水工隧洞、铁路隧洞等，它们在断面积上得到充分利用，圆形断面非常适用输水，特别是 TBM 掘进成型的光滑岩面，在输水中减少了水头损失，同样，光滑岩面也有利于隧洞的通风。TBM 可以开挖较大坡度变化范围的隧洞，以满足工程设计需要的坡度受到所选择运输方式的限制，轨道运输时坡度不能大于 1 ∶ 6，采用无轨运输时的坡度受牵引车辆能力的限制，近年来国外广泛使用的连续皮带输送机可完成较大坡度条件下的渣料运输。根据勘测设计成果及先期施工辅助工程揭露的地质情况，GM 水库—QLJ 水库连通引水工程的地质及水文地质条件较适合 TBM 施工，但采用何种型式的 TBM，需要考虑岩石条件，并重点考虑高压大流量涌水段及破碎带的需要。在 TBM 主机型式选择上，对敞开式、护盾式（单护盾、双护盾、三护盾）等各种类型的 TBM 进行了分析，不同的型式分别具有最适应的地质范围，同时对其他地层都有不同程度的局限性。就敞开式 TBM 而言，对于岩爆、高压水及十分破碎的岩体如断层、破碎带、局部软岩、高压水流或溶洞等可能难以应对。随着 TBM 辅助功能不断完善，如拱架安装机、锚杆安装设备、挂网机构、高效的喷混凝土系统等快速初期支护能力，超前预报及超前注浆功能等系统的采用，敞开式 TBM 具有了十分完善的功能和先进的技术性能，而将其发展成为一定意义上的复合式 TBM，对围岩的适应性进一步加强。例如，秦岭隧洞是典型的 TBM 施工的硬岩铁路隧洞，磨沟岭是以软岩为代表的铁路隧洞，大伙房是以中硬岩为主的长大输水，以上都采用了敞开式 TBM 施工。由于支护技术和支护手段的进步，使得敞开式 TBM 施工的适应能力得到了很大的拓展。对于护盾式 TBM 掘进，可以采用单护盾和双护盾和三护盾 3 种模式，在围岩较好时，可以采用只有顶护盾的敞开式 TBM 掘进。若果遇到局部围岩不稳，可以在 TBM 刀盘后进行临时支护，如锚杆、喷混凝土、加钢筋网、钢支撑等即可以确保围岩稳定；必要时采用超前灌浆加固前方围岩后再掘进。如遇高压大流量地下水，可以利用护盾阻挡地下水，不致伤害人员和设备。敞开式、双护盾及三护盾掘进机对比见表 5.5。

敞开式、双护盾及三护盾掘进机对比表　　　　　　　　表 5.5

掘进机类型	敞开式掘进机	双护盾掘进机	三护盾掘进机
掘进性能	可根据不同地质，采用不同的掘进参数，随时调整	刀盘结构同敞开 TBM，可根据不同地质，采用不同的掘进参数，随时调整	刀盘结构同敞开 TBM，可根据不同地质，采用不同的掘进参数，随时调整
支护速度	地质情况好时只需要进行锚网喷，支护工作量小，速度快。地质差时需要提前加固，支护工作量大，速度慢	采用管片支护，支护速度快	采用管片支护，支护速度快
掘进速度	根据地质情况调整掘进速度。受地质和设备性能影响	与敞开式相同，根据地质情况调整掘进速度。受地质和设备性能影响	采用 3 个护盾、2 套撑靴系统，2 套液压推进油缸，3 套稳定撑靴，2 套支撑推进系统交替使用，没有换步，可以连续掘进，掘进速度快
衬砌方式	根据情况，可进行二次混凝土衬砌	采用管片支护，可以不进行二次衬砌	采用管片支护，可以不进行二次衬砌
管片预制	无	必需	必需
设备费用	低	高	高
工程成本	低	高	高

6. 超前地质探测

根据对 GM 水库—QLJ 水库引水的项目建议书分析表明，工程区存在地下水、断层破碎带等不良地质问题，特别是地下岩溶裂隙水引起的涌、突水是引水的主要地质问题。TBM 施工是一种机械化程度很高的全断面施工技术，若在施工中突遇地质灾害，在无支护之前产生大量塌方、涌水、掉块，使机器被埋、被淹、被卡，将会出现进退两难，难以处理的局面。为避免事故的发生，除提高勘察精度外，在隧洞施工过程中，运用各种先进技术、手段和方法对隧洞掌子面前方地质条件进行及时准确地预测，可以提前采取预防措施，避免灾害的发生，保证隧洞施工的安全。根据国内外相关工程施工经验，做好地质超前预报对于 TBM 顺利施工意义重大。地质超前预报是勘测设计阶段工程地质工作的延续，结合实际地质状况与设计不一致的部分进行对比，有助于提高地下工程勘测质量，提高勘测设计资料的准确性。超前预报提供有关隧洞前方地质条件的变化信息，从而能够及时指导 TBM 施工，采取有效措施，安全通过不良区域。近年来一些出现了一些最新的技术，如空间技术（3S 技术）、地球物理勘探技术（三维地震 CT 成像）、隧洞地震预报（TSP 探测技术）、地质雷达法（GPR 法）、常规地质钻探技术等。本工程结合国内外 TBM 施工预报经验，建议采用 beam 系统实时探测的方法作为 TBM 掘进探测主要手段，重点查明掌子面前方的地质构造。在施工的不同阶段，可充分利用上述不同的方法，查明的地质情况以指导 TBM 的掘进。

7. 不良地质段超前处理

根据国内以往工程的实践经验，在 TBM 施工中对于不良地质洞段采取超前处理，避免卡机、塌方事故处理，工程效果明显。GM 水库—QLJ 水库引水所在区域地质条件复杂，采取单一的超前处理措施不能满足工程需要，需要采取多种处理方法进行综合处理。根据超前预报判断可能遭遇的不良地质洞段，充分利用超前支护来确保施工安全，包括超前锚杆、超前灌浆等措施进行超前处理。遭遇特殊不良地质时，可采取钻爆法绕前处理。

（1）超前锚杆支护

超前锚杆主要用于节理裂隙发育，但岩石较完整的洞段。在 TBM 护盾外侧，采用先进的钻进设备，向掌子面前方钻设超前锚杆，形成对前方围岩掌子面外围的围岩支护，并对前方围岩进行灌浆固结，形成锚固圈保护下的掘进作业。超前锚杆与钢支撑形成牢固连接；超前锚杆胶凝材料使用早强水泥砂浆或快速锚固剂。在断层破碎带等洞段，由于围岩易产生塌方，故施工前应采用超前小导管注浆进行预支护。超前小导管采用热扎无缝钢管加工制成，前端加工成锥形，尾部焊接加劲箍，管壁同边钻注浆孔，施工时钢管沿开挖外轮廓线布置，环向间距视围岩情况进行布置。

（2）超前灌浆

当超前预报及勘探判断地质条件较差或可能存在大量涌水的情况下，需进行超前灌浆处理。位置一般情况宜在 TBM 护盾外侧，采用设备 L1 区配置的钻进设备施钻，孔深需根据地质条件进行布设。超前灌浆施工时可采用纯压式灌浆，孔深可达 30 ～ 50m，灌浆压力依据测定的地下水压力确定。灌浆材料以水泥浆为主，根据实际情况添加环保型的速凝剂。

8. 地下突涌水处理

隧洞施工中对于施工突涌水的处理是在掘进过程中需要解决的关键技术问题。针对 GM 水库—QLJ 水库隧洞的地下水处理，必须针对性地提出处理和应对措施。隧洞地下水处理思路为：根据地质超前预报成果，立足于超前注浆封堵，争取在开挖前封闭地下水通道；对意外揭露的突发性涌水，根据涌水量大小采取合适的施工方法将动水变成静水后再实施注浆封堵。对于渗滴水型出水，因其量少、水压力低，可以不考虑注浆处理或在隧洞开挖过后再进行后注浆处理，不影响隧洞掘进进度。线状渗水一般出现在断层、破碎带或节理裂隙发育洞段，虽其涌水压力不高，但涌水量大，对隧洞施工也有一定的影响，宜作一般性处理。而高压集中涌水段涌水量大、压力高、突发性强、危害性大，一旦发生后再行封堵难度加大。对高压集中涌水，原则上必须在涌水点未揭露前进行注浆封堵，即采用超前预注浆的施工措施，在静水条件下将其封堵。当出现流量小于 $3m^3/s$ 的低压大流量管道突涌水时，由于 TBM 设备的设计、制造已考虑应对措施，能够保证人员和设备是的安全，掘进可以照常进行，后处理工作及时跟进。当出现高压射流溶蚀裂隙管道水，将直接威胁人员、设备的安全。此时应充分利用 TBM 护盾后方安装的钢护盾进行导水、防护，降低人员及设备的风险。当 TBM 掘进前方出现大于 $3m^3/s$ 的大流量涌水时，由于 TBM

刀盘下部预留了可控制排水孔，为防止水流将岩渣带出刀盘，需适时控制液压防水门。以免设备区堆积较多岩渣，增大清理难度。在有关资料和预报经验的基础上，结合 TBM 设备配置的超前预报设备，可更加准确地判断隧洞前方的地下水情况，判断出水位置，特殊情况下，可通过辅助导坑进行掌子面前方的超前处理，确保 TBM 设备顺利通过该洞段。

9. 断层破碎带洞段处理

根据项目建议书描述地质资料，引水沿线主要为砂岩、黑云母花岗岩，在引水施工过程中，将会通过多处断层破碎带，虽其与初选的引水洞线呈大角度相交，但由于破碎带宽一般在 5m 以内，其与 GM 水库—QLJ 水库引水特有的水文地质相组合，必定会带来较为严重的地质问题，在 TBM 施工中必须引起高度重视。根据已有的断层破碎带处理经验，结合 GM 水库—QLJ 水库引水的特点，需采取各种临时支护措施进行处理。对于规模较小且破碎不很强烈的断层，当断层面产状与轴线大角度相交时，不必进行超前钻探；当断层面产状与轴线小角度相交或近乎平行时，应进行超前钻探；若断层陡倾或虽平缓但位于隧洞顶时，要进行必要的超前固结灌浆。对于规模较大的断层带，要视其产状和掘进机所处的构造部位不同具体处理：

（1）对于陡倾断层，无论断层与洞线的关系如何，当掘进到断层强烈影响带时都应进行超前钻探，并通过不同部位的钻孔进行超前固结灌浆。

（2）对于缓倾断层，若断层面走向与洞线轴线交角较小，当进入断层影响带时就应进行超前钻探，并对破碎带及强影响带固结灌浆。若交角较大，则分为两种情况，当断层倾向与掘进方向相同时，掘进至断层影响带时，就应进行超前钻探，并对破碎带及强影响带固结灌浆；当断层倾向与掘进方向相反时，要注意围岩的变化情况，进入强影响带时要进行超前钻探，并对不同方向的钻孔固结灌浆，若断层破碎规模大，且围岩破碎强烈，则需要多次钻孔和灌浆，以确保 TBM 顺利施工。

5.5.4 技术设计阶段

1. 围堰方案比选

（1）根据季节、地形、地质、水文、气象、工期选择。

（2）根据围堰保护对象、围堰的使用寿命等决定围堰级别。

（3）不同部位的施工设置不同等级（水工建筑、栈桥）。

（4）围堰主材选择尽量利用本工程弃土、石。

2. 垂直运输方案

（1）根据地质、主要施工工艺确定起重最大重量的设备。

（2）根据出渣量及渣品种决定是否增加更经济的提升设备。

（3）根据设备对基坑围护方案结果进行结果验算。

3. 洞型结构的比选

钢结构洞型分圆形和多边形，从流体力学、结构计算、成本分析、工艺加工（多边形设备投资小、质量控制容易）、洞内运输、洞内安装等综合考虑。

4. 监测方案的比选

根据工程的不同部位所设置传感器种类、数量，对采集数据处理后同报警、提示设备联通要可靠性等问题进行比对及认证。重点监控隧洞、深基坑、围堰。

5. 智能化通信方案比选

根据建议书内容是自建通信线路，自建会涉及增加永久土地征用、专业维护、数据库建设、造价高等问题。必须同租用有关专项线路及数据库费用进行综合比对（高速公路目前增加的设备在通信方面，最常用的模式——租用）。

6. 弃渣方案的比选

（1）由于大部分施工段采用 TBM 施工，其出的石渣质地均匀，是市政工程基层设计用料及房建工程地下室上方回填的优质宕渣，也可以运往其他本系统需要的工地。若采用全部填海方案，则会有明显浪费情况。

（2）本工程软岩含沙量很大，破碎筛分容易，可以根据实验结果进行利用，减少外运渣石数量，节约造价，这种方案需要较大的临时堆场，需要解决临时用地的问题。

（3）本工程石渣外运车辆必需接受监控，制定专门合同条文、罚则，保证其规范运作。

5.5.5　施工图设计阶段

1. 取水口的节点设计

本工程采用 TBM 盾构施工，会留一个巨大施工盾构井，取水口设计结合盾构井，可以节约造价，施工环境比库区好，在库区里施工时间大大缩短，可以直接产生经济效益。

2. 防水锤

（1）在水泵的出水管路和压水管之间连接带止回阀的泄压旁通管路的办法，对控制水泵故障时的水锤压力具有很好的效果。

（2）防水锤止回阀克服了普通止回阀的缺点，尽可能地选用防水锤止回阀。

（3）在水泵的出口处应该设置防水锤止回阀。即可以防止水泵突然停泵时的超速反转。又可以减小突然停泵引起的水锤。

（4）大型泵站一般采用微阻缓闭止回阀，但须校核关闭时间，也可采用自闭式水锤消除器。

3. 岔道的节点设计

（1）岔道标高同主隧洞相对位置，尽可能考虑施工的方便性。

（2）该节点处钢结构加强部件的可施工性。

4. 伸缩节的设计

（1）输水线路较长，季节性温度变化，对管道会产生温差应力变化，应力变化对隧洞在不同地质地段相互作用，其应力、变形要通过试验及计算来确定的安全性。

（2）根据计算确定需要伸缩缝，其钢结构伸缩节的设计会成为一个重点。在有水压力情况下，伸缩节防水、设置的位置都是一个难点。

5. 闭水试验的节点设计

根据规范，闭水试验是检验输水是否成功最重要指标，由于引水长度长，中间的工作井距离较长，如何分段、试验水压设置需要充分认证。认证结果直接影响到节点的数量多少，以及节点力学取值。试验结果处理，试验需要的费用等问题。

6. 深基坑结果方案的比选

不同部位的基坑根据地质报告，比选不同结构设计及施工方法，考虑造价及安全度进行优选，如进出水口还要考虑其他综合用途。

5.5.6 工程施工阶段

1. TBM 进入不良地质应对措施

（1）地质断裂带掘进时，TBM 主司机密切掘进参数及皮带机出渣情况，应将出渣量控制在允许范围内。若围岩变形难以控制或出水量增加较多，应及时后退 TBM 主机，避免发生卡机事故。

（2）软岩地段 TBM 速度会很快，软岩变形量增大很多，出渣速度及管片供应不得脱节，相应的注浆施工速度要有充分准备。

（3）TBM 进入不良地质及刚开始进入软岩时间段其采用超前预报距离要缩短距离（正常 200m/ 次）。

2. 钻爆法不良地质应对措施

（1）根据出水量增加，采用钻爆法开挖，可以采用管棚式导管注浆法止水。

（2）缩短支护同开挖距离，加强变形监测数据预报，防止塌方。软岩可以采用机械开挖，必要时降低开挖速度。

3. 异形钢构件的制作、运输、安装

（1）本工程钢构件直径 5.2m，无法在道路上由汽车直接运输，如果都在现场制作，会占用很大一片施工场地。估计 4000 ～ 5000m² 厂房，计划用地面积根本不够用。

（2）钢结构外面半成品，运到现场，直接入安装焊接。这样占用施工场地面积最少，但洞内安装难度增大，焊接数量多，安装质量及效率降低不少，工期较长。

（3）施工现场（基坑延长段）安排 1000m² 左右建厂房，用大型自动焊接设备加上龙门吊（土建单位的龙门吊也可以使用），可以最大限度减少隧洞内工作量，施工工期有充分保障。

4. 灌浆混凝土工艺

（1）混凝土供应单位必需提供配方原材料，原材料由第三方进行检测合格（特别是外加剂，如消泡剂、塑化剂、减水剂等），混凝土在流动性、和易性、抗裂（微膨胀）、同钢构件相容性必须现场试验。

（2）灌浆混凝土施工要有严格的审批程序，因为钢构件厚度 24mm，每米重量 3.2t，如出现问题，处理成本极大。

（3）该工艺一定要有抗浮验算，防止浮力过大在其他方向位移，特别在弧形段。

（4）灌浆顶部密实要制定的严格工艺标准。

5．钢护衬隧洞内焊接质量工艺

本工程钢护衬 24mm 厚，属于中厚板，而且环形焊缝，又在高湿度环境下，要有严格的焊缝工艺设计，才能达到设计的质量目标。

6．TBM 大修

刀盘是 TBM 最重要部件，常出现刀盘面板磨损，刀盘周边磨损，刀座裂纹，滚刀刀座磨损，滚刀刀孔及刀具端盘磨损，刮刀刀座磨损等。修复的焊接质量，最为重要，对焊机、焊条、焊工的实操考核按规范执行。根据经验大约 1500～2000m 大修一次。维修时，要求机器停在地质较好地段。在进入不良地质及有问题地质段前，施工单位必需进行大检查、大保养及主轴监控相关统计分析等准备工作。

5.5.7 工程施工阶段安全管理

1．深基坑开挖安全防护

（1）基坑周边除工作需要设置活动护栏外，其他地方设置的护栏标准按高速公路桥梁重型护栏标准设计、施工。

（2）如基坑地质有土方，土方高度部分挡土墙最大限度利用自产石料（浆砌块石、毛石混凝土等）为优先推荐方案，确保周边超重车辆通行标准。

（3）基坑施工按通过专家审查的施工及监测方案，各单位执行相应检查监督职责，特别在灾害性气候之后的检查。

（4）现场指挥人员必须穿反光服装、配警哨（现场机械噪声大）。

（5）石方开挖在市区尽量不采用爆破方案，爆破方案需要通过安检、环保、城管等部门审查。

2．钢护衬运输安装

（1）5.2m 直径钢护筒重量每米 3.2t，分片或整体以及吊点、长度经过计算，确保吊运过程不会钢护筒变形。

（2）要设计专门支架防止移动或滚动。

（3）要确保到安装位置之间没有任何人或物件阻挡。

3．隧洞内不良气体的处置

（1）确定不良气体来源：机械运作热量油气、施工粉尘、电焊的热量烟尘、地层所含气体，人体热量废气等。常规气体、热量加强通风的常规解决方案。

（2）其中电焊烟尘是有毒的，且量比较大，工作空间小，需设专门处置方案。

（3）地层气体根据勘探情况，进行分析检测，预报处置方案。施工时采用超前预报＋检测复查，确保施工安全。

4．大质量设备吊装风险

（1）大质量设备重量有称重记录同方案比较审查。

（2）如需要其他起重机械配合，其配合起重机械不能计入起重计算的起重量。

（3）如起重机械不能直接就位的或需维修人工调整的，需要考虑地板、吊钩结构、拖拽固定构件的受力情况。

（4）起重设备操作人员审核其证件，并通过实操考核。

5．灾害天气预防措施

（1）灾害天气伴随大风、降雨、雷电。雷电对电气设备损害大，严重会造成高压变压器的损坏，造成停电，对隧洞作业损害极大，影响隧洞内人员安全。施工单位编制好应急预案，准备好相关装备，定期进行预演。

（2）要注重天气预报，发现有强降雨，要提前检查水泵运作及其电器的防水情况，必要时停工撤出施工人员。

（3）场地做好防洪准备，场地一般在高程较低位，暴雨会形成短时大水，可能冲进基坑。

（4）灾害天气过后，还要及时检查用电设施、道路、排水等设施，有损坏及时修复，发现抗灾容量不足，也要及时整改。

第6章　全过程工程咨询服务范围与内容

6.1　咨询服务范围

本项目咨询服务内容由项目统筹管理、监理、招标代理、环境影响咨询、创新策划、课题研究等组成，包括但不限于：

（1）项目统筹管理：项目计划统筹及总体管理、前期工作管理（含投资决策综合性咨询）、设计管理、技术管理、进度管理、投资管理、质量安全管理（含施工风险评估与管理）、施工组织协调管理、合同管理、BIM 管理、档案信息管理、报批报建管理、竣工验收及移交管理、工程结算、决算管理以及与项目建设管理相关的其他工作。

（2）监理：设计监理、施工准备阶段监理、施工阶段监理、保修监理及后续服务管理以及与工程监理相关的其他工作（含环境及水土保持监理等）。

（3）招标代理：招标策划、市场调查、招标方案和招标文件编审、招投标过程管理等。

（4）环境影响咨询。

（5）创新策划：提出创新技术应用和智慧工地建设等策划方案，并监督相关单位实施。

（6）课题研究：在项目实施过程中，结合项目特点提出 1 ～ 2 个课题，在项目结束时完成课题成果。

全过程工程咨询单位依法承担与项目统筹管理工作、监理、招标代理、环境影响咨询等等工作相应的法律责任。

6.2　咨询服务具体内容

6.2.1　全过程项目管理工作内容

1. 项目计划统筹及总体管理

（1）制订项目管理具体目标，建立项目管理的组织机构，明确各部门及岗位工作职责，分解项目管理的工作内容，制订项目管理工作程序及工作制度，制订各阶段各岗位的人力资源计划；

（2）编制项目总体进度计划，根据项目实施情况进行动态调整；

（3）协调项目各层面、各相关单位和项目外部关系。

2．前期工作管理

（1）管理工作

① 组织设计例会，组织各设计单位之间、设计与外部有关部门的协调工作；

② 办理各项前期报建手续、完成相关招标工作。

（2）技术服务

① 协助委托人负责现场情况调查、设计需求研究、编制设计任务书；

② 对项目咨询、勘察、设计等技术文件进行把关，并提出优化建议。

（3）需求研究及管理、投资决策综合性咨询

① 在对同类项目调研、使用需求调研、项目现状调研、相关政策调研的基础上，组织研究项目总体建设需求、边界条件、建设规模及投资规模；

② 为规划、方案设计提供技术咨询服务，组织和开展规划条件研究、设计需求研究和全过程设计需求管理；

③ 协助委托人负责与项目使用单位进行沟通，提出符合各阶段设计深度要求的用户需求，准确表达委托人对工程质量、进度、投资的要求；在设计全阶段（可研、初设、施工图、机电等专业工程设计）协调沟通用户需求；负责协调项目使用单位对各阶段设计成果进行确认。

（4）项目可行性研究报告修编技术把关和审批后监督执行

① 在对项目建设过程中总体需求变化研究的基础上，根据调研、论证、规划方案设计等工作成果，对可行性研究报告提出优化意见，对可能出现的可研修编实时报告并提出建议；

② 若可研进行修编，审核可行性研究报告应根据国家、深圳市的相关规范、政策，项目建议书及批复的投资匡算进行评估，对项目用地面积、建设规模、工程建安造价等指标进行系统分析，并根据对项目场地与项目功能、规模的分析，判断投资控制的方向和可能出现的疑难问题；

③ 若可研进行修编，对可行性研究报告的审核应充分评估项目的经济性、可实施性及适用性，明确项目建设标准，明确项目的质量、投资、进度、安全目标。使项目的建设规模、投资标准与项目需求匹配，要求做到需求合理、论据充分，深度达到国家及深圳市相关规定要求及委托人所需下一步工作要求；

④ 若可研进行修编，需参加相关各种汇报会、论证会，直至可研报告通过专家评审并取得发改部门批文和修编再批复；

⑤ 在可研报告取得发改部门批文后，根据可研批文监督跟踪后续建设与可研批复的一致性情况并及时反馈。

（5）投资监控

① 在确保设计的安全性的前提下，根据各不同设计阶段，服务单位须咨询及审查设计单位设计文件及图纸的经济性和合理性；

② 根据价值工程理论，按限额设计控制投资，在限额设计范围内对初步设计全面进行价值工程评估；

③ 按照限额设计指标，对施工图设计内容进行核实和审查。

3. 报批报建管理

（1）对项目建设需要开展的相关专题研究以及需要办理的相关手续进行梳理。

（2）根据项目建设内容编制报建报批工作计划，完成项目前期及工程建设期间的各项报批报建手续（包括但不限于办理土地、规划、建设、环保、气象、水土保持等）；由于项目的特殊性，本项目除选址、用地、规划、施工许可等常规手续外，还涉及报批报建专题专项：建设项目水资源论证专题报告、水土保持服务专题报告、地质灾害危险性评估报告、安全预评价报告、工程对地铁(铁路、高速公路、城市快速路)设施及运营安全影响预评估报告、土地复垦方案报告、土地地籍调查及勘界报告、消防专题设计报告、劳动安全与工业卫生预评价报告、防洪影响评价报告、建设工程文物考古调查勘探和保护规划报告、压覆矿产资源评估报告、社会稳定风险分析评估报告、地震安全性评价报告、节能评估报告、建设项目用地预审报告、建设用地规划选址评估报告、建设项目使用林地可行性研究报告、智慧工程专题报告、水工程建设规划同意书论证报告、建设征地移民安置规划报告。

（3）对各参建单位的报建报批工作进行协调管理。

4. 设计管理

（1）制定设计管理工作大纲，明确设计管理的工作目标、管理模式、管理方法等。对项目设计全过程的进度、质量、投资进行管理。

（2）根据使用功能需求条件，转化成设计需求参数条件，要求设计单位按时提交合格的设计成果，检查并控制设计单位的设计进度，检查图纸的设计深度及质量，分阶段、分专项对设计成果文件进行设计审查。

（3）负责组织对各阶段（可研、初步设计、施工图）及各专业（包括但不限于规划、总图、建筑、结构、水泵工艺、电气、输水管道、配水管网、输水涵洞支护、地基处理、建设用地范围外的管线接入工程、水土保持工程施工图、建筑永久性标识系统、输、配水管线、海绵城市、管线迁改、BIM以及其他与本项目密切相关、必不可少的系统、专业和其他特殊工程）的设计成果、设计深度及设计质量进行审查，减小由于设计错误造成的设计变更、增加投资、拖延工期等情况，并提交审查报告。对设计方案及各专业系统和设备选型优化比选，并提交审查报告。

（4）协调使用各方对已有设计文件进行确认。确认设计样板，组织解决设计问题及设计变更，预估设计问题解决涉及的费用变更、施工方案变化和工期影响等，必要时开展价值工程解决设计变更问题。

（5）组织专项审查，包括但不限于：稳定风险评估的审查、环境影响评价的审查、安全评价、水影响评价、地质灾害评估、气象评估等。对评估单位提出的意见进行修改、送审，直到通过各种专业评估。在委托人的指导下进行工程勘察、设计、施工图设计审查、第三方检测等前期阶段的各项服务类招标、签订合同并监督实施。

（6）对项目全过程进行投资控制管理。负责组织设计单位进行工程设计优化、技术经济方案比选并进行投资控制，要求限额设计，施工图设计以批复的项目总概算作为控制限额。

5. 工程技术管理

（1）对工程建设过程中的特殊结构、复杂技术、关键工序等技术措施和技术方案进行审核、评价、分析，解决施工过程中出现的设计问题，优化设计方案，对工程建设新技术、新工艺新材料进行研究论证，对重要材料、设备、工艺进行考察、调研、论证、总结，从技术角度提出合理化建议或专项技术咨询报告。

（2）组织设计单位对监理和施工单位进行技术交底，对重点工序、重点环节的技术、质量进行控制，处理工程建设过程中发生的重大技术质量问题。

6. 进度管理

确定进度管理总体目标及节点目标，编制项目进度计划及控制措施，分析影响进度的主要因素，对进度计划的实施进行检查和调整。

7. 投资管理

（1）确定投资控制目标，制订投资管理制度、措施和工作程序，做好决策、设计、招标、施工、结算各阶段的投资控制。

（2）负责设计概算的审核，向发展改革委财政评审中心申报并配合概算评审工作，以批复的可行性研究报告中建安工程投资为依据，控制设计单位限额设计。

（3）组织概算全面审查工作，组织专家评审会议，根据项目特点参考同类工程经济指标。

（4）概算经委托人批准后报送发改部门，与发改评审部门进行沟通、协调、确保评审结果的合理性。

（5）审核并且确认工程量清单、标底、控制价的准确性，尤其是材料设备的名称、规格、数量等内容，负责将招标控制价报送审计机构审计或备案，招标上限价应按分项预算严格控制，对超过预算项说明原因，并报委托人招标委员会批准。

（6）审批工程进度款支付，审核工程变更及签证并送审计机构备案，做好用款计划、月报、年报、年度投资计划等统计工作，建立分管项目的合同、支付、变更、预结算等各种台账；负责对项目投资进行动态控制，处理各类有关工程造价的事宜，定期提交投资控制报告；参与甲供材料设备招标工作。

（7）定期组织召开造价专题会议，解决造价问题争议，建立投资控制台账、变更台账等，督促完善设计变更时效及质量以及程序等。

（8）负责办理工程量清单复核报告审批手续，检查督促造价咨询单位、监理及时审核工程量清单复核报告、设计变更及现场签证等，督促专业工程师及时办理设计变更、现场签证等审批手续。负责检查催办专业工程师的结算资料收集整理和归档情况。

（9）工程结算管理

①负责项目结算的总体安排，对项目结算进度负责；

② 负责在第一次付款前保存归档招标文件、答疑、标底、投标文件、评标报告、会议纪要、中标通知书、合同协议书、全套招标用施工图纸等招标阶段结算资料；负责通知及督促工程各方上交结算资料，审核结算资料的完整性，查缺补漏；

③ 负责办理工程量清单复核报告、设计变更、现场签证、补充合同等结算资料的审批手续；

④ 及时办理设备开箱检查及移交记录、合同外单价分析资料、主材设备价格确定依据、图纸会审纪要、实物移交清单、相关验收证明资料等审批手续；

⑤ 配合建设单位造价工程师的结算工作。检查催办相关单位的结算资料收集情况和结算审核进度，重点审核竣工资料与现场实际情况的一致性，并在造价管理专业工程师的结算初审报告上签署意见；

⑥ 负责协调施工、监理、造价咨询和项目组各成员的结算分歧，督促专业工程师及时办理设计变更等结算资料，必要时召集各方协调解决造价分歧；

⑦ 负责监理和咨询单位的结算工作的管理，并在咨询单位的结算审核报告上签署意见。

（10）工程投资控制月报制度

① 每月 25 日前，应对现场进行已完成工程量的盘点，应向委托人提供当月的投资控制月报；

② 投资控制月报应包括上月工程款支付情况、工程形象进度、工程完成投资额、工程量盘点实际进度与工程款支付的额比对，承包商人员和机械设备投入情况、工程质量情况、检测资料、数据、工程设计变更及投资增加情况，提出问题，查找原因，并提出下月的工作建议；

③ 对于建设单位有特殊要求的情况，应向委托人提供投资控制双周报。

（11）投资控制工作总结制度

① 在工程竣工验收后，应向委托人提交该项目的工程投资工作总结，该总结作为工程咨询工作的一项竣工验收资料，并报送委托人资料室备案；

② 投资控制工作总结报告内容应包括并不限于：工程概况及建设全过程情况、造价咨询工作手段、造价管理情况，设计变更的内容、原因、造价审计中存在的问题及解决办法，对项目造价管理工作的评价与分析（包括但不限于概算与结算情况对比分析），工程遗留问题的总结与分析等，并提出合理的建议。

8. 质量安全管理

（1）对施工风险进行评估和管理。

（2）在项目实施过程中，对施工现场的质量、进度、安全及文明施工进行管理。

9. 施工组织协调管理

（1）制定协调工作流程、制度和计划，配备专业的协调工程师分别负责各区块、各阶段、各专业项目协调工作，定期或不定期的召开例会、专题会等会议，总结以往的经验教训，预见性的处理问题，或把问题解决在萌芽状态。

（2）建立分层决策机制，建立现场科学有效的管理协调机制（总分包管理机制、现场工作面移交机制、会议协调机制等），定期或不定期的组织考核，检查落实协调结果。

（3）在招标过程中，在合同中约定各标段、总包、分包之间的界面，针对施工类招标合理划分施工标段，清晰界定各施工标段工作界面，避免标段、界面划分不合理导致各施工标段间相互干扰及制约。

（4）重点落实作业面和场地移交工作，移交之后由新单位制定现场管理制度，分解我方协调压力，预见性地解决交叉施工的干扰问题（如出水口与隧洞、主隧洞与分水支洞、提升泵站与隧洞等）。根据总进度计划和实际情况，科学合理安排各专业单位进场时间。

（5）项目参建单位众多，关系庞杂，管理协调工作量大，应重视现代化信息技术辅助协调沟通，以抓好质量、安全为前提，大力推动工程进度为目的，通过视频会议、办公平台、微信群、无人机等手段做好项目的协调与协助工作。另外借助BIM模型平台，同步更新设计变更，保证采用实时最新的BIM模型指导施工。避免因信息不对称导致的返工整改。

10. 合同管理

负责本项目涉及的土建项目和各专业系统的设计、咨询、施工、供货及相关的专业合同的起草、谈判，协助签订；对合同履约、变更、索赔、合同后评价进行管理；对合同风险进行分析并制定应对措施。

11. BIM管理

（1）审核项目BIM总体实施方案和各专项实施方案，规范BIM实施的软硬件环境，审核招投标文件BIM专项条款，审核项目的BIM实施管理细则、各项BIM实施标准和规范。

（2）审查BIM相关模型文件（含模型信息）包括建筑、结构、机电专业模型、各专业的综合模型，及相关文档、数据，模型深度应符合各阶段设计深度要求。

（3）审查BIM可视化汇报资料、管线综合BIM模型成果、BIM工程量清单、BIM模型"冲突检测"报告。

12. 档案与信息管理

（1）借助专业的信息管理软件及先进的信息技术平台，根据时间、内容、类型进行分类、编码、归集，高效检索、分享、传递、审批工程项目信息，保存能清楚证明与项目有关的电子、文档资料直至项目移交。

（2）负责对勘察、设计、监理、施工单位工程档案的编制工作进行指导，督促各单位编制合格的竣工资料，负责本项目所有竣工资料的收集、整理、汇编，并负责通过档案资料的竣工验收以及移交。

（3）借助先进的信息管理软件或信息技术平台，对工程建设过程中如质量、安全、文明施工等信息进行高效的分享、传递、监督、反馈、管理。

13. 竣工验收及移交管理

（1）负责组织项目相关参建各方办理项目专业验收和总体竣工验收申报手续，并协助进行项目专业验收和总体竣工验收，及时解决工程竣工验收中发现的工程质量问题。

（2）负责项目移交工作的管理，包括质量监督、档案验收、项目审计、财务决算、环境保护、工程总结等。

6.2.2　工程监理工作内容

1. 工程监理报告

全过程工程咨询单位按约定的时间和份数向委托人提交工程监理与相关服务的报告，包括监理规划、监理实施细则、监理月报及约定的其他监理工作内容等。如无特别约定，上述文件一式两份，监理规划（或修改）在第一次工地例会前 7 天内提交，监理实施细则在相应专项工程实施前 3 天内提交，监理月报在次月 5 日前（如为节假日则为之后的首个工作日）提交，专项报告自委托人发出指令起 14 天内完成并提交。

2. 设计监理工作内容

（1）根据项目建设要求和有关批文、资料，编制设计大纲或方案竞赛文件，组织设计招标或方案竞赛、评定设计方案；

（2）进行勘察、设计资质审查，优选勘察、设计单位；办理勘察设计合同，并督促检查合同的实施；

（3）审查设计方案、图纸和概预算，保证各部分设计符合决策阶段确定的质量要求，符合有关技术法规和技术标准的确定；保证有关设计文件、图纸符合现场和施工的实际条件，其深度应能满足施工的要求；保证工程造价，符合投资限额；

（4）对设计工作进行协调控制，通过协调控制，保证各专业设计之间能互相配合、衔接，及时消除质量隐患，把控设计进度以保证设计任务按期完成；

（5）组织有关单位和人员认真审核施工图，对设计深度不够和设计做法不合理的内容予以深化和优化，深化和优化的前提是能够有效控制投资成本、节省造价、方便施工、保证质量和安全;同时，对有关生态智慧水利工程设计图纸予以审查，以满足项目相关目标；

（6）组织设计文件和图纸的报批、验收、分发、保管、使用和建档工作。

3. 施工准备阶段监理工作内容

施工准备阶段与施工阶段的监理工作密不可分，工程咨询单位在施工准备阶段了解建设项目的基本情况，熟悉设计文件，熟悉招标投标文件，是做好本建设项目的施工监理必不可少的工作。

（1）检查开工前发包人应提供的施工条件是否满足开工要求，应包括下列内容：

① 首批开工项目施工图纸的提供；

② 测量基准点的移交；

③ 施工用地的提供；

④ 施工合同约定应由发包人负责的道路、供电、供水、通信及其他条件和资源的提供情况。

（2）检查开工前承包人的施工准备情况是否满足开工要求，应包括下列内容：

① 承包人派驻现场的主要管理人员、技术人员及特种作业人员是否与施工合同文件一致。如有变化，应重新审查并报发包人认可；

② 承包人进场施工设备的数量、规格和性能是否符合施工合同约定，进场情况和计划是否满足开工及施工进度的要求；

③ 进场原材料、中间产品和工程设备的质量、规格是否符合施工合同约定，原材料的储存量及供应计划是否满足开工及施工进度的需要；

④ 承包人的检测条件或委托的检测机构是否符合施工合同约定及有关规定；

⑤ 承包人对发包人提供的测量基准点的复核，以及承包人在此基础上完成施工测量控制网的布设及施工区原始地形图的测绘情况；

⑥ 砂石料系统、混凝土拌和系统或商品混凝土供应方案以及场内道路、供水、供电、供风及其他施工辅助加工厂、设施的准备情况；

⑦ 承包人的质量保证体系；

⑧ 承包人的安全生产管理机构和安全措施文件；

⑨ 承包人提交的施工组织设计、专项施工方案、施工措施计划、施工总进度计划、资金流计划、安全技术措施、度汛方案和灾害应急预案等；

⑩ 应由承包人负责提供的施工图纸和技术文件；

⑪ 按照施工合同约定和施工图纸的要求需进行的施工工艺试验和料场规划情况；

⑫ 承包人在施工准备完成后递交的合同工程开工申请报告。

（3）监理机构应参加、主持或与发包人联合主持召开设计交底会议，由设计单位进行设计文件的技术交底。

（4）施工图纸的核查与签发应符合下列规定：

① 工程施工所需的施工图纸，应经监理机构核查并签发后，承包人方可用于施工。承包人无图纸施工或按照未经监理机构签发的施工图纸施工，监理机构有权责令其停工、返工或拆除，有权拒绝计量和签发付款证书；

② 监理机构应在收到发包人提供的施工图纸后及时核查并签发。在施工图纸核查过程中，监理机构可征求承包人的意见，必要时提请发包人组织有关专家会审。监理机构不得修改施工图纸，对核查过程中发现的问题，应通过发包人返回设代机构处理；

③ 对承包人提供的施工图纸，监理机构应按施工合同约定进行核查，在规定的期限内签发。对核查过程中发现的问题，监理机构应通知承包人修改后重新报审；

④ 经核查的施工图纸应由总监理工程师签发，并加盖监理机构章。

（5）环境保护及水土保持监理工作内容

水土保持监理的工作内容主要是工程施工期间的水土保持质量控制、建设各方水土保持工作的组织和协调及有关水土保持的合同与信息管理，根据隐蔽工程建设的实际情况和水土保持监理的特点进行监理。

（6）费用控制

① 复核施工图预算；

② 施工期间工程量的计量、工程款支付、审查工程变更、签证及其费用等；

③ 审核工程结算。

（7）合同、信息等方面的协调管理

① 做好合同管理的各项协调工作；

② 协助委托人和项目管理团队签订合同；

③ 协助委托人和项目管理团队整理报建资料；

④ 督促承包人整理合同文件和技术档案资料；

⑤ 协助委托人和项目管理团队收集、整理、归档工程资料。

（8）协助委托人和项目管理团队办理其他与工程相关的事宜。

（9）《建设工程监理规范》《水利工程施工监理规范》规定的相关事宜。

（10）保修及后续服务管理

检查和记录工程质量缺陷，对缺陷原因进行调查分析并确定责任归属，审核修复方案，监督修复过程并验收，审核修复费用。

① 检查工程状况，参与鉴定质量责任；

② 督促承包人及时完成未完工程尾项，维修工程出现的缺陷；

③ 督促承包人回访；

④ 协助委托人收集、整理、归档工程资料。

4. 施工阶段监理工作内容

（1）开工条件的控制

① 合同工程开工应遵守相关规定；

② 分部工程开工。分部工程开工前，承包人应向监理机构报送分部工程开工申请表，经监理机构批准后方可开工；

③ 单元工程开工。第一个单元工程应在分部工程开工批准后开工，后续单元工程凭监理工程师签认的上一单元工程施工质量合格文件方可开工；

④ 混凝土浇筑开仓。监理机构应对承包人报送的混凝土浇筑开仓报审表进行审批。符合开仓条件后，方可签发。

（2）工程质量控制

① 监理机构应按照监理工作制度和监理实施细则开展工程质量控制工作，并不断改进和完善；

② 监理机构应监督承包人的质量保证体系的实施和改进；

③ 监理机构应按照《工程建设标准强制性条文（水利工程部分）》、有关技术标准和施工合同约定，对施工质量及与质量活动相关的人员、原材料、中间产品、工程设备、施工设备、工艺方法和施工环境等质量要素进行监督和控制；

④ 监理机构应按有关规定和施工合同约定，检查承包人的工程质量检测工作是否符合要求；

⑤ 监理机构应检查承包人的现场组织机构、主要管理人员、技术人员及特种作业人

员是否符合要求，对无证上岗、不称职或违章、违规人员，可要求承包人暂停或禁止其在本工程中工作；

⑥ 原材料、中间产品和工程设备的检验或验收应符合相关规定；

⑦ 施工设备的检查应符合相关规定；

⑧ 施工测量控制应符合相关规定；

⑨ 现场工艺试验应符合相关规定；

⑩ 施工过程质量控制应符合相关规定；

⑪ 旁站监理应符合相关规定；

⑫ 工程质量检验应符合相关规定；

⑬ 跟踪检测应符合相关规定；

⑭ 平行检测应符合相关规定；

⑮ 监理机构应组织填写施工质量缺陷备案表，内容应真实、准确、完整，并及时提交发包人。施工质量缺陷备案表应由相关参建单位签字；

⑯ 质量事故的调查处理应符合有关规定；

⑰ 监理机构应接受质量监督机构的监督。

（3）工程进度控制

① 施工总进度计划应符合合同约定工期总目标、阶段性目标、发包人的总控计划；承包人按要求编制总进度计划，监理机构在合同约定的期限内完成审查并批复或提出修改意见。监理机构在审查中可根据需要组织相关单位（设计单位、承包人、设备供应单位、征迁部门）参加总进度计划协调会，听取各方意见，并对有关问题分析处理，形成结论性意见；审查内容符合有关规定；

② 分阶段、分项目施工进度计划控制应符合相关规定；

③ 施工进度的检查应符合下列规定：监理机构应检查承包人是否按照批准的施工进度计划组织施工，资源的投入是否满足施工需要；监理机构应跟踪检查施工进度，分析实际施工进度与施工进度计划的偏差，重点分析关键路线的进展情况和进度延误的影响因素，并采取相应的监理措施；

④ 施工进度计划的调整应符合下列规定：监理机构在检查中发现实际施工进度与施工进度计划发生了实质性偏离时，应指示承包人分析进度偏差原因、修订施工进度计划报监理机构审批；当变更影响施工进度时，监理机构应指示承包人编制变更后的施工进度计划，并按施工合同约定处理变更引起的工期调整事宜；施工进度计划的调整涉及总工期目标、阶段目标改变，或者资金使用有较大的变化时，监理机构应提出审查意见报发包人批准；

⑤ 监理机构签发暂停施工指示应符合相关规定，复工后按合同约定及时处理与停工相关事宜；

⑥ 施工进度延误管理：由于承包人的原因造成施工进度延误，可能致使工程不能按合同工期完工的，监理机构应指示承包人编制并报审赶工措施报告。由于发包人的原因造成施工进度延误，监理机构应及时协调，并处理承包人提出的有关工期、费用索赔事宜；

⑦ 发包人要求调整工期的，监理机构应指示承包人编制并报审工期调整措施报告，经发包人同意后指示承包人执行，并按照施工合同约定处理有关费用事宜；

⑧ 监理机构应审阅承包人按施工合同约定提交的施工月报、施工年报，并报送发包人；

⑨ 监理机构应在监理月报中对施工进度进行分析，必要时提交进度专题报告。

（4）工程资金控制

① 监理机构应审核承包人提交的资金流计划，并协助发包人编制合同工程付款计划；

② 监理机构应建立合同工程付款台账，对付款情况进行记录。根据工程实际进展情况，对合同工程付款情况进行分析，必要时提出合同工程付款计划调整建议；

③ 工程计量条件和计量程序应符合有关规定；

④ 预付款支付应符合同约定；

⑤ 工程进度申请、审核、支付、变更支付、计日工支付应符合合同约定及建设单位管理规定；

⑥ 完工付款应符合下列规定：监理机构应在施工合同约定期限内，完成对承包人提交的完工付款申请单及相关证明材料的审核，同意后签发完工付款证书，报发包人；监理机构审核内容完整全面；

⑦ 最终结清应符合下列规定：监理机构应在施工合同约定期限内，完成对承包人提交的最终结清申请单及相关证明材料的审核，同意后签发最终结清证书，按全过程咨询管理流程申报审核、审批；

⑧ 监理机构应按合同约定审核质量保证金退还申请表，签发质量保证金退还证书；

⑨ 施工合同解除后的支付应符合合同约定及有关规定；

⑩ 价格调整。监理机构应按施工合同约定的程序和调整方法，审核单价、合价的调整。当发包人与承包人因价格调整不能协商一致时，应按照合同争议处理，处理期间监理机构可依据合同授权暂定调整价格。调整金额可随工程进度付款一同支付；

⑪ 工程付款涉及政府投资资金的，应按照国库集中支付等国家相关规定和合同约定办理。

（5）施工安全监理

① 根据施工现场监理工作需要，监理机构应为现场监理人员配备必要的安全防护用具；

② 监理机构应审查承包人编制的施工组织设计中的安全技术措施、施工现场临时用电方案，以及灾害应急预案、危险性较大的分部工程或单元工程专项施工方案是否符合工程建设标准强制性条文（水利工程部分）及相关规定的要求；

③ 监理机构编制的监理规划应包括安全监理方案，明确安全监理的范围、内容、制度和措施，以及人员配备计划和职责。监理机构对中型及以上项目、危险性较大的分部工程或单元工程应编制安全监理实施细则，明确安全监理的方法、措施和控制要点，以及对承包人安全技术措施的检查方案；

④ 监理机构应按照相关规定核查承包人的安全生产管理机构，以及安全生产管理人员的安全资格证书和特种作业人员的特种作业操作资格证书，并检查安全生产教育培训情况；

⑤ 施工过程中监理机构的施工安全监理应包括下列内容：督促承包人对作业人员进行安全交底，监督承包人按照批准的施工方案组织施工，检查承包人安全技术措施的落实情况，及时制止违规施工作业；定期和不定期巡视检查施工过程中危险性较大的施工作业情况；定期和不定期巡视检查承包人的用电安全、消防措施、危险品管理和场内交通管理等情况；核查施工现场施工起重机械、整体提升脚手架和模板等自升式架设设施和安全设施的验收等手续；检查承包人的度汛方案中对洪水、暴雨、台风等自然灾害的防护措施和应急措施；检查施工现场各种安全标志和安全防护措施是否符合工程建设标准强制性条文（水利工程部分）及相关规定的要求；督促承包人进行安全自查工作，并对承包人自查情况进行检查；参加发包人和有关部门组织的安全生产专项检查；检查灾害应急救助物资和器材的配备情况；检查承包人安全防护用品的配备情况；

⑥ 监理机构发现施工安全隐患时，应要求承包人立即整改；必要时，可指示承包人暂停施工，并及时向发包人报告；

⑦ 当发生安全事故时，监理机构应指示承包人采取有效措施防止损失扩大，并按有关规定立即上报，配合安全事故调查组的调查工作，监督承包人按调查处理意见处理安全事故；

⑧ 监理机构应监督承包人将列入合同安全施工措施的费用按照合同约定专款专用。

（6）文明施工监理

① 监理机构应依据有关文明施工规定和施工合同约定，审核承包人的文明施工组织机构和措施；

② 监理机构应检查承包人文明施工的执行情况，并监督承包人通过自查和改进，完善文明施工管理；

③ 监理机构应督促承包人开展文明施工的宣传和教育工作，并督促承包人积极配合当地政府和居民共建和谐建设环境；

④ 监理机构应监督承包人落实合同约定的施工现场环境管理工作。

（7）合同管理相关工作

① 变更管理应符合合同约定及建设单位关于变更管理有关规定，监理机构审查变更原因、必要性、依据、范围、内容、分析可能对质量、价格及工期影响、变更技术可行性及对后续施工产生的影响等内容进行审查，变更价款与工期的商定，审查意见按全过程咨询管理规定程序报批；

② 监理机构按有关规定做好索赔管理。对索赔时效、索赔资料真实性、计算依据、方法、结果及合理性进行审核。在合同约定时限内对索赔作出处理决定并按程序申报；

③ 违约管理应符合下列规定：对于承包人违约，监理机构应依据施工合同约定进行下列工作；在及时进行查证和认定事实的基础上，对违约事件的后果做出判断；及时向承

包人发出书面警告，限其在收到书面警告后的规定时限内予以弥补和纠正；承包人在收到书面警告的规定时限内仍不采取有效措施纠正其违约行为或继续违约，严重影响工程质量、进度，甚至危及工程安全时，监理机构应限令其停工整改，并要求承包人在规定时限内提交整改报告；在承包人继续严重违约时，监理机构应及时向发包人报告，说明承包人违约情况及其可能造成的影响；当发包人向承包人发出解除合同通知后，监理机构应协助发包人按照合同约定处理解除施工合同后的有关合同事宜；严格执行建设单位履约管理办法；对于发包人违约，监理机构应依据施工合同约定进行下列工作：由于发包人违约，致使工程施工无法正常进行，监理机构在收到承包人书面要求后，应及时报发包人，促使工程尽快恢复施工；在发包人收到承包人提出解除施工合同要求后，监理机构应协助发包人尽快进行调查、澄清和认定等工作。若合同解除，监理机构应按有关规定和施工合同约定处理解除施工合同后的有关合同事宜；

④ 当承包人违约，发包人要求保证人履行担保义务时，监理机构应协助发包人按要求及时向保证人提供全面、准确的书面文件和证明资料；

⑤ 工程保险监理工作应符合下列规定：当承包人未按施工合同约定办理保险时，监理机构应指示承包人补办；若承包人拒绝办理，监理机构可提请发包人代为办理，保险费用从应支付给承包人的金额中扣除；当承包人已按施工合同约定办理了保险，其为履行合同义务所遭受的损失不能从承保人处获得足额赔偿时，监理机构在接到承包人申请后，应依据施工合同约定界定风险与责任，确认责任者或经协商合理划分合同双方分担保险赔偿不足部分费用的比例；

⑥ 监理机构按合同约定履行分包管理；

⑦ 监理机构按规定做好化石和文物保护监理工作；

⑧ 争议的解决。争议解决期间，监理机构应督促发包人和承包人仍按监理机构就争议问题做出的暂时决定履行各自的义务，并明示双方，根据有关法律、法规或规定，任何一方均不得以争议解决未果为借口拒绝或拖延按施工合同约定应履行的义务；

⑨ 清场与撤离应符合下列规定：监理机构应依据有关规定或施工合同约定，在合同工程完工证书颁发前或在缺陷责任期满前，监督承包人完成施工场地的清理和环境恢复工作；监理机构应在合同工程完工证书颁发后的约定时间内，检查承包人在缺陷责任期内为完成尾工和修复缺陷应留在现场的人员、材料和施工设备情况，其余的人员、材料和施工设备均应按批准的计划退场。

（8）信息管理

① 建立监理机构的监理信息管理体系；

② 监理文件应符合下列规定：应按规定程序起草、打印、校核、签发；应表述明确、数字准确、简明扼要、用语规范、引用依据恰当；应按规定格式编写，紧急文件宜注明"急件"字样，有保密要求的文件应注明密级；

③ 通知与联络应符合相关文件规定；

④ 书面文件的传递程序按施工合同约定及全过程咨询项目部编制的相关程序执行；

⑤ 监理机构按规定、咨询合同约定填写、填报监理日志、报告与会议纪要，内容格式符合规范要求；

⑥ 监理机构按档案资料管理规范收集整理工程资料。

（9）工程质量评定与验收

① 监理机构应按有关规定进行工程质量评定，按水利工程规范规定组织或参与工程质量验收；

② 监理机构应按照有关规定组织或参加工程验收；

③ 分部工程验收监理有关工作。在承包人提出分部工程验收申请后，监理机构应组织检查分部工程的完成情况、施工质量评定情况和施工质量缺陷处理情况，并审核承包人提交的分部工程验收资料。监理机构应指示承包人对申请被验分部工程存在的问题进行处理，对资料中存在的问题进行补充、完善；经检查分部工程符合有关验收规程规定的验收条件后，监理机构应提请发包人或受发包人委托及时组织分部工程验收；监理机构在验收前应准备相应的监理备查资料；监理机构应监督承包人按照分部工程验收鉴定书中提出的遗留问题处理意见完成处理工作；

④ 单位工程验收监理有关工作。在承包人提出单位工程验收申请后，监理机构应组织检查单位工程的完成情况和施工质量评定情况、分部工程验收遗留问题处理情况及相关记录，并审核承包人提交的单位工程验收资料。监理机构应指示承包人对申请被验单位工程存在的问题进行处理，对资料中存在的问题进行补充、完善；经检查单位工程符合有关验收规程规定的验收条件后，监理机构应提请发包人及时组织单位工程验收；监理机构应参加发包人主持的单位工程验收，并在验收前提交工程建设监理工作报告，准备相应的监理备查资料；监理机构应监督承包人按照单位工程验收鉴定书中提出的遗留问题处理意见完成处理工作；单位工程投入使用验收后工程若由承包人代管，监理机构应协调合同双方按有关规定和合同约定办理相关手续。

⑤ 工程承包合同内容完成后监理有关工作。承包人提出合同工程完工验收申请后，监理机构应组织检查合同范围内的工程项目和工作的完成情况、合同范围内包含的分部工程和单位工程的验收情况、观测仪器和设备已测得初始值和施工期观测资料分析评价情况、施工质量缺陷处理情况、合同工程完工结算情况、场地清理情况、档案资料整理情况等。监理机构应指示承包人对申请被验合同工程存在的问题进行处理，对资料中存在的问题进行补充、完善；经检查已完合同工程符合施工合同约定和有关验收规程规定的验收条件后，监理机构应提请发包人及时组织合同工程完工验收；监理机构应参加发包人主持的合同工程完工验收，并在验收前提交工程建设监理工作报告，准备相应的监理备查资料；合同工程完工验收通过后，监理机构应参加承包人与发包人的工程交接和档案资料移交工作；监理机构应监督承包人按照合同工程完工验收鉴定书中提出的遗留问题处理意见完成处理工作。

⑥ 监理机构应审核承包人提交的合同工程完工申请，满足合同约定条件的，提请发包人签发合同工程完工证书。

⑦ 阶段验收中的主要监理工作应包括下列内容：工程建设进展到枢纽工程导（截）流、水库下闸蓄水、引（调）排水工程通水、水电站（泵站）首（末）台机组启动或部分工程投入使用之前，监理机构应核查承包人的阶段验收准备工作，具备验收条件的，提请发包人安排阶段验收工作；各项阶段验收之前，监理机构应协助发包人检查阶段验收具备的条件，并提交阶段验收工程建设监理工作报告，准备相应的监理备查资料；监理机构应参加阶段验收，解答验收委员会提出的问题，并作为被验单位在阶段验收鉴定书上签字；监理机构应监督承包人按照阶段验收鉴定书中提出的遗留问题处理意见完成处理工作。

⑧ 监理机构应协助发包人组织竣工验收自查，核查历次验收遗留问题的处理情况。

⑨ 竣工验收中的主要监理工作应包括下列内容：在竣工技术预验收和竣工验收之前，监理机构应提交竣工验收工程建设监理工作报告，并准备相应的监理备查资料；监理机构应派代表参加竣工技术预验收，向验收专家组报告工程建设监理情况，回答验收专家组提出的问题；总监理工程师应参加工程竣工验收，代表监理单位解答验收委员会提出的问题，并在竣工验收鉴定书上签字。

（10）缺陷责任期的监理工作

① 监理机构应监督承包人按计划完成尾工项目，协助发包人验收尾工项目，并按合同约定办理付款签证；

② 监理机构应监督承包人对已完工程项目中所存在的施工质量缺陷进行修复。在承包人未能执行监理机构的指示或未能在合理时间内完成修复工作时，监理机构可建议发包人雇佣他人完成施工质量缺陷修复工作，按合同约定确定责任及费用的分担；

③ 根据工程需要，监理机构在缺陷责任期可适时调整人员和设施，除保留必要的外，其他人员和设施应撤离，或按照合同约定将设施移交发包人；

④ 监理机构应审核承包人提交的缺陷责任终止申请，满足合同约定条件的，提请发包人签发缺陷责任期终止证书。

6.2.3　招标代理工作范围和内容

（1）进行招标策划与市场调查。落实开展招标采购活动的条件、调研潜在的供方市场、分析招标项目的标段划分及采购需求、编制进度计划、研究以往采购经验、编制评定标方法。

（2）获取编制招标文件所需资料后，依据双方约定的时间，报审招标方案、编写招标文件，招标方案表格为招标人规定的格式，结合项目实际情况编制招标文件。

（3）负责招投标过程管理，协助委托人签订承发包合同及委托人完成本合同涉及的一切工作。

6.2.4　环境影响咨询的服务内容

（1）研究国家和地方有关环境保护的法律法规、政策、标准及相关规划等文件，确定环境影响评价文件类型。在研究相关技术文件和其他有关文件的基础上，进行初步的工程分析，同时开展初步的环境状况调查及公众意见调查。结合初步工程分析结果和环境现状资料，可以识别建设项目的环境影响因素，筛选主要的环境影响评价因子，明确评价重点和环境保护目标，确定环境影响评价的范围、评价工作等级和评价标准，最后制订工作方案。

（2）进一步的工程分析，进行充分的环境现状调查、监测并开展环境质量现状评价，之后根据污染源强度和环境现状资料进行建设项目的环境影响预测，评价建设项目的环境影响，并开展公众意见调查。

（3）汇总、分析工作所得的各种资料、数据，根据建设项目的环境影响、法律法规和标准等的要求以及公众的意愿，提出减少环境污染和生态影响的环境管理措施和工程措施。从环境保护的角度确定项目建设的可行性，给出评价结论和提出进一步减缓环境影响的建议，完成环境影响报告书或报告表的编制。

6.2.5 创新策划

提出创新技术应用和智慧工地建设等策划方案，并监督相关单位实施。

（1）BIM 技术应用：包括平台统建、资源共享，数据统一、分期建设，标准统一，分标应用，通过 BIM 技术体系建设，实现"一图全感知，一键知全局，一站全监控，一机通水务"。

（2）智慧工地建设：依托先进信息技术与先进工程建造技术的融合，促进工程建设管理运行全过程提速、提质、提效、提智的建造体系，主要特色为高科技手段、新技术设备。实现工地的"实时采集、全面监控、预警联动、智慧分析"。

（3）绿色建造策划：以人、建筑和自然环境的协调发展为目标，通过科学合理的设计、管理和新技术应用，达到建筑节地、建筑节水、建筑节材、建筑节能从而实现保护环境（即"四节一环保"）的建造体系。

（4）其他：围绕大型水利工程建设特点，对快速建造、优质建造等进行策划，并监督相关单位实施，以形成高效建造、高标准、重创新、高质量、创精品的特色。

6.2.6 课题研究

（1）梳理目前水利工程建设过程中全过程项目管理中的重点、难点及痛点，结合最新最先进的管理方法和有效经验，形成标准化的管理流程。

（2）探索符合深圳地区水利工程特点的全过程工程咨询建设管理模式。

（3）总结工程总承包模式在水利工程建设过程中的常见问题，并提出解决思路。

（4）提出水利工程建设与运营需求对接的常见问题及解决思路。

（5）围绕大型水利工程建设的特殊性，开展技术研究，研究方向包括但不限于水利物联感知体系设计研究、TBM 施工高效出渣系统研究、输水工程 BIM 模型全过程设计研究、水利智慧化调度系统设计研究、输水钢管运营维护与监控系统研究等等。

（6）围绕上述课题，形成阶段性的研究成果，完成若干论文发表，资料整理和成果总结，结题验收，提交最终成果。

第7章 项目目标管理

"以目标为导向，贯穿全过程"，是全过程工程咨询的核心理念之一。依据合同要求，结合项目特点，首先确定项目建设各项总体目标。围绕总体目标，按专业分阶段落实目标分解，针对各分解目标全面梳理分析风险因素，针对性地制定风险防范措施、管理手段、管理方法等，落到实处；其次在确定目标的基础上，做好组织结构策划、制度流程策划、进度总控策划、专项管理策划、先进建造策划以及风险管理策划等。以策划为先导，制定详细的管控措施并予以落实。强化工作预控，严格执行过程监督检查，加强纠偏和改进的力度。在项目管理目标中，我们力求既全盘保持平衡，又要重点突出，确保打造新时代生态智慧水务工程。

7.1 项目建设目标

项目总体目标：打造国内一流、国际领先的新时代生态智慧水务工程。以项目总体目标为依托，结合项目实际，确定质量控制目标、安全管理目标、投资控制目标、进度控制目标、环境管控目标、廉洁管控目标和 BIM 技术应用目标等。

7.1.1 质量控制目标

质量控制目标：确保大禹奖，争创詹天佑奖、鲁班奖。

管控措施首先将目标进行分解，明确各个参建单位的目标。如按照鲁班奖的要求，首先要保证建设程序的合法合规，设计单位的目标是要求设计成果取得省部级奖项；土方及桩基单位的目标是不出现安全事故，Ⅰ类桩的比例要在 85% 以上，无Ⅲ类桩；总承包单位的目标是要确保主体结构达到优质结构，并取得省级安全文明工地，"四新技术应用"、科技创新、绿色施工等目标，做到细致分解。

实施过程中，要求设计图纸没有明显的错误，所有产品、工艺、技术都有质量标准，隐蔽工程符合规范标准要求，建设成果满足功能要求，满足设计要求，产品一次性验收合格，在满足国家规定的合格标准基础上，关键内容优于国家标准。

7.1.2 进度控制目标

进度控制目标为：2020 年 2 月完成勘察设计招标，2021 年 10 月勘察设计完成，2021 年 12 月完成施工总承包招标，2022 年 3 月工程开工，2026 年 3 月主体完工，2027 年 6

月工程竣工验收、10 月工程交付使用。

本项目在做项目计划统筹时，时间节点必须严格按照委托人要求的节点排布，通过预先控制，在总进度范围内，设计进度控制在设计合同规定的范围之内，设计施工图满足预先确定的施工条件；施工工期控制在施工合同规定的范围之内，在合同约定的时间完成工程施工任务，准时竣工交付使用。为确保实现总体工作计划，至工程竣工验收总控计划设6 个里程碑节点（如上），分阶段考核与纠偏，确保工期全程受控。

7.1.3 投资控制目标

投资控制目标：科学优化，不超批复的概算。

根据以往大型水利水电项目实施的投资控制经验，本工程对匡算费用进行投资切块分析，对比类似工程和本工程的特点，计算出各切块的具体投资控制目标，作为工程投资控制的基本依据。

7.1.4 安全文明管理目标

安全生产管理目标：不发生较大及以上安全事故；文明施工：确保 AAA 级国家安全文明标准化工地。

7.1.5 合同管理目标

合同管理目标：在符合国家和地方有关规定的前提下，确保合同体系符合工程特点，覆盖全部工程任务，并确保合同额控制在相应的批复概算内，尽可能减少索赔现象、有效控制工程变更。

7.1.6 信息管理目标

信息管理目标：运用 BIM 等信息技术、建立健全信息及档案管理体系、确保资料和档案在收集、保管和利用期间的完整性、有效性、规范性和安全性。

本项目信息管理的难点主要体现在建设周期长，参建单位多、过程资料繁杂。

7.1.7 协调管理目标

协调管理目标为：充分发挥全过程工程咨询方作为第三方的作用，尽量组织和协调好参加该项目各单位和部门之间的关系，确保各项工作始终处于有条不紊的工作状态。

7.1.8 廉政管理目标

廉政管理目标：打造廉洁、阳光工程。

7.1.9 环境管理目标

环境管理目标：全国建筑业绿色施工示范工程。

7.1.10 BIM 应用

BIM 技术应用：获龙图杯、创新杯奖。

7.2 目标管理措施

7.2.1 组织措施

1. 设立全过程工程咨询项目部

根据本项目参建单位众多、规模体量大、建设工期紧迫，项目客观条件及外围环境各异，管理协调工作量巨大，管理任务繁重等特点，我公司在项目现场设立全过程工程咨询项目部，全过程工程咨询项目部归口公司总部全过程咨询事业部管理，全过程咨询项目部下设五个具体职能部门，即设计技术部、综合管理部、造价合约部、工程监理部、BIM 管理部。

2. 专业和人数搭配合理，形成高效务实的全过程工程咨询项目班子

一个优秀的全过程工程咨询班子，不仅要有一名优秀的项目负责人，还需要选派好各专业咨询工程师，在组建项目班子时，充分考虑项目的特点，做到专业配套、人员齐备、技术等级搭配、年龄结构合理，从而形成一个高效、务实的全过程工程咨询班子。

3. 建立完善的管理工作制度

全过程工程咨询机构根据工程的特点制订周密的工作计划、管理制度和管理实施细则。随着工程的进展，当外部相关因素的变化也会导致工作计划和管理制度发生不相适应的地方，而咨询人员也可能由于外界因素而放松对工作计划和管理制度的执行，这将对咨询服务质量造成影响。对此全过程工程咨询机构采取的措施是：

（1）在咨询服务过程中，根据工程实际及时完善和修订工作计划、管理制度及工程程序；

（2）对各分项、分部工程制订详细而切实可行的管理实施细则，审查后严格执行；

（3）每月召开全过程工程咨询机构全体咨询工程师会议，分析、讨论咨询工作计划、管理制度和工作程序的执行情况；

（4）定期对全过程工程咨询机构进行检查和考评，并将考评结果作为对咨询人员奖惩的依据。

4. 加强咨询人员的职业道德教育

全过程工程咨询服务给建设单位提供的是独立、公正、科学的技术服务，要求管理人员不得损害建设单位利益和任何第三方利益。但在现实生活中，大环境的不良风气和小环境中某些承包商的非法行为，可能会对咨询人员产生腐蚀作用，个别管理人员的不良作风也可能使建设单位利益受损。对此，在咨询服务过程中将会采取一系列监控措施排除这些不利因素对咨询工作的影响。这些措施主要有：

（1）在全过程工程咨询机构经常进行建设管理规范、工作守则和咨询人员职业道德教

育，以工程师职业道德守则和案例等警示人员并随时对照检查，接受外界监督；

（2）严禁管理人员接收承包商或设备材料供应商的任何礼品或钱物，严禁私下接受承包商或设备、材料供应商的宴请，严禁将自己的亲属安排在所管项目承包商处工作并领取报酬；

（3）经常听取建设单位和其他方对咨询工程师的意见，对咨询工程师出现的不良苗头及时发现并采取措施严肃处理；

（4）对于个别人员违反职业道德的行为予以公开处罚，并报建设单位同意调离其工作岗位；

（5）项目技术经济签证及月进度款计量审查等牵涉到工程计量和支付的事项将建立逐级审检制度，以便互相制约和监督，任何文件没签字不能盖章报出。

5. 加强咨询服务人员的业务培训

为了适应本工程建设技术含量高和采用新技术、新工艺、新材料多，特别是安保系统要求高的特点，确保管理工作质量，应加强对咨询服务人员的业务培训，加强强制性规范条文的学习培训，使他们不断更新知识，了解和掌握最新的工程建设政策、法规、技术规范和标准、新材料、新工艺。

6. 加强对咨询服务人员的考核

项目部建立管理人员的考核制度是保证全过程工程咨询团队高效务实运行和管理工程师服务质量的一个重要措施，因此实行全过程工程咨询团队内部考核、公司检查、巡回检查等一系列方法，按全过程工程咨询机构现场制定的考评实施办法对项目进行考评，并将考评结果作为对咨询服务人员奖惩的依据，确保全过程工程咨询服务的质量。

7.2.2　技术措施

1. 采用"全过程控制"的工作方法，使项目实施过程始终处于受控状态

建设管理是一项微观的监督管理活动，这就要求我们采用"全过程控制"的工作方法，在项目实施过程中对项目实施进行事前控制、事中控制和事后控制，采用正确分解控制目标、设立控制点等一系列措施和方法，保证项目实施过程全方位得到有效控制。

2. 以主动控制为主，主动和被动控制相结合的管理工作方法

主动控制是一种预先分析目标偏离的可能性，并拟订和采取各项预防性措施，使管理目标得以实现的控制方法，而被动控制是当项目实施按计划进行时，对项目实施进行跟踪，确认偏差，采取纠偏措施的控制方法，这两种方法对于咨询工程师都是十分重要的控制方式，在管理过程中，有效地将主动控制和被动控制紧密结合起来，力求加大主动控制在控制过程中的比重，同时进行定期、连续的被动控制，使管理目标得以全面实现。

3. 采用程序化的管理工作方法，使管理工作程序化、规范化

全过程工程咨询机构根据工程特点和重难点，制定更为详细的管理实施细则，从而保证管理工作按规定的程序进行，规范建设单位、施工等参建各方的行为，使项目建设有条

不紊地进行，充分体现管理工作水平和服务质量。

4. 采用巡检和重点检查相结合的管理工作方法，对关键部位实行旁站

在全过程工程咨询过程中，采用巡回检查和重点检查相结合的管理工作方法，对项目实施过程进行控制，咨询工程师将每天对现场施工进行巡回检查，及时发现施工中出现的质量缺陷和安全隐患，并通过口头提醒、书面备忘等各种形式告知责任人予以纠正，对于工程的难点和重点设置质量控制点，进行重点检查，对于工程的关键部位，如原材料抽检、重要隐蔽单元工程、管路试压、系统试验等实行旁站的形式，保证监管的有效性和真实性。

5. 一切用数据说话，保证咨询工作的独立性和准确性

随同检查是指在承包商检查工程的同时，咨询工程师实行监督和检查的一种工作方法，平行检查是咨询工程师利用一定的检查或检测手段，在承包单位自检的基础上，按照一定的比例独立进行检查或检测的活动。咨询工程师在管理过程中同时采用这两种方法开展管理工作。根据工程的进展，利用仪器、工具和设备独立地对工程实测实量、原材料、构件尺寸和表面质量、管材壁厚、线径、电气接地、绝缘电阻等进行检查，保证检查数据的客观性和准确性。

6. 充分运用协调手段，发挥管理的纽带作用

大型工程的建设是一个复杂的系统过程，它不仅涉及项目的直接参与者，如建设单位、设计、施工、咨询服务，还涉及质监、安监、人防、环保、规划、城管等主管部门，全过程工程咨询在项目内部，又涉及岩土、地质、水文、水工、规划等专业，各相关内容协调一致才能保证工程的顺利实施和投入使用。因此，做好组织协调将是实现管理目标的一个重要手段，管理工程师应充分运用这一技术手段，发挥管理在项目建设中的纽带作用，从而保证管理工作质量。

（1）建立建设单位、设计、施工、咨询单位之间的协调网络、联系渠道和方法。

（2）建立与建设单位的有效配合。

工程的顺利进展，有赖于参与建设的各方之间的紧密配合。咨询工程师应秉承公司一贯的优良传统，敬业爱业，孜孜不倦地为建设单位提供优质服务。在建设单位、承建商的利益处理上，坚持按合同办事，在公开公正公平的基础上坚决维护建设单位利益。

建立与建设单位工地代表的密切联系，提高现场协调效率，咨询工程师应主动与建设单位保持密切联系，建立简洁高效的沟通形式，确保信息传达和指令正确执行。

熟悉建设单位内部工作流程和工作制度，与各专业工程师之间建立良好的合作关系，主动协助建设单位做好管理工作。对于建设单位管理中存在可以改进的地方，以适当方式向建设单位提出建议。

（3）加强与质监、安监、城管等主管部门的联系，及时协调和解决这些部门与本项目实施有关的技术和行政问题。

（4）牢固树立"一监二帮"的管理理念，坚持"独立公正"的工作方式严格管理。在第一次工地会议上，进行交底，宣布管理工作程序、工作制度、配合要求等管理制度。同时，为承包单位提供必要帮助，使他们的工作得以顺利展开。

必要情况下，帮助承包商进行内部诊断，找出其内部管理中存在的问题，帮助他们改进工作，提高施工管理水平。

（5）建立与周边单位的有效配合。

咨询工程师在进入现场后，应尽快熟悉各周边单位和环境的具体情况，迅速与他们建立关系，做好宣传解释和应急防范措施。建立定期回访制度，征求周边单位的意见，不断改进现场管理水平，建立良好的邻居关系。

（6）加强现场总承包与专业总承包单位之间的协调，使各承包单位在统一的现场管理和进度计划下开展各自施工，合理安排工序，使各承包单位的施工在连续、均衡、协调的状态下进行。

（7）加强现场各专业之间的协调，防止各专业交叉施工导致的返工、窝工，同时也应防止各专业交叉施工形成薄弱环节或空白点。

7．充分运用信息管理手段，对工程实体形成过程进行控制和分析

在项目的管理过程中，不仅要注意工程实体形成过程中的质量、进度、投资和施工安全的控制，同时要注意收集、整理、保存反映工程实体真实情况的信息资料，咨询工程师利用这些信息资料对工程进度、质量、投资和安全文明施工进行控制和分析，且这些信息资料的一部分根据法规要求作为城建档案归档。在许多项目建设过程存在着工程实体已完成并交付使用，但城建档案归不了档的现象。因此，咨询工程师在履行自己的职责、为建设单位提供良好的管理服务时，一定要充分动用信息管理的手段和方法，做好以下工作，确保全过程工程咨询的工作质量。

（1）建立工程建设管理信息系统，咨询工程师借助于管理信息系统更完整、更准确、更统一地收集、整理和保存工程数据，同时使用管理信息系统对工程管理进行分析、预测和决策，并使全过程工程咨询信息系统成为与外界沟通的渠道。

（2）准确及时地收集、整理、保存有关工程建设的各类信息资料，随时掌握工程进展及存在的各种问题，通过这些信息资料对工程进度、质量、投资和安全文明施工进行动态控制和分析，并及时向建设单位提交有关管理工作报告。

（3）督促和检查承包商及时收集、整理、保存好工程项目的技术资料。

（4）协助建设单位收集、整理、保存工程有关资料。

（5）根据城建档案归档要求，审查承包商的归档资料，提出审查报告，协助建设单位整理归档资料，完成自身归档资料，确保项目资料的顺利归档。

7.2.3 合同措施

（1）积极协助建设单位做好招标管理工作，选择优质的承包商和有实力的供应商，是对咨询工作质量保证的有力支持，因此咨询工程师应积极协助建设单位做好招标文件的编制、发标、开标、评标、定标一系列工作，对承包商的资质和能力进行考察和确认，选择高素质、有实力的参建单位同样是对咨询工作质量保证的一个支持。

（2）协助建设单位做好施工合同及设备供货合同的商签工作，使订立的合同遵守国家

法律和行政法规，遵循平等互利、协商一致的原则，同时又充分体现建设单位方的权益，合同条款应具有严密性、全面性和合理性，避免在合同条款中出现模棱两可的词语和歧义，减少因合同条款理解不同造成的纠纷，合同条款应对管理工程师授权作出明确规定，使咨询工作有一个良好的依据。

（3）加强合同管理。咨询工程师应熟悉所有与工程有关的各类合同，包括咨询合同、设计合同、施工合同、设备供应合同、分包合同等，掌握合同在工程进度、质量、投资及安全等方面的条款，并运用这些条款对工程进行管理，确保全过程工程咨询服务符合全过程工程咨询合同的要求，保证全过程工程咨询的工作质量。

（4）咨询工程师应认真检查和详细记载各方对合同的执行情况，当出现合同争议和违约事件时，以公正的态度进行调查和取证，提出解决建议，既要保护建设单位方的利益，又不伤及承包商应有的利益，保证全过程工程咨询服务的独立性、公正性和科学性。

7.2.4　经济措施

（1）全过程工程咨询机构将采用经济手段充分调动咨询工程师的主管能动性，不断提高咨询服务水平和服务质量。全过程工程咨询机构实行考核制度，根据考核结果进行经济奖罚，以达到鼓励先进、批评后进的目的，形成积极向上的良好风气。

（2）严格执行合同中有关工程付款的条文，咨询工程师应及时审核工程付款申请，防止因付款不到位而影响工程进展；对于双方的违约事件，应督促违约方及时改正，必要时可采用经济手段进行惩罚，以促成违约事件得到纠正。

（3）切实解决好咨询工程师的住宿、办公、饮食、交通、通信等各方面条件，为咨询工程师创造一个良好的全过程工程咨询工作环境，保证全过程工程咨询工作质量。

第8章 项目组织管理

8.1 项目总体组织机构

根据本项目参建单位众多、规模体量大、建设工期紧迫，项目客观条件及外围环境各异，管理协调工作量巨大，管理任务繁重等特点，项目组织机构划分为三个层面：管理决策层、管理执行层、建设实施层，如图8.1所示。

管理决策层包括项目建设单位和项目法人，主要负责把控项目整体方向及全局性事务，进行决策和指令的下达，为项目建设作出决策、给出方向引导。

管理执行层包括项目组副主任、项目组各部门、全过程咨询项目部和全过程咨询技术顾问团队。项目组各部门主要负责项目建设过程中的外部协调、内部沟通及监督检查，并对全过程咨询项目部进行授权与考核；全过程咨询项目部主要对建设单位提供服务与项目建议，做好统筹策划、建设管理、执行总控、解决内部问题等各方面咨询管理工作，对决策层下达的指令进行执行，及时协调解决制约项目进展的有关事项，保证项目顺利推进。全过程咨询单位的专家组和公司领导组构成项目的技术顾问团队，全程为本项目全过程工程咨询服务提供专业咨询及技术支持。

建设实施层包括勘察、设计单位、施工单位、检验监测单位、分包单位、材料设备供应商。

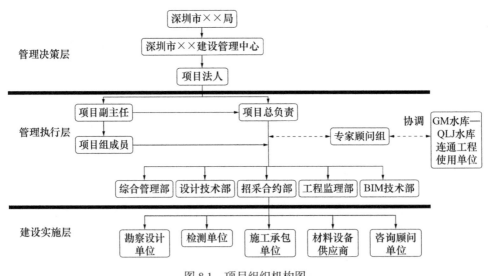

图 8.1 项目组织机构图

74

8.2　全过程工程咨询的组织机构

全过程工程咨询单位在建设单位的委托下，利用自身在管理、技术、法律等方面的专业知识，接受建设单位的委托，通过对总承包商的监督、管理和咨询服务，将对项目进行提供保障，使项目高效运转，达到三大建设目标，如图 8.2 所示。

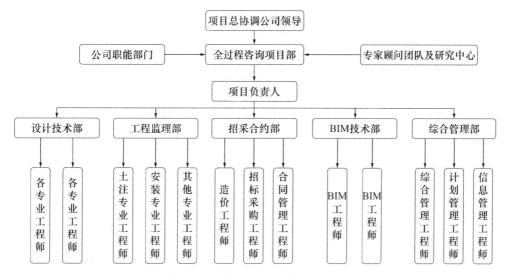

图 8.2　全过程工程咨询组织机构

全过程工程咨询单位依据《委托合同》约定，代表建设单位全面行使对本项目参建单位的监督及管理权利，并承担相应管理责任及风险。

全过程工程咨询现场组织机构主要包括综合管理部、BIM 技术部、设计技术部、招采合约部、工程监理部。

8.2.1　综合管理部

（1）编制部门管理细则；

（2）起草全过程工程咨询部人力资源调配计划，报项目总负责人核批；

（3）项目全面管理，协助项目总负责人做好现场各部门协调工作；

（4）负责项目形象、制度和组织建设，对全过程工程咨询部的环境和安全管理负直接责任；

（5）负责全过程工程咨询人员住房租赁、低值易耗品采购，向公司申请领用或采购现场办公设备（含检测仪器）并进行保管，建立领用台账，办理有关设备的报损手续；

（6）负责建立项目信息中心，并进行运行管理；

（7）负责项目部内部信息的收集、核对、整理、发布等；

（8）负责各参建单位（不包括施工现场）工程档案资料的日常管理工作；

（9）组织或协助建设单位同行业主管部门开展协调工作；

（10）组织或协助建设单位办理工程竣工验收与备案工作；

（11）组织项目总体质量、进度和投资策划，编制总进度计划、全过程工程咨询规划；

（12）编制全过程工程咨询工作流程、制定全过程工程咨询计划、项目后评估报告；

（13）定期进行部门总结，编制总结报告；

（14）完成项目部领导交办的其他工作。

8.2.2　BIM 技术部

（1）审核项目 BIM 总体实施方案和各专项实施方案，规范 BIM 实施的软硬件环境；

（2）审核招投标文件 BIM 专项条款，审核项目的 BIM 实施管理细则、各项 BIM 实施标准和规范；

（3）组织审查 BIM 相关模型文件（含模型信息）包括建筑、结构、机电专业模型、各专业的综合模型，及相关文档、数据，模型深度应符合各阶段设计深度要求；

（4）组织审查 BIM 可视化汇报资料、管线综合 BIM 模型成果、BIM 工程量清单、BIM 模型"冲突检测"报告等；

（5）完成项目部领导交办的其他工作。

8.2.3　设计技术部

（1）对本专业设计技术管理进行策划，编制技术管理细则；

（2）协助综合管理部对本专业设计管理进行项目总体质量、进度和投资策划，协助编制项目总进度计划、全过程工程咨询规划；

（3）负责编制本专业设计管理年度和阶段计划，审核月、周计划；

（4）审查项目前期文件、招标文件中有关本专业设计技术要求的内容，提出审查意见；

（5）负责本专业相关的设计管理工作，包括但不限于协助建设单位编制设计任务书、组织初步设计审查，及时搜集整理初步设计审查意见，督促设计单位完成有关设计调整；

（6）负责组织审查本专业设计文件，提出审查意见，参与或组织施工图交底与会审，整理会议纪要中本专业相关内容；

（7）负责协助工程监理部审查施工组织设计、施工方案等，参与专项技术方案的论证，就本专业设计相关内容完成初步审查；

（8）督促施工单位做好本专业的深化设计工作，并对其深化设计成果进行审核，提出审核意见；

（9）负责组织好本专业设计图纸、设计变更等过程设计文件的过程管理；

（10）负责就本专业设计事宜与公司、建设单位、设计、监理、施工等各方人员间的密切联系与沟通；

（11）负责就本专业设计或施工类事宜组织专家进行工作研讨与技术论证；

（12）参与跟本专业相关的工程项目的质量事故、安全事故的调查处理，编制事故报告；

（13）负责参与公司质量管理体系、环境及安全体系的运行管理，对项目实施有关技术进行总结，对技术管理进行阶段性总结，编写总结报告；

（14）完成项目部领导交办的其他工作。

8.2.4　招采合约部

（1）负责造价咨询及招标管理、合同管理制度的建立并控制执行；

（2）负责落实对项目造价、招标、合约工作的日常管理；

（3）负责组织造价咨询单位跟随工程进展同步落实相关造价及招标合约工作；

（4）负责针对造价咨询单位提交的各项造价、招投标成果文件落实审查审核，具体包括招标方案、招标文件、工程量清单及控制价，工程进度款及合同款审核及支付办理，现场签证及变更价款审核，索赔处理，材料及设备询价定价等施工阶段造价控制服务咨询成果；

（5）负责项目建设年度月度资金计划的编制；

（6）负责招标文件计价、计量、支付、结算等条款的编制及审查；

（7）负责协助建设单位组织、审核办理工程竣工结算等；

（8）组织竣工图及竣工结算编制报审工作、处理工程现场的各类责任事件、定损等；

（9）负责项目招标方案、招标计划、招标文件、招标公告的审核，负责协助组织投标人踏勘现场，负责协助组织投标，组织开标、评标，协助招标人定标、发中标通知书，招标项目备案等具体工作按时开展；

（10）负责审核合同以及进行合同谈判和修订，组织签订合同；

（11）合约管理制度的建立并控制执行，负责协助相关管理部门落实参建单位合同履约检查及处罚建议；

（12）负责合同变更、补充协议办理等日常合同管理工作；

（13）负责按岗位制定本部门人员的具体岗位职责，工作细则、工作方案、计划和各式报表；

（14）对部门人员工作绩效进行考核并向项目经理提交建议；

（15）收集、汇总和整理本部门的周报、月报和简报，并及时报送综合管理部；

（16）组织本部门内员工定期学习会议，提交管理和技术方面的实践成果、论文和工作总结；

（17）完成项目部领导交办的其他工作。

8.2.5　工程监理部

（1）实行总监负责制，按合同和监理规范要求承担工程实施监理职能；

（2）负责制定本部门人员的具体岗位职责，监理规划、细则、方案、计划和各式施工监理报表；

（3）负责按监理规范落实全程监理工作，配合项目部其他部门的工作；

（4）具体负责项目实施及保修期间的各项监理审查、审核、巡视、旁站及验收工作；

（5）负责落实工程监理的各项计划、负责建设单位指令的细化和落实、负责具体工程管理制度的建立并控制执行，现场各参建单位的关系协调、落实对参建施工单位合同履约情况的检查、督促、处罚，工程变更及合同外项目的实施、落实，施工组织设计及专项施工方案的备案审查；

（6）主持或参加各类现场专题会、协调会，现场签证、工程索赔、进度款支付的初步审核，各阶段工程计量审核、现场的安全文明施工管理、组织并参与分部工程及单位工程竣工验收、落实各专业分包单位进场、退场的管理；

（7）组织甲供设备进场验收、组织施工单位工程竣工结算及归档资料的整理、协助落实项目移交、落实对施工单位、供货单位及主要参建人员的履约评价，协助项目经理部完成参建施工单位及参建施工单位主要负责人的后评价等；

（8）对部门人员工作绩效进行考核，并向总监、项目经理提交建议；

（9）收集、汇总和整理本部门的周报、月报和简报，并及时报送综合管理部；

（10）组织本部门内员工定期学习会议，提交管理和技术方面的实践成果、论文和技术总结；

（11）完成项目部领导交办的其他工作。

8.3 管理工作任务分解

全过程工程咨询管理工作主要勘察设计准备阶段、勘察设计阶段、施工招标阶段、工程施工阶段、工程竣工阶段和运营维护阶段。

8.3.1 勘察设计准备阶段

1. 勘察设计准备阶段的投资控制

（1）在可行性研究的基础上，进行项目总投资目标的分析和论证；

（2）编制项目总投资分解的初步规划；

（3）分析总投资目标实现的风险，编制投资风险管理的初步方案；

（4）编写设计任务书中有关投资控制的内容；

（5）对设计方案提出投资评价建议；

（6）根据选定的设计方案审核项目总投资估算；

（7）编制设计阶段资金使用计划，并控制其执行；

（8）编制各种投资控制报表和报告。

2. 勘察设计准备阶段的进度控制

（1）分析和论证总进度目标；

（2）编制项目实施的总进度规划；

（3）分析总进度目标实现的风险，编制进度风险管理的初步方案；

（4）审核设计进度计划，并控制其执行；

（5）编写设计任务书中有关进度控制的内容；

（6）编制各种进度控制报表和报告。

3. 勘察设计准备阶段的质量控制

（1）理解建设单位的要求，分析和论证项目的功能；

（2）协助建设单位确定项目的质量要求和标准；

（3）分析质量目标实现的风险、编制质量风险管理的初步方案；

（4）编制项目的功能描述书及主要空间的房间手册；

（5）编制设计任务书；

（6）比较设计方案是否符合项目建议书的要求；

（7）编制设计招标总结报告。

4. 勘察设计准备阶段的合同管理

（1）分析和论证项目实施的特点及环境，编制项目合同管理的初步规划；

（2）分析项目实施的风险，编制项目风险管理的初步方案；

（3）从合同管理的角度为设计文件的编制提出建议；

（4）根据设计竞选的结果，提出委托设计的合同结构；

（5）协助建设单位起草设计合同，参与设计合同的谈判和签订工作；

（6）从目标控制的角度分析设计合同的风险，制定设计合同管理方案；

（7）分析和编制索赔管理初步方案，以防范索赔事件的发生。

5. 勘察设计准备阶段的信息管理

（1）建立项目信息编码体系及信息管理制度；

（2）收集、整理和分类归档各种项目管理信息；

（3）协助建设单位建立会议制度、管理各种会议记录；

（4）建立各种报表和报告制度，确保信息流畅通、及时和准确；

（5）填写项目管理工作日志；

（6）每月向建设单位递交项目管理工作月报；

（7）运用计算机辅助项目的信息管理，随时向建设单位提供有关项目管理的各类信息、各种报表和报告；

（8）将所有项目管理信息分类装订成册，在项目管理工作结束后递交建设单位。

6. 勘察设计准备阶段的组织与协调

（1）分析项目实施的特点和环境，提出项目实施的组织方案；

（2）编制项目管理总体规划；

（3）编制设计工作的组织方案，并控制其实施；

（4）协助建设单位组织设计竞选；

（5）组织设计方案的评审，协助建设单位办理设计审批方案；

（6）根据设计竞赛及评审结果，提出委托设计单位的建议；

（7）协调设计准备过程中的各种工作关系，协助建设单位解决有关纠纷事宜。

8.3.2 勘察设计阶段

1. 勘察设计阶段的投资控制

（1）在可行性研究的基础上，进行项目总投资目标进一步的分析和论证；

（2）根据方案设计，审核项目总估算，供建设单位确定投资目标参考，并基于优化方案协助建设单位对估算作出调整；

（3）编制项目总投资分解规划，并在设计过程中控制其执行，在设计过程中若有必要，及时剔除调整总投资分解规划的建议；

（4）审核项目总概算，在设计深化过程中严格控制在总概算所确定的投资计划之中，对设计概算作出评价报告和建议；

（5）根据工程概算和工程进度表，编制设计阶段资金使用计划，并控制其执行，必要时，对上述计划提出调整建议；

（6）从设计、施工、材料和设备等多方面作必要的市场调查分析和技术经济比较论证，并提出咨询报告，如发现设计可能突破投资目标，则协助设计人员提出解决办法，供建设单位参考；

（7）审核施工图预算，必要时调整总投资计划；

（8）采用价值工程方法，在充分满足项目功能的条件下考虑进一步挖掘节约投资的潜力；

（9）进行投资计划值和实际值的动态跟踪比较，并提出各种投资控制报表和报告；

（10）控制设计变更，注意检查变更设计的结构可靠性、经济型、建筑造型和使用功能是否满足建设单位的要求。

2. 勘察设计阶段的进度控制

（1）参与编制项目总进度计划，有关施工进度与施工监理部协商讨论；

（2）审核设计方提出详细的设计进度计划和出图计划，并控制其执行，避免发生因设计单位推迟进度而造成施工单位要求索赔；

（3）协助起草主要甲供材料和设备的采购计划，审核甲供进口材料设备清单；

（4）协助建设单位确定施工分包合同结构及招标投标方式；

（5）督促建设单位对设计文件尽快做出决策和审定；

（6）在项目实施过程中进行进度计划值和实际值的比较，并提交各种进度控制报表和报告（月报、季报、年报）；

（7）协调室内外装修设计、专业设备设计与主体设计的关系，使专业设计进度能满足施工进度的要求。

3．勘察设计阶段的质量控制

（1）协助建设单位确定项目质量的要求和标准，满足设计质监部门质量评定标准要求，并作为质量控制目标值，参与分析和评估建筑物使用功能，面积分配、建筑设计标准等，根据建设单位的要求，编制详细的设计要求文件，作为方案设计优化任务书的一部分；

（2）研究图纸、技术说明和计算书等设计文件，发现问题，及时向设计单位提出；对设计变更进行技术经济合理性分析，并按照规定的程序办理设计变更手续，凡对投资及进度带来影响的变更，需会同建设单位核签；

（3）审核各设计阶段的图纸、技术说明和计算书等设计文件是否符合国家有关设计规范、有关设计质量要求和标准，并根据需要提出修改意见，确保设计质量获得有关部门审查通过；

（4）在设计进展过程中，协助审核设计是否符合建设单位对设计质量的特殊要求，并根据需要提出修改意见；

（5）若有必要，组织有关专家对结构方案进行分析和论证，以确定施工的可行性和结构的可靠性，从而进一步降低建造成本；

（6）协助智能化设计和供货单位进行智能化总体设计方案的技术经济分析；

（7）对常规设备系统的技术经济进行分析，并提出改进意见；

（8）审核有关水、电、气等系统设计与有关市政工程规范、地铁市政条件是否相符合，确保获得有关部门审查通过；

（9）审核施工图设计是否有足够的深度，是否满足可施工性的要求，以确保施工进度计划的顺利进行；

（10）对项目所采用的主要材料和设备充分了解其用途，并作出市场调查分析；对材料和设备的选用提出咨询报告，在满足功能要求的条件下，尽可能降低工程成本；

（11）会同有关部门对设计文件进行审核，必要时组织会议或专家论证。

4．勘察设计阶段的合同管理

（1）协助建设单位确定设计合同结构；

（2）协助建设单位选择标准合同文本，起草设计合同及特殊条款；

（3）从投资控制、进度控制和质量控制的角度分析设计合同条款，分析合同执行过程中可能出现的风险及如何进行风险转移；

（4）参与设计合同谈判；

（5）进行设计合同执行期间的跟踪管理，包括合同执行情况检查，以及合同的修改、签订补充协议等事宜；

（6）分析可能发生索赔的原因，制定索赔防范性对策。减少建设单位索赔事件的发生，协助建设单位处理有关设计合同的索赔事宜，并处理合同纠纷事宜；

（7）向建设单位递交有关合同管理的报表和报告。

5．勘察设计阶段的信息管理

（1）建立设计阶段工程信息编码体系；

（2）建立设计阶段信息管理制度，并控制其执行；

（3）进行设计阶段各类工程信息的收集，分类存档和整理；

（4）运用计算机辅助项目的信息管理，随时向建设单位提供项目管理各种报表和报告；

（5）协助建设单位建立有关会议制度，整理会议记录；

（6）督促设计单位整理工程技术和经济资料及档案；

（7）填写项目管理工作记录，每月向建设单位递交设计阶段项目管理工作月报；

（8）将所有设计文档（包括图纸、技术说明、来往函件、会议纪要和政府批件等）装订成册，在项目结束后递交建设单位。

6．勘察设计阶段组织与协调的任务

（1）协助建设单位协调与设计单位之间的关系，及时处理有关问题，使设计工作顺利进行；

（2）协助建设单位处理设计与政府主管部门的联系；

（3）协助建设单位做好方案设计及扩初设计审批的准备工作，协助处理和解决方案和扩初设计审批的有关问题；

（4）协助建设单位协调设计与招标主管部门之间的关系。

8.3.3　施工招标投标阶段

1．施工招标投标工作有关的投资控制任务

（1）审核概算和施工图预算；

（2）审核招标文件和合同文件中有关投资的条款；

（3）审核和分析各投标单位的投标报价；

（4）定期向建设单位提交投资控制报告；

（5）参加评标及合同谈判；

（6）与施工招标投标工作有关的进度控制；

（7）编制施工总进度规划，并在招标文件中明确工期总目标；

（8）审核招标文件和合同文件中有关进度的条款；

（9）审核和分析各投标单位的进度计划；

（10）定期向建设单位提交进度控制报告；

（11）参加评标及合同谈判。

2．施工招标投标阶段有关合同管理任务

（1）合理划分子项目，明确各子项目的范围；

（2）确定项目的合同结构；

（3）策划各子项目的发包方式；

（4）起草、修改施工承包合同以及甲供材料和设备的采购合同；

（5）参与合同谈判工作。

3．施工招标投标阶段信息管理任务

（1）起草和修改各类招标文件；

（2）在投资控制软件、进度控制软件内建立项目的结构和各子项目的编码，为计算机辅助进度控制和投资控制奠定基础；

（3）招标投标过程中各种信息的收集、分类与存档。

4．施工招标投标阶段组织与协调任务

（1）组织对投标单位的资格预审；

（2）组织发放招标文件，组织投标答疑；

（3）组织对投标文件的预审和评标；

（4）组织和协调参与招标投标工作的各单位之间的关系；

（5）组织各种评标会议；

（6）协助建设单位向政府主管部门办理各项审批事项；

（7）组织合同谈判；

（8）与施工招标投标工作有关的风险管理；

（9）制定风险管理策略；

（10）在合同中采取有利的反索赔方案；

（11）制定合理的工程保险投标方案。

8.3.4　工程施工阶段

1．工程施工阶段的投资管理

（1）编制施工阶段各年度、季度和月度资金使用计划，并控制其执行；

（2）利用投资控制软件每月进行投资计划值与实际值的比较，并提供各种报表；

（3）工程付款审核；

（4）审核其他付款申请单；

（5）对施工方案进行技术经济比较论证；

（6）审核及处理各项施工索赔中与资金有关的事宜。

2．工程施工阶段的进度管理

（1）审核施工总进度计划，并在项目施工过程中控制其执行，必要时及时调整施工总进度计划；

（2）审核项目施工各阶段、年、季和月度的进度计划，并控制其执行，必要时作调整；

（3）审核设计方、施工方和材料、设备供货方提出的进度计划和供货计划，并检查、督促和控制其执行；

（4）在项目实施过程中，进行进度计划值与实际值的比较，每月、每季和每年提交各种进度控制报告。

3．工程施工阶段的合同管理

（1）协助建设单位起草甲供材料和设备的合同，参与各类合同谈判；

（2）进行各类合同的跟踪管理，并定期提供合同管理的各种报告；

（3）协助建设单位处理有关索赔事宜，并处理合同纠纷。

4．施工阶段的信息管理

（1）进行各种工程信息的收集、整理和存档；

（2）定期提供各类工程项目管理报表；

（3）建立工程会议制度；

（4）督促各施工单位整理工程技术资料。

5．施工阶段的组织与协调

（1）参与组织设计交底；

（2）组织和协调参与工程建设各单位之间的关系；

（3）协助建设单位向各政府主管部门办理各项审批事项。

6．施工阶段的风险管理

（1）工程变更管理；

（2）协助处理索赔及反索赔事宜；

（3）协助处理与保险有关的事宜；

（4）施工阶段的现场管理；

（5）组织工地安全检查；

（6）组织工地卫生及文明施工检查；

（7）协调处理工地的各种纠纷；

（8）组织落实工地的保卫及产品保护工作；

（9）动用前准备阶段项目管理的任务。

8.3.5　工程竣工阶段

1．工程竣工阶段的投资控制

（1）编制本阶段资金使用计划，并控制其执行，必要时调整计划；

（2）进行投资计划值与实际值的比较，提交各种投资控制报告；

（3）审核本阶段各类付款；

（4）审核及处理施工综合索赔事宜；

（5）参与讨论工程决算中的一些问题；

（6）编制投资控制总结报告。

2．工程竣工阶段的进度控制

（1）编制本阶段的进度计划，并控制其执行，必要时作调整；

（2）提交各种进度控制总结报告。

3．工程竣工阶段的合同管理

（1）进行各类合同的跟踪管理，并提供合同管理的各种报告；

（2）协助建设单位处理有关工程索赔事宜，并处理合同纠纷；

（3）协助处理合同中的未完事项。

4．工程竣工阶段的信息管理

（1）进行各种工程信息的收集、整理和存档；

（2）提供各类工程项目管理报表；

（3）督促项目实施单位整理工程技术资料；

（4）组织提交竣工资料；

（5）组织编制重要设施的使用及维护手册。

5．工程竣工阶段的组织与协调

（1）组织和协调参与工程建设各单位之间的关系；

（2）协助建设单位向各政府主管部门办理各项竣工事项。

6．工程竣工阶段的其他任务

（1）协助建设单位对使用单位有关人员培训；

（2）配合进行剩余甲供材料物资的处置；

（3）参与组织各种仪式及活动；

（4）协助建设单位办理工程移交，移交内容包括项目使用说明书、实体移交、档案移交和数字移交等。

8.3.6　运营维护阶段

1．运营组织设计

（1）协助使用单位确定组织设计原则；

（2）对运营使用单位提出职能分析和设计；

（3）协助确定运营使用单位组织机构；

（4）组织协调机制的设计；

（5）协助确定运营使用人员的配置计划和训练计划；

（6）提出管理制度和管理流程的建议。

2．项目后评价

（1）项目前期决策阶段后评价；

（2）项目准备阶段后评价；

（3）项目实施阶段后评价；

（4）项目可持续性后评价。

3．工程维修保障

（1）协助使用单位建立维修保障制度；

（2）协助使用单位编制维修保障流程；

（3）定期回访并指导具体维修保障工作等。

第9章 项目投资管理

9.1 项目投资控制目标

9.1.1 投资控制的原则

1．全面控制原则

（1）全过程投资控制，自项目立项阶段开始，经过设计、施工准备、施工阶段，到竣工交付使用后的保修期结束，整个过程都要实行投资控制。投资控制并不仅仅是对过程建设直接投资的控制，除了考虑一次性投资的节约，还要考虑从项目建成以后使用和运行过程中可能发生的相关费用，进行项目全寿命周期的经济分析，使建设工程项目在整个寿命周期内的总费用最小。

（2）全方位投资控制不能单纯强调降低成本，必须兼顾到质量、进度、安全等方面。要在满足工程项目的质量、功能和使用要求的前提下，通过管理措施，使工程项目投资得到有效控制。

（3）全员投资控制是一项综合性很强的指标，涉及设计、技术、采购、管理等各项工作，要真正达到投资控制的目的，必须调动建设单位和各参建方的全部员工的积极性，让每个参与项目的人都形成投资控制意识，承担投资控制责任。

2．责、权、利相结合的原则

在确定项目经理和制定人员岗位责任时，就决定了从项目经理到每一个管理者和操作者，都有自己所承担的责任，而且被授予了相应的权利，给予了一定的利益，这就体现了责、权、利相结合的原则。

3．节约原则

节约人力、物力、财力是提高经济效益的核心。需做好以下3方面的工作：

（1）严格控制成本开支范围、投资开支标准，执行有关财务制度，对各项成本投资的支出进行限制和监督。

（2）提高项目科学管理的水平，优化施工方案，提高生产效率。

（3）采取预防成本失控的措施，制止可能发生的浪费。

9.1.2 投资控制的目标

投资控制的关键，是要保证项目投资目标尽可能好地实现。当工程项目进入实质性启动阶段以后，项目的实施就开始进入预定的计划轨道，投资控制的中心活动就变为投资目标的控制。在具体建设项目的实施中，将投资目标分为总目标和分目标进行分别的管控。

1. 投资控制总目标

投资估算一旦批准，即为工程项目投资的最高限额，不得随意突破，并作为项目建设过程中投资控制的总目标。由于水利项目实施难度较大、存在风险较多，建议概算不超估算，在保证质量、进度的前提下节约投资，确保项目投资目标控制于估算范围之内。

（1）工程投资控制在工程计划投资内。

（2）严格遵守签证程序，严格控制合同外费用的支出，减少索赔事件的发生概率。

（3）以工程承包合同为基础，严格且合理地处理索赔。

（4）严格审核承包单位编制的施工组织设计，对主要施工方案进行技术经济分析，以优化方案、节约投资。

2. 投资控制分目标

（1）将经批准的设计概算与施工图预算进行逐项对比，编写《建设工程动态投资控制表》。根据合同、施工图预算、施工进度计划等编制资金使用计划，包括建安费、工程建设其他费（如设计费、全过程工程咨询费、造价咨询费）等的总资金使用计划、年度、季度、月度资金使用计划，设定项目投资分解目标。

（2）利用专业投资控制软件每月进行投资计划值与实际值的比较，并提供各种报表；对出现实际投资超计划值的，及时分析项目施工过程中投资偏差与进度偏差产生的原因，并采取相应的组织、经济、技术、合同措施进行纠偏。

（3）设置投资预警机制：当工程投资出现超概算风险时，应及时启动投资预警。投资预警分为黄色预警、橙色预警、红色预警三种。一般项目预警启动标准设定如下：

① 当动态投资额达到概算投资额的95%时，启动黄色预警。应报告建设单位领导，并组织设计、全过程咨询、造价咨询等相关单位对投资进行全面梳理，分析工程建设过程中可能引起投资增加的各种因素，评估投资超概算的风险，并采取针对性措施严格控制投资。

② 当动态投资额达到概算投资额的98%时，启动橙色预警。应报告建设单位领导，组织相关单位对投资进行详细分析，评估投资超概算的风险，并从严控制建设标准及工程变更，必要时应与使用单位协商，采取优化设计、调整建设标准、暂缓实施部分设计内容等措施控制投资。

③ 当动态投资额达到概算投资额的100%或超出投资概算时，启动红色预警。应报告建设单位领导，并以建设单位名义发函告知使用单位。同时应组织相关单位对投资进行详细分析，并与使用单位协商，采取优化设计、调整建设标准、暂缓实施部分设计内容等措施，务必把投资控制在概算投资以内。需要调整建设标准或建设内容的，应报市发展改革委批准。

9.2　项目投资控制重点与难点分析

水利项目具有工程规模大、建设内容多、建筑线路长、使用功能复杂、牵涉面广、协作条件要求高等特点。在资金满足建设进度同时，更应注重投资控制与管理，对所有工程费用须依据施工图纸及概算预算，按月下达资金控制计划，坚持做到月初有计划，平时有分析，月末有总结。特别是在工程建设处于高峰期，而资金使用量的大时候，适时召开工程投资分析会议，报告资金动态和费用控制情况，按概算内容和项目逐一对照，分析费用节超原因，提请各部门加强费用控制。具体有以下几方面：

（1）设计阶段是控制投资实现经济效益最直接、最重要的环节。设计功能定位可锁定可控成本的90%以上，提前与建设单位和使用单位做好沟通，在满足项目的使用功能的前提下，设计要力求经济、合理、适用；

（2）深埋隧洞/深井泵房结构型式、超深大基坑地应力及支护措施等直接影响着项目投资和进度目标的实现，做好现场勘查工作，重点做好关键技术及预控措施，避免过度设计造成投资及工期的增加；

（3）推行标准化设计，优先选用标准化材料与设备，尽量避免采用特殊型号的材料与设备，以避免投资增大的风险；

（4）大口径、长距离深隧输水工程具有水锤防治、长距离隧道掘进、高精度测量、深大基坑开挖等重大技术难题，协调工作量较大；前期设计深度不够将对后期投资控制影响很大，施工过程中产生的变更在所难免；

（5）信息智能化工程设备的选用，在满足功能需求的前提下，要考虑经济性与实用性，尽量采用公开招标的方式择优选购；

（6）项目涉及采用新材料、新工艺对价格的确定存在困难，费用的不确定性风险加大；

（7）长距离供水工程水锤防护、智慧化运行调度、机电工艺设备、水处理工程设计等有专门工艺，各设备市场价格不透明，竞争性不强，以及可能涉及专利权等各种因素，使投资控制难度加大；

（8）工程水文地质情况复杂，面临超深基坑支护、超长距离TBM施工安全控制等问题，面临较大的安全风险；输水涵洞支护、水土保持、不良地基处理将是本项目造价部门的重点控制工作内容。

9.3　项目投资控制风险

9.3.1　设计变更的风险

在施工阶段对工程造价的控制主要内容之一就是控制在施工过程中的设计变更，它不仅关系到施工进度和工程质量，对项目工程造价的控制也有着直接的关系。建设工程设计变更风险控制应从限额设计、价值工程、对功能需求进行调查、推荐样板引入、设计变更控制程序等方面着手控制。无论哪一方提出的工程变更，监理工程师都应从变更的技术可行性、变更费用、变更对工期、质量的影响等方面对工程变更进行综合评价，对综合评价可行的工程变更按施工合同的规定，就工程变更的质量、费用和工期方面与承包单位进行协商，经协商达成一致后，将综合评审和协商结果报建设单位审批，经建设单位批准后通知设计单位编制设计变更文件，总监理工程师签发工程变更指令，承包单位组织实施。

9.3.2　施工方案调整的风险

实际施工时可能因为现场条件或天气情况、工程量增减、设计变更等因素，需要调整施工组织设计或专项施工方案；不同施工方案，承包商投入的劳动力资源、材料、机械设备和费用也会不同，必然会造成造价的变化。全过程工程咨询相关咨询工程师首先要明确发生变更的原因的责任方，对于异常不利的地质条件所引起的施工方案的变更，以及建设单位提出设计变更导致施工方案的变更，则相应的施工方案的变更产生的费用增加由建设单位负责承担。由于承包商自身原因（如失误或风险预判不足）修改施工方案所造成的损失由承包商负责。招标阶段应在合同文件中约定，如中标人提供的施工组织设计方案存在缺陷，发包人可要求其对方案进行完善、修改，施工必须无条件执行，直到发包人、监理机构、设计单位批准通过，但不因施工组织设计方案的调整而调整相关措施费用。

9.3.3　地勘资料不准确的风险

招标人应向承包人提供现场地质勘探资料、水文气象资料，并对其准确性负责。为避免由于地勘不准确引起的索赔，接受委托的勘察设计单位要对本工程的施工现场、施工范围以及供电、供水、对外交通等施工条件进行详尽的调查。在现场勘查时，除按照规程实施外，要对有可能引起争议的施工要素增加工作量。例如对项目地质情况、地下水位、含水量等的测定除考虑当时的情况外，还要考虑到整个施工期可能出现的情况，保证提供的地质勘探资料真实性、准确性。

9.3.4　工期延误索赔的风险

延期索赔是合同管理中不可分割的一部分，索赔事件发生后，全过程工程咨询相关咨询工程师要及时请参建各方到现场调查，了解事件发生的原因，确定事件性质，分清风险的归属。事件发生过程中，全过程工程咨询相关咨询工程师应积极协调配合相关各方，消除引起延期索赔的因素，减少损失，督促批复部门对各有关细节应做详细记录（包括照片）。按合同有关规定审核索赔资料，在处理这一类索赔时，全过程工程咨询相关咨询工程师首先应确定导致工期延长或延误的影响因素是非承包人本身的原因。如果是由于客观原因（如不可抗力、外部环境变化等）造成的工期延长或延误，一般情况下建设单位可以批准承包人延长工期，但不会给以费用补偿；如果是属于建设单位的原因引起的工期延长或延误，则承包人除应得到工期补偿外，还应得到费用补偿；对于承包人原因造成的工期延误，建设单位要及时进行反索赔。

9.3.5　工程款支付风险

工程款的支付风险是工程项目风险中相当重要的一项。在项目实施过程中，履约双方都存在着信用风险。例如建设单位因资金缺乏，不能按合同约定支付工程款。承包商未能履行合同约定施工进度的要求，却以各种理由要求提前或超额支付工程款。在工程款支付过程中，要注重加强招投标过程的管理，完善保证金制度，加强合同管理，建立工程项目预备金，建立完善的支付管理制度来控制风险。

9.3.6　价格变更的风险

工程合同工期长，要充分考虑在施工期间，项目人工、材料、机械的价格涨落所发生的价差，本着实事求是、公平合理、共担风险的原则，要在施工合同中约定可调人工、机械、材料名称和范围的调价原则。

9.3.7　施工条件变化的风险

工程施工与施工条件的变化密切相关，如地下水、断层、溶洞、地下文物遗址、台风、暴雨等，这些施工条件的异常变化必然会引起施工索赔。要在合同条款中加以约定，要求施工承包人到现场实地踏勘，在投标时充分预估本工程可能发生的风险，并将相关费用含在投标报价中。对于不可抗力事件按谁的责任谁负担的原则，共同分担责任风险。

9.3.8　工程量清单漏项的风险

在招投标过程中，经常发生工程量清单报价的争议问题，大多是工程量清单漏项、少算的原因。招标时造价咨询单位要认真核对施工图，确保工程量计算要准确无误，项目特征描述要准确、全面、没有歧义，专业工程划分清楚明确，措施费用考虑充分，并通过与类似工程的数据对比分析，寻找差异。在编制商务标时应采取"背对背"的方法，由两名以上预算员同时计算或审核工程量，以便及时发现工程量漏算和错算之处。

9.3.9　前期论证不充分的风险

做好项目准备工作，到现场进行实地考察，了解区域地质与周围的地理环境，收集掌握好第一手资料，进行充分论证，及时与建设单位及使用单位沟通，确认项目使用功能，避免因考虑不周全等而造成返修、变更费用的增加。

9.3.10　水利工艺和设备选择的风险

根据国家相关法规、制度、项目规模、功能定位，科学制订水利工艺和装备的发展规划。优先考虑配置功能适用、技术适宜、节能环保的水利工艺和设备，注重资源共享，杜绝盲目配置和闲置浪费。

9.3.11　施工资料不完整的风险

由于施工资料不完整，计价依据不充分，从而影响工程结算价格的确认，造成结算工作无法推进。施工过程中要指导施工单位，及时上报签证及工程变更，并留存工程影像及纸质资料，平时做好造价资料的收集整理工作，为结算做准备。

9.3.12　其他风险

本工程专业工程多，交叉作业多。要通过详细划分各招标采购界面，审核招标文件、合同格式的合理性、正确性。审核工程量清单的准确性，做到不重复、不漏项，施工承包人要充分预估各种可能发生的风险，并在措施费中报价。

9.4　各阶段投资控制的措施

依据项目投资控制目标，制订投资管理制度、措施和工作程序，做好决策、设计、招标、施工、结算等各阶段的投资控制：

9.4.1　决策阶段投资控制

1．做好项目可行性研究

水利建设项目可行性研究等前期工作是一种专业化的工作，由上级行政主管部门牵头，由建设单位、代建单位和社会性的决策咨询机构共同成立一个投资机会论证研究小组，对水利工程建设标准、规模、水利工艺需求等进行技术论证，在专家技术支持下从技术和经济角度不断优化设计方案，形成项目建设的指导意见，作为编制可行性研究报告的依据，并指导初步设计和施工图设计，提高收益水平，降低并控制风险。

2．科学编制投资估算

投资估算要做到科学、合理、经济，不高估，不漏算；保证投资估算和设计方案的一致性和匹配性；建立投资控制台账，将可研估算与批复的项目建议书匡算对比，从源头保证投资控制目标得以实现。

9.4.2　设计阶段投资控制

在水利建设项目设计阶段，投资控制风险点在于扩初阶段设计方案与可研阶段设计方案和投资界面不一致，出现重大变更；未进行和落实限额设计；图纸、概算未落实专家评审意见；对于这些问题，要推行并落实限额设计，采取设计阶段的动态投资控制方法来解决。

（1）推行并落实限额设计。

以批复的可行性研究报告中工程投资为依据，推行并落实限额设计。明确设计合同的限额设计责任制和限额设计奖惩方法，有效地激励设计单位进行限额设计，进行投资分解和工程量控制是实行限额设计的有效途径和主要方法。

为了避免设计合同中限额设计条款在项目实施中难以具体落实，最终流于形式的现象发生，在设计合同中，设立设计费付费约束条件，即通过分段付款对设计单位进行限额设计的管控。

（2）根据已有的方案设计成果，进一步优化功能布局，合理利用空间，减少浪费。

（3）与使用单位提前沟通，明确使用需求，避免重大性颠覆变更及拆改的发生。

（4）加强设计管理，优化设计，避免过度设计带来工程费用的增加。设计方案需经过深入讨论，听取各方意见（尤其是使用单位意见）后，最终定稿须经各方签字确认；一经确认，不得随意变更。

（5）对水利工艺及机电设备的选型、品牌、档次等的确定，需要组织各方对市场进行充分调研，遵循适用、合理、经济的原则进行控制。

（6）清单编制前需对设计图的深度进行审核并提出设计中存在的问题，将设计中的问题在清单编制阶段解决，以防由于设计原因引起变更过大。

（7）加强设计图纸审查，确保工程量计量及清单描述的准确性，以减少后期由于清单描述与设计图纸做法不一致而引起的变更、签证费用。

（8）设计单位完成初步设计概算后，及时组织力量对概算进行全面审查，组织专家评审会议，根据项目特点参考同类工程经济指标提出修改意见，并反馈设计单位。由设计、建设双方共同核实取得一致、并确认项目内容完整无意见后，由设计单位进行修改，再随同初步设计一并报送主管部门审批，最终确定项目总体概算投资。

（9）概算经委托人批准后报送发改部门，与发改评审部门进行沟通、协调、确保评审结果的合理性。

9.4.3　招投标阶段投资控制

招标阶段，建设方往往比较注重招标工程量清单编制质量，也强调回标分析的重要性，却往往忽视招标图纸与扩初文本的符合性，招标范围与批复概算范围的一致性。由于招标范围与批复概算范围的不一致，甚至远远超出批复概算范围导致招标控制价存在超概风险。因此强调招标范围与批复概算保持一致，限额招标，尽量避免恶意低价中标是招标阶段投资控制的重点和难点。

1．编制工程招标文件

（1）在招标文件中约定招标范围、工作界面、量、价的风险范围、主要材料/设备、甲供材料/设备的供应方式及计价方式、暂估价、暂列金及包干价的结算方式。

（2）合理确定材料/设备价格、在招标文件中明确品牌、规格和技术要求。

（3）工程量清单编制、控制价编制应与招标文件的相关条款一致。

（4）招标文件评标办法。制定商务标评标办法主要应考虑三个方面的问题：

①评标办法应有效防范投标单位相互串通、高价围标。

②有效防范投标单位低于成本价、恶意竞标。

③ 有效抑制投标单位的不平衡报价策略。

（5）合同类型确定。

① 合同类型的确定。工程建设项目施工合同类型的选择依据其计价方式的不同分为总价合同、固定综合单价合同。

② 合同条款的选用。对合同中涉及工程价款支付条款、调整价格条款、变更条款、竣工结算条款、索赔条款等内容应详细审查，防范、转移或化解合同风险。

（6）合同条款的拟定。

细化合同条款，对施工中预计会发生、易引起争议的事项在合同中予以约束，避免索赔事件的发生。

2. 工程量清单及控制价的编制与审核

招标工作量清单编制时，其编制质量的好坏直接关系到投标报价的合理性、有效性和完整性，进而间接影响到整个项目的投资控制管理工作。

（1）组织造价咨询单位编制工程量清单和控制价。招标工程量清单的编制必须科学合理、内容明确且客观公正，要以批准的扩初方案，投资概算和投资标准为基础来进行编制。编制招标工程量清单时一般应注意以下几点：编制依据要明确；工程量计算力求准确；清单项目特征描述一定要准确和全面；对现场施工条件和自然条件也要有准确的表述。

（2）对工程量清单和控制价进行准确性复核，与发展改革委的概算批复投资进行逐项对比。

① 审查分部分项工程量清单中项目编码、项目特征、计量单位是否符合规定，工程量计算是否正确；检查清单项目特征描述是否清晰、详细、完整，投标人能根据清单描述进行准确报价；检查清单是否漏项等。

② 审查措施项目清单是否根据相关现行国家计量规范的规定编制。

③ 审查暂列金、暂估价、计日工、总承包服务费的计取是否合理。

④ 协助建设单位对造价咨询公司提交的招标控制价进行复核，重点审查金额较大的清单子目，核实清单数量、价格的准确性。

⑤ 当出现招标控制价超过概算时，首先对造价咨询的工作成果进行量、价复核；其次，通过控制材料设备的档次以达到控制造价的目的；如仍然超概算则必须对设计进行评估，凡概算中没有的项目不得实施。通过上述手段仍然超概算的，要找出超概算问题所在，报告建设单位领导协调解决。

⑥ 参考以往类似工程量清单、主要材料用量，与本工程进行对比分析，找出其中差异，分析原因，对工程量清单及控制价进行修改完善，提高工程量清单编制质量和控制价的准确合理性。

3. 做好招标过程中的回标分析

个别投标单位为了中标，惯于采用故意漏报项目的手法，一旦中标，则通过各种手段给建设单位施加压力，以便达到增加造价的目的。因此，在招标活动中认真做好商务回标分析，能够及早发现投标报价中的问题，是确保合理低价中标的重要环节。

（1）对所有投标文件做商务回标分析，核查投标文件是否实质性响应招标文件，以及投标报价的合理性和完整性。将已开标的投标总报价从低到高按顺序排列，随后根据评标办法设定的甄别异常报价的办法，最终确定进入回标分析的投标单位。

（2）在评标中，审查投标单位报价应该对总报价和单项报价进行综合评审。总价符合要求并不能说明单项报价符合要求，总报价最低并不能说明单项报价最低。投标人往往在保持总造价不变的情况下，采用不平衡报价，将工程量可能变化较小的项目的单价降低，将可能变化较大的项目单价增大，以期达到在竣工结算时追加工程款的目的。另外也要做到单价和相应工程数量的综合评审，工程数量大的单价要重点分析。还要做到单价与工作内容、施工方案、技术工艺的综合评审，从而择优选择合适的承包单位。

（3）加强清标工作，在不改变实质性内容前提下，对投标文件中不符合招标文件要求内容、投标文件中比较含糊容易引起争议的内容等提出，在询标环节让投标单位进行澄清，规避风险。

9.4.4　项目实施阶段投资控制

1. 工程款支付管理

制定工程计量支付流程规定，严格按照合同约定及流程规定审核支付工程款。工程预付款在合同签订后，提供了预付款保函，并达到合同约定的支付条件时予以支付；达到合同约定扣回比例时，按工程进度以固定比例分期从各月的期中支付证书中扣回。每期工程进度款支付前，应对支付当期所发生的合格工程量进行计量与确认，计量过程中要对清单工程量计算偏差进行更正，对设计变更等原因引起的工程量增减进行调整。未经监理工程师质量验收合格的工程量，或不符合施工合同约定的工程量，监理人员拒绝计量和该部分的工程款支付申请。工程量进行计量和确认的主要依据有合同中约定的工程量计算规则、施工图纸、设计变更文件、图纸会审纪要、施工方案以及经发承包单位认可的其他有效文件。编制工程款支付台账记录，累计月支付金额达到合同价约定比例时暂停支付，做到不超付，不冒算。

2. 严格控制工程变更

工程一旦发生变更，将影响工程的正常施工运行，会对工期，特别是对总投资产生巨大的影响。应加强对工程变更的管理，尽量减少和避免工程变更，严格控制工程总投资。

（1）建立健全变更控制体系

制定项目变更管理办法，对于超过 300 万元的变更，要经过建设单位技术管理委员会审批。

（2）加强工程变更的审批管理

① 在工程招标完成后，所有涉及设计调整的事项，包括图纸会审、施工联系单、设计洽商单等形式确定的设计调整内容，均应以设计变更的形式来体现，并按工程变更的程序进行审批。

② 在工程招标完成后，不得以出新版图形式来规避工程变更审批程序；对于确实因

前期设计不充分导致变更内容过多，必须出新版图纸的，仍需按工程变更申报程序和权限完成审批，同时将有关情况以书面形式报主管领导批准。

③ 因工程变更导致工程造价超过概算批复限额的，应进行工程投资动态控制流程管控。

④ 涉及结构安全、强制性标准的工程变更，需报请原施工图审查机构审查后再批准实施。

⑤ 因设计变更或现场签证导致变更后的预算超过分项概算或者总预算的，应将工程变更报审计专业局备案。

3．严格现场签证的管理

（1）现场签证工程量应事前确认，由建设单位代表、监理工程师及承包人代表三方共同在现场核实工程量，必要时还可请设计、勘察人员、造价咨询共同参与签证工程量确认，并留下全面充分的影像资料。

（2）涉及重大的签证事项，通知审计专业局现场见证。

（3）由设计变更引起的现场签证，必须与设计变更合并作为同一工程变更事项进行申报审批。

（4）现场签证要尽可能以签认工程量的形式进行，工程量确实无法计量的情况下可采用机械台班、计日工等方式进行签证，不得以直接签认金额的方式进行签证。现场签证单的工程量描述应全面、准确，满足计价要求。

（5）对于非施工单位原因造成的工期延误，如政策调整、自然灾害等不可抗力的原因造成且在合同中约定由建设单位承担的风险，应以工期签证的形式对工期延误情况进行签认。由工程变更造成的工期延误直接在工程变更审批时一并申报、审核，无须另行进行工期签证。

4．合理确定材料的价格

材料、设备投资一般占建安造价的 60% ~ 70%，所以要根据施工合同的约定严格控制，认真把关，引入竞争机制。属于公开招标的材料、设备合理设定限额价按公开招标程序进行预订；属询价的材料、设备，要组成询价小组对照批准概算，参照材料信息网，通过内部评议、集体讨论，从质量、价格、服务、付款、工期等方面来排序名次，最后确定中标单位。

对于新增单价的审核，要做好以下几点：

（1）审查发生新增单价原因，确定是否发生单价确认。新增单价的依据是否充分、合理，是清单漏项或是设计变更等原因引起的，要在新增单价申请单后附相应的依据文件作为审核附件。

（2）审核新增单价构成的合理性。依据合同、招标投标文件及相关法规审核新增单价，原则如下：

① 合同中已有适用的综合单价，按合同中已有的综合单价确定；

② 合同中有类似的综合单价，参照类似的综合单价确定；

③ 合同中没有适用或类似的综合单价，由承包人提出新的综合单价，经发包人确认后执行。

（3）新增单价审核的重点及难点是第三种情况。对施工单位上报的价格，材料价格有造价部门信息价的执行信息价，没有信息价的可以采取网络、市场询价等多种渠道，经双方确认合理的价格；对于没有相应定额和清单为依据计取人、材、机价格的，可以在现场实际测量，由监理工程师签认，通过测算得出合理的新增单价。

5. 索赔管理

索赔必须以合同为依据，注意索赔事件发生后，对索赔证据进行以下五方面内容的审核：真实性、全面性、关联性、及时性、具有法律证明效力。加强索赔的前瞻性，项目管理在实施过程中对可能引起的索赔要有所预测，及时采取补救措施，避免过多索赔事件的发生造成工程成本的上升。

做好预案，控制不可预见风险产生的索赔。深圳市是台风影响的重灾区，台风给工程施工安全带来严重的威胁，也给施工进度造成重大影响，为了更好地防范灾害性天气引发建筑安全事故，我们要在台风来临前最大限度地做好应对预防工作，要尽可能地把台风袭击造成的损失降低到最低程序，减少台风对施工投资的影响；同时应加强雨季施工管理，减少施工损失。

9.4.5　竣工结算审计阶段投资控制

竣工结算阶段是项目实施的最后阶段，竣工结算的办理应符合合同约定要求，只有按合同要求完成全部工程并验收合格才能办理竣工结算。

编制工程结算管理办法，做好工程分段结算计划，加强结算审核管理。

（1）审核结算资料送审程序的合法性、所有相关资料的完整性、真实性、有效性和规范性。

（2）审核设计变更、现场签证各个相关文件的完善性。

（3）对照竣工图纸，到现场实地查看其真实性。

（4）具体审核报送的工程范围、执行的建设标准、材料封样、监理机构签认的各种资料等的完善性和有效性。

（5）审核对有关法律、法规、部门规章以及当地建设行政主管部门的有关规定，执行的及时性、有效性、合法性。

（6）审核招投标过程的合法性、合同签订及履行的合法性、工程款支付的合法性等。

（7）审核造价费率的符合性、工程量及造价计算的准确性、采用的价格信息的时效性。

（8）审核施工单位所提出索赔及工期奖惩、质量奖惩的合理性，

（9）为建设单位提供增值服务，编写投资概算与实际审核完成的结算造价对比分析表。

（10）协助建设单位处理项目竣工验收后，审计部门提出的审计问题及其他与投资控

制有关工作。

9.4.6　项目后评估阶段投资控制

（1）工程竣工移交后，协助建设单位完成项目总结评价报告。

（2）工程结算审计部门审定后，协助建设单位完成合同结算情况报表，协助财务部门完成决算报表。

（3）工程保修期满后，协助建设单位完成完工程保修阶段情况说明和完工程项目后评估报告。

第10章 项目采购与招标管理

10.1 采购与招标管理的总体原则

为保证招标采购工作井然有序进行，减少过程中不必要的干扰对招标采购工作的影响，确保能够通过公开透明的方式选择到有实力、有能力、适合于实施本项目的承包单位，项目部成立后即与建设单位积极沟通，确定工作原则、建立有利于项目实施的制度，共同遵守。

1. 廉洁奉公原则

所有跟采购与招标工作相关的人员都应严格遵守廉洁奉公行为准则，并有义务向投标人宣传此原则，任何个人不得采取任何手段影响或试图影响采购与招标结果。

2. 公平公正原则

在选择入围投标人、寻源过程、谈判、决策时必须对所有投标人保持公平，树立并维护招标人、工程咨询单位良好的信誉和形象。

3. 公开决策原则

招标过程必须有充分的透明度，与招标人积极配合、全面沟通、信息共享，杜绝暗箱操作。

4. 充分竞争、择优选择原则

应该有充分适量的投标人参与以保证招标具有充分的竞争性，应选择最具有竞争优势的投标人合作。

5. 保密原则

各类招标方案、招标文件、计量计价文件、资格审查、决策过程、投标人隐私文件、报价、协议合同等，不得泄露或作不当承诺；还应要求各投标人对自己的报价资料保密，互不串讲。

6. 一致性原则

招标决策标准必须在招标实施之前，制定招标方案时确定，并在整个采购与招标过程中保持不变。

7. 可追溯原则

所有招标采购过程中的重要资料必须具备可追溯性。资料包括：投标人管理（认证、评估、改进等）、寻源（招标方案、入围公示、寻源过程、约谈记录、相关会议纪要等）、协议等必须按照要求及时收集、整理和归档。

10.2　采购与招标策划

采购与招标策划是项目策划的一个重要组成部分，采购与招标策划包括组织策划、合约规划、工程界面、采购计划等。

10.2.1　组织策划

全过程工程咨询单位按照咨询合同约定，开展采购与招标工作。采购与招标工作的牵头部门是招采合约部，全过程工程咨询其他部门在总负责人的领导下，积极配合招采合约部开展相关工作。在招标策划、启动和准备、招标投标、评标定标和标后管理各阶段按照策划的职责分工、相关合同的权利义务协同完成每项内容的采购与招标；同时，按照管理属性和合同约定，组织并督促各参建单位（如造价咨询单位、BIM 技术咨询单位、法务部门等）积极配合，完成其合同约定的相关工作。全过程工程咨询各部门分工表，如表 10.2-1。

全过程工程咨询项目部职能分工表　　　　　　　　　表 10.2-1

序号	职能部门	职能分工
1	招采合约部	① 参与编制项目策划，编制采购与招标总控计划、采购与招标详细计划，并组织实施； ② 按照采购与招标详细计划（专门编制）分工，组织和协调各职能部门协同完成； ③ 组织编制招标方案、招标文件、补遗答疑文件，负责招标文件中的投标人资格条件、评定标准和方法、投标文件格式和要求、主要合同条款汇总等内容； ④ 组织编制、审查各类采购与招标子项目的工程量清单、招标控制价； ⑤ 对投标文件进行清标复核，提出与造价相关的澄清内容； ⑥ 按照采购与招标法规规定、项目策划和采购与招标策划要求履行采购与招标各项程序； ⑦ 组织中标约谈、合同谈判、合同签订； ⑧ 监督合同履约，办理工程款请款，建立管理合同支付台账； ⑨ 处理合同变更与索赔，组织办理合同结算等
2	综合管理部	① 组织编制项目策划，与建设方一起确定质量、安全文明、工期、投资、科研等建设目标； ② 组织编制项目总控计划，协调采购与招标总控计划、设计总控计划、报建总控计划、施工总控计划等计划一致； ③ 提出与报批报建相关的（前期）技术服务类采购与招标子项目需求、服务内容和标准等，提出与综合管理相关的主要合同条款； ④ 按报建计划完善采购与招标前置条件，按各采购与招标内容进行前置条件复核与确认； ⑤ 按采购与招标需求和计划，组织与协调相关考察、调研
3	设计技术部	① 设计总控计划与采购与招标总控计划统一，复核和确认项目采购与招标详细计划； ② 提出勘察设计服务、与设计技术管理相关的技术服务类采购与招标子项目采购与招标需求、服务内容和标准等，提出与设计技术管理相关的主要合同条款； ③ 提供施工类、货物类采购与招标子项目（工程）图纸、技术要求； ④ 配合审查工程量清单，提出审查意见； ⑤ 对投标文件进行清标复核，提出与设计技术管理相关的澄清内容

序号	职能部门	职能分工
4	工程监理部	① 施工总控计划与采购与招标总控计划统一，复核和确认子项目采购与招标详细计划； ② 提出施工、货物、第三方相关服务需求类采购与招标计划需求，提出主要合同条款要求； ③ 根据项目特点、设计要求、管理要求提出涉及质量安全、工程实施、建设时序等技术（措施）方案； ④ 配合设计技术部完善和补充招标文件有关技术要求； ⑤ 复核、确认和具体化工程质量标准、质量目标、工期目标； ⑥ 配合审查工程量清单，提出审查意见； ⑦ 对投标文件进行清标复核，提出与工程管理相关的澄清内容

10.2.2　合约规划

合约规划是指依据咨询项目整体建设部署，以项目开工、施工总承包单位进场为关键节点目标，结合项目报建总控计划、设计总控计划、现场管理职能和需求、项目建设组织模式等，从采购与招标组织方面，对拟采购与招标的技术服务、施工、货物采购等方面进行专业工程、标段（包）划分的策划活动。合约规划时应考虑下列因素。

（1）咨询项目建设组织模式。建设项目常规的组织建设模式包括施工总承包、专业分包、检测实验和其他咨询单位等；

（2）工程咨询合同约定承担采购与招标任务的阶段，如投资决策阶段、建设实施阶段、运营维护阶段，以及这些阶段中的若干服务；

（3）招标采购的类型，如服务类、施工总承包类、专业工程承包类、货物类；

（4）咨询项目规模及体量等；

（5）分期分批交付要求；

（6）建设资金安排等；

（7）进场时间要求，应结合报建要求、施工总体部署，考虑技术服务单位、施工总分包单位、货物进场时间要求，应结合其他职能部门总控计划安排采购时间；

（8）采购周期，全部招标采购必须遵守法规的法定时限及招标人各级审批时限，并预留冗余时间；

（9）卖方市场情况，标段的大小应考虑对投标人的吸引力，应满足吸引优质投标人，且应满足充分竞争的要求，还应考虑投标人实际资源组织能力，防范建设风险；

（10）基本建设程序完善程度，工程所在地是否有容错审批、并联审批政策等；

（11）设计出图进度，采购与招标应结合设计单位力量、出图计划安排招标采购范围；

（12）招标采购模式，如建设单位是否有战略合作单位、预选供应商等。

项目工作内容均采用公开招标的方式予以采购，招标采购内容、标段划分与控制计划，如表 10.2-2。

招标采购内容、标段划分与控制计划　　　表 10.2-2

序号	招标内容	标段数	发包范围	招标完成时间	备注
1	环境影响评价报告	1		已完成	
2	项目建议书编制	1		已完成	
3	全过程工程咨询			2019 年 7 月 25 日	
4	全阶段勘察设计	1	可研勘察、工程初勘、详细勘察。 可行性研究报告编制（含可行性研究报告、社会稳定风险评估报告、气象服务效益评估报告、地质灾害危险性评估、水土保持影响评价报告等）	2020 年 2 月 29 日	编制、审核
5	现场影像摄制	1	整个项目	2020 年 4 月 30 日	
6	法律顾问	1	整个项目	2020 年 4 月 30 日	
7	文物考古调查与勘探	1	整个项目	2020 年 5 月 20 日	
8	全过程造价咨询	1	全部工程全过程造价咨询服务	2020 年 5 月 20 日	
9	工程保险	1	整个项目	2020 年 6 月 30 日	
10	BIM 设计咨询	1	全部工程 BIM 咨询或 BIM 技术应用	2020 年 6 月 30 日	
11	海绵城市咨询设计	1	全部工程海绵城市咨询设计	2020 年 7 月 20 日	
12	临时供电规划设计	1	整个项目	2020 年 7 月 30 日	
13	检测实验	各 1	根据资质要求设定合同种类个数	2020 年 8 月 30 日	施工监测运行监测等
14	施工总承包	5	一标段：GM 水库引水口、2-1# 始发井、2-1# 始发井与 2-2# 接收井间的隧洞、GLXK 水厂、LHXK 水厂； 二标段：2-2# 接收井、2-3# 始发井、2-2# 接收井与 2-3# 接收井间的隧洞、BXG 水厂、MK 水厂； 三标段：2-4# 接收井、2-3# 始发井与 2-4# 接收井间的隧洞、NK 水厂、东深供水支线； 四标段：QLJ 引水口、2-5# 始发井、2-4# 接收井与 2-5# 始发井间的隧洞、总泵站； 五标段：机电安装工程总包	2021 年 1 月 31 日	含施工监测和隧洞超前预报
15	专项设备	各 1	根据生产供货厂家合同种类个数（如变压器、水泵、电梯等）	2021 年 7 月 31 日	
16	高压电力施工	1	各泵站高压线路电力线路施工。具体标段划分根据供电报审批的供电站和供电回路另行策划	根据泵站建设进度和供电报建进度安排招标	

说明：

1. 招标工作计划结合本工程特点、调研情况、类似项目招标经验编制；

2. 全部子项招标计划较服务单位进场、施工单位进场开工需求提前 20～30 天，实际要求以需求部门提资为准；

3. 具体招标策划以全过程咨询单位进场后组织的专项策划为准；

4. 所有招标内容暂时按照公开招标的方式进行

10.2.3 工程界面

工程界面划分为采购与策划的重要和关键工作之一，同时也作为合约规划的具体化和补充，能够有效避免采购与招标内容重复或遗漏，便于实施阶段协调和管理，明确合同计量计价范围和各承包人之间工作界限。工程界面划分内容包括施工总承包之间、总包与分包之间、技术服务单位之间、不同工作阶段之间的工作界面。总包单位之间界面划分的原则要考虑以下几个方面：

（1）专业性的要求；

（2）临设场地的布局与管理、协调的便利性；

（3）方便工作计量和工程验收；

（4）便于管理界面的区分等。

总分包的发承包模式主要是发挥施工总承包管理、协调的优势和专业承包的专业技术优势，总分包工程界面是咨询项目各承包合同中最常见的一对多的工程界面形式，总分包工程界面划分时一般会考虑以下几方面因素：

（1）参考《建筑业企业资质标准》等文件，不得肢解专业工程；

（2）参考《建筑工程施工质量验收统一标准》和水利工程验收标准等规范的分部分项、单元单体或单位工程等工程划分方式明确合同范围和工作内容；

（3）结合合同示范文本和咨询项目管理要求，约定施工总承包管理要求、总包配合要求；

（4）结合设计文件具体做法要求，机电安装属性等划分总分包施工界面；

（5）根据施工质量特性等因素明确工序交接的质量责任及保修责任；

（6）根据工程管理需要明确其他工作范围的总分包权利义务。

10.2.4 采购计划分解与纠偏

根据咨询项目建设目标和项目策划，在招标采购总体计划的基础上，编制咨询项目的采购与招标详细计划，详细计划一方面需要遵循总控计划的安排，在执行过程中，还有根据实际情况检验或验证总控计划，以便采购与招标总控计划随咨询项目的采购与招标进展不断完善和更新，进而指导总控计划的调整与纠偏。招标策划阶段仅可按合约规划列出采购与招标子项目（工程）名称、开始时间、结束时间、持续时间及进度线；采购与招标子项目（工程）的主要环节工作计划应按年度采购与招标任务分季度细化二级计划。采购与招标总控计划后可以绘制横道图，直观的检查计划安排的合理性、完整性，时序逻辑上应符合项目建设目标要求，遵从先设计、后施工的基本建设程序，优先保证设计开始、施工总承包进场节点目标；各子项目招标采购计划的安排，在项目报建、设计进度许可的前提下，尽可能连续安排，并考虑前后招标采购项目的搭接，缩短招标采购周期。

10.3 招标采购准备

10.3.1 启动

工程招标采购中各子项目的采购与招标启动，一是根据项目策划总体部署，按照采购与招标策划规定的采购与招标计划启动项目采购招标，二是根据招标人需求启动。首先核查开展子项目招标采购条件，其首要目的是确保该子项采购招标符合基本建设程序，其次保证子项目采购招标质量和进度。前期服务类项目、施工承包类项目、货物采购（安装）的招标采购应符合以下条件，详见表 10.3-1。

招标采购条件一览表 表 10.3-1

招标采购项目		招标采购条件
前期服务	可行性研究报告编制及其之前的所有服务	项目经项目本级政府部门立项，或下达首笔经费
技术服务	项目建议书批复之后所有的服务，如可行性研究报告编制、勘察设计服务、造价咨询服务、BIM 咨询服务	项目建议书批复，有明确服务需求和进场计划
施工承包	施工总承包、专业承包及其他新型发包模式	概算已批复，年度投资计划已下达，施工图纸已出具，用地、规划等手续完整。采用 EPC 等非传统模式发包时，可在可研或概算批复后启动招标
货物采购	所有供货及安装工程	概算批复，技术标准满足采购要求，有明确的进场计划

说明：以上条件以政府投资项目为例

启动子项目采购招标的同时制订采购招标详细工作计划，采购招标详细工作计划需围绕本子项采购招标的方式（公开招标、邀请招标、简易招标或其他方式）、属性（施工、货物、服务）、特点、组织方式等各种要素进行全面的工作环节梳理，按时间先后的逻辑顺序列表排列，对每项环节的工作规定工作内容、工作要求、开始（持续）时间、责任单位（部门、人）。采购招标详细工作计划应以启动会或意见反馈的方式经各相关单位（职能部门）共同商定后落实执行。根据深圳市建设工程招标要求，现将项目评定分离方式组织的施工类项目电子化采购招标为例的详细工作列表如表 10.3-2 所示。

GM 水库—QLJ 水库连通工程项目采购招标详细工作 表 10.3-2

序号	阶段	工作内容	工作要点	开始时间	完成时间	周期（天）	责任单位/人
1	启动	接受采购需求，启动招标	需求来源： 1. 招标采购总计划； 2. 相关单位（部门）提需；				

序号	阶段	工作内容	工 作 要 点	开始时间	完成时间	周期（天）	责任单位/人
1	启动	接受采购需求，启动招标	需求比对： 1. 是否为合约规划的项目； 2. 是否为总控计划安排的时序； 3. 是否明确进场时间； 4. 其他需求				
2		编制详细工作计划	编制详细工作计划				
3		收集采购基础资料	1. 采购类型：技术服务、施工、货物； 2. 采购方式：公开招标、简易招标、战略合作、其他； 3. 设计文件：满足或提供时间； 4. 技术要求：满足或提供时间； 5. 批件批复：满足或提供时间				
4		确定采购范围	1. 工程范围； 2. 专业范围； 3. 服务范围； 4. 标段设置； 5. 合同界面				
5	准备	确定投标人资格条件	1. 勘察：综合、专业、劳务； 2. 设计：综合、行业、专业、专项资质； 3. 监理：综合、专业、事务所； 4. 造价：甲级、乙级； 5. 施工：总承包、专业承包、劳务、一体化、其他； 6. 制造：特种设备制造许可类型； 7. 安装：特种设备安装、维修资质； 8. 是否需门槛业绩； 9. 其他				
6		确定投标人资信条件	1. 业绩类：企业业绩、项目负责人业绩、项目组主要人员业绩； 2. 获奖类：国家、行业、地方； 3. 信用类； 4. 财务类； 5. 认证类； 资信条件一般不作为投标资格				
7		潜在投标人市场调研	1. 潜在投标人信息库及其资信条件； 2. 工程所在地市场情况及信誉； 3. 周边或代表性项目考察； 4. 拟派项目负责人能力情况； 5. 对本项目建议				
8	文件编制	编制招标方案	1. 确定招标方案主要内容或选择标准模板；选用招标文件范本或参考版本； 2. 标准招标方案按格式填写，不得擅自修改；如修改标准招标文件内容的应单独列明； 3. 编制过程与招标人充分沟通				

序号	阶段	工作内容	工 作 要 点	开始时间	完成时间	周期（天）	责任单位/人
9	文件编制	招标方案审批	1. 招标方案内部三级复核； 2. 呈报招标人审批				
10		同步编制技术标招标文件	1. 设计技术部、综合部、监理部、招标合约部分别完善相关内容； 2. 招标合约部整合汇总				
11		招标文件审批	1. 招标文件内部三级复核； 2. 呈报招标人审批				
12		技术标招标文件交底	1. 招标类别和范围； 2. 评定标方法； 3. 合同义务及风险因素； 4. 招标工作时间安排； 5. 计量计价原则及要求； 6. 移交编制清单及控制价的基础资料				
13		编制工程量清单	1. 进度检查，应预留审查修改时间； 2. 复核错漏项、项目特征、费用组成； 3. 组织招标人会审，合成招标文件前完成； 4. 造价公司提交成果				
14		招标控制价审批	1. 进度检查，应预留审查修改时间； 2. 复核单价及组成、材料设备询价、取费、与（分项）概算对比、类似项目指标对比等； 3. 组织招标人会审				
15		招标文件合成	1. 生成技术标招标文件； 2. 生成商务标招标文件； 3. 生成招标控制价文件				
16	招标投标	招标文件公告、备案	办理方式： 1. 施工类：交易中心窗口办理； 2. 服务类：网上办理； 打印公告（电子化招投标）				
17		收集质疑	1. 质疑截止前关注网上质疑，截标后下载质疑文件，编辑文档； 2. 复核确认，质疑不得遗漏				
18		编制答疑、补遗文件	1. 补遗：主动修补招标文件缺陷，如修改资格条件、评定标方法、实质性合同条款的，需重新发布公告； 2. 答疑：质疑问题分类； 3. 质疑问题分发：设计技术部、综合部、招标合约部、监理部； 4. 答疑收集汇总				
19		答疑补遗文件呈批	1. 内部三级复核； 2. 组织招标人会审				

序号	阶段	工作内容	工作要点	开始时间	完成时间	周期（天）	责任单位／人
20		发布答疑、补遗文件	1. 发布方式同招标公告和招标文件发布方式； 2. 如公示控制价的一并公示				
21		截标	1. 交易服务系统自动截标； 2. 招标人下载获取资格审查文件； 3. 获取投标人数量、名称、联系人信息				
22		组织资格审查，结果公示	1. 按授权配合或参与资格审查； 2. 完成资格审查报告； 3. 资格审查报告招标人审批； 4. 资格审查报告交易服务网公示				
23		投标人入围	1. 交易中心抽Q值（授权委托书）； 2. 招标人抽取定标专家； 3. 专家组投票淘汰				
24		开标，收取投标保函	1. 现场开标或网上开标；交易系统通知投标人参加开标会； 2. 导入招标文件，导入投标文件； 3. 如现场收取投标保函原件的，投标人递交投标保函原件； 4. 现场打印开标情况记录表				
25	招标投标	评标	定会议室、抽专家： 1. 预定评标会议室； 2. 抽取评标专家，复核专家回避情况； 评标： 1. 准备资料：招标文件、补遗、答疑、招标控制价公示表、计算书、投标单位联系单、委托书、身份证； 2. 复核专家身份，进一步复核回避情况，宣读评标纪律和廉政要求； 3. 下达评标任务； 4. 结束评标任务，检查评标报告； 5. 评标报告公示				
26		清标	1. 根据招标文件要求组织清标复核，形成清标复核报告； 2. 招标人审批； 3. 提交定标委员会参照定标依据				
27		定标	1. 交易服务系统合格投标人参加定标会； 2. 定标，确定中标候选人				
28		招投标情况报告	1. 招投标情况报告编制及内审； 2. 招标人审批； 3. 交易服务系统备案				
29		中标公示	招投标情况报告备案后，随即公示，公示期3天，公示完打印中标通知书				

续表

序号	阶段	工作内容	工 作 要 点	开始时间	完成时间	周期（天）	责任单位/人
30	合同洽商	澄清	1. 各相关部门分别完成投标文件复核，提出澄清事项，招标合约部汇总成澄清纪要； 2. 招标人审批； 3. 组织澄清会议； 4. 澄清纪要签章作为合同附件				
31		中标通知书	交易服务网打印中标通知书，加盖招标人公章，发出中标通知书				
32		合同呈批	按招标文件、投标文件编制合同				
33		签订合同	1. 中标人提交履约保函； 2. 完成合同签订				

详细工作计划中的时间安排，招投标阶段的相关环节的工作时间应符合现行招投标法规和地方法规规定，合同签订应在招标人向中标人发出中标通知书后 30 日内完成。电子化招投标因充分利用网络系统的物理隔离，在公告、出售招标文件、补遗答疑、控制价公示、截标、开标、评标、定标等环节与传统招标存在一定差异，具体应参照工程所在地相关要求。

10.3.2　市场调研

市场调研不是所有采购与招标必须组织的环节，市场调研应组织招标人参与。招标策划阶段市场调研主要以调研类似项目发包经验、潜在投标人情况等结果确定项目发包模式，如勘察设计总承包、多阶段设计发包、工程总承包、EPC 发包、总分包模式，以及初步确定发包的标段（包）大小等；子项目招标采购阶段的市场调研主要目的一是了解潜在投标人情况，对于采用通常施工技术、标准加工制造材料设备的情况一般不需调研；二是确定新技术、新材料设备、新工艺、新服务等的市场应用情况、招标风险，进一步明确本次招标采购的技术要求；三是了解现阶段市场竞争情况，合理划分标段和设定评定标准；四是对一些特殊和重大的施工技术方案、新兴技术服务等进行调研，以便测定相关费用标准和风险约定。

10.3.3　招标方案

现行招投标法规并未规定开展采购与招标工作前需编制招标方案，招标方案应属于提供工程咨询服务的一种沟通措施和工作方法，招标方案也属于招标策划的延伸和细化，围绕招标采购子项目（工程）的特点、结合项目策划，对子项目（工程）的招标目标、要求、方式、评定标准、主要合同条款、主要商务条款等主要实质性内容进行明确。招标方案在工程咨询人内部由各职能部门按照管理范围、工作属性、部门职责编制或组织相关单位编制。

工程咨询单位应围绕行业特点和通常发包的总分包模式、专业工程等制订标准化招标方案，各咨询项目部开展招标采购工作时选用，特殊招标采购项目由各咨询项目部另行制订招标方案。标准化招标方案一般应包括招标项目概况、招标工程概况、发包内容和范围、招标估价及对应分项概算额、投标人资质和资格要求、报价方式、投标文件要求、主要合同条款、材料设备品牌要求、评标标准和方法、定标标准和方法、定标准备工作、资信要求等。

10.3.4 择优竞争方案

评定分离方式组织采购与招标的招标工程定标应当坚持择优与竞价相结合，择优为主，限制采用直接抽签方式进行定标；招标文件规定由评标委员会推荐中标候选人时，评标标准和评标方法应以前述原则引导择优竞争。在定标环节，招标人应当遵循如下原则：

（1）施工招标，按照规定可以设置同类工程经验（业绩）的工程项目，先择优后竞价；单项合同金额较小且采用通用技术的工程项目，可以先竞价后择优；

（2）货物招标，先择优后竞价；

（3）服务招标，择优为主。

子项目（工程）的招标方案应当对清标内容、定标操作细则、择优要素及优先级别等内容予以明确。定标环节的择优因素主要考虑企业资质、企业规模、科技创新能力、项目管理人员经验与水平、同类工程经验（业绩）及履约评价（如有）、企业及其人员的廉政记录、信用等因素。此外，不同招标项目择优因素的考虑应当有所侧重：

（1）施工招标重点考虑：施工组织设计（方案）、技术响应等因素，投标人承诺采用新材料、新设备、新工艺、新技术的可以优先考虑；

（2）货物招标重点考虑：性价比、技术指标及商务条款响应等因素；

（3）勘察设计招标重点考虑：投标方案经济性、技术可行性、功能合理性、设计精细化程度等因素。

同等条件下，招标人可以优先考虑投标人服务便利度、合同稳定性、质量安全保障性、劳资纠纷可控度等因素，方案设计招标除外。招标人可以根据项目实际情况增加择优因素，也可以综合考虑择优因素或按择优因素的重要性，对投标人进行逐级淘汰。

10.3.5 招标文件

依据经招标人审批的招标方案编制招标文件。在招标方案规定的主要实质性要求的基础上，按招标文件的章节结构进行细化，以施工类招标文件为例，主要分为招标公告、投标人须知、评标办法、合同条款、工程量清单、图纸、技术标准和要求、投标文件格式及附件。

全过程工程咨询各部门根据部门职责，参与编制招标文件。招标文件及附件由招采合约部汇总成稿，招标文件的全部内容需与招标方案校对无误，涉及全过程工程咨询其他各部门编制的内容由各部门核对，项目负责人应对成稿的招标文件组织各部门会审，审批流程和表式详表 10.3-3。经咨询项目部审查合格的招标文件和附件须向招标人办理审批，审批通过的招标公告和招标文件方可公布；如因采购与招标条件或其他原因导致需要修改招标方案要求事项的，应按招标方案审批程序重新审批招标方案，招标文件才可修改。

招标采购事项复核审批表　　　　　　　　　　表 10.3-3

工程名称		
事项类别	□请示　　　　　　□招标方案　　　　□招标文件　　　　□补遗答疑 □票选入围定标资料　□定标资料　　　□招标投标完成情况	
附件		
复核人选项	□招标工程师　　　　□造价工程师　　　　□合同管理工程师 □设计管理部　　　　□综合管理部　　　　□工程监理部	
复核结论	请上述复核岗位或部门于　　年　月　　完成复核，计划　　年　月　日　□向招标人专题汇报 □提交项目组发起 OA 呈批　　□其他：　　　　。 　　　　　　　　　　　　　　　经办人：　　　　　　　日期：	
	□已核，需求已落实；□修改意见附后； □需求调整附后；□需求补充附后；□附件：　　　　。 　　　　　　　　　　　招标工程师：　　　　　　　日期：	
	□已核，需求已落实；□修改意见附后； □需求调整附后；□需求补充附后；□附件：　　　　。 　　　　　　　　　　合同管理工程师：　　　　　　日期：	
	□已核，需求已落实；□修改意见附后； □需求调整附后；□需求补充附后；□附件：　　　　。 　　　　　　　　　　　造价工程师：　　　　　　　日期：	
	□已核，需求已落实；□修改意见附后； □需求调整附后；□需求补充附后；□附件：　　　　。 　　　　　　　　　　设计技术部负责人：　　　　　日期：	
	□已核，需求已落实；□修改意见附后； □需求调整附后；□需求补充附后；□附件：　　　　。 　　　　　　　　　　综合管理部负责人：　　　　　日期：	
	□已核，需求已落实；□修改意见附后； □需求调整附后；□需求补充附后；□附件：　　　　。 　　　　　　　　　　总监理工程师（代表）：　　　日期：	
审批意见	招标合约负责人：　　　　　日期： 　　　　　　　　　　　项目负责人：　　　　　　　日期：	

说明：经办人完成招标采购相关成果初稿后发起本表，根据事项性质勾选复核岗位或部门（可多选）；复核岗位或部门复核其需求落实情况和表述准确性，调整原需求或补充需求应以书面提出，经审批后作为本表附件，经办人予以落实。复核结论仅勾选，意见另附

10.4　招标投标

采购与招标工作进入实质性的招标投标阶段后需严格按照法规规定的招投标程序组织招标公告、补遗答疑、开标、评标、清标及述标答辩（如有）、定标、招投标完成情况备案等环节工作，本节以某地区电子化招标投标形式的资格后审、评定分离的公开招标案例提出具体工作重点，除法规强制性规定外，各地具体情况略有不同。全国各省市、地方均逐步建立电子化招投标系统，咨询单位的采购与招标岗位人员应熟悉工程所在地的系统操作。

10.4.1　招标公告

招标公告是公开招标时发布的一种周知性文书，招标人的名称和地址、招标项目的性质、数量、实施地点和时间以及获取招标文件的办法等事项。招标公告一般通过工程所在地的工程交易服平台发布；根据《招标公告和公示信息发布管理办法》，工程所在地的工程交易服平台与省级电子招标投标公共服务平台和中国招标投标公共服务平台对接，同步交互招标公告和公示信息。

电子化招投标系统减少了出售招标文件环节，招标文件应随招标公告同步发布，所以工程咨询项目部应在招标公告前完成全部招标文件编制与审批。招标公告所发布的信息、招标文件及其附件应在上传工程交易平台前核查无误，上传过程中进行核查不得误传，公告发布后还应进行下载核验操作，确保潜在投标人能够正确下载。

招标公告发布后需打印网站回执或公告页面作为采购与招标资料存档。招标公告公示的投标人质疑截止时间、答疑截止时间、投标截止时间务必重点关注。

10.4.2　答疑及补遗

投标人质疑截止时间前，潜在投标人对招标公告和招标文件的质疑通过工程交易服务平台提交质疑文件，咨询项目部及时下载后整理成招标程序和流程、商务部分、技术部分、图纸部分四大类，分别协调全过程工程咨询项目部各职能部门、造价咨询和设计等单位研究解答，形成答疑文件；

答疑截止时间前，招标人或咨询项目部发现招标文件存在缺陷，或招标要求及招标条件发生变化，结合投标人质疑，需要对招标文件进行修复、补充或修改时，协调全过程工程咨询项目部各职能部门、造价咨询和设计等单位研究形成补遗文件；

补遗答疑文件按全过程工程咨询项目部审核流程审核后报招标人审批，补遗答疑文件应当在招标文件要求提交投标文件截止时间至少十五日前通过电子化招投标系统发布补遗答疑文件，无需依次书面通知投标人。补遗答疑的内容不得改变招标文件的投标人资格条件、评定标准等实质性内容，否则重新发布招标公告。

10.4.3 截标和资格审查

投标截止时间前，全过程工程咨询项目部会同招标人组织招标工作小组，编制资格审查方案、评标委员会专业构成表、定标准备工作方案等报招标人审批。资格后审委员会由建设单位和咨询项目部共同组建，招标人 2 人，咨询项目部 1 人，具体负责对全部投标人的投标资格进行符合性审查，出具资格后审报告报招标人审批。

投标截止时间后，资格后审委员会从工程交易服务网下载全部投标人的资格审查文件，招标文件设置门槛业绩的，还应下载投标人的业绩文件；电子化招标系统允许招标人在投标截止时间后下载资格审查文件和业绩文件，但不允许下载投标人的技术标文件、资信标文件、商务标文件。

资格后审委员严格对照招标公告中要求的投标人资格条件，逐个审查投标人递交的资格审查文件，审核判断投标人是否满足该资格条件。资格后审委员会可以要求投标人提供相关原件查验。全部投标人的资格审查材料审查完毕后，资格后审委员出具资格审查报告，并按规定将审查结果进行公示，资格审查报告中应对资格审查不合格的投标人说明不合格原因。

10.4.4 开标和抽取评标专家

资格后审报告公示后，招标人通过工程交易服务平台通知所有资格审查合格的投标人在预定的时间、地点参加开标会；现场开标的，要求投标人提交投标保函原件，网上开标的，要求投标人提前将投标保函递交至招标人采购与招标机构。投标人不参加开标会的，应视为其对开标结果认可，不得提出就此提出投诉。

现场开标的，由工程交易服务中心工作人员导入所有资格审查合格的投标人的投标文件，如投标人的投标文件已加密的，也必须按开标程序分步对电子投标文件各部分进行解密。开标过程中出现招标文件中规定不接受投标情形时，招标人需及时通知投标人核实确认并予以记录。开标结束后，工程交易服务中心工作人员打印开标情况记录表并进行公示。

开标结果公示后，咨询项目部可在招标人委托权限范围内，在工程交易服务中心现场或登录工程交易服务网抽取专家，专家抽取严格按照经招标人审批的《评标委员会专业构成表》抽取评标专家，抽取评标专家时，如相应某专业的专家数量不足的原因无法抽取，可以更换专业，但需在修改部位签字确认。评标委员会专家均应在评标专家库中按照"即时抽取、即时通知、即时评标"的方式进行。

10.4.5 清标及述标答辩（根据需要）

由招标人或交易服务中心委派专家组成清标小组，对投标人的企业基本情况、企业人员情况、企业同类工程业绩情况、项目负责人资历情况、项目团队成员配置、投标人报价、技术标情况等评审要素进行清标评分。由招标人或交易服务中心委派专家组成述标答辩考核小组，由小组组长组织各成员研究确定答辩题目或从题库中随机抽取。考核小组对投标人述标情况、答辩情况进行现场打分。

清标及述标答辩地点可在当地工程交易服务中心进行，并按当地规定对全过程进行监督。待清标及述标答辩完毕，由述标答辩考核小组成员汇总总得分，并提交定标委员会作为定标参考依据之一。

10.4.6 评标定标

评标在规定的地点和预定的时间进行，评标场所在评标期间封闭管理，招标工作组在招标人授权下可进入评标场所组织评标，评标组织按照工程交易服务系统设定的程序进行。评标过程中出现的异常情况，采购与招标人员需及时通知投标人澄清确认并予以记录；评标结束后，采购与招标人员需检查评标报告完整性、合规性，检查无误后进行公示并结束评标。评定分离招标组织模式下，评标委员会仅对技术投标文件、商务标投标文件进行定性评审，不推荐中标候选人，经评审符合招标文件要求的合格投标人均进入定标环节。

招标文件如规定定标准备工作包括对进入定标环节的投标文件进行清标复核时，咨询项目部应按照经招标人审批的定标准备工作方案组织清标复核。清标复核按照招标文件规定的清标评审项目逐项复核投标人投标文件，一般包括主观和客观项目，招标工作组不对投标文件优劣进行判定，仅将投标文件中的主要信息罗列汇总。清标复核工作结束后形成清标复核报告，会同其他定标准备工作成果一并报发包人审批。定标准备工作成果提供给定委员会定标参考。

定标委员会由招标人组建，定标委员会的产生由招标人按照其决策机构审议通过的方案从定标专家库中抽取；招标工作组应向定标委员会介绍招标工程概况、实施重难点、评标委员会评审情况、清标复核情况、定标规则等；定标委员会在熟悉招标文件、投标相关情况后，按照定标规则确定中标候选人。

10.5 标后管理

10.5.1 投标文件复核及澄清

招标工程定标后，在发出中标通知书或签订合同前，工程咨询人须组织对中标候选人的投标文件进行复核及澄清工作（服务类项目视情况是否组织复核澄清），商务标文件的复核由造价咨询单位进行，技术标文件的复核由监理机构进行（暂无监理机构的由专业工程师进行复核）。参与澄清人员应遵循以下原则：

（1）在开标后到中标通知书发出之前，不得私下接触中标候选人、投标人，不得泄露招投标工作的有关情况；

（2）澄清会谈内容不得超出招标文件要求范围；

（3）不得明示或者暗示中标候选人放弃中标资格；

（4）未经授权不得对意图弃标的中标候选人承诺，放弃中标资格后建设单位可以免除或减轻对其的处罚；

（5）不得误导中标候选人做出违背自愿的承诺；

（6）不得给中标候选人其他未经授权的承诺。

评定标结束后，咨询项目及时将评（定）标委员会推荐的第一中标候选人的投标文件（电子文件）分送各职能部门和造价咨询单位限期复核。投标文件复核分别围绕商务标投标文件和技术标投标文件分别进行并形成复核报告，复核主要内容如表 10.5-1。复核工作必须公平公正、认真细致、逐个进行，并出具分析报告在澄清时参考。

投标文件复核内容对照表　　　　　　　　　　　　　　　　　　表 10.5-1

商务标复核的主要内容	技术标复核的主要内容
1. 投标函的报价是否与报价书相一致； 2. 综合单价、合价、总价是否存在计算错误； 3. 对照工程量清单是否存在漏项、更改项目内容和工程量、更改列列金额或专业工程暂估价或其他招标文件规定不得改动的项目金额、有项目而不填单价等情况； 4. 检查主要项目的综合单价是否存在：小数点方面的错误；明显的不平衡报价；采用"快速调价""系数换算"等编制方式随意修改单价分析中工料机消耗量等； 5. 制作投标价与招标控制价对比分析表，对报价存在的风险进行分析； 6. 其他存在的问题	1. 施工管理组织机构是否合理（项目经理资质是否符合要求、人员配置能否满足需要）； 2. 工程重点和难点的施工保证措施是否合理； 3. 材料设备的选用（技术参数及品牌等）是否响应招标文件要求； 4. 总、分包管理和协调措施是否可行有效； 5. 其他存在的问题

工程咨询人对分析报告中提出的问题进行整理，提出需要澄清的细目，澄清的细目须经招标人批准。工程咨询人协助招标人组织召开澄清会议，与第一中标候选人进行澄清谈判，并做好"澄清纪要"，"澄清纪要"经招标人和中标候选人签字作为合同附件，澄清要求如表 10.5-2。

澄清要求对照表　　　　　　　　　　　　　　　　　　　　　　表 10.5-2

商务标澄清要求	技术标澄清要求
1. 坚持中标价为合同价的原则。 2. 价格的修正应按有利于招标人的原则进行，具体修正原则为： （1）当小写金额与大写金额有差异时，以大写金额为准（有明显错误的除外）； （2）当综合单价与数量相乘所得合价不等于标出的合价时，若综合单价与数量相乘所得合价大于标出的合价，则按标出的合价修正综合单价；若综合单价与数量相乘所得价小于标出的合价，则以综合单价计算出的合价为准； （3）如果综合单价有明显差错，应以标出的合价为准，同时对综合单价予以修正； （4）当各细目的合价累计不等于总价时，应以细目合价累计为准，修正总价；若修正总价大于投标函的报价时，应按报价修正细目合价； （5）如发现投标文件出现投标人采用"快速调价"或"系数换算"等编制方式随意修改单价分析中工料机消耗量的情况，应通过澄清等环节，确认各项重要数据，避免合同执行中出现争议。 3. 综合单价存在小数点方面的错误，或存在明显的不平衡报价时，其综合单价调整到合理范围之内。执行时，清单内的工程量执行其综合单价，清单外的工程量执行调整后的综合单价；调整后的综合单价＝审定招标控制价综合单价×（1－投标净下浮率）	1. 若技术标中施工管理组织机构、工程重点和难点的施工保证措施、总分包管理和协调措施等不能满足招标文件要求，则要求投标人承诺中标后按招标文件要求调整直至监理、发包人审查通过。 2. 技术标中材料设备的品牌、选型、技术条件必须满足招标文件的要求，否则澄清时要求中标候选人须按招标文件重新确定符合要求的品牌、选型、技术条件

招标人发出中标通知书之前，通过澄清，如果第一中标候选人自动退出，经招标人同意的，不没收投标担保；如未经招标人同意强行退出，则没收其投标担保，限制其投标并记录不良行为。招标人对第二中标候选人进行复核和澄清。澄清工作中出现重大事项而难以处理的，或通过澄清可能改变中标结果的，工程咨询人应及时向招标人报告。

10.5.2　签订合同

中标结果公示期满30日内，应向中标人发放中标通知书，签订合同。重要的合同，可举行合同签约仪式。工程咨询人对待签订的合同进行审核及督办，主要工作内容包括：

（1）审查合同相关内容。对于招标工程，主要审查合同的发包范围、工期、预付款及进度款、奖罚、保修、计量计价标准等实质性条款是否与招投标文件中相关约定一致；

（2）审查合同签订需准备的资料是否齐全（应先行对承包方法人代表证明书或法人授权委托书的合法有效性进行审查）；

（3）澄清纪要和补遗答疑内容在合同文本中修正及说明；

（4）对在规定时限内完成合同审批进行督办。

合同文本经完善与招标投标必要信息后，工程咨询人编制合同文本及附件，按照编制、校对、复核等管理程序保证合同文本的内容没有错误和偏差，协助招标人完成内部审批。审批的合同文本排版后转换为不可编辑文件进行打印。

合同经发包人、承包人签字盖章后，工程咨询人登记合同台账，向发包人的档案管理部门移交合同存档，并分发合同至相关方。

10.5.3　移交对接与交底

为中标人（承包人）快速介入项目工作，及时与相关单位或部门建立工作关系，以及各级管理单位或部门熟悉合同主要内容，在向中标人发放中标通知书或合同签订后，工程咨询人通过组织合同交底会向各相关单位及人员进行集中交底。

合同交底由工程咨询人的招标采购管理部门负责组织，其他涉及其管理权限的单位或部门、中标人（承包人）及其主要管理人员参加，交底内容包括：

（1）参会单位及人员介绍，建立通信录等联络方式；

（2）向中标人（承包人）介绍项目基本情况、建设组织模式、各级管理单位（机构）职责和权限；

（3）向各参会单位介绍合同主要内容，包括合同范围、工程界面、工期要求、计量支付及结算条款、奖励及违约条款、双方主要权利义务、澄清内容、其他合同特殊约定等；

（4）正式将中标人（承包人）移交给归口管理单位或部门对接；

（5）归口管理单位对中标人（承包人）提出具体管理要求及其他会谈。

合同交底应形成会议纪要，合同交底结束其合同进入实际履行阶段或准备履行阶段。

10.5.4　档案存档

合同与招投标文件等档案资料，是指按单个合同事项从事项发起到招标完成直至合同签订过程中形成的所有文件。合同与招投标文件等档案资料应按照招标准备阶段、招标文件阶段、补遗答疑阶段、招标控制价公示阶段、评定标阶段、合同签订阶段分阶段及时归档，确保招标采购档案完整。

合同与招投标文件等档案资料分发应按照信息有用性原则进行，即仅向相关单位或部门移交其所需要的档案资料，与其管理业务无关的档案资料则不需提供。各类档案资料的原件应送招标人档案管理部门存档，向其他单位或部门提供复印件的应注明原件存放地点，移交电子类档案的应以光盘形式移交。所有档案移交应并留有书面记录，详见表 10.5-3，本表并可作为档案目录，可以根据档案移交范围增减内容。

合同与招投标过程文件交接清单　　　　　　　　　　　表 10.5-3

序号	文 件 名 称	原件 / 复印件 / 电子光盘	文件日期	备 注
1-1	招标方案呈批表			
1-2	招标方案 / 货物与服务类招标信息采集表			
2-1	招标文件呈批表			
2-2	招标文件			
2-3	招标图纸（电子版）			
2-4	工程量清单和招标控制价（预算）呈批表			
2-5	工程量清单和招标控制价			
2-6	预算书（含电子文件）			
2-7	招标控制价公示表			
3-1	补遗书、答疑书呈批表			
3-2	补遗书、答疑书			
4-1	中标通知呈批表			
4-2	中标通知书			
5-1	招投标情况报告呈批表			
5-2	招投标情况报告			
6-1	中标人投标文件(含资审、资信、技术、商务标书)			
6-2	投标文件澄清纪要			
7-1	开标会 / 抽签会签到表			
7-2	评标报告 / 抽签结果报告			

续表

序号	文件名称	原件/复印件/电子光盘	文件日期	备注
7-3	定标会议纪要/核准表等			
7-4	评标结果汇总表			
8-1	合同呈批表			
8-2	合同协议书（含工程质量保修书、防腐保廉公约）			
8-3	履约保函（复印件）			
8-4	中标人法人代表证明书及法人授权委托书			
8-5	投标人员一览表			
9-1	未中标人投标文件（含资审、资信、技术、商务标书）			
10	其他材料			

移交单位：　　　　　　　　　　　移交人：　　　　　　日期：

接收单位：　　　　　　　　　　　接收人：　　　　　　日期：

10.5.5　履约评价

根据电子招标投标办法第三十七条，鼓励招标人等相关主体及时通过电子招标投标交易平台递交和公布中标合同履行情况的信息，工程咨询人在招标人委托权限内代理委托人对项目建设的各参建单位进行合同履约评价，工程咨询人通过各个项目开展合同履约评价的实践和数据积累，建立动态履约评价数据库，为各项目招标人在招标采购活动时运用。招标人可根据管理需要、项目数量及可持续性，建立和运行履约评价管理体系。

履约评价按周期划分为季度履约评价、阶段履约评价、年度履约评价、最终履约评价。按项目建设所处阶段分为前期阶段、建设期阶段、保修阶段。履约评价应根据各类型合同所处阶段（见表10.5-4）完成对应的履约评价工作；最终评价以各合同全部工作内容履约完成的时间为准；每个合同在全过程有且仅有一次最终评价。

各类型合同所处阶段对应的履约评价工作　　　　　表10.5-4

合同类型	前期阶段		在建阶段		保修阶段	最终评价	备注
	季度	年度	季度	年度			
施工采购			√	√	▲	√	
监理	√	√	√	√	▲	√	
造价咨询	★	★	√	√	▲	√	
勘察	★	★	★	★		√	遵循合同要求，按勘察阶段、施工服务阶段进行评价

续表

合同类型	前期阶段		在建阶段		保修阶段	最终评价	备 注
	季度	年度	季度	年度			
设计	★	★	√	√	▲	√	遵循合同要求，前期阶段评价方式按方案设计、初步设计、施工图设计进行阶段评价
施工图审查	★	★	★	★		√	遵循合同要求，按施工图报建通过、工程主体封顶、项目竣工的时间节点分别进行评价
检测保险监测水保环评						√	若在前期阶段已签订并进行服务配合，则在前期阶段进行最终评价
其他前期服务合同	★	★					遵循合同要求，按方案设计、初步设计、施工图设计进行阶段评价
其他						√	根据合同期限及合同内容完成最终评价

★ 代表该阶段评价方式应遵循合同要求进行阶段评价。
√ 代表在该阶段应进行相应阶段的履约评价。
▲ 代表该类型合同在保修阶段仅进行一次评价，且必须在进行合同最终履约评价前完成

工程咨询人编制初始履约评价细则，与招标人共同商定后在招标采购阶段作为招标文件附件。履约评价细则应符合现行法规，评价项目和内容与合同履行、实现合同目标、保障措施相关，评分标准应客观、描述准确、定性定量相结合，分值应为合理的主客观比例。

履约评价以事实为依据，以合同为标准，履约评价按照履约评价计划由工程咨询人牵头组织进行，相关管理单位或部门均应参与或主办。工程监理部负责对施工、供货类参建单位进行履约评价，设计技术管理部负责对勘察、设计、施工图审查、勘察文件审查等技术服务单位进行履约评价，综合管理部负责对其他服务类进行履约评价，招采合约部负责对造价咨询等单位进行履约评价。

履约评价等级可以在合同违约处理、招投标、诚信公开等方面运用。履约评价等级可分为优秀、良好、中等、合格、不合格五个等级。当得分率大于或等于90%时为优秀；当得分率大于或等于80%，小于90%时为良好；当得分率大于或等于70%，小于80%时为中等；当得分率大于或等于60%，小于70%时为合格；当得分率低于60%时为不合格。

10.6 电子招标投标

10.6.1 应用情况

电子招标投标活动是指以数据电文形式，依托电子化招标投标系统完成的全部或者部

分招标投标交易、公共服务和行政监督活动。经电子签章的数据电文形式的招标投标活动与纸质形式的招标投标活动具有同等法律效力。为了规范电子招标投标活动，促进电子招标投标健康发展，国家发展改革委等八部委联合制订了《电子招标投标办法》，自 2013 年 5 月 1 日起施行；2014 年，深圳获国家发展改革委批准成为全国第一个电子招标投标创新试点城市并顺利通过验收，实现全过程电子化，形成专业齐全、全电子、全网络的工程建设电子招标投标系统，各地也逐渐建立和运行电子招标投标系统；2017 年 2 月 23 日，国家发展改革委等六部委联合印发《"互联网＋"招标采购行动方案（2017—2019 年）》（发改法规 [2017] 357 号）；2019 年，覆盖全国、分类清晰、透明规范、互联互通的电子招标采购系统有序运行，以协同共享、动态监督和大数据监管为基础的公共服务体系和综合监管体系全面发挥作用。

10.6.2　电子招标投标系统

电子招标投标系统根据功能的不同，分为交易平台、公共服务平台和行政监督平台。交易平台是以数据电文形式完成招标投标交易活动的信息平台。公共服务平台是满足交易平台之间信息交换、资源共享需要，并为市场主体、行政监督部门和社会公众提供信息服务的信息平台。行政监督平台是行政监督部门和监察机关在线监督电子招标投标活动的信息平台。

2017 年 11 月 23 日，国家发展改革委发布《招标公告和公示信息发布管理办法》，办法规定依法必须招标项目的招标公告和公示信息应当在"中国招标投标公共服务平台"或者项目所在地省级电子招标投标公共服务平台（以下统一简称"发布媒介"）发布，省级电子招标投标公共服务平台应当与"中国招标投标公共服务平台"对接，按规定同步交互招标公告和公示信息。"中国招标投标公共服务平台"汇总公开全国招标公告和公示信息，与全国公共资源交易平台共享，并归集至全国信用信息共享平台，按规定通过"信用中国"网站向社会公开。

10.6.3　电子招标和投标

招标人或者其委托的招标代理机构应当在其使用的电子招标投标交易平台注册登记，招标人或者其委托的招标代理机构应当及时将数据电文形式的资格预审文件、招标文件加载至电子招标投标交易平台。数据电文形式的资格预审公告、招标公告、资格预审文件、招标文件、投标文件一般由电子招标投标交易平台提供工具软件编制生成，并符合有关法律法规以及国家有关部门颁发的标准文本的要求。电子招标投标某些环节需要同时使用纸质文件的，应当在招标文件中明确约定；当纸质文件与数据电文不一致时，除招标文件特别约定外，以数据电文为准。

招标人对资格预审文件、招标文件进行澄清或者修改的，应当通过电子招标投标交易平台以醒目的方式公告澄清或者修改的内容，并以有效方式通知所有已下载资格预审文件或者招标文件的潜在投标人。在投标截止时间前，招标人或者其委托的招标代理机构无法获取下载资格预审文件、招标文件的潜在投标人名称、数量以及可能影响公平竞争的其他信息。

投标人应当在资格预审公告、招标公告或者投标邀请书载明的电子招标投标交易平台注册登记，如实递交有关信息，并经电子招标投标交易平台运营机构验证后，递交数据电文形式的资格预审申请文件或者投标文件。电子招标投标交易平台提供投标文件编制工具，允许投标人离线编制投标文件，并且具备分段或者整体加密、解密功能。投标人应当在投标截止时间前完成投标文件的传输递交，并可以补充、修改或者撤回投标文件。投标截止时间前未完成投标文件传输的，视为撤回投标文件。投标截止时间后送达的投标文件，电子招标投标交易平台应当拒收。

10.6.4　电子开标、评标和中标

电子开标应当按照招标文件确定的时间，在电子招标投标交易平台上公开进行，所有投标人均应当准时在线参加开标。开标时，电子招标投标交易平台自动提取所有投标文件，提示招标人和投标人按招标文件规定方式按时在线解密。解密全部完成后，应当向所有投标人公布投标人名称、投标价格和招标文件规定的其他内容。因投标人原因造成投标文件未解密的，视为撤销其投标文件；因投标人之外的原因造成投标文件未解密的，视为撤回其投标文件，投标人有权要求责任方赔偿因此遭受的直接损失。部分投标文件未解密的，其他投标文件的开标可以继续进行。招标人可以在招标文件中明确投标文件解密失败的补救方案（如提交电子文件一致的纸质投标文件），投标文件应按照招标文件的要求作出响应。电子招标投标交易平台应当生成开标记录并向社会公众公布，但依法应当保密的除外。

电子评标应当在有效监控和保密的环境下在线进行。根据国家规定应当进入依法设立的招标投标交易场所的招标项目，评标委员会成员应当在依法设立的招标投标交易场所登录招标项目所使用的电子招标投标交易平台进行评标。评标中需要投标人对投标文件澄清或者说明的，招标人和投标人应当通过电子招标投标交易平台交换数据电文。评标委员会完成评标后，应当通过电子招标投标交易平台向招标人提交数据电文形式的评标报告。

依法必须进行招标的项目中标候选人和中标结果应当在电子招标投标交易平台进行公示和公布。招标人确定中标人后，应当通过电子招标投标交易平台以数据电文形式打印中标通知书，并向未中标人发出中标结果通知书。

10.6.5　监督管理

电子招标投标活动及相关主体应当自觉接受行政监督部门、监察机关依法实施的监督、监察。行政监督部门、监察机关依法设置并公布有关法律法规规章、行政监督的依据、职责权限、监督环节、程序和时限、信息交换要求和联系方式等相关内容。电子招标投标交易平台和公共服务平台应当按照本办法和技术规范规定，向行政监督平台开放数据接口、公布接口要求，按有关规定及时对接交换和公布有关招标投标信息。

　　电子招标投标交易平台应当依法设置电子招标投标工作人员的职责权限，如实记录招标投标过程、数据信息来源，以及每一操作环节的时间、网络地址和工作人员，并具备电子归档功能。电子招标投标公共服务平台应当记录和公布相关交换数据信息的来源、时间并进行电子归档备份。任何单位和个人不得伪造、篡改或者损毁电子招标投标活动信息。

　　投标人或者其他利害关系人认为电子招标投标活动不符合有关规定的，通过相关行政监督平台进行投诉。行政监督部门和监察机关在依法监督检查招标投标活动或者处理投诉时，通过其平台发出的行政监督或者行政监察指令，招标投标活动当事人和电子招标投标交易平台、公共服务平台的运营机构应当执行，并如实提供相关信息，协助调查处理。

第11章 项目报批报建管理

11.1 报批报建工作相关

11.1.1 相关规定

目前，深圳市已实施工程建设项目审批改革措施，即通过精简审批环节、创新审批制度、分类优化审批流程、迭代升级审批系统、加强涉审中介治理、强化全程代办服务等方式全面提升服务效能，实现政府投资建设项目从立项到施工许可办理完成，房建类项目审批时间控制在 85 个工作日以内，市政线性类项目审批时间控制在 90 个工作日以内；社会投资建设项目从签订土地使用权出让合同至取得施工许可，审批时间控制在 33 个工作日以内，至不动产登记完成，审批时间控制在 45 个工作日以内。

根据深圳市政府正式发布的相关文件规定，政府投资建设项目施工许可审批事项共50 个，其中应办理审批事项共 15 个，可能涉及办理的审批事项共 35 个，划分为四个阶段：立项及用地规划许可阶段、建设工程规划许可和概算批复阶段、施工许可阶段、竣工验收和不动产登记阶段。

11.1.2 相关术语

（1）工程报批报建：为取得建设项目立项、用地审批、设计审核、开工的审查、竣工验收、产权办理等批准手续的一系列活动总称。

（2）规费：为取得相关政府行政批文而需缴纳的相关费用。

（3）审查：审核、调查，或者说是对某项事情、情况的核实、核查。

（4）审核：为获得审核证据并对其进行客观评价、核对，以确定满足审核准则的程度所进行的系统的、独立的并形成文件的过程。

（5）审批：审查批示（下级呈报上级的书面计划、报告等）。指对某物进行审查，看是否合格。

（6）备案：向行政职能部门报告事由存案以备查考。

（7）核准：行政职能部门对申报单位送交审查的事项进行的审核，并办理核准手续。

（8）批复：答复申报单位请示事项的公文，它是机关应用写作活动中的一种常用公务文书。

（9）登记：把有关事项或东西登录记载在册籍上。

11.1.3　项目前期报批报建流程

项目前期报批报建流程图如图 11.1。

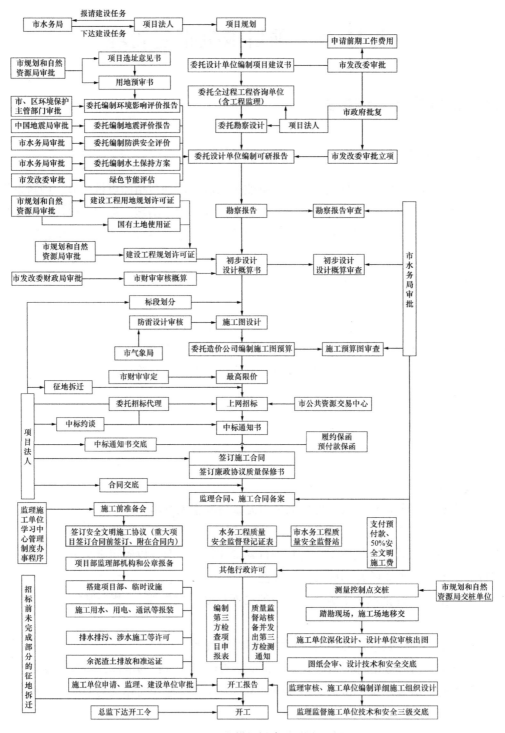

图 11.1　报批报建流程图

11.2 报批报建具体工作

项目报批报建工作分为四个阶段进行，具体包括立项及用地许可阶段（序号 1 ～ 8）、工程规划许可和概算批复阶段（序号 9 ～ 30）、施工许可阶段（序号 31 ～ 38）、竣工验收及不动产登记阶段（序号 39 ～ 45）。报批报建工作内容详情见表 11.2，每项审批具体办事要求本文略。

深圳市 GM 水库—QLJ 水库连通工程项目审批事项目录表　　　　　表 11.2

序号	事项名称	实施机构	办理时限	办理阶段
1	项目首次前期经费下达	发展和改革委员会	2 个工作日	立项及用地规划许可阶段
2	出具建设工程方案设计审查意见（市政类线性工程）	规划和自然资源局	15 个工作日	立项及用地规划许可阶段
3	出具选址及用地预审意见和规划设计要点	规划和自然资源局	25 个工作日	立项及用地规划许可阶段
4	建设用地规划许可证核发	规划和自然资源局	20 个工作日	立项及用地规划许可阶段
5	划拨土地决定书或签订土地使用权出让合同	规划和自然资源局	5 个工作日	立项及用地规划许可阶段
6	地下管线信息查询	规划和自然资源局	10 个工作日	立项及用地规划许可阶段
7	年度重大项目计划确认	发展和改革委员会	20 个工作日	立项及用地规划许可阶段
8	建设项目压覆矿产资源查询（可能涉及）	规划和自然资源局	10 个工作日	立项及用地规划许可阶段
9	环境影响评价技术审查	环境保护主管部门	12 个工作日	工程规划许可和概算批复阶段
10	建设项目环境影响评价文件审批	环境保护主管部门	20 个工作日	工程规划许可和概算批复阶段
11	建设工程地震安全性评价结果的审定及抗震设防要求的确定	地震局行政审批服务窗口	15 个工作日	工程规划许可和概算批复阶段
12	洪水影响评价报告	水务局	10 个工作日	工程规划许可和概算批复阶段
13	生产建设项目水土保持方案审批	水务局	20 个工作日	工程规划许可和概算批复阶段
14	固定资产投资项目节能审查	发展和改革委员会	20 个工作日	工程规划许可和概算批复阶段
15	项目概算备案或审批	发展和改革委员会	20 个工作日	工程规划许可和概算批复阶段
16	建设工程规划许可证核发（市政类线性工程）	规划和自然资源局	15 个工作日	工程规划许可和概算批复阶段
17	建设项目用水节水评估报告备案	水务局	即来即办	工程规划许可和概算批复阶段
18	引水蓄水工程建设项目可行性研究及初步设计文件审批	水务局	20 个工作日	工程规划许可和概算批复阶段
19	水利工程管理和保护范围内新建、扩建、改建的工程建设项目方案审批	水务局	20 个工作日	工程规划许可和概算批复阶段

续表

序号	事 项 名 称	实施机构	办理时限	办 理 阶 段
20	河道管理范围内建设项目工程建设方案审批	水务局	8个工作日	工程规划许可和概算批复阶段
21	建设工程使用林地审核、审批	规划和自然资源局	15个工作日	工程规划许可和概算批复阶段
22	占用城市绿地审批	城市管理和综合执法局	8个工作日	工程规划许可和概算批复阶段
23	可行性研究报告审批	发展和改革委员会	20个工作日	工程规划许可和概算批复阶段
24	地名批复	规划和自然资源局	5个工作日	工程规划许可和概算批复阶段
25	光纤到户通信设施报装	通信管理局	3个工作日	工程规划许可和概算批复阶段
26	占用、挖掘道路审批	交通运输局	12个工作日	工程规划许可和概算批复阶段
27	用电报装	供电局	3个工作日	工程规划许可和概算批复阶段
28	建设项目用水报装	水务集团	4个工作日	工程规划许可和概算批复阶段
29	地铁安全保护区工程设计方案对地铁安全影响及防范措施可行性审查	地铁集团	20个工作日	工程规划许可和概算批复阶段
30	地铁安全保护区内工程勘察作业对地铁结构安全影响及防范措施可行性审查	地铁集团	20个工作日	工程规划许可和概算批复阶段
31	消防设计审核或备案抽查	住房和建设局	10个工作日	施工许可阶段
32	防雷装置设计审核	气象局	5个工作日	施工许可阶段
33	建设工程施工图设计文件（勘察文件）审查情况备案	住房和建设局	15个工作日	施工许可阶段
34	建设工程招标公告（投标邀请书）和招标组织形式备案	住房和建设局	2个工作日	施工许可阶段
35	建筑工程施工许可证核发	住房和建设局	3个工作日	施工许可阶段
36	地铁安全保护区内工程施工作业对地铁结构安全影响及防范措施可行性审查	地铁集团	20个工作日	施工许可阶段
37	污水排入排水管网许可证核发	水务局	12个工作日	施工许可阶段
38	水利工程开工备案	水务局	3个工作日	施工许可阶段
39	建设工程规划验收(市政类线性工程)	规划和自然资源局	12个工作日	竣工验收及不动产登记阶段
40	对水土保持设施验收材料的报备	水务局	20个工作日	竣工验收及不动产登记阶段
41	光纤到户通信设施工程竣工验收备案	通信管理局	10个工作日	竣工验收及不动产登记阶段
42	城建档案验收	城建档案馆	5个工作日	竣工验收及不动产登记阶段
43	对水利工程建设项目法人验收工作计划、法人验收鉴定书的备案	水务局	10个工作日	竣工验收及不动产登记阶段

续表

序号	事 项 名 称	实施机构	办理时限	办 理 阶 段
44	对水利工程建设项目的政府验收	水务局	10 个工作日	竣工验收及不动产登记阶段
45	特种设备安装监督检验（政府投资和社会投资建设项目）	市场监督管理局	7 个工作日	竣工验收及不动产登记阶段

主要审批项目所需时间：331 个工作日

第 12 章　工程勘察设计及技术管理

全过程工程咨询单位具体负责设计管理制度及流程的建立并组织实施，落实各项设计过程进度、质量、投资控制，组织设计文件审核、优化，协调设计单位根据现场实际情况或原材料及设备采购需要出具设计文件，负责组织图纸会审和设计交底工作，协调建设单位及设计单位落实工程变更及各专项设计的审批，协调建设单位及设计单位参与现场质量问题的处理，协调建设单位及设计单位针对现场施工质量定期或不定期检查，负责设计图纸及资料的日常保管及最终归档管理，负责协助建设单位落实对设计单位的履约质量检查及绩效考核，负责设计费支付的初步审核等。

近年来随着 BIM 技术的不断完善，在工程中的应用也越来越广泛，本项目根据实施需要对 BIM 技术的应用较其他项目有了较大的提升要求；因此，本项目对 BIM 技术的应用也做了详细规划。

12.1　技术管理

技术管理贯穿于项目策划与实施的全过程，具体来说，技术管理包含以下工作内容：

（1）对技术管理进行策划，根据 GM 水库—QLJ 水库连通工程的实际情况及水利工程的相关技术规范要求编制技术管理细则；

（2）协助建设单位进行项目总体质量、进度和投资策划，协助编制项目总进度计划、项目管理规划；

（3）负责编制本项目年度和阶段设计管理计划，审核设计单位提交的年、月、周工作计划；

（4）审查项目前期文件、招标文件中有关技术要求的内容，提出审查意见；

（5）负责设计管理工作，协助建设单位编制设计任务书，组织初步设计审查，及时收集、整理初步设计审查意见，督促设计单位按初步设计审查意见完成有关设计调整；

（6）负责组织审查设计文件（必要时聘请水利专业专家参与审查），提出审查意见，组织施工图技术交底与图纸会审；

（7）组织施工组织设计、施工方案审查、专项技术方案的评审、论证；

（8）督促设计单位（或施工承包单位）做好深化设计工作，并对其深化设计成果进行审核，提出审核意见；

（9）负责与各利益相关方保持密切联系与沟通，协调工作；

（10）组织水利行业专家对超长引水隧洞及抽水泵站相关的科研课题及新技术应用等进行工作研讨与技术论证；

（11）参与工程项目的质量事故、安全事故的调查处理，编制事故报告；

（12）负责对项目实施有关技术进行总结，对技术管理进行阶段性总结，编写总结报告。

12.2　工程勘察设计管理

12.2.1　各阶段勘察管理

（1）在可行性研究阶段，全过程工程咨询单位督促勘察设计单位对 GM 水库—QLJ 水库连通工程引水线路方案进行地质论证。

① 了解 GM 水库—QLJ 水库连通工程区域构造背景，确定所属大地构造单元及地震动参数，分析其构造形迹特征及对工程的影响；

② 调查工程区分布的主要断层、喀斯特地貌，查明其性状、规律，分析断层的活动性；

③ 调查区域地质构造和地震活动情况，为工程区的区域构造稳定性作出评价；

④ 初步查明引水工程沿线和取水口、泵站等其他建、构筑物区的工程地质条件，对影响方案选择的主要工程地质问题做出初步评价；

⑤ 对可利用的天然岩石材料进行初查。

（2）在初步设计阶段，全过程工程咨询单位督促勘察设计单位在 GM 水库—QLJ 水库连通工程在可研阶段的基础上开展初步设计阶段的地质勘察，查明输水线路沿线、取水口、抽水泵站等区域的地形地貌、物理地质现象、地层岩性，地质构造及水文地质条件，查明有害气体或放射性元素的赋存情况，为选定引水线路总体布置、取水口、泵站选址提供地质依据，并对选定的各建筑物的工程地质条件、主要工程地质问题论证和评价，提供建筑物设计所需地质资料和相关物理力学参数。

① 查明引水线路和其他建筑物的工程地质条件并进行评价，为选定引水线路总体布置、取水口、泵站等建筑物的位置，以及地基处理方案提供地质资料和建议。其他建筑物区的工程地质条件，对有关的主要工程地质问题做出初步评价。

② 区域构造稳定性分析。在可研阶段的基础上进一步查明区域地质条件，论述可行性研究阶段的研究成果及其结论。对于本阶段在区域构造稳定性、地震活动性方面有新增资料的，应对区域构造稳定性作进一步的论述和复核。

③ 不良地质体勘察。通过对引水工程沿线及导流、围堰工程、取水口、泵站等建筑物区域的岩性与结构、主要地质结构、岩体风化、卸荷与岩土体特性，并对其稳定性和可能变形破坏作出评价和预测，提出治理措施和建议。

④ 对可利用的天然石材进行详查和试验测试工作。

（3）在施工图设计阶段，全过程工程咨询单位督促勘察设计单位做好以下工作：

① 配合设计招标；对特殊地质问题进行专题研究。

② 针对初步设计阶段遗留地质问题的补充勘察、施工地质配合与地质资料复核、编录，并作好施工期地质预测与预报，最终提交竣工地质报告。

③ 施工期重点是进行地质资料复核，并结合开挖地质条件的变化，对相应工程地质问题作出准确的分析和判断，配合各方对施工方案进行及时调整和完善，并就有关地质问题作出及时的预测和预报，必要时进行补充地质勘察工作。

④ 勘察设计单位对包括临时道路、建设单位及施工单位的施工、生活营地等临建设施进行选址调查。

⑤ 根据具体情况，对招标及技施阶段特殊不良地质问题专题研究。

12.2.2　各阶段设计管理

方案设计阶段，由全过程工程咨询单位组织项目的实地踏勘，形成踏勘报告。组织技术专家对引水隧洞总体布局、走向、沿线地下水及水文地质情况、隧洞结构型式、取水口、出水口施工围堰方案、泵站选址、金属结构，对外交通、施工方法及施工设备选择、工期、投资估算及经济评价指标、施工条件等提出明确意见，然后经建设单位审查同意后上报。

可行性研究阶段，重点做好各比选方案之间的对比分析，科学合理地选择推荐设计方案。要做好引水工程建设场地的合理规划，并掌握地形地质的基础情况，结合实际的施工条件，对比选方案的工期和投资情况进行测算，使推荐方案不仅要有良好的施工质量保证，也要有良好的经济性。

在初步设计阶段，全过程工程咨询单位会同勘察设计单位进一步核实建设规模、设计标准、总体布局、布置方案、主要建筑物结构形式、重要机电金属结构设备、重大技术问题的处理措施，更新可行性研究阶段的技术成果，如补测隧洞沿线、泵站的水文地质情况、勘探弃渣场地情况、沿线主要构筑物的布置、取水口、出水口施工导流设施（应为施工围堰）的核实和确定，严格按初步设计阶段要求的深度进行设计，以确保批准的初步设计成果与工程现场实际情况相吻合，并且对下一阶段设计工作具有切实的指导作用。

在施工图设计阶段，全过程工程咨询单位应当要求勘察设计单位提供设计说明、细化施工组织设计和运行维护管理设计，对主要工程材料、金属结构、电气设备等提出技术指标和施工方法。还应当核对设计图纸，确保勘察设计单位已提供满足设计深度要求的全部成果，并应附有工程量清单。

12.2.3　建立健全勘察设计质量保证体系

全过程工程咨询单位应督促勘察设计方按投标文件及勘察设计合同要求配足、配齐规划、测量、水文、勘察、设计等专业的高中低三级技术力量，要有专职的审查、审核人员，并应认真履行各自的职责，严格进行设计成果的审核把关，不要出现报告、图件不经认真审核就签字的现象，报告、图件签字要齐全。

各类设计成果要按规范及合同要求及时完成并提交，设计单位应在报告、图件上盖设计资质章，严把设计成果出院关。

全过程工程咨询单位应督促勘察设计单位严格按照签订的设计合同内容履约，根据设计合同内容，及时组织勘察、测量人员进行引水工程勘察工作，了解工程区域构造背景，确定所属大地构造单元及地震动参数，分析其构造形迹特征及对工程的影响；调查工程区分布的主要断层，查明其性状、规律，分析断层的活动性；提交的勘察资料要详实，为内业工作提供准确的依据。对工程设计方案，应积极和建设单位沟通，使项目建设单位及时协调解决设计过程中遇到的困难和问题。

全过程工程咨询单位应做好预审工作，使设计单位按时提交项目各设计阶段的设计成果，设计深度应达到各阶段规范、规程编制的深度要求，并确保设计成果的真实性、可靠性、科学合理性。设计成果一经各级业务主管部门审查确认，应及时修改报批。

在项目实施过程中，设计单位应派代表常驻工地，切实做好设计服务工作，同时认真做好各阶段总结，不断积累经验和过程资料。

全过程工程咨询单位建立岗位责任制度，组建水利工程专业团队，工作落实到人，加大设计质量管理的力度，做好各级设计人员职责的落实工作。

12.2.4　对设计成果质量把关

全过程工程咨询单位应组织中间成果的讨论会，派遣专家、技术骨干、专业人员对技术细节展开充分论证，避免设计内容反复修改。在报送项目设计成果后，还应再次组织相关技术人员共同到现场踏勘，对项目建设背景、建设需求、工程建设环境、引水工程总体施工布局等形成统一认识，在此基础上再进行项目审查，最终形成高质量的设计审查成果。

12.2.5　积极引进市场竞争机制

通过公开招标的方式鼓励充分的市场竞争，便于优中选优，将信誉好、专业配备齐全、设计水平高、设计服务到位，尤其在 TBM、钻爆、水利模型计算、过渡过程、水锤防治、超深基坑支护等方面专业实力强大的设计单位招为设计服务供应商，动员设计单位积极将使用效果好的新技术、新材料、新工艺应用到工程设计中。

12.2.6　需要沟通确认的设计管理建议

结合工程设计各个阶段具体内容，考虑质量、安全、进度以及环境影响，设计管理人员需要就以下建议与相关单位提前沟通，并形成共识。

（1）考虑到输水工程线路较长，为保证设计成果的质量，建议地质情况以地形地貌来划分，在前期做好分区工作。

（2）为了保证勘察设计成果的可靠性，需严格审查勘察方案与设计任务书，将工作范围、工作要求、成果质量描述得清晰而且量化，便于实施过程的管控。

（3）对深埋大直径输水隧洞，施工可能涉及地层中的不良地质条件应尽可能详细调查，重点调查如地质破碎带、喀斯特地貌、软弱夹层、冒泥冒水等问题，其他还有特殊性地温、地热、放射性、有害气体、地应力等。

（4）做好前期的充分地质调查对于本工程来说十分必要，建议采用多种勘察手段与形式，全面复核验证调查的成果。

（5）钻孔勘察需要取芯足够数量的抗压试件，使数据结果能代表一定区域内的岩层工程物理情况；对软岩的检测需到位，特别是岩块单轴抗压强度，岩体风化程度，岩石软化系数等关键指标。

（6）需详细调查引水隧洞线路所涉范围内的主要结构面与引水隧洞本身走向的关系，这对于设计选线有重要的意义。若两者相交的角度过小，对于设计选线的合理性需要重新考虑。

（7）对地下水的调查，需完善地下水位、潜水补给条件，承压水补给情况、承压水头高度等关键指标。

（8）对于工程地质条件的验证，建议充分利用施工支洞，使之先于主洞施工，目的是摸清主洞的工程地质条件，验证勘察成果的正确性，指导后续的设计与施工。

（9）依据工程经验，隧洞之间的相互影响将可能带来较大的施工风险，因此隧洞主洞周边环境需做好充分调查，若出现既有的其他隧洞需引起重视。其他敏感的构筑物也应做好前期的踏勘与调查，如天然气管道、军用光缆、输水管道、地下人防构筑物、高铁地铁等交通线路等；

（10）在测量成果方面，地形测量需满足设计任务要求；在线路选择阶段，可优化设计选线，建议综合考虑经济性、施工条件、后期运营等来确定输水隧洞的横断面尺寸；

（11）对于TBM施工弃渣问题建议提前考虑，对于指定弃渣点考虑距离问题，并在后期施工前做好落实工作，避免出现弃渣滞留影响施工的情况。部分品质较高的弃渣，可以对其二次利用，充分发挥经济性。

（12）在支洞口处、TBM始发井等区域的勘察建议提高布点密度，因其对安全影响大，必须确保勘察成果的准确性。

（13）工程处于雨水充沛地区，建议隧洞施工的工作井、竖井、斜井在设计阶段充分考虑到安全度汛问题，确保能在突发大量降雨情况下，隧洞安全无虞。

（14）建议在勘察设计阶段，了解既有水厂相关资料，如水位高程、输水流量等，尤其是其电网用电负荷以及周边电厂的供电能力，避免后续的设计因为用电问题限制而被迫作出调整。

12.3　设计出图计划报审管理流程

12.3.1　明确定位

全过程工程咨询单位是设计出图计划管理和协调单位，建设单位是设计出图计划审批单位。

12.3.2　交互制定总计划

设计单位编制施工图设计出图计划应以全过程工程咨询公司项目总控计划为依据，在合同签订后及时向全过程工程咨询单位提供设计出图总计划，全过程工程咨询单位在 5 天之内对设计进度计划提出审批意见，出图总计划通过后报送建设单位审批，该项工作务必 5 天内完成。各方审核后通过的设计出图总计划作为设计进度管理重要文件。如果实际出图进度与出图总计划出现较大偏差，需要重新调整也应按此流程执行，设计出图总计划报审流程图见图 12.3-1。

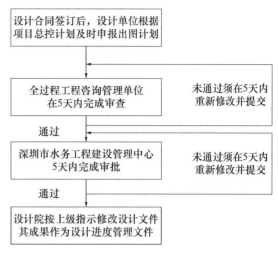

图 12.3-1　设计出图总计划报审流程图

设计出图总进度计划报审表式由全过程工程咨询单位负责设计，至少应包含以下内容：① 报送、抄送单位和呈报单位；② 设计出图总进度计划表；③ 全过程工程咨询单位审查意见；④ 建设单位审批意见。

12.3.3　进一步细分计划

设计单位应根据已批准的设计出图总计划编制月进度计划、周进度计划。月进度计划提交时间为上个月 25 日之前，全过程工程咨询单位在 3 天内提出审批意见。周进度计划提交时间为每周三开会之前。月进度计划、周进度计划内容中应包括但不限于：下月（周）设计工作内容安排，上月（周）进度对比、问题纠正和分析和处理措施以及需要其他单位配合解决的问题等，设计出图月计划报审流程图见图 12.3-2。

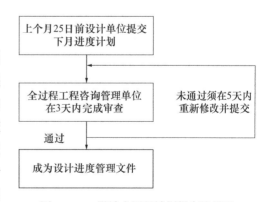

图 12.3-2　设计出图月计划报审流程图

设计出图月计划报审表式由全过程工程咨询单位负责设计，至少应包含以下内容：① 报送、抄送单位和呈报单位；② 设计出图月计划表；③ 全过程工程咨询单位审查意见；④ 建设单位审批意见。

12.4　设计分包单位资质报审管理流程

专项设计单位资质报审应由设计院在分包设计委托前及时办理，报审内容包括：该分包设计单位营业执照；资质证书及相关业绩；拟分包设计范围；拟派驻项目的设计人员基本情况；分包单位围绕项目的岗位人员分工及联系方式等。

（1）专项设计分包单位资质报审表式由全过程工程咨询单位负责提供，至少应包含以下内容：① 报送、抄送单位和呈报单位；② 拟分包单位、分包原因及分包范围；③ 分包设计报审内容；④ 全过程工程咨询单位审查意见；⑤ 建设单位审批意见。

（2）分包设计单位资质应符合对应专业设计资质要求，符合国家及地方行建设单位管部门颁布的法律法规的规定。

（3）专业分包设计单位资质经建设单位审查通过后开展设计，分包设计单位对设计人负责，设计人对建设单位负责。

（5）分包设计单位的设计成果出具时应以设计人名义出具，图框中可体现分包设计单位及分包设计人员，但主设计人及相关人员的审核、签署、盖章应齐全完整，否则，相关设计成果文件为无效文件。

12.5　设计成果文件递交办理流程

设计单位在设计完成且三级校核合格后，应按合同约定份数打印出图、装订，同时整理好对应电子版本文件（刻录光盘，注意同步提交对应的 CAD 文件的字体文件）、本次递交的图纸清单等，填写《设计成果文件递交记录表》，按时递交至全过程工程咨询单位的项目部。

全过程工程咨询单位项目部负责组织核查、清点图纸完整性，负责办理书面接收、签认手续，以全过程工程咨询单位签认接收的时间作为设计成果文件正式递交时间，同时作为设计进度款支付的依据之一。合同中如已约定递交方式，则遵从合同约定，否则一律按此执行。

对明显不符合设计合同或管理细则约定、成果文件不完整的、成果文件份数不足的，或设计质量粗糙低劣的，全过程工程咨询单位有权要求设计单位整改、补充，然后重新提交，相应递交时间按重新提交并获得全过程工程咨询单位签认的时间为准。设计单位应派人参与设计成果的清点核查，如不参与，则设计成果文件缺漏数量以全过程工程咨询单位出具的核查结果为准，设计单位无条件在限定时间内补齐。

经全过程工程咨询单位签署的《设计成果文件递交记录表》作为设计履约考核及设计费支付的主要依据文件。

12.6　设计专题汇报管理

12.6.1　设计专题汇报流程

（1）会议发起人可以是设计院、全过程工程咨询单位、建设单位、使用单位。

（2）全过程工程咨询单位负责拟定并发送会议通知，确保每一个参会单位都收到；组织召开会议；组织形成会议纪要等。

（3）设计院提前把汇报内容提交给全过程工程咨询单位审查。

（4）设计院把会议上提出的问题及时解答，全过程工程咨询单位负责跟踪落实，最终形成问题闭合。

（5）全过程工程咨询单位把会议纪要及时发放给各参会单位。

12.6.2　设计专题汇报范围及内容

（1）设计专题汇报范围：GM 水库—QLJ 水库连通工程勘察设计合同约定的范围，按专题内容的需求，不设定格式要求。

（2）设计专题汇报内容：包括但不限于工程概况、设计总体效果、功能定位、功能标准等，汇报材料由设计单位负责编辑，汇报资料可采用 PPT 或视频方式，内容要简洁明了。

12.6.3　分层分级汇报管理

全过程工程咨询单位根据汇报内容重要程度，组织相对应的单位及人员参会，做分层分级管理，提高会议效率。

12.6.4　汇报成果管理

（1）全过程工程咨询单位对汇报成果、会议纪要、问题回复等内容做好保存、登记、发放、归档等工作。

（2）全过程工程咨询单位对之前已完成的汇报成果进行梳理，核查是否还有未闭合的问题。

（3）全过程工程咨询单位对各单位汇报的成果进行跟踪落实，并校对汇报成果是否体现在设计图纸上，若未体现，需督促设计院尽快完成。

12.7　使用单位需求管理

12.7.1　使用需求管理规定

（1）使用单位不应对设计单位直接下达设计调整指令。

（2）使用单位对项目建设所提出的各类意见、建议或需求调整等均须书面致函建设单位，经建设单位同意后，由全过程工程咨询单位向设计单位下达设计调整指令。

（3）使用单位提出的涉及概算批复的建设标准、规模及功能调整的建议，需由使用单位取得发改部门同意后再将调整需求致函建设单位，建设单位应按重大事项相关规定向项目分管领导报告，经分管领导书面批准后，由全过程工程咨询单位向设计单位下达设计调整指令。

（4）使用单位提出涉及功能、规模和标准的变更要求，以及变更金额达十万元以上，或对总工期造成影响的变更要求，需以使用单位上级主管部门的名义发函建设单位提出变更申请。

（5）设计单位及施工单位作为使用需求的实施人，应本着严谨务实的态度，完成使用需求任务，并应严格执行管理流程。若存在未经建设单位批准，擅自修改设计变更或擅自实施变更的现象，则视为不服从建设单位管理，并作为不良履约评价考核的依据之一。

12.7.2　使用需求管理流程

（1）使用需求流程图见图 12.7。

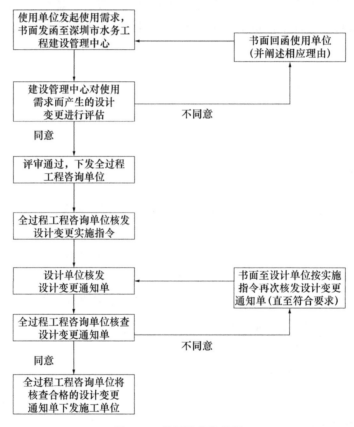

图 12.7　使用需求流程图

（2）各参建单位设置使用需求管理联系人，统一进出口，确保信息传递准确、及时、通畅。

（3）各参建单位在流程传递中应及时完成各自工作。

12.7.3　使用需求成果管理

（1）全过程工程咨询单位负责日常成果管理工作。

（2）全过程工程咨询单位对之前已完成的使用需求进行梳理，核查是否存在使用需求管理流程不规范现象。

12.8　工程变更管理流程

12.8.1　工程变更分类

1. 建设单位应当按照类别对设计变更的主要原因进行甄别和审定

（1）政策、规范或规划调整。即因国家政策、工程技术规程规范、标准或规划调整等原因导致的工程设计变更。

（2）需求变化。即因项目实施过程中应上级部门或使用单位的要求，需要提高或降低建设标准，增加或减少建设内容，改变功能等导致的工程设计变更。

（3）现场条件变化。即现场条件较勘测设计阶段提供的条件发生变化导致的工程设计变更。

（4）勘测原因。即因勘测工作缺陷导致的工程设计变更。

（5）设计缺陷。即因设计缺陷导致的工程设计变更。

（6）施工不当。即因施工单位自身原因导致的工程设计变更。

（7）不可预见因素。即因自然现象、社会现象、不可抗力或事先无法预测的因素导致的工程设计变更。

2. 水务工程设计变更按重要性分为重大设计变更和一般设计变更

重大设计变更是指工程建设过程中对工程的质量、安全、工期、投资、效益产生重大影响的设计变更，包含工程的建设规模、设计标准、总体布局、布置方案、主要建筑物结构形式、重要机电金属结构设备、重大技术问题的处理措施、施工组织设计等方面。其他设计变更为一般设计变更。

GM 水库—QLJ 水库连通工程以下内容发生变化而引起的工程设计变更为重大设计变更，包括但不限于：

（1）工程规模、建筑物等级及设计标准

① 引（供）水工程的供水范围、供水量、输水流量、关键节点控制水位；泵站装机容量。

② 工程等别，引水隧洞、取水口、提升泵站等主要建筑物级别、抗震设防烈度、洪水标准等。

（2）引水隧洞、取水口、提升泵站等总体布局、工程布置及主要建筑物结构型式。

（3）取水口、水闸：布置方案（轴线、过水断面、消能方式、闸门启闭方式）；主要部位控制尺寸（堰顶高程、闸顶高程）；主体工程基础处理根本性方案；主要建筑施工工法。

（4）泵站工程

① 布置方案（轴线、消能方式）；泵站的主要机械设备型式和数量；

② 泵站的电气主接线和输配电方式及设备型式；基础处理根本性方案；

③ 泵站总装机容量（变化不超过 10%，否则工程项目应重新立项）；

④ 泵站（电站）引水方式。

（5）管线工程

① 单项管线线路（平面位置 100m 及以上）；

② 累计管线长度变化超过 10%；单项管材、管径（长度 100m 及以上）；

③ 基础处理根本性方案；

④ 单项施工工法（长度 100m 及以上）。

（6）机电及金属结构

① 泵站工程主要水力机械设备型式和数量；

② 泵站工程的接入电力系统方式、电气主接线和输配电方式及设备型式；

③ 闸门、拦污栅等主要金属结构设备及布置方案。

（7）DN5200、DN2600 钢管的防腐措施，超长使用寿命混凝土的处置措施。

（8）施工组织设计

① 主要料场或弃土场地；

② 取水口、出水口的施工围堰、导流方式、导流建筑物方案；

③ 主要建筑物施工方案和工程总进度。

3. 不属于设计变更的情况

（1）建设单位在工程招标文件及其配套的补充通知、设计图纸等文件中已明确应由承包方承担的工作内容、义务和风险，如工程实体的实施（含临时工程）、现场安全生产措施、物价正常波动等。

（2）因承包方自身技术力量、施工机械、流动资金以及其他应由承包方自身解决的问题等原因导致的工程无法实施或难以实施。

（3）施工图纸与工程量清单不一致（存在漏项或计量不准确等），按相关合同计量条款约定处理。

（4）承包方投标失误，如工程量、单价、总价计算错误，对现场施工组织考虑不周等。

（5）属于发包时约定由承包方统筹包干使用的费用（如一般临时工程、一般拆除工程、排水、承包人驻地建设、施工道路与通道、围蔽、支护等）。

4. 鼓励设计、施工单位按照环保、节能、节约的原则

推广应用新技术、新工艺、新材料，提出优化设计变更建议，以提高工程质量、缩短工期，降低工程造价。符合下列条件的，可以考虑设计变更：

（1）不降低原设计技术标准，而能节省原材料，或者可少占用土地，并方便施工，缩短工期和节省投资的。

（2）能提高技术标准，减少工程潜在危害，便于采用新技术，提高工程使用年限或者提高服务等级，而不增加投资的。

12.8.2　设计变更的审批与备案程序

（1）涉及本市以外的地区和其他行业的水务工程设计变更，须事先征求有关地区和行业行政主管部门的意见。

（2）应当按照已批准的初步设计文件编制设计招标文件、组织施工图设计文件，原则上均不得设计变更。确需进行设计变更的，均需按本办法关于重大设计变更的审批程序报批后，方可纳入设计招标文件或施工图设计文件。如涉及使用功能与工程规模等重大设计变更，须报原立项审批部门重新审批。

（3）建设投资原则上不得超过经核定的投资概算。因政策调整、价格上涨、地质条件发生重大变化等原因确需增加投资概算的，建设单位应提出调整方案，按照规定的程序报原立项审批部门，在概算调整获得批准后方可按程序实施设计变更。

（4）涉及重大设计变更的，建设单位须报原初步设计的审批或审查业务主管处室对变更的必要性进行审查，取得同意意见后，方能按照一般设计变更的管理权限进入申报审批程序。

（5）一般设计变更审批按照单项设计变更金额（A）以及累计设计变更金额占可变更金额的比例（P）分级审批。

比例（P）＝累计设计变更金额 / 可变更金额 ×100%

① 可变更金额及累计设计变更金额计算分如下两种情形：

当所有的合同尚未全部签订时，可变更金额＝（该合同标底价－该合同中标价），累计设计变更金额为该合同的累计设计变更金额。

当所有的合同全部签订完成后，可变更金额＝（批复的总概算中建安费总额－所有建安合同的合同总价），累计设计变更金额为所有合同的累计设计变更金额。

② 分级管理程序如下：

a．单项设计变更金额或累计设计变更金额小于可变更金额的 50%（含）时：单项设计变更金额小于 100 万元（含）的，由建设单位按照内部管理程序管理；在 100 万元至 300 万元（含）的，由建设单位按照内部管理程序完成决策后报技术处审查；在 300 万元至 1000 万元（含）的，由建设单位按照内部管理程序完成决策后，报技术处初审后，报技术委员会审定；在 1000 万元以上的，由建设单位按照内部管理程序完成决策后，报技术处提出审查意见，报技术委员会审议后，报局长办公会议审定。

b．单项设计变更金额或累计设计变更金额超过可变更金额 50% 但小于 75%（含）时：单项设计变更金额小于 50 万元（含）的，由建设单位按照内部管理程序管理；在 50 万元至 100 万元（含）的，由建设单位按照内部管理程序完成决策后报技术处审查；在 100 万元至 1000 万元（含）的，由建设单位按照内部管理程序完成决策后，报技术处初审后，报技术委员会审定；在 1000 万元以上的，由建设单位按照内部管理程序完成决策后，报技术处提出审查意见，再报技术委员会审议，报局长办公会议审定。

c．单项设计变更金额或累计设计变更金额超过可变更金额 75% 但小于 100%（含）

时，单项设计变更金额小于 10 万元（含）的，由建设单位按照内部管理程序管理；在 10 万元至 50 万元（含）的，由建设单位按照内部管理程序完成决策后报技术处审查；在 50 万元至 1000 万元（含）的，由建设单位按照内部管理程序完成决策后，报技术处初审后，报技术委员会审定；在 1000 万元以上的，由建设单位按照内部管理程序完成决策后，报技术处提出审查意见，再报技术委员会审议，报局长办公会议审定。

d．单项设计变更累计数额超过可变更金额，需要动用基本预备费的，建设单位应严格按照《深圳市建筑和市政工程概算编制规程》的规定提出申请，报技术处初审，技术委员会审定。对未在初步设计概算中列出具体子项概算或变更产生的费用需动用预备费的，需由建设单位报市政府投资立项审批部门，获得书面同意后方可实施。同意动用预备费的，按本条第 3 款的权限审批。需要调整概算的，由建设单位会同规划计划处向市政府投资立项审批部门申请调整概算，获得市政府投资立项审批部门书面同意后才能按照前述条款做出设计变更。单项设计变更费用 1000 万元以上的须经局长办公会议审定。

（6）设计变更的实施分为变更事项（必要性、合理性）审批和变更费用审核，变更事项获批后即可组织实施，提出设计变更事项审批时应同时提出变更预估金额，该金额原则上应为设计变更费用上限；如果最终设计变更费用超过设计变更预估金额，且对应审批权限已发生改变时，应重新履行报批手续。

（7）各相关单位应提高处理效率，缩短处理时间，按以下要求时限内完成（以下"天"均指"工作日"）：

① 从建设单位判定需要设计变更到组织完成编制设计变更文件不应超过以下所列时间：

重大设计变更：由建设单位视变更的复杂程度及工程的紧迫性而定，原则上不应超过 30 天。

一般设计变更：① 小于 100 万元（含）10 天；② 100 万元至 300 万元（含）15 天；③ 300 万元至 1000 万元（含）18 天；④ 1000 万元以上 20 天。

② 建设单位履行内部审查程序的时间视设计变更的复杂性和重要性，原则上不得超过 7 天。

③ 原初步设计的审批或审查业务主管处室在收到建设单位提交的施工图设计阶段设计变更或施工图实施阶段的重大设计变更申请后，应视设计变更的重要性和复杂性，原则上在 15 天内对有关设计变更的必要性作出决定。

④ 局技术处在收到建设单位的设计变更申请后，应在 7 天内作出初审或审查决定。

⑤ 局技术委员会在收到局技术处提交的初审意见后应在 7 天内作出审议或审定决定。

⑥ 局办公室在收到附有局技术委员会提交的审议意见的议题申请后，应尽快优先安排上局长办公会议讨论。

⑦ 建设单位完成设计变更审查或在收到最终审批意见后，应立即将《建设工程设计变更备案（审查）表》连同所有设计变更文件报送工程造价站审核设计变更所涉金额。

⑧ 局工程造价站在收到建设单位报送的有关设计变更文件后 30 天内要完成设计变更

费用的审核，并提出审核意见。

⑨ 建设单位收到工程造价站的费用审核意见后 5 天内将费用审核意见连同《建设工程设计变更备案（审查）表》和所有设计变更文件报技术处备案。

（8）特殊情况时工程设计变更的处理：

① 对需要进行紧急抢险的工程设计变更，建设单位可先组织进行紧急抢险处理，同时通报局技术处，事后按照本办法办理设计变更审批备案手续，并附相关的影像资料说明紧急抢险的情形。

② 若工程在施工过程中不能停工，或不继续施工会造成安全事故或重大质量事故的，经建设单位、全过程工程咨询单位、设计单位同意并签字认可后即可施工，但建设单位事后须查明原因和责任，并将有关情况立即书面报告局安监执法处，同时按照本办法办理设计变更备案手续。局安监执法处在收到建设单位提交的书面报告后，应视事故发生的原因和相关的情况，依法依规进行责任认定并提出追责建议。

12.8.3　设计变更的监管

（1）所有水务工程设计变更，无论变更内容及金额大小，建设单位在申报审批或备案前，均需按照建设单位设计变更内部管理实施细则和决策程序进行研究决定。申请设计变更时，申报单位必须在《建设工程设计变更备案（审查）表》中明确列明变更的责任单位和变更的原因，必要时应当附有本单位法律顾问书面意见。不列明原因和责任单位的，审批单位有权拒绝受理设计变更申请或备案。

（2）未经审批的设计变更，建设单位不得付诸实施，设计变更所涉金额未经审核，财务部门不得支付有关款项。建设单位在支付经备案和审核的设计变更款项时，需向局财务管理中心提供一份《建设工程设计变更备案（审查）表》作为核算的原始凭证。

（3）建设单位每季度应开展水务建设工程设计变更专项检查，并将检查情况向市水务局报告。局技术处每半年应组织局建设管理处、规划计划处、水务工程质量安全监督站等部门对水务建设工程设计变更的审批和备案工作进行监督检查，并将检查情况向局技术委员会报告。

对设计单位不按批准的变更内容出具设计变更文件，施工、监理单位不按照批准的设计图纸或设计变更报告施工的：

① 由建设单位按照有关规定向局申报其不良行为，局建设管理处按照《深圳市水务工程建设市场不良行为认定和应用管理办法》相关规定进行处理。

② 局各业务处室、工程建设单位按照《局建设工程合同履约评价管理办法（暂行）》的相关规定进行履约评价。

（4）局各单位应按照职责分工加强对设计变更的监督管理。不严格按照本办法规定进行设计变更工作，不履行或不正确履行工作责任，给国家利益、人民生命财产、公共财产造成重大损失或恶劣影响的，按照有关领导干部问责条例规定进行处理。

（5）建设单位负责工程设计变更文件的归档工作。项目完工验收、阶段验收和竣工验收时应当全面检查竣工项目是否符合批准的设计文件要求，未经批准备案的设计变更文件不得作为验收的依据。相关设计变更文件未经批准备案的，不得组织相关单位工程、合同工程完工验收和工程阶段验收、竣工验收。

12.9 深化设计申报及审批管理

深化设计单位是指根据设计合同或工程承包合同约定，合同乙方（设计单位或施工单位）根据各自合同约定，在主设计出具的施工图设计文件的基础上，结合施工现场实测试量、综合排布、实际供货参数、专业相互配合需要等因素，对原设计图纸进行必要的细化、深化、补充和完善直至满足现场施工深度需要的设计活动。

因此，为满足实际功能或满足施工深度需要所进行的在原设计基础上进行的细化、优化、完善等工作均归为深化设计工作。

12.9.1 深化设计一般规定

1. 深化设计单位资质要求

设计单位或施工单位具备深化设计相应设计资质及设计能力的，可自行进行深化设计工作，反之，则必须委托具有相应资质的单位进行深化设计工作，并报项目监理部、主设计单位、全过程工程咨询单位、建设单位审批确认后，方可开展具体深化设计工作。

2. 深化设计应遵循的原则

（1）深化设计应围绕原主设计内容进行细化、完善或补充，是针对原设计文件中有关细节不明确、不完善之处的进一步明确或针对原设计文件与现场实际情况不符的修正、调整等，但深化设计不得改变原设计文件确定的整体风格、设计理念，不得改变原设计文件或招标文件中已明确的主材/设备品牌、规格、型号、技术参数、材质、材料防火等级等核心参数要求，不得降低原设计文件中对有关材料/设备档次标准的设计要求。

（2）深化设计后该单项工程总造价不得突破原投标报价，在此基础上，各分项造价可合理调整。如深化设计后该单项工程总造价确需突破原投标报价时，深化设计单位必须就"深化设计调整内容、对比原设计造价增减项目及增减额、调整原因、理由及依据"以专项报告的形式进行逐项阐述，并书面形式报项目监理部、主设计单位、全过程工程咨询单位、建设单位审批通过后执行。否则，因深化设计带来的全部造价增加均由深化设计委托与被委托单位连带承担。

（3）深化设计必须无条件满足招标文件、合同文件中有关约定，并符合现行设计规范和施工规范，能通过各级管理的审查，深化设计文件深度能满足现场施工要求。

3. 深化设计文件最终成果文件要求

（1）深化设计文件应为正式蓝图，深化设计人员签署齐全并加盖深化设计单位出图章，同时经主设计方审核确认后签盖主设计院审核章，凡缺主设计审核章或无主设计审核人员签字或无深化设计单位施工图出图章的深化设计文件一律视为无效深化设计文件，深化设计文件审核费用由深化设计单位承担。

（2）若合同中约定深化设计导致造价增减可按实调整时，深化设计单位应同步提交按照合同约定的计价办法编制的完整清单及预算；若合同约定不因深化设计调整造价时，可不提交清单及预算文件。

12.9.2　深化设计一般步骤

（1）深化设计正式开展前，深化设计人员应充分熟悉原设计文件（包括可能影响深化设计的其他专业设计文件内容）、设计理念及细部要求等，深化设计时不可擅自更改原设计控制性原则、控制标高、控制轴线、控制性定位线、主材及设备的规格及参数等内容、相关招标、合同文件要求等，同时深化设计人员应踏勘现场，充分熟悉项目实际情况，就需要实测实量的数据落实现场进行实测实量，确保深化设计的针对性、准确性。

（2）梳理需作深化设计的内容，填报《深化设计修改／调整原设计内容审批单》，办理专项审批，确保深化设计相关修改及调整均依据充分，主设计与深化设计不存在错漏碰缺，相互矛盾。

（3）梳理深化设计导致造价增减的内容，逐项填报《深化设计修改／调整内容审批单》，办理专项审批，经审批通过后作为深化设计正式调整的依据。

（4）根据各类审批确认的调整文件，编制、完善、汇总成待审深化设计成果文件，按报审流程要求办理审批。

（5）根据各级审批意见修改完善，形成最终深化设计成果文件，按合同约定要求份数及相关盖章签署要求完成打印、出图。

（6）因施工进度需要导致深化设计无法一次性完成时，深化设计亦可分阶段报审批，以保证满足现场施工进度需要。

12.9.3　深化设计针对主设计文件修改需求的落实流程

深化设计单位应及时填报《深化设计修改／调整原设计内容审批单》，向项目全过程工程咨询单位报审，由全过程工程咨询单位初审后转发原设计单位审核，原设计单位审核完成后，再经全过程工程咨询单位、建设单位完成逐级审核，（修改）经各方确认属于原设计错误、遗漏或依据深化设计相关规范，确实需要修正、调整原设计文件时，由全过程工程咨询单位协调原设计单位出具正式设计变更，作为深化设计单位开展深化设计的依据。

12.9.4　深化设计修改调整内容专项审批

（1）深化设计单位办理《深化设计修改／调整内容审批单》时，务必就修改调整的具体内容，修改及调整的原因及依据，对比原投标报价造价增减情况作充分交代，便于各方的审核。

（2）该类专项审批原则上一项一办，即发生一项更改时办理一次，经专题会议或口头洽商均已确认同意更改的，亦可一并办理审批。

（3）凡深化设计导致原预算造价增减时均应办理专项审批，处理原则是：

① 建设单位接受该项更改时，则现场可按更改方案实施。对于预算造价的变更，如合同或协议中有约定时，按约定办理；如无约定，则更改带来的造价增加建设单位将不予补偿，更改带来的造价降低，建设单位将按更改后实际造价办理结算。

② 未办理专项审批而现场已实施，但建设单位不接受该项更改时，无论项目实施到何种阶段，建设单位均有权要求无条件返工，相关损失及责任由深化设计的委托方和被委托方连带承担。

（4）如深化设计更改调整导致方案实质性改变或造价增加较多时，全过程工程咨询单位应组织深化设计单位、设计单位、工程监理（管理）部、建设单位就相关修改或调整原设计的原因、理由、造价变化情况等召开专题会议，向建设单位主管领导作专题汇报，经主管领导确认后办理审批流程落实更改。

12.9.5　深化设计的报审流程

深化设计单位在完成全部或阶段性深化设计文件后，由承担深化设计单位负责填《深化设计成果文件报审表》，向全过程工程咨询单位办理书面初步报审，报审文件清单如下：

（1）《深化设计成果文件报审表》，需经会签确认，手续齐全，签章清晰无误；

（2）纸质深化设计图纸（含计算书等）及电子版光盘；

（3）深化设计文件导致造价变化情况的专题报告（含预算文件）及电子版光盘，如合同中明确约定不因深化设计调整造价，则相应报告及预算文件可不提供；

（4）其他有利于加快各方深化设计审查的必要说明等。

12.9.6　深化设计的审查

（1）全过程工程咨询单位应控制在 5 天内初审完毕，签署审查意见，然后将深化设计文件及审查意见及时转发给原设计单位审查。

（2）原设计单位应控制在 7 天内审查完毕，签署审查意见，然后将深化设计文件及审查意见及时提交全过程工程咨询单位审查。

（3）全过程工程咨询单位的审查应控制在 7 天内审查完毕，签署审查意见，然后将深化设计文件及审查意见及时提交建设单位审查。

（4）建设单位在各方审查意见基础上作全面、最终审查，原则上应控制在 5 天内审查完毕，签署审查意见后返全过程工程咨询单位、原设计单位、施工单位及深化设计单位。

（5）深化设计责任单位接到各方审查意见后，应组织设计人员在全过程工程咨询单位（修改）指定时间内修改、完善深化设计文件，按以上流程办理底图报审。底图报审提交文件清单如下：

①《深化设计成果文件报审表》，要求深化设计责任单位及负责人签章齐全；

② 深化设计文件底图、相关计算书文件等，以及对应内容电子版光盘；

③ 深化设计文件对应的预算文件及电子版计算文件，如合同中明确约定不因深化设计调整造价，则相应预算文件可不附；

④ 其他有利于加快各方深化设计审查的必要说明等。

（6）各审查单位按上述流程依次作最终审查并在底图上逐级会签。原则上各单位均应控制在 1 天内完成审查并及时递交上一级审查单位审查，保证审查工作效率。

（7）深化设计文件经各方最终审批确认后返深化设计单位，深化设计单位落实正式出图。

12.9.7　深化设计的责任

虽然深化设计报审流程中，各级单位均需对成果进行审批，但不免除深化设计单位应承担的设计责任，即使各级单位在审批阶段未能发现深化设计中存在的错误，其后任何阶段发现，建设单位均有权要求深化设计单位予以纠正，如采取包括全面返工、加倍扣除差价等管理措施，相关责任及造成的损失仍由深化设计的委托单位及被委托单位连带承担。

12.9.8　对深化设计违规行为的处理

如深化设计文件存在违规行为，建设单位在任意时间发现，均有权进行处理，视具体情况，采取要求返工整改、结算时加倍扣除差价、执行经济处罚等管理措施。具体违规行为包括但不限于如下情况：

（1）深化设计单位擅自修改原设计思路、主材 / 设备规格、型号、技术参数、材质、防火等级、降低主材 / 设备档次标准的。

（2）深化设计文件或变更未经各方审查审批通过用于施工的。

（3）经审定的深化设计在现场实施时擅自变更的。

（5）其他违反本细则规定存在降低标准、档次嫌疑的。

12.9.9　深化设计造价对比分析报告样例

下文附《深化设计造价对比分析报告》样例，以进一步明确设计与造价同步的管理路径。

深化设计造价对比分析报告

一、本次深化设计范围及具体内容

1.

2.

3.

4.………

二、本次深化内容总体造价增减情况

针对本次深化设计，经我司初步估算，对比原投标报价总体造价合计（□增加　□减

少　□无变动）造价　　元，其中：

1. 因主设计签发设计变更导致深化设计相应调整带来造价变动合计（□增加　□减少　□无变动）　　元，具体本次深化设计涉及的设计变更详附件；

2. 经主设计及各级审批单位专项审查确认的深化设计变更带来的造价变动合计（□增加　□减少　□无变动）　　元，具体本次深化设计涉及的深化设计变更详附件；

3. 因原招标工程量清单计算错误带来的造价变动合计（□增加　□减少　□无变动）　　元，具体计算错误项目及修正详附件；

4. 因（除上述原因之外的其他原因，如存在，需描述清楚），带来的造价变动合计（□增加　□减少　□无变动）　　元。

三、本次深化设计变更项目具体情况汇报

1. 变更项目1

（1）具体变更或更改内容概述（对比阐述招标时设计方案，目前拟变更的设计方案）

（2）调整原因、依据及理由：汇报及各级审查重点，务必阐述清楚

（3）本项变更造价增减具体情况：

对应该项内容，原招标工程量清单报价　　元，变更后实际造价　　元，造价对比（□增加　□减少　□无变动）　　元。

2. 变更项目2

（1）具体变更或更改内容概述（对比阐述招标时设计方案，目前拟变更的设计方案）

（2）调整原因、依据及理由：汇报及各级审查重点，务必阐述清楚

（3）本项变更造价增减具体情况：

对应该项内容，原招标工程量清单报价　　元，变更后实际造价　　元，造价对比（□增加　□减少　□无变动）　　元；

3. ·········

附件、本次深化设计造价对比分析一览表（表12.9）

深化设计单位（盖章）：

年　　　月　　　日

深化设计造价增减对比分析一览表　　　　　　　　表12.9

施工单位：　　　　　　　　　　　单体名称：　　　　　　　　　第　页　共　页

序号	项目编码	项目名称	计量单位	签约造价情况			深化后造价情况			分项造价增减
				综合单价	清单工程量	分项合价	综合单价	实际工程量	分项合价	

续表

序号	项目编码	项目名称	计量单位	签约造价情况			深化后造价情况			分项造价增减
				综合单价	清单工程量	分项合价	综合单价	实际工程量	分项合价	
本次深化设计总体造价增减（元）										

注：

1. 表中的"项目编码、项目名称、计量单位、清单工程量、综合单价"应与投标文件保持绝对一致，不得错、漏、缺，否则，审批方应予以退回重报。

2. 如深化设计导致新增单价项目，则签约造价情况一栏可不填，直接在深化后造价一栏填写相关工程量、单价及增减造价情况，最终新增单价以《新增单价洽商》审定值为准，本表仅用于总体把控，不作为新增单价及增减造价确认的依据。

12.10　设计履约评价及奖惩细则

12.10.1　履约评价

全过程工程咨询单位配合建设单位对设计各个阶段工作进行履约评价，具体阶段划分有：

（1）方案设计阶段、初步设计阶段、施工图设计阶段按阶段进行履约评价，即在每个阶段工作完成后 42 天内进行该阶段的履约评价。

（2）施工服务阶段（包括绘制工程竣工图）为按季度定期评价、年度评价。季度定期评价，每季末由项目组组织进行集中履约评价。年度评价，每年的一月份，对上一年度各季度评价得分（率）进行平均计算，该平均值为年度评价得分（率）。

（3）最终履约评价（竣工履约评价），在工程竣工验收且竣工图绘制完成后，综合各阶段履约评价结果，并结合项目建设竣工情况，对设计合同履约情况进行最终履约评价。最终履约评价得分（率）＝方案阶段得分（率）×10% ＋初设阶段得分（率）×25% ＋施工图设计阶段得分（率）×35% ＋施工服务阶段及竣工图绘制 $\sum n$ 季度定期评价得分（率）$/n \times 30\%$。

当得分（率）大于或等于90% 时，为优秀；当得分（率）大于或等于80%，小于90% 时，为良好；当得分（率）大于或等于70%，小于80% 时为中等；当得分（率）大于或等于60%，小于70% 时为合格；当得分（率）低于60% 时，为不合格。

设计合同履约评分表参照表 12.10。

12.10.2 奖惩方式

对最终履约评价为"优秀"的履约单位，除按合同约定进行奖励外，建设单位还可按下列方式进行奖励：

（1）发布公告予以通报表扬。

（2）对于符合直接发包条件的服务，可以从履约评价好的单位中选取承接单位。

（3）根据招标择优原则，可作为招标时考虑加分或定标的重要参考依据。

对最终履约评价等级为"不合格"的履约单位，除按合同约定追究其违约责任，建设单位除了按诸如《不良行为记录处理办法》等文件的相应条款处理外，还可按下列方式进行处理：

① 发布公告予以通报批评。

② 向建设行政主管部门提交履约评价报告书，并建议在一定时间内不接受其参加类似项目的投标或承接新的工程。

12.10.3 绩效挂钩酬金

最终履约评价直接影响绩效酬金的支付金额：

（1）最终履约评价为良好及以上的，支付全部绩效酬金。

（2）最终履约评价为合格的，支付50%绩效酬金。

（3）最终履约评价为不合格的，不支付绩效酬金。

设计合同履约评分表（施工图设计阶段） 表 12.10

工程名称：

序号	内　容	单项分值	评 价 指 标	评 分 标 准	得分
一	人员配备	10			
1	人员配备情况	10	是否按合同到位，人员稳定无更换	未按合同到位，每更换一次，扣1分	
二	能力水平及履约表现	15			
2	项目负责人	5	是否具有较强的协调组织能力；是否及时发现问题和处理问题；是否能与建设单位、使用单位及业务主管部门等相关单位充分沟通	1. 责任心不强、工作协调不到位； 2. 发现问题后未及时处理； 3. 没与相关参建单位及时沟通； 4. 不参加建设单位组织的相关会议 以上各项每发生一次扣1分，扣完为止	

续表

序号	内　容	单项分值	评 价 指 标	评 分 标 准	得分
3	各专业负责人	5	是否有责任心；是否有较高的专业水平；与建设单位、使用单位的沟通是否顺畅	1. 责任心不强； 2. 专业水平不高； 3. 与建设单位、使用单位的沟通不到位 以上各项每发生一次扣1分，扣完为止	
4	各专业工程师	5	具有较强的专业水平和专业协调能力；能否及时处理问题	1. 工作协调不到位，专业水平和能力不够扣2分； 2. 发现问题后未按建设单位要求及时处理扣1分	
三	设计质量	50			
5	设计图纸深度	20	是否满足设计任务书的要求；是否达到合同约定的施工图设计深度要求		
6	设计错漏	20	是否出现Ⅰ类错误、Ⅱ类错误、Ⅲ类错误、Ⅳ类错误（分类详见附件）	每出现Ⅰ类问题的一项一次扣10分； 每出现Ⅱ类问题的一项一次扣8分； 每出现Ⅲ类问题的一项一次扣6分； 每出现Ⅳ类问题，造成工程造价向上或向下变动，每变动1%扣5分，扣完为止	
7	限额设计	10	是否按合同要求进行限额设计	造价咨询单位或部门编制的施工图预算与项目总概算偏差每超出2%，扣2分，扣完为止	
四	设计进度	15			
8	设计进度	15	是否按照合同进度要求完成各阶段的工作；能否按期完成建设单位交办的相关工作		
五	设计配合	10			
9	设计配合	10	能否按合同及建设单位要求及时协调配合建设单位、专项设计单位及其他相关部门的工作；是否具有较强的沟通协调能力；能否在各报批环节积极协助建设单位完成相关工作		
	合计	100			

设计合同履约评分表（施工服务阶段）

工程名称：

序号	内　容	单项分值	评价指标	评分标准	得分
一	能力水平及履约表现	20			
1	现场配合人员	20	能否按合同及建设单位要求及时协调配合建设单位、专项设计单位及其他相关部门的工作；是否具有较强的沟通协调能力；能否在各报批环节积极协助建设单位完成相关工作；设计配合是否及时；能否按要求参加项目例会		
二	设计图纸质量	40			
2	设计图纸深度	10	是否满足现场施工要求		
3	设计错漏	30	是否出现Ⅰ类错误、Ⅱ类错误、Ⅲ类错误、Ⅳ类错误（分类详见附件）	每出现Ⅰ类问题的一项一次扣10分； 每出现Ⅱ类问题的一项一次扣8分； 每出现Ⅲ类问题的一项一次扣6分； 每出现Ⅳ类问题，造成工程造价向上或向下变动，每变动1%扣5分，扣完为止	
三	工程变更	40			
4	工程变更	30	是否由设计原因造成设计变更，设计变更是否引起工程费用增加，是否影响工程总工期	由设计单位原因造成的设计变更，产生以下影响： 需调整工程总概算来处理其费用变化，或影响总工期30天以上（含30天），扣10分； 一次工程变更估算金额增加在50万元（含）以上，或影响总工期10万~30天（含10天）的工程变更，扣8分； 一次工程变更估算金额增加在5万~50万元(含5万元)的工程变更，或影响总工期10天以内的工程变更，扣5分； 指一次工程变更估算金额增加在5万元以下的工程变更，扣3分	
5	工程变更进度	10	是否及时按建设单位要求完成设计变更		
	合计	100			

水工建筑设计错误分类说明

Ⅰ类错误：

指设计文件中存在原则性或方案性的错误，并将导致工程决策错误，或造成不能正常使用、返工，或造成重大经济损失，或造成安全事故，如：① 违反国家有关法律、法规及政策，或选用无效的标准规范；② 不符合合同要求的用途或目的或规定的规模；③ 不满足城市规划对项目控制性指标的规定和要求；④ 违反国家现行技术规范、规定、标准的强制性条文；⑤ 设计方案不正确；⑥ 主要部位设计错误并影响安全性能或使用功能，或结构施工图设计没有计算书；⑦ 出现因设计责任引起的一类变更；⑧ 造价文件严重失实。

具体按照专业又可分为：

严重违反规范、标准、规定，有可能造成严重影响安全和使用的错误，如：

水工建筑专业：各水工建筑物布局不合理，而又未采取措施；线路规划坐标出现重大错误等。

金属结构专业：结构选型错误；计算原则错误；未考虑抗震设计；长度超过规范要求而未采取任何措施等。

机电专业：设备选型错误；控制系统同设备不匹配等。

水土保持专业：规范要求的排水未设计，植物选择不符当地气候的等。

电力专业：变配电、电话、电视、消防、广播音响等系统及各种机房平、剖面设备布置等严重违反规范、标准、规定；配电方案有严重缺陷等。

造价专业：提交给建设单位的造价文件，经核查后，偏差大于 ±30% 的。

Ⅱ类错误：

指设计文件中存在错误，有可能造成施工困难、使用困难或较大经济损失，如：① 违反国家现行技术规范、规定、标准的重要条文；② 设计漏项；③ 选用淘汰的设备；④ 出现因设计责任引起的二类变更；⑤ 造价文件失实较严重。

A．设计存在错误，有可能造成施工困难、使用困难或较大经济损失，如：

具体按照专业又可分为：

水工专业：总平面竖向设计错误；轴线错误或对不上，预埋图同设备不对等。

金属结构专业：计算书未经校对；结构构件安全储备不足；结构与建筑节点不一致等。

机电专业：选用国家已公布的机电淘汰产品；供配电系统的控制保护，自动控制和自动调节原理图，各站弱电设备之间线路连接图等设计不周或有严重错误；低压配电柜开关与所保护电缆选型不匹配，电缆母线容量不匹配等。

造价专业：提交给建设单位的造价文件，经核查后，偏差大于 ±20% 的。

B．严重影响报建：如设计文件内容不全；因设计错误经调整后导致工程投资超过批准的概算。

Ⅲ类错误：

设计中局部细节存在不合理或缺点，但对工程决策和质量无重大影响，如：① 违反国家现行技术规范、规定、标准的一般条文；② 设计的流程、系统、平面布置不够合理；③ 设备、构造、材料等选用不当；④ 重要的数据、计量单位、尺寸出错；⑤ 不符合国家对工程设计文件内容深度及格式的规定要求；⑥ 出现因设计责任引起的三类变更；⑦ 造价文件失实。

A．局部违反规范、标准、规定，但容易修正且返工量不大，如：

具体按照专业又可分为：

水工专业：栏杆的高度及强度不符合要求；消防电梯不合防火要求，疏散门宽度不够、管道井不合防火规范等。

电力专业：低压配电级数超过三级；照明系统中单向回路灯和插座数量超过 25 个；烟、温感探测器位置；自动喷淋、排烟防火等系统连锁方式局部违反规范、标准、规定；双电源未考虑末端切换等。

造价专业：提交给建设单位的造价文件，经核查后，偏差大于 ±10% 的。

B．设计不周、构造或用料不当，有可能造成影响局部使用效果，或重要部位尺寸错误，有可能造成严重后果，如：

水工专业：结构承重部分在建筑图中未完全反映或错误；声光热防水防潮等的技术处理欠妥等。

金属结构专业：存在明显的未设计部分详图，影响现场进度；结构标高与建筑面层要求不符；阳台、雨篷的倾覆安全不够。

机电专业：选用了已淘汰的产品；机房布置未考虑检修条件；地下室的机房未考虑设备进出孔；风机的消声、减震处理不当等。

电力专业：强、弱电各种线路布局，设备选型不当，安装图和非标准图制作尺寸以及安装不符等。

C．工种配合严重错误或局部遗漏有可能造成影响使用，或造成施工返工，如梁上预埋孔洞严重影响结构安全。

D．结构专业计算、构造层层加码，造成严重浪费者。如设计荷载取用过大，实际配筋又大于计算要求很多等。

E．影响报建工作的进行；各水利工程配套设施建筑或功能区未详细标明，或水工建筑物标识不清。

Ⅳ类错误：

指设计文件编制上的差错，如① 说明表达错误；② 不重要的数据、计量单位、尺寸出错；③ 不重要的尺寸线、剖面线、引出线等漏划；④ 出现因设计责任引起的四类变更；⑤ 造价文件失实较轻。

A．容易修正且不造成使用或安全缺陷，但会给建设单位、施工单位带来麻烦，如：

建筑、结构、水、机电、电力各专业：图纸目录不全、表达不够清楚、平立剖面图不一致、一般性尺寸错误或不全、图例或符号不合规定、平面图与系统图不一致等。又如：设计文件、计算书及存档材料的完整性不够；设计说明、图纸目录不全、图例符号表达不合规定；系统图与平面图的一致性的错、漏、碰、缺等。

造价专业：提交给建设单位的造价文件，经核查后，偏差大于 ±5% 的。

B．工种配合中的一般性错误，容易修正，且不致造成影响使用效果或安全。

12.11　设计费请款及支付流程

勘察单位、设计单位等进度款支付均应遵守本细则规定，按本细则规定流程申报，经相关责任方审批确认后支付，未按规定申报并经相关责任方审批的一律不得支付。

12.11.1　支付依据

勘察、设计进度款支付的依据是：双方订立的书面合同及补充协议、招投标文件、经全过程工程咨询单位和建设单位确认的阶段性设计成果文件及服务、设计过程履约质量考核结果等。

勘察、设计进度款审批单位及责任人应在规定时限内完成审批，各请款单位在申请付款时也应严格按本细则及相关规定填报付款申请资料。所有付款申请资料务必保证格式表式规范、依据条款清晰、计算准确、附件齐全、签署合法齐全，并且在规定时间内提交。因请款单位申请付款资料不全、不规范或迟延提交等导致的迟延审批及付款由请款单位自行承担责任。

12.11.2　勘察、设计进度款请款及支付流程

（1）当勘察设计单位完成阶段性成果及服务且满足合同约定支付节点时，勘察设计单位应及时填报《技术服务费支付申请表》。《技术服务费支付申请表》由全过程工程咨询单位设计表式，至少应包含以下内容：① 工作完成量及当期占比、累计占比；② 请款依据；③ 请款金额及当期占比、累计占比；④ 附件，如履约考核表、符合合同约定支付条件类证明文件或相关说明等；⑤ 全过程工程咨询单位审核意见以及签字、盖章；⑥ 建设单位审核意见以及签字、盖章。

（2）全过程工程咨询单位依据技术服务合同、勘察设计单位阶段性服务成果完成及递交情况、勘察设计单位该阶段履约质量的考核情况，并结合项目资金使用计划等在 5 日内完成请款审批，签署审核意见后报建设单位审批。

（3）建设单位审批意见为同意支付时，经建设单位审批的《技术服务费支付申请表》应全部返回全过程工程咨询单位作为支付证书的开具依据及附件，当建设单位最终审批意见为不同意支付时，应在《技术服务费支付申请表》签明不同意支付的理由及原因，同时，经建设单位签署的《技术服务费支付申请表》各审批单位自留一份，逐级返回请款的勘察设计单位一份。

（4）勘察设计单位按水务局管理规定填写线上 OA，审批完成及时办理发票等手续。

勘察设计费请款支付流程图见图 12.11。

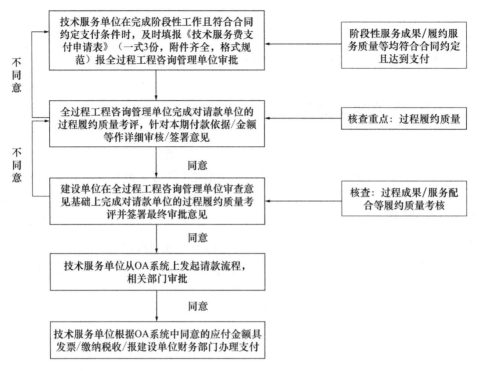

图 12.11 技术服务费请款支付流程图

12.12 BIM 应用功能定位与范围

在目前 BIM 技术全面推广的形势下，要将 BIM 技术与工程实际密切结合，实现 BIM 技术落地应用，承担从规划设计、施工建造到运营管理全过程 BIM 应用的示范和验证作用，体现 BIM 技术在项目全生命周期中工程实践的应用价值。

设计阶段：利用 BIM 技术的特点，对设计中存在的问题尽早发现，通过 3D 协调的方式，进行设计优化，TBM 掘进方案比选。在施工前期，对部分关键节点进行设计优化、施工组织方案优化，以满足建设单位要求的项目定位和使用功能的基础上，提高设计要求，尽可能地降低变更。

施工阶段需求：利用 BIM 技术对整体施工方案和关键节点的方案进行 TBM 掘进模拟和优化，并将 BIM 技术应用于施工管理中，逐渐形成以 BIM 为基础的施工管理关键技术和关键流程。过程中逐步进行模型审核及控制并汇总成综合模型。配合建设单位进行工程 BIM 算量及材料统计工作。在满足工程整体实施进度的基础上，有效协调施工范围内的进度安排，尽可能减少项目单体之间的施工影响，保证项目按进度要求进行实施。

其他需求：建设单位方对于建设管理的 BIM 应用的探索需求；同时，对于大型水利项目的 BIM 协同提炼与拔高，着眼指引业界发展的高度，并结合政府方面的需求和指令，积极落实，形成体系。

以上建设、设计等方面需求，作为 BIM 技术应用的基本条件，需要结合项目实际工程管理中对建筑品质、建设进度、质量、投资以及水利工程运行管理、各类设备系统的安装、维护进行分阶段分析，落实为 BIM 技术应用的具体目标，指导本工程 BIM 技术的具体应用。

12. 12. 1　任务及对应内容

根据项目特点及目标，对 BIM 目标任务及对应内容进行分解（表 12.12-1）。

BIM 目标任务分解表 表 12.12-1

任 务	对 应 内 容
BIM 实施规划	BIM 整体策划、BIM 技术应用的组织体系、项目总体 BIM 实施流程、各阶段模型制作及审核责任分配、技术环境及软件平台、数据交换的技术标准、各阶段 BIM 模型精度标准；综合模型的控制
设计协同	三维辅助设计、可视化研究、基于同一工作平台的设计信息交互、管线综合、设备参数复核计算、净高控制
工程量统计	工程算量清单、材料统计
动画与模拟	漫游动画、4D 模拟、工程算量、材料统计与模拟、与造价咨询顾问配合的相关 BIM 应用
施工协同	总包方模型控制、综合模型控制、竣工模型
TBM 协同	盾构管片模型、TBM 盾构运行模拟等
成果交付	综合模型、专项应用模型
运维辅助	识别需求、传递信息、按 BIM 规划形成运维模型

应用要求：

根据工程的不同阶段，将 BIM 工作任务划分为设计阶段与施工阶段（表 12.12-2 及表 12.12-3）。

设计阶段 BIM 工作任务表 表 12.12-2

阶　　段	任　　务	说　　明
初步设计阶段	收集设计单位初步设计计划表	
	收集设计单位的相关设计资料	
	递交 BIM 工作计划进度表	
	建立各专业模型（围护、结构、建筑、机电）模型及更新	
	向建设单位提交模型（初步设计阶段模型）	提交模型的同时将图纸问题汇总一并提交
施工图设计阶段	收集建设单位方的施工计划进度表，施工图等资料	
	建立模型库	后期将会用到的机电设备、管道配件、阀门仪表等文件
	建立个专业模型（结构、建筑、机电、绿化、道路等）	
	向建设单位提交模型（施工图设计、深化阶段模型）	提交模型的同时将图纸问题汇总一并提交

BIM 模型中的信息分为几何信息和非几何信息。在综合模型中按照需求进行表达，与图纸设计保持对应。

| 施工阶段 BIM 工作任务表 | | 表 12.12-3 |

阶　　段	任　　务	说　　明
施工准备阶段	移交设计模型给施工总承包单位	
	对总承包及材料供应商指定 BIM 实施要求	包括招标内容与合约要求配合
	复核施工图与施工图模型	再次检查模型
	要求施工单位建立场地布置模型	场地模型由施工单位实施，并得到建设单位及管理公司认可
	工程量统计、材料统计	总承包负责导出并核对
	虚拟建造	
	虚拟建造	
施工实施阶段	向建设单位提交模型更新形象进度表	设立表单，跟踪施工单位模型更新进度
	施工单位移交的模型	
	提交模型审查报告	
	模拟施工进度	
	管线碰撞检查	
	三维可视化施工交底	
	机电 BIM 预制化安装	采用预制件的形式进行组装，通过延时摄影记录整个安装过程
	漫游动画	
	管线综合与优化	
	统计工程量	
	提交与进度相符的工程量清单	
竣工验收阶段	提交施工单位的模型清单	
	统计工程量	
	向建设单位提交模型工程量清单	
	检查模型信息	
	提交模型检查报告	
	合模	
	漫游动画	
	制作模型清单	
	向建设单位移交模型	

不同的施工内容和 BIM 在施工中的应用内容，会涉及不同的模型要求，模型也应满足相应的要求。

总承包商进场后将接收与施工图对应的施工图设计 BIM 模型，该模型的内容在本规划约定的范围内与施工图相一致，并进行分层建模。在此基础上，总承包商和专业承包商依据本规划的统一要求负责施工阶段模型的建立，并据此进行过程中 BIM 综合模型分模型的建立。

总承包商和专业承包商负责的 BIM 工作范围，与承包合同规定的实体工作范围对应一致。总承包商同时作为是项目 BIM 施工模型的提供者和汇总者，其职责与总承包商管理职责相一致。

12.12.2 BIM 应用的组织协调

1. BIM 工作需要所有参建单位互相配合与协助

组织架构图如图 12.12 所示，参建方职责见表 12.12-4。

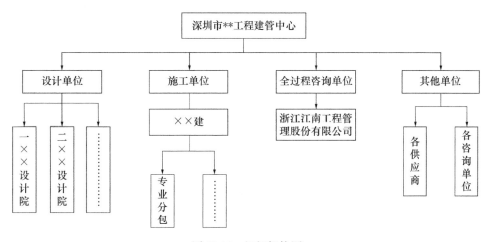

图 12.12 组织架构图

参与方职责 表 12.12-4

参与方	主 要 职 责
建设单位	确认方案； 确认 BIM 实施规划； 协调推进、监督执行、整体把控与协调
全过程工程咨询单位	总体策划，制定实施规划和标准，职责界面划分； 对总包、分包等第三方公司提交的 BIM 成果进行整合、审核和分析，以及监督第三方公司的模型修改； 协调各参建单位之间 BIM 工作； 进行工程量和材料统计，完成竣工模型； 设计阶段的 4D 服务； 提出运维阶段的 BIM 服务建议； 工程监理负责现场模型比对、设计变更发生时，确认 BIM 模型的更新； 工程监理审核施工信息，督促施工方确保施工模型与现场的一致性

参与方	主 要 职 责
设计单位	按照合约要求定期提供设计成果，进行技术配合，并参与研讨 BIM 技术在设计阶段的应用； 服务范围内的 BIM 模型建模、建立、更新、整合； 基于 BIM 模型的分析报告； 按照合约要求完成数据信息的收集、集成、更新和完善等工作
施工单位	接收施工图设计模型，对合约范围内的施工图设计模型进行必要的校核和调整，完善成为施工图深化设计模型，并在施工过程中及时更新，保持适用性，成为施工过程 BIM 模型； 统筹管理各分包方施工深化设计模型和施工过程模型，方便各专业间模型互用； 制作 4D 模拟； 工程算量、材料统计与模拟、与造价咨询顾问配合的相关 BIM 应用； 提供施工组织方案、进度安排等，完成 BIM 在施工阶段的应用并按建设单位方要求提交应用成果； 按照合约要求，进行施工阶段 BIM 模型专业信息收集、更新和完善
其他单位	按照合约要求和 BIM 实施规划要求提交相关数据资料

2．建设单位

作为项目 BIM 实施的发起方和最终成果接收使用者，建设单位对项目的 BIM 实施提出需求，建立整体管理体系，选择 BIM 平台及软件系统，审核项目 BIM 实施规划及技术标准，并监督 BIM 和各参与方按要求执行。

3．全过程工程咨询单位

项目全过程工程咨询单位应负责完成项目的 BIM 策划，编制项目的 BIM 实施规划，审核 BIM 技术标准，组织管理项目的 BIM 实施，协助建设单位审核各参与方的 BIM 工作和 BIM 成果，对各参与方的 BIM 工作进行指导、支持、校审，并最终形成综合模型。

（1）设计单位提供 BIM 模型，施工单位接收设计单位提供的 B1M 模型并进行后期运用，全过程工程咨询单位有专门的 BIM 管理人员，负责查看、监督检查监理、施工单位使用 BIM。

（2）全过程工程咨询单位定期（至少每月）提供基于 BIM 模型的成本、进度等界面的详细进展报告。

（3）熟练使用 BIM 发现、协调解决现场问题，如综合管线、吊顶关系等。

（4）熟练使用模型发现、协调解决现场问题，如自动控制与机电安装的配合问题等。

4．BIM 咨询单位

（1）负责编制《各阶段 BIM 技术应用标准》，编制各阶段、各专业《BIM 应用点实施管理细则》，编制各阶段、各单位招标文件 BIM 技术要求文件，编制《智慧工地总体应用方案》。

（2）组织召开 BIM 例会、BIM 技术协调会、BIM 专题会议。

（3）配合全过程工程咨询单位对 BIM 进行总管理（包括质量、进度、安全、BIM 例会、成果审查验收等），配合全过程工程咨询单位对各参建单位 BIM 应用情况考核及评价，协助全过程工程咨询单位编制《BIM 技术总体应用规划》。

（4）落实 BIM 管理体系，如 BIM 工作目标，工作原则，工作流程，工作制度等管理程序。

（5）负责 BIM 各类成果文档管理（含有规划文件、过程文件、模型成果文件、成果检验文件等文档），负责督促 BIM 各参建单位、各阶段实施成果的整理、检查、归档与提交。

（6）负责制作 BIM 宣传视频、按需制作漫游视频，负责 BIM 奖项申报。

（7）负责组织 BIM 专项技术培训。

（8）负责与机关处室 BIM 工作对接。

5．设计方

作为项目的设计方，可以在项目 BIM 实施规划的框架下，制定适合各自工作习惯的 BIM 要求和规则。制定 BIM 工作实施计划书、对设计变更的内容，通知设计单位 BIM 模型制作方进行更新和审核。

6．施工总承包方

作为项目的施工方，在合同约定的范围内，完成项目的施工工作中的 BIM 要求，按照 BIM 实施规划和 BIM 技术标准，组织内部 BIM 实施体系，与其他参与方使用 BIM 进行施工信息协同，建立施工阶段的适用 BIM 模型，提交应用成果。

对施工变更的内容，依据签章后的设计变更单、技术核定单等依据分批变更模型。BIM 模型和信息的变更负责范围，以施工深化范围为准。

7．其他承包商（主要为集成、专有设备供应商）

在合同约定的范围内，完成项目相应的 BIM 要求。并提供设备模型供建设单位方使用。

8．监理部门

在施工阶段，全过程工程咨询的监理部门负责审核施工现场已经完成的人工和实体与施工图、深化设计图的一致性，并负责向建设单位提交材料设备的验收资料，以配合建设单位方的 BIM 应用需求。

9．其他参与方

作为项目的参与方，在合同约定的范围内，完成项目相应的 BIM 要求，按照 BIM 实施规划和 BIM 技术标准，组织内部 BIM 实施体系，与其他参与方使用 BIM 进行信息协同，建立适用的 BIM 模型，提供 BIM 应用成果。

各参建方责任矩阵详见表 12.12-5。

责任矩阵

表 12.12-5

序号	应 用 点	建设单位	全过程工程咨询单位	设计方	施工方	监理方	供应商
1	实施规划	批准	编制规划	执行	执行	执行	执行
2	水工建筑、机电、金属结构、自动控制技术专业建模	审定	审查和评估	施工图模型构建	—	—	—

序号	应　用　点	建设单位	全过程工程咨询单位	设计方	施工方	监理方	供应商
3	现状模型	审定	审查和评估	配合	执行	查验	—
4	设计评审	审定	参与评审	评审	—	—	—
5	3D 协调	组织	审查	配合	实施	查验	—
6	4D 模拟	审定	审查和评估	配合	实施	查验	—
7	工程量统计	审定	审查和评估	配合	实施	查验	配合
8	设计阶段的模型交底与会审	组织	参与	参与	实施	参与	—
9	水工建筑、机电、金属结构、自动控制技术各专业现状模型（反映当时现行状况的模型，即为施工阶段建设单位、各顾问及相关项目参与方认定的重要节点、重大专项或其他工程控制范畴的任务对应的时点或时段所须体现在分项模型、综合模型的 BIM 模型）	确认	审查和评估	配合	实施	查验	—
10	场地模型	确认	审查	配合	实施	查验	—
11	基坑围护和地下室结构施工 3D 协调	确认	审查	审查	实施	查验	—
12	施工各阶段的方案模拟	确认	模型审查	配合	实施	查验	参与
13	记录模型	确认	审查和评估	配合	实施	查验	配合
14	竣工模型	确认	审查和评估	配合	实施	验收	配合

12.12.3　BIM 管理与应用总流程

1. BIM 工作管理

各 BIM 工作参与方应按照本规划要求，完成自身的 BIM 工作，同时应与其他 BIM 工作相关方进行积极协作，共同推进 BIM 工作的实施。

各参与方对自身所负责的 BIM 模型应确保及时更新，保证模型的实时有效性。

负责有整合、审核、查验、审批责任的 BIM 参与方应对模型和模型应用成果及时进行相应的工作，并及时反馈意见，确保工作准时顺利进行。

各参与方有义务对自身的 BIM 工作人员进行业务培训，确保上岗人员的技术水平和能力。

BIM 参与方在 BIM 工作实施前，应根据合同所约定的 BIM 内容，拟定相应的工作计划和实施保障措施，并在工作过程中落实执行。向建设单位提交 BIM 模型成果及应用成果交付计划，并在 BIM 工作工程中接受建设单位的管理与监督。

各 BIM 工作参与方应按照本导则要求，完成自身的 BIM 工作，同时应与其他 BIM 工作相关方进行积极协作，共同推进 BIM 工作的实施。

2．BIM 文件管理

BIM 模型文件以及 BIM 应用成果文件，是项目文件的一部分，项目文件的管理包含 BIM 文件的管理。同时，应在 BIM 文件的管理过程中，注明 BIM 模型文件与传统文件之间的对应关系。

全部 BIM 模型文件（合同约定的过程和成果模型）和 BIM 应用成果文件的最终版本，根据设计合同约定的成果提交节点提交建设单位，由全过程工程咨询单位协助建设单位负责存档、整理，作为项目的工作成果。

12.12.4　BIM 技术协调机制

BIM 协调机制，是保证整个工程项目顺利进行，并最终能成功实施 BIM 的关键因素，每个项目都有众多的参与方，如何进行高效的协调是关键。BIM 协调机制应根据项目本身的特点和实施形式而制定，尽可能达到提高工作效率，保证信息畅通。

1．协调形式

现状建模：以现场会议为主，配合电子邮件和电话沟通的方式进行协调；

4D 模拟：以现场会议为主，配合电子邮件进行沟通；

设计评审：可以采用现场会议的协调形式；

设计建模：可以采用现场会议的协调形式；

3D 协调：可以采用现场会议的协调形式；

记录模型：主要是采用电子邮件、现场会议的协调形式。

2．协调组织

现状建模：由建设单位负责牵头组织，施工总承包负责现状建模，各参建方对不同阶段的现状模型进行会审，会审内容包括现状模型、各阶段的施工方案与现状模型的结合等；

4D 模拟：由建设单位牵头组织施工方、全过程工程咨询单位，通过会议形式确定模拟的内容和时间节点，由施工单位负责 4D 模拟的具体协调和模拟工作，全过程工程咨询单位负责方案和实际进度的审核，4D 模拟成果由建设单位确认，并在工程例会上应用进行 3D 交底和方案交底；

设计评审：由建设单位牵头组织各个评审方，在会议现场通过设计成果的 BIM 展示，辅助评审过程；

设计建模：勘察设计单位负责模型的建立，全过程工程咨询单位对模型进行审查和评估（BIM 咨询单位对模型进行审查和评估），全过程工程咨询单位协助 BIM 咨询单位对模型进行审查，建设单位对模型进行确认，并通过工程例会进行 3D 交底；

3D 协调：主要 BIM 协调例会，相关参建各方利用 BIM 模型，通过会议形式进行工作协商处理，建设单位主要负责协调决策和成果确认；

记录模型：主要是 BIM 结合工程实际，指导实施方将工程过程、成果性内容记录于 BIM 模型，并通过协调机制确保记录模型信息的完备。记录模型仅为项目实施过程中的版本控制模型，为临时性文件，不作为最终交付成果。

3. 会议制度

见表 12.12-6。

BIM 协调会议安排表　　　　　　　　　　　表 12.12-6

时间	会议名称	主题/目的	参加单位
每周一次	BIM 工作例会	总结本周工作，并安排下一周的工作	BIM 相关对接人
每周一次	项目协调会（可以与工程例会合并）	利用 BIM 技术协调本阶段的难点	BIM 各参与方
每月一次	BIM 工作定期汇报会	向建设单位汇报本阶段的工作进展和需要决策的重大事项	建设单位、全过程工程咨询单位，BIM 咨询单位
不定期召开	专题会议	特定工作专题进行协调	参与方视工作专题需要而定

4. BIM 重要工作节点

BIM 实施规划生效、施工图设计开始、施工图 BIM 成果交付、BIM 模型工作评估、总承（分）包商、供应商招标文件 BIM 条款编制、施工总承包进场、重要专业承包商进场、工程节点完工、竣工、调试、联动、试运行、整体竣工、运维启动。

12.12.5　BIM 技术应用策划

对 BIM 应用的以先进建造为出发点，立足于设计、施工和运营阶段使用。

（1）通过 BIM 技术完善先进建造体系建设，实现"一图全感知，一键知全局，一站全监控，一机通水务"。具体措施和内容包括：

① BIM + GIS。通过 BIM + GIS 实现数字化技术，通过数据驾驶舱实现设备监测、基坑监测、边坡监测等。

② BIM + 智慧工地。如安全分级处置时，首先视频监控识别、人员现场巡视，然后隐患自动推送，最后安全整改分级处置等。

③ BIM + 装配式机电。如模块化标准化安装方面，可以从机电设备拼装方案、运输方案入手，优化安装施工工艺，实现与土建工程的协调组织等。

（2）智慧工地。通过 BIM 技术的应用，实现工地的"实时采集、全面监控、预警联动、智慧分析"。具体内容和措施包括：

① 环境监控。如对施工现场温度、风速、噪声、扬尘等施工环境因素做全天候监测。

② 设备监控。如对 TBM、桁吊等重要设备运行状态全过程实时监控。

③ 实名管理。如相关人员"刷脸"考勤、全部实现实名管理。

④ 安全监控。如对洞口、坑口、危险源等重点区域全视频监管。

⑤ 视频监控。如工地视频全覆盖，视频监控风险识别。

⑥ 安全体验馆。如 VR 应用，大屏幕展示。

⑦ 无人机摄影。如场地建设时光机，现场巡检，全景球，实景建模。

第 13 章　项目进度管理

深圳市 GM 水库—QLJ 水库连通工程建设周期长、工期紧、规模大、成本高，项目进度管理难度大。项目策划阶段要对项目分阶段需要达到的目标认真分析，确定里程碑控制时间节点，分阶段检查落实，出现偏差及时纠偏，通过分目标的实现确保进度控制总体目标。

13.1　进度管理的目标

13.1.1　本工程进度管理总目标

按照全过程工程咨询服务合同约定，项目进度控制总目标为 2027 年年底工程完工。考虑到建设周期较长，为防止中间过程不可预见的风险因素影响节点进度目标的实现，项目内控计划安排在 2027 年 6 月 30 日工程完工，比目标计划提前 6 个月。在总体进度控制目标分析的基础上，进度控制目标分解后，确定了 6 个里程碑节点（如前文所述），包括全阶段勘察设计招标完成，施工图设计完成，主体工程施工开始，主体工程施工完成，工程完建竣工验收和交付使用。

13.1.2　进度管理目标分解

根据本工程的建设任务及工程实际情况，编制进度管理目标分解表，如表 13.1。

进度管理目标分解表　　　　　　　　　　　　表 13.1

序号	工作内容	开始时间	完成时间	备　　注
一	工程前期			工程施工许可证核发前的相关工作
1	立项及用地规划许可	2019.8.21	2020.12.31	内容包括：项目首次前期经费下达，出具选址及用地预审意见和规划设计要点，建设用地（含临时用地）规划许可证核发，划拨土地决定书或签订土地使用权出让合同；其他内容可能包括：建设项目使用林地审核审批（含临时占用林地审核审批），地下管线信息查询，土地使用权出让合同内容变更，建设项目压覆矿产资源查询，建设项目压覆重要矿产资源审批，地铁安全保护区内（建设规划控制区）工程勘察作业对地铁结构安全影响及防范措施可行性审查，建设工程永久（临时）占用林地审核，深圳市年度重大项目计划确认，《建设用地规划许可证》（建筑类）变更，建设用地改变土地用途审核等

续表

序号	工作内容	开始时间	完成时间	备　注
2	建设工程规划许可和概算批复		2020.12.30	内容包括：建设工程规划许可证核发，可行性研究报告审批，项目概算审批，生产建设项目水土保持方案审批，建设项目用水节水评估报告备案，光纤到户通信设施报装；其他内容可能包括：地名批复（建筑物命名核准／公共设施名称核准／专业设施名称备案），出具开设路口审批、市政管线接口审批审查意见，建设工程方案设计招标备案，占用、挖掘道路审批，洪水影响评价审批，水利工程管理和保护范围内新建、扩建、改建的工程建设项目方案审批，迁移、移动城镇排水与污水处理设施方案审批，区级文物保护单位建设控制地带内的建设工程设计方案审批，市级文物保护单位建设控制地带内的建设工程设计方案审批，建筑工程消防设计审核，占用城市绿地和砍伐、迁移城市树木审批，地下燃气管道现状查询及燃气管道保护协议签订，地铁控制线内方案设计审批，用电报装建设项目用水报装，供排水管线迁移，地铁安全保护区工程设计方案对地铁安全影响及防范措施可行性审查等
3	全阶段勘察设计招标	2019.12.27	2020.2.6	
4	施工总承包招标	2021.10.1	2021.12.1	
5	招标采购其他内容		2024.6.30	内容包括：前期其他各专项咨询内容，各类检测、监测、实验单位等
6	开工备案		2021.10.08	水利工程开工备案，建筑工程施工许可证核发，建设工程招标公告（投标邀请书）和招标组织形式备案，建设工程施工图设计文件、勘察文件审查情况备案，建设项目环境影响评价文件审批，环境影响评价技术审查，建设工程验线；其他内容可能包括：地铁安全保护区内工程施工作业对地铁结构安全影响及防范措施可行性审查，建设工程施工图修改备案（建筑类），污水排入排水管网许可证核发，供气方案审核，气源接入点办理指引
二	全阶段勘察设计	2020.2.6	2022.10.1	勘察包括可行性研究（含初步设计）勘察、详细勘察，设计包括方案设计、初步设计、施工图设计
三	工程施工			
7	施工准备	2021.12.1	2022.2.1	工作内容包括：施工场地内道路、水、电及通信设施布置、堆渣区与材料仓库及加工工厂布置，深化设计等工作。同时进行主体工程中的水库取水口施工、TBM设备订制、部分盾构隧段的盾构工作井（始发井、接收井、检查井）开挖支护等工作
8	主体工程施工	2022.2.1	2027.3.31	工作内容包括：进水口至TBM接收井段钻爆隧洞开挖及衬砌工作；TBM始发至接收井段TBM盾构隧洞及始发钻爆隧洞段共计42.1km掘进开挖及管片衬砌工作；掘进后进行内衬钢管铺装工作
9	工程完建与验收	2027.3.31	2027.6.30	继续完成场地清理和遗留工程的处理等。验收审批事项：建设工程规划验收、建设工程消防验收、城镇排水与污水处理设施竣工验收报告及相关资料备案、对水土保持设施验收材料的报备、光纤到户通信设施工程竣工验收备案、深圳市建设工程竣工验收备案、城建档案接收、国有建设用地使用权登记（首次登记）；其他内容可能包括：特种设备安装监督检验；工程完建期，与主体平行3个月
四	交付使用		2027.10.31	

13.2　进度管理特点

13.2.1　规模大、投资高、战线长、管理难度高

本工程的内容是将深圳市的 GM 水库、QLJ 水库两座大型水库进行连通，工程主要建设内容为输水隧洞、沿线水厂分水支洞、取水口和泵站等，隧洞输水全长为 42.1km，输水规模暂定为 267 万 m^3/d。

工程连通 GM 水库、QLJ 水库，实现东江、西江双水源互为备用，正常供水期向深圳市中部片区供水，与北线引水工程互为备用，GM 水库、QLJ 水库互为调蓄；在境外引水工程停水检修期间或突发供水事件时，将东江、西江水源通过连通工程进行调配，GM 水库、QLJ 水库发挥备用水源作用，保障深圳市供水的安全。

本工程跨越深圳市多个区，施工战线长，涉及单位众多，协调工作量大，管理难度高，整体工期较为紧张，前期工作内容繁多，进度影响因素复杂，并且会受到来自外部单位的阻力。为确保工程能够保质保量如期完工，我司将依据全过程工程咨询领域行业领先的经验，运用先进的管理理念，制定出完善的管理措施。

13.2.2　建设管理要求高

本工程为西江引水工程的配套工程，旨在解决西江来水的水量分配问题，工程建设标准高、任务重、路线长、建设过程复杂，其复杂化主要体现在如下几个方面：

项目土石方量巨大，需要考虑施工期间施工组织、机械、路线、运输安全等的管控，形成系统的土石方运送线路。

地质条件复杂，需要进行超前地质勘探，并组织协调施工单位按阶段制定施工进度计划，依据不同的地质条件确定掘进速度。

日施工时间长，需要管理人员合理安排班次，既能够保证施工进度，又可以保证施工人员的正常休息。

材料、设备供应量大，需要管理人员提前做好材料、设备采购工作，防止因为材料、设备供应不足而延误工期的情况发生。

13.2.3　注重科学性、有效性

项目管理过程中，将借鉴我司类似工程管理经验，发挥我司在全过程工程咨询领域的优势，通过组织、经济、技术等各方面措施，有针对性地解决施工中发现的问题，保质保量完成本工程建设全过程工程咨询任务，体现科学性、有效性。通过信息化手段，管理人员能够对进度进行实时监控，对勘探信息进行数据汇总分析，对照实际工程进度与工程进度计划，依据实际情况调整工程进度计划，合理有效管控工程进度。

13.3　进度管理重难点分析

13.3.1　设计管理是进度管理的难点

本工程线路长、设计量大，包括输水干线、输水支线、泵站等设计内容，在设计时需要考虑地质、水文、气候等多方面因素，考虑范围广，设计工期紧，涉及专业众多，出图效率会受到影响。为保证设计进度和出图效率，全过程工程咨询在进行设计进度管理时重点关注以下方面：

（1）项目设计管理负责人应编制项目设计总控制性工作进度计划，进度计划经讨论报建设单位审批后执行。

（2）过程中充分及时地协调，避免因后续的调整、返工等导致施工进度的滞后。在前期工作过程中，根据关键控制点检查实际进度，并与计划进度进行比较，以确定实际进度是否出现偏差。当实际进度与计划进度相比出现滞后时，分析产生偏差的原因，如设计等技术服务进度滞后，督促相关单位采取切实可行的措施消除偏差。如审批环节出现问题，需与审批部门沟通解释，并及时向建设方领导汇报，督促设计等相关服务单位积极与审批部门沟通解释，及时解决技术层面的问题。

（3）加强对设计等服务单位的监督管理，对于因组织不力、管理混乱、投入不足等导致进度缓慢的单位，应及时提出批评、警告，情节严重的应根据合同及相关规定给予记不良行为记录等处罚，并作为履约评价的依据之一。

（4）深化设计进度对现场进度的影响同样至关重要，尤其深圳市 GM 水库—QLJ 水库连通工程各专业设计和深化设计众多，如稍有不慎，停工待图将直接影响现场进度；为此，协助建设单位制定各专业出图计划，督促设计按计划供图，对保障现场施工进度意义重大。

13.3.2　招标采购是进度控制的难点

招标采购计划是制约本建设工程项目建设进度的重要环节。招标采购贯穿整个工程项目建设，材料采购更是直接制约 TBM 掘进进度，我司将第一时间编制设计、咨询、施工、材料设备等招投标计划，结合设计进度、现场实施进度组织相应的招投标工作，并提前提交建设单位相关甲供设备进场时间要求、甲定分包进场时间要求、甲定材料进场时间要求、需建设单位解决的制约进度的相关事项等，真正实现通过项目负责人的组织，实现建设单位与勘察设计单位、各参建施工、供货等单位步调一致，目标一致。

13.3.3　协调管理难点

本建设工程建设地域跨度大，参建单位多，关系庞杂，管理协调工作量大。因此我司将建立完善的沟通协调制度，明确参建各方组织机构，通过工地例会、微信群、办公平台、项目管理及监理指令等方式，保证界面清晰、协同作战，目标一致，减少内耗，责任到人，保证项目建设总进度。

13.3.4　现场施工的进度管理难点

本工程地域跨度大，建设管理跨度大、层次多、模式特殊，施工条件艰苦，施工周期长，在施工过程中容易出现沟通不及时、当面协调困难等情况，造成工期拖延。本工程路线穿过铁路、公路、河道等，施工难度大，施工强度高，质量安全风险高。

全过程工程咨询部将依据现场实际情况以及工程总控计划，对现场施工进行科学化管理，合理安排施工顺序，建立有效的通信措施，做到施工资源合理配置、施工工序合理搭接、指令传达及时有效。

13.3.5　TBM 施工进度管控

影响 TBM 施工进度的因素主要包括：施工组织管理，TBM 设备故障，TBM 设备维修，材料、配件的供应，风、水、电供应，地质条件，气候等。其中，地质条件对于 TBM 掘进速度影响最为显著，在地质松软地区掘进的过程中，应当进行加固、支护施工，防止塌方、下沉等情况的发生；在地质坚硬地区掘进的过程中，应当加大对刀具的检修频次。地质条件频繁改变会对项目进度产生极大的影响。此外，材料、配件供应不足，风水电供应中断，设备故障，管理不到位，汛期施工等情况也会大大制约 TBM 掘进进度。

将督促施工单位依据进度计划合理安排施工设备数量、劳动力投入；严格按照合同文件规定的工期，科学合理地安排各个工序及施工进度，确保合同工期如期完成；对照重点、难点项目仔细安排，并充分考虑汛期水位情况和不可预见因素，为施工留有余地。

工程建设过程中需进行超前地质勘探预报工作，依据勘探结果按月制定掘进计划，并控制每年平均月掘进进度。材料的采购工作应当提前进行，确保材料供应不间断，不影响工程进度。TBM 机组通风、排水、供电系统应当每日检查维护，保证正常运行，不出现系统故障。TBM 机组刀具等配件需定期更换，更换频次依据地质条件决定。

施工工作制度建议 24 小时工作制，包括 18 小时开挖、6 小时设备停机维护。

工程建设相关人员均采用三班倒工作制，确保工程进度。

13.3.6　下穿铁路、公路段工程施工

本工程下穿公路、铁路，需要勘察设计单位提供专项工程设计，施工单位出具专项施工方案并组织专家论证，期间公路与铁路管理单位全程跟踪。依据以往建设工程经验，铁路、公路管理单位为保证铁路与公路的正常运行且不留下安全隐患，审查周期与要求较多，导致设计变更次数增多，再加上下穿段施工难度较大，掘进速度较慢，如若处理不当，会成为施工进度滞后的一个重大原因。

全过程工程咨询管理人员为保证下穿段施工进度顺利推进，在工程前期将着重关注下穿段的设计方案，并召集本公司专家先一步进行审核，出具审核报告，同时安排专业人员

前往下穿段进行实地勘测，将勘测结果与勘察设计单位勘测结果进行对比，相互补充。方案初步确定后，我司将提前联系铁路、公路管理单位，提前进行方案审核并确定设计方案，保证有充足的时间进行后续工作，确保施工不停滞。

13.4　进度管理的风险

深圳市 GM 水库—QLJ 水库连通工程项目建设是一项系统性非常强的工程，很多时候，制约进度的关键工序一般需要多个参建单位的紧密协作才能完成，并非取决于某一个环节、某一家单位，在项目建设过程，导致进度控制失控的风险因素很多，作为全过程工程咨询单位，如不能及时分析，及时防范，极易导致进度失控。为此，全过程工程咨询将围绕项目结构分析，针对性编制各阶段、各专业在进度控制上存在的风险因素及应对策略，制定风险预案，落实风险控制。

根据 GM 水库—QLJ 水库连通工程实际情况，参考类似工程经验，施工过程中主要的进度控制风险因素主要体现在以下方面，包括来自建设单位、承包单位、勘察设计单位等各参建方不同阶段不同方面的风险，如表 13.4。在管理过程中，项目部应预见性地对潜在的风险进行分析，针对风险产生的不同原因，采取有效的跟踪措施。

进度管理风险分析表　　　　　　　　　　　　　　表 13.4

参建单位	施工进度风险	项目管理对策
全过程工程咨询单位	前期手续拖延	熟悉当地的前期手续办理程序，明确办理人员，制定前期手续办理计划，严格检查执行情况，及时协调解决办理中出现的程序性、技术性问题
	招标采购滞后	根据总控计划，合理编制招标采购计划，严格落实，并及时根据总进度计划进行调整。 招标前准备工作充分，对市场预先熟悉，招标文件设定合理的评标体系，避免流标、投诉等影响进度的情况
	合同履行纠纷	预先考虑合同中对不均衡报价的制约，界面的划分、奖惩措施等，避免后期纠纷无理无据可依。 过程中保存原始记录，注重留存履约证据。 对纠纷积极协调，避免扩大化
	审批 / 验收工作不及时	加强岗位教育，提高监理人员服务意识，一切以施工为核心，做到 24 小时服务现场，保障施工进度
	进度控制意识不强、质量不高	落实专人负责，明确岗位责任，提高监理人员进度控制意识，将进度控制贯彻到现场各项具体工作； 制定专项管理流程及细则，不断总结不断提高
	质量安全问题影响进度	严格控制现场质量安全，出现隐患及时制止； 制定应急预案，一旦出现问题，适时启动，保证总体进度不受影响
勘察设计单位	设计力量不足，设计出图进度滞后，影响现场进度	加强督促和检查，配合建设单位落实设计出图计划； 尽可能提前落实深化设计单位，尽早介入施工图设计，并为后续材料设备的备料、加工、进场预留充足的时间

续表

参建单位	施工进度风险	项目管理对策
勘察设计单位	设计成果质量达不到规定深度要求	加强图纸审核，重视图纸交底及图纸会审，争取将图纸中的问题提前解决，避免影响现场施工
	设计文件质量不高	通过 BIM 技术，进行碰撞检查，避免各专业间的冲突，减少返工
	工艺设计滞后，工艺设备采购滞后	工艺设计单位尽早介入，避免主体设计甚至现场施工完成部位发生变更、拆改
	设计现场配合不畅	围绕现场施工需要，针对设计变更、工程变更等简化流程； 落实设计人员驻场服务，保障现场需要
	技术标准更新造成原设计标准发生变化的风险	预先了解相应技术标准修订情况，熟悉征求意见稿，对关键的设计参数预留一定的空间。 一旦发生，尽快熟悉新标准，向主管部门了解验收要求，在保证进度质量的前提下，尽快修订
	BIM 模型跟不上设计及现场施工进度	对模型深度不够的情况，应预先制定建模标准，对建模人员进行交底，审核其资质； 对建模速度跟不上的情况，应加强建模人员配置，要求有类似经验的熟练团队
承包单位	各项资源投入不足	合理划分施工标段、施工流水段，合理安排资源投入； 及时检查，及时纠偏，严格监督各承包商按合同约定落实各项资源（人力、材料、机械设备）投入
	施工组织不当	合理编制施工组织设计，充分考虑现场不利因素； 合理调配劳动力和机械，做好现场协调工作，避免各种干扰，保证施工的顺利进行
	施工方案质量欠佳	按程序落实方案编审，严格审批施工方案，必要时组织专家论证，保证专项施工方案质量
	总分包单位推诿内耗	强化总包管理，以总分包协议的方式明确双方责权及配合费用，避免出现责权不清、互相推诿的现象发生； 分包招标过程中，明确各专业之间的界面，避免施工过程中扯皮
	质量/安全事件影响进度	狠抓工程质量及安全生产管理，进行质量预控，杜绝安全及质量事件影响现场进度
	备料不足、停工待料	及时签复进度款，随进度逐月核定材料供应计划，检查施工单位备料工作，做到数量准确，供应及时； 必要时建立三方共管账户，监督工程建设资金专款专用
建设单位	甲供材料/设备供货迟延	围绕现场总工期，配合建设单位落实甲供材料/设备供货计划，并据此落实采购、控制排产及供货
	建设单位决策周期长	协助建设单位明确各项管理工作流程，促进各级管理的工作效率，责权明确； 通过局域网、QQ 群、微信群等信息化手段，保证信息共享，思路一致
	设计需求发生变化	前期与建设单位充分沟通，协助建设单位梳理建设意图，了解建设需求，给出专业咨询意见
	频繁工程变更	项目部进场后组织各方图纸会审，避免图纸问题导致的后期设计变更； 尽可能组织后期使用单位或部门参与建设过程，避免供非所求

13.5　进度管理措施

本项目工程战线长、工作量大、工期紧。在各个阶段的施工中，采用恰当的轮班制度，合理安排施工时间段，同时合理安排干线、支线、建筑等施工次序，做到分阶段流水作业，充分利用工程工作面来保障施工进度。

全过程工程咨询单位以统筹管理、系统工程、工程风险分析、项目盈余评估等科学理论为基础，进行进度的目标分析，制定先进完善、切实可行的进度控制措施，并通过对计划的阶段目标和终极目标审核、分析，建立起有效的进度控制体系，通过各项具体进度控制措施的落实，切实保障进度控制工作质量。

工程进度控制目标的实现离不开具体的保障措施，只有抓好各项保障措施落实，方能真正实现对工程进度进行有效控制，在本工程建设过程中，采取以下进度控制措施。

13.5.1　组织措施

组织是目标控制的前提和保障，采取组织措施就是为保证组织系统的顺利运行，高效地实现组织功能。通过采取组织调整、组织激励、组织沟通等措施，以激发组织的活力，调动和发挥组织成员的积极性、创造性、为实施目标控制提供有利的前提和良好的保障，针对本工程特点，全过程工程咨询拟采取的组织措施具体有以下几点：

（1）建立进度控制目标体系，明确建设工程现场监理组织机构中进度控制人员及其职责分工，落实专人专岗及专项管理制度、管理流程，围绕本工程进度控制的重点、难点、落实进度控制责任制，明确总监及专业监理工程师的职责，落实具体控制任务和管理职责分工，从组织分工上理顺工程进度管理程序。

（2）建立工程进度报告制度、进度计划审核制度、计划实施检查分析制度、建立进度协调会议制度、建立图纸审查、工程变更和设计变更管理制度等一系列进度管理相关制度。

13.5.2　技术措施

技术措施是目标控制的必要措施，进度控制在很大程度上要通过技术措施的质量和技术措施落实情况来实现，本工程施工中，全过程工程咨询单位将按建设单位的工期要求，督促检查城堡单位按批准的进度计划施工，确保工程按期竣工，具体拟采取的措施如下：

（1）为保证工程顺利交付使用，施工单位应在工程开工前，提交总进度计划，明确关键节点完成时间；工程施工过程中，按月提交施工进度计划，并及时对比，根据现场施工实际情况调整工程进度，以保证工程顺利竣工。计划控制要点如下：

① 熟悉招标文件和合同文件中有关进度的条款。

② 审核、分析各投标单位的进度计划。

③ 审核设计、施工总进度计划，审核项目各阶段、年、季、月度的进度计划，并在项目施工过程中控制其执行，必要时，及时调整工程建设总进度：

按总进度计划，年、季度、月进度计划进行工程建设进度审查，签复明确的审查意见，审查过程记录资料完整。通过审查的进度计划符合合同中工期的约定，阶段性进度计划满足总进度控制目标的要求，主要工程项目齐全，建设顺序、人员、材料、机械等安排合理。

对进度计划的实施情况的定期检查每周一次，建立专项管理台账，做好相关记录和比对、分析；当实际进度严重滞后于计划且影响合同工期时，通过签发全过程工程咨询通知要求施工单位采取调整措施加快施工进度，向建设单位报告工期延误的风险。

对参建单位报审的进度计划调整方案及措施签复审查意见，审查过程记录资料完整。进度计划的调整造成合同工期目标、阶段性工期目标或资金使用等较大变化时，及时提出处理意见并报建设单位。

④ 在项目实施过程中，用计算机进行进度计划值与实际值的比较，每月、季、年提交各种进度控制报告。对出现实际进度滞后于计划进度的，应分析发生原因；对实际进度滞后于计划进度 5% 以上的，应及时向委托人提出预警并根据发生原因提出具体的解决措施。

（2）针对关键工序，制定进度控制措施

工程建设过程中，影响建设进度的关键工程包括隧洞掘进工程、衬砌工程、泵站工程、输水支线工程等，其监控措施如下：

① 隧洞掘进工程

TBM 施工极为复杂，影响施工进度的不确定因素众多，在实际施工过程中，由于内外环境和各种约束条件可能发生不同程度的变化，从而会导致进度计划和实际施工进度产生偏差。

全过程工程咨询管理人员将在考虑影响 TBM 施工工期的外在因素（地质条件等）和内在因素（掘进效率及配套系统等）的基础上，将系统仿真技术、工程管理经验与工程管理理论运用于 TBM 施工管理，进行施工进度的预测、进度偏差的分析并在此基础上提出有针对性的控制方法，保证工程按期完工。

② 衬砌工程

本工程衬砌工程施工中，需要确保混凝土预制管片的不间断供应。TBM 掘进过程中，TBM 机组自动进行初次衬砌施工，倘若衬砌材料无法供应将直接影响掘进进度，延误工期。

工程建设过程中，全过程工程咨询将依据施工计划与现场施工情况，制定合理的材料采购计划，同时规划合理的材料运输路线，保证材料供应不间断，不影响 TBM 掘进进度。

③ 输水支线工程

输水支线工程穿插于 TBM 掘进过程中施工，在输水干线施工过程中完成输水支线的施工与验收工作，各输水支线开工前需依据总进度计划编制详细的输水支线施工计划，并按照进度计划要求推进施工进度，确保输水干线完工前输水支线验收完毕，能够正常投入使用。

13.5.3　经济合同措施

（1）工程建设过程中，由于设计、施工、设备供应商等参建单位的原因，造成进度滞后，针对具体原因要求参建单位增加资源投入或重新分配资源。

（2）根据合同中关于进度控制的相应奖惩条款，对相关参建单位实施经济奖惩，督促其提高工程进度意识。

（3）及时办理工程预付款及工程进度款支付手续，确保不因建设资金迟付影响工程进展。

（4）针对关键工序，协助建设单位针对性的在合同中设立工期奖罚节点，促进承包商的进度意识。

（5）客观公正处理工期奖罚，对工期提前的落实奖励，对工期延误的，严格执行处罚。

13.5.4　信息管理措施

（1）采用现代信息技术手段辅助日常进度管理工作，日常工程管理要务实现信息化管理，所有管理文件资料应纸质文档和电子文档并存。利用企业建立的信息化系统，及时、完善、流畅地采集、处理、存储、交换和传输项目工程管理活动的相关信息。

（2）每月对比本工程项目的完成情况和计划，确定整个项目的完成程度，并结合工期、生产成果、劳动效率、消耗等指标，评价项目进度状况，分析其中存在的问题。总监理工程师应在监理月报中向建设单位报告工程进度和所采取进度控制措施的执行情况，并提出合理预防由建设单位原因导致的工程延期及其相关费用索赔的建议。

（3）日常的纸质全过程工程咨询管理文件资料，如进度管理方面的管理／监理日记、例会纪要、管理／监理通知、管理／监理月报的收集、整理、编制、审查与传递及时、规范、完整，归档的纸质管理／监理文件资料的收集、整理、分类、汇总、组卷、储存符合相关规定。

（4）建立工程进度报告制度及进度信息沟通网络。落实项目管理周报、月报及年报中针对性总结汇报进度控制情况，项目负责人在分析进度的基础上，提出进度控制中存在的问题及纠偏建议，确保进度控制系统畅通。建立进度计划审核制度和进度计划实施中的检查分析制度，落实专人加强过程中针对各级计划执行情况的检查分析，针对存在的问题，下达纠偏指令，经总监理工程师审定后报送建设单位。建立进度协调会议制度，包括协调会议举行的时间、地点、协调会议的参加人员等，以解决工程施工过程中施工单位与施工单位之间、施工单位与勘察设计单位之间、施工单位与供货单位之间等候相互协调配合问题。建立图纸审查、工程变更和设计变更管理制度，确保设计变更及工程变更的质量及出图效率，避免因变更带来的返工或停工待图等不利进度的现象发生。

13.5.5 进度管理工作内容

（1）确定进度管理总体目标及节点目标，编制项目进度计划及控制措施，细化设计进度计划、招投标进度计划、前期工作进度计划、现场施工进度计划等，分析影响进度的主要因素，对进度计划的实施进行检查和调整。

（2）定期收集数据，预测施工进度的发展趋势，实行进度控制。进度控制的周期应根据计划的内容和管理目的来确定。

（3）定期组织召开进度协调或调度会，参会人员以各参建单位公司级领导和项目负责人为主，核查上阶段进度进展、计划完成情况、存在问题、后续采取措施，下一步计划等。

（4）随时掌握各建设过程持续时间的变化情况，以及设计变更等引起的前期手续的变化或施工内容的增减，现场施工内部条件与外部条件的变化等，及时分析研究，采取相应措施。

（5）加强进度过程检查和纠偏，落实进度动态控制，基于本工程进度控制工作的重要性，监理部在完成总包的总体工程进度计划审核的基础上，及时审查总包的计划实施质量，审查进度执行情况，及时落实进度纠偏措施，确保工程进度满足总工期要求。

（6）计划节点工序完成后，应及时组织验收，处理工程索赔，工程进度资料整理、归类、编目和建档等。

第14章 工程质量与创优管理

14.1 工程质量管理

工程质量目标的实现取决于工程参建各方的齐心协力，相互配合，尤其取决于施工方操作人员的质量意识及技术水平、施工管理人员的质量观念和管理水平，其次取决于全过程工程咨询单位的验收工作质量和过程巡查效果，只有真正做到"高标准、严要求"，层层把关，各负其责，才能确保质量目标的实现。

14.2 工程质量管理应遵循的原则

坚持"高标准、严要求、质量第一，用户至上"的原则；

坚持"以人为本、全员管理、全过程管理"的原则；

坚持"以过程控制及主动控制为主，被动控制为辅"的原则；

坚持贯彻科学、公正、守法、诚信的职业规范原则；

坚持"主体做优、整体致极"的原则。

14.3 参建单位工程质量管理责任

（1）建设单位是建设工程质量第一责任人，对工程质量负全面责任，必须牢固树立质量责任重于泰山的意识，依法履行建设管理职责，坚决杜绝管理制度流于形式的现象，强力开展全过程质量管理工作，明确工程质量目标，建立健全工程质量管理制度，加强对承包单位的履约考核管理，加强对工程质量的过程监督，严抓各参建单位投标承诺的人员／机械／设备等各项资源投入，杜绝违法分包或者转包行为，及时发现各承包商的违法违规行为，及时汇报行业主管部门按合同约定及法规规定追究责任，确保工程质量。

（2）全过程工程咨询单位接受建设单位的委托协助建设单位全面履行甲方管理，对工程验收质量及全体参建单位的生产质量进行全面监督和管理并承担相应管理责任，全过程工程咨询单位应严格遵循合同及现行法律、法规规定，协助建设单位建立健全工程质量管理制度，明确工程质量目标及各阶段质量管理要求，下达各阶段质量管理任务，负责完成对各承包单位的履约考核管理，负责对各参建单位的质量管理工作进行监督和巡查，协助建设单位对各承包商履约过程中的违约、违规、违法行为落实处罚。

（3）施工单位是工程质量的直接责任人，必须严格遵守合同及法规规范规定，建立完善的工程施工质量管理制度，牢固树立"百年大计，质量第一"的意识，按合同约定确保各项资源投入，以原材料、工序、检验批质量控制为核心，加强质量三级自检，严格遵循"上道工序未经验收合格不得进入下道工序"的基本原则，严格遵守本工程各项质量管理制度规定，确保工程质量目标实现。

（4）全过程工程咨询单位工程监理部是工程验收质量直接责任人，依照法律、法规以及有关技术标准和工程监理委托合同，代表建设单位对施工质量实施监理，对施工质量承担监理责任。工程监理部必须严格按合同约定确保各项资源投入，以现行法律、法规、规范为指导，坚持"科学、公正、独立自主"的开展监理工作，严格遵循"验评分离、强化验收、完善手段、过程控制"验收指导方针，严格遵守本工程各项质量管理制度规定，加强过程控制和主动控制，加强原材料、工序、检验批验收质量控制，坚持"不合格材料坚决清场，不合格工程坚决返工"的基本原则，全面、及时落实现场各项验收工作。

（5）勘察设计单位对其勘察、设计的质量负责。必须执行工程建设强制性标准，确保勘察深度，在充分深入调查研究的基础上，对技术方案经济合理性充分比选论证，严格审查。要确保设计工作的科学性，提高设计文件的准确性，尽量消灭设计文件中的差、错、漏等现象。尽量避免和减少设计变更，做好后期跟踪服务。

（6）试验检测机构对其检测数据结果和检测报告的真实、完整、准确性负责。应加强新标准、新规范的学习和执行，及时进行仪器设备计量标定和校验，实事求是、廉洁自律、坚持原则，保证试验工作质量，确保检测报告数据准确、结论明确。

14.4 施工质量管理基本要求

（1）各施工单位为生产质量直接责任单位，对其合同范围内工程施工质量负全责，项目经理为生产质量的第一责任人。

（2）各施工单位应当认真贯彻国务院《建设工程质量管理条例》和《工程建设标准强制性条文》，建立质量管理机构，设置专职质检员，建立质量责任制，强化工程质量管理，对各自施工工程范围的施工质量负责。工程监理部应注意检查落实总承包单位及各进场施工单位加强自身质量管理能力，充分强化和调动各施工单位的质量意识和积极性，实现全员、全过程的质量管理。

（3）各施工单位应按照新修订的水利工程施工质量验收系列规范、标准，控制工程质量，采取有效的手段，加强施工过程质量控制，加强主动控制，力争一次成优。

（4）总承包单位应按照本工程的总体质量目标及合同要求参与全部工程质量管理，承担总包管理职能，对自行施工的工程质量承担全部责任，对分包单位完成的工程质量承担连带责任，各分包施工单位应积极配合、服从总包单位统一管理，无条件接受总包单位质检员的各项口头或书面的整改要求，对其分包的工程承担主要责任。对不服从管理的分包单位，总包单位应就分包具体不服从管理的相关事实报建设单位、咨询单位，经认定批准后可由咨询单位协助建设单位落实处罚措施。

（5）进场所有施工单位的项目部都是代表承包单位履行施工合同的现场机构，施工单位有义务按照施工合同及监理规范的有关规定，向全过程工程咨询单位工程监理部报送有关文件、方案供工程监理部审查，并接受工程监理部的审查意见，这也是现行建筑法律、法规赋予工程监理部的基本权利。

（6）施工单位应接受全过程工程咨询单位工程监理部的指令，《建筑法》第 32、33 条规定："工程监理人员认为工程不符合工程设计要求、施工技术标准或合同约定的，有权要建筑施工企业改正"。施工单位应无条件接受工程监理人员对其不履行合同约定、违反施工技术标准或设计要求所发出的有关监理工程师指令。

对于工程监理部总监理工程师代表或专业监理工程师发出的监理指令，施工单位的项目部认为不合理时，应在合同约定的时间内书面要求总监理工程师进行确认或修改。如果总监理工程师仍决定维持原指令，施工单位应首先执行；如因监理人指令错误造成损失由建设单位承担，但对拒不执行的施工单位，项目总监有权视为施工单位拒绝管理，汇报建设单位建议采取经济处罚、暂停施工、停止支付、撤换相应责任人、汇报行业主管部门等处罚措施落实纠偏。

（7）各施工单位应严把原材料质量关，用于本工程的所有材料、半成品、成品、建筑构配件、器具和设备均应进行现场验收。凡涉及安全、功能的有关产品，应按各专业工程质量验收规范规定进行复验，并应经监理工程师检查认可，未经监理工程师检查认可签字的所有材料一律不得用于工程。

（8）各施工单位应严格按验收规范、技术标准要求加强工序质量的控制，落实三级自检工作，在自检合格的基础上方可报监理验收，确保一次验收通过率。严格遵循上道工序未经监理验收不得进入下道工序，对未落实三级自检工作即盲目报工程监理部验收的施工单位，工程监理部有权拒绝验收或签署不合格，同时对未履行相应验收职能的责任人及施工单位按"工作态度不端正、质量意识淡漠"落实处罚。

（9）各施工单位管理人员应严格按规范要求参加或组织各项自检验收工作，参与监理组织的各项验收工作，承担相应管理责任；对未按要求落实自检的，工程监理部有权拒绝验收或签署不合格，同时对未履行相应验收职能的责任人及施工单位落实相关处罚。

（10）施工单位对其负责采购的工程原材料／设备质量承担直接责任，全过程工程咨询单位工程监理部负责原材料／设备的进场验收，对工程原材料／设备的验收质量负责。工程监理部应协同建设单位对原材料／设备质量、原材料验收、原材料进场后的管理等加强巡查和监督，检查相关管理制度及合同要求的落实情况，给出处罚建议。

（11）工程质保资料的质量是工程质量的一部分，各施工单位管理人员应高度重视，严格按照现行国家标准《建设工程文件归档整理规范》《广东省建筑工程施工统一用表》及大纲各章节中包含的本工程有关专用表式的规定整理填写，并切实做到质保资料与工程同步、及时有效、内容完整具体、手续完备、真实、准确、可靠。

（12）施工单位应无条件遵守建设单位、全过程工程咨询单位从保证工程目标角度，针对工程建设不同阶段出现的异常状况而制定的各项现场管理程序、规章制度等。

14.5 工程监理部验收质量管理基本要求

（1）工程监理部为工程验收质量直接责任机构，工程监理部全权代表全过程工程咨询单位履行全过程工程咨询委托合同中约定的工程监理职责、义务，全面落实工程各项验收工作，同时享有合同、法律、法规赋予的合法权利，项目总监为验收质量的第一责任人。

（2）全体监理人员应严格遵守本工程各项监理管理制度及现行建设行业的法律法规、监理规范，确立"百年大计、质量第一、安全第一"的高度意识，以工序、检验批、原材料质量控制为核心，全面开展现场监理工作。

（3）工程监理部应积极协助建设单位做好开工前的各项准备工作，及时审批开工报告，经建设单位同意后及时下达开工令。跟随工程进展，同步做好各专业分包进场相关资质、资料审查工作，配合建设单位组织好分包进场工作。

（4）工程监理部应紧密跟随工程进展，及时编制具有针对性的监理工作流程、工作制度、监理规划、监理细则、阶段性总结、报告等，报全过程工程咨询单位及建设单位审批认可后及时组织向施工单位就验收工作具体程序、要求进行交底，并具此开展监理验收工作。

（5）严格审批施工组织设计及专项施工方案，审查和检查施工技术措施、质量保证体系及安全防护措施，提出针对性审查意见，并在实施过程中检查、督促承包商严格按合同和施工规范、工程技术标准、设计要求及批准的施工方案进行施工。

（6）监理人员应加强过程控制及主动控制，加强质量控制措施的前瞻性，根据工程进展，针对不同施工阶段提前落实针对性质量预控措施，加强现场巡查，严格贯彻落实旁站监理及见证取样监理工作，并形成完整原始记录及台账。工程监理部未按规范及法规要求履行旁站监理或见证取样工作的，一经发现，将从严处罚。

（7）监理人员应定期检查承包单位直接影响工程质量的计量设备的技术状况，负责对承包单位报送的各类施工测量放线成果进行复验和确认，有复验成果数据记录。

（8）工程监理部负责组织并主持召开每周的监理例会并及时做好会议纪要，针对每周施工中出现的质量异常及时发现，及时落实纠偏措施，下达纠偏指令，根据工程需要或建设单位要求及时组织召开质量专题会，督促施工承包单位落实针对项目工程质量通病的技术措施及工程质量预控措施，主持质量问题、质量事故的处理，就质量问题、质量事故的产生原因负责给出明确的责任认定。

（9）全面负责分部、分项、检验批工程验收、负责所有进场工程材料、设备（含甲供材料、设备）验收、负责组织单位工程预验收，参与建设单位主持的单位工程验收，并协助建设单位组织竣工验收。

（10）监理人员应高度重视施工单位工程质保资料的验收，重视监理自身各类过程资料、原始记录、台账的及时整理，应该认识到工程质保资料合格是工程质量合格的前提，监理自身各类过程资料、原始记录、台账等将是各类纠纷、索赔、责任认定的原始依据；故工程监理部应按监理规范及广东省及深圳市有关规定及时完成必须的监理资料外，同时应加强对施工单位质保资料的核查和验收，坚持"开展各项验收时，相关质保资料务必同步核查，质保资料不合格时，验收结论应为不合格"。

14.6　全过程工程咨询单位工程质量管理基本要求

（1）全过程工程咨询单位负责全面承担项目管理职能，协助建设单位全面履行甲方管理，负责进行定期或不定期现场巡查、随机抽查、专项检查，对工程监理部的验收质量或施工单位的生产质量进行全面监督和管理并承担相应管理责任，项目负责人为管理质量第一责任人。

（2）全过程工程咨询单位应协助建设单位确定工程质量目标，建立健全建设单位工程质量管理制度，跟随工程进展，及时明确各阶段质量管理要求，下达质量管理任务，督促工程监理部及施工单位建立健全质量保证体系和工程质量规划，并跟踪检查其执行情况，及时发现工程质量管理中存在的问题，及时下达纠偏指令。

（3）严格管理承包单位，跟踪检查承包单位合同履约情况，规范、法规及本工程各项制度执行落实情况，确保工程施工质量及验收质量。

（4）负责定期或不定期进行施工现场的巡回检查或根据需要组织专项检查，及时发现和纠正违规操作，消除工程质量隐患。

（5）负责定期或不定期组织对关键工序和重点部位实施抽检、检测。

（6）严格管理勘察设计单位，督促勘察设计单位加强施工图三级校核，保证设计文件质量，及时组织工程监理部、施工单位进行图纸会审，提前发现设计文件中错误并协调勘察设计单位及时处理，及时协调勘察设计单位出具设计变更，及时审批工程变更，协调组织勘察设计单位不定期进行施工质量巡查，确保按图施工。

（7）负责施工组织设计及专项方案的审查备案，针对存在问题或隐患的施工组织设计及专项方案及时组织相关各方召开专题会议，落实纠偏。

（8）严格防控质量隐患和事故，监督各方落实质量事故的申报和处理制度。

（9）协助建设单位完成工程质量、安全事故的调查与处理。

（10）负责组织对全体承包单位履约质量考核并形成明确考核结论。

（11）协助建设单位对承包单位在工程建设期间的各种违约、违规行为及时发现，及时落实处罚。

14.7　工程质量管理处罚规定

基于工程质量的重要性，全过程工程咨询单位应严格落实各项质量管理制度，总包单位、专业分包单位应切实履行施工质量管理职责，不允许任何态度不端正、质量意识淡漠、玩忽职守、无视合同约定及现场各项管理制度规定、不按设计文件、规范、技术规程规定开展现场施工及验收工作、违反验收程序、不履行或不全面履行合同约定职责、拒绝管理等不良现象发生；否则，建设单位及全过程工程咨询单位将针对现场巡查、随机抽查、专项检查暴露出的施工质量问题以及特定的质量违规事件等采取以下处罚措施，以确保本工程质量：

（1）对责任人口头警告或通报批评或落实责任单位予以撤换。

（2）对责任单位处以罚款 1000～50000 元，具体金额随情节恶劣程度确定。

（3）暂停支付工程款，直至相关整改工作满足规范、法规要求。

（4）解除合同、责令责任单位无条件退场、追究赔偿因此造成的损失。

（5）纳入不良行为记录，汇报行业主管部门，落实进一步处罚。

14.8 创优管理

由于项目投资额大、战略地位明显、又是重要的民生工程等，项目的特殊性显而易见，因此项目建设方对项目的质量有着较高的期望值，确保"大禹奖"、争创"詹天佑奖"和"鲁班奖"，是本工程质量目标的重要体现。全过程工程咨询单位对于工程创优，进行了认真策划，从工程实施的各个方面提出创优管理思路。

14.8.1 奖项分析

"鲁班奖"是我国建设工程质量的最高奖，其质量水平是国内一流或国际先进水平，因此鲁班奖可堪称是施工质量最佳的精品工程。"大禹奖"是全国水利行业优质工程的最高奖项，获奖工程应是建设规范、设计优秀、施工先进、质量优良、运行可靠、效益显著的工程，达到国内领先水平。中国土木工程詹天佑奖（简称詹天佑大奖）由中国土木工程学会和北京詹天佑土木工程科学技术发展基金会于 1999 年联合设立，是"詹天佑土木工程科学技术奖"的主要奖项，是住房城乡建设部认定的全国建设系统工程奖励项目之一。

精品工程是优中之优的工程，是国内或地区（部门）质量领先水平的工程，是安全、适用、美观的工程，是经得起严格检查的工程，是经得起时间考验的工程，是用户非常满意的工程，是一次成优的工程，是一个整体的精品工程，是经过评选推荐出来的工程，是符合国家标准规范的工程，也是在施工过程中没有发生重大事故的工程。"大禹奖"评选对象为我国境内已经建成并投入使用的水利工程，原则上以一个批准的初步设计工程为申报项目参加评选。评选工作按申报、初审受理、现场复核、评审和奖励等程序进行。评选活动在水利部指导下，由中国水利工程协会（简称工程协会）组织实施，评选结果报水利部。"詹天佑奖"是我国土木工程领域工程建设项目科技创新的最高荣誉奖，由中国土木工程学会和北京詹天佑土木工程科学技术发展基金会联合颁发，在住房和城乡建设部、交通运输部、水利部、中国铁路总公司（原铁道部）等建设主管部门的支持与指导下进行。"鲁班奖"是中国建设工程质量最高奖，其评审内容是全方位的，牵涉到了工程建设程序的合法性、工程质量、工程安全与文明施工和信息资料的及时、有效与完整性等。

14.8.2　创优工作思路

要实现优质工程目标，达到不同层面的创优标准要求，需要精细管理、精益求精，需要有明确的创优工作思路。

（1）组建创优团队。由建设单位牵头，全过程工程咨询单位负责，优选勘察设计、工程施工、材料设备供应等承包商，组建包括全部参建单位的创优团队。

（2）推进新技术创新技术的应用。根据有关要求，项目要实现优质标准，必须有一项国内领先水平的创新技术或采用"建筑业 10 项新技术"不少于 6 项。项目将从导流设计、TBM 盾构施工技术、不良地质处理、隧洞内衬防腐、深基坑等方面推进新技术、创新新技术的应用，并在新技术应用上尽可能多的选用。

（3）打造亮点。本工程项目规划使用寿命为 100 年，可以从钢管防腐技术、混凝土的使用寿命、深隧、TBM 施工技术、取水塔等几方面打造亮点。

（4）铺垫准备。根据评审要求，项目要实现创优，必须建设程序合法，满足强制性标准，节能、环保，设计先进合理，已获得本地区或本行业最高质量奖。因此，项目实施之前，首先要求项目达到"深圳市建设工程优质结构奖""广东省建设工程优质奖""广东省水利工程优质奖""广东省建设工程金匠奖""广东省重大建设项目档案金册奖"等的要求；应用建筑业新技术和绿色施工新技术，申报 BIM 龙图杯、创新杯奖等。

14.9　创优工作实施方案

通过对项目的分析，本工程有着明显的创优优势：（1）规模优势。本工程规模大，在评选过程中有规模优势。建协〔2018〕13 号：鼓励申报工业、交通、水利等基础设施及民生工程。本工程符合鲁班奖、詹天佑奖、大禹奖的申报条件，可以申报。（2）应用、创新新技术的优势。本工程项目取水塔、输水隧洞的设计使用寿命为 100 年，从选线设计、导流设计、TBM 盾构施工技术、不良地质、隧洞内衬、深基坑、新材料的使用等方面技术难度大，给了我们应用新技术、创新新技术的机会。（3）全过程工程咨询的优势。咨询企业具有丰富创优管理经验，有一支优秀的创优管理团队。（4）可研究的课题多。长距离复杂输水管道的过渡过程研究及水锤防护技术、城市深埋输水隧洞长期运行安全性及检修方案研究、进水口水力特性仿真模拟及水工模型试验等多个科研课题可供研究。

根据工程特点，工作方案如下：

14.9.1　合同措施

总承包单位：创优工作要求在合同中明确设定有关奖项专项款，创优节点目标与履约考核挂钩。

全过程工程咨询单位：建立并实施创优培训制度；对创优的合同界面划分提出建议，动态跟踪合同执行。

勘察设计单位：省级优秀奖与设计费挂钩绿色建筑设计目标须明确设定绿色建筑履约考核指标。

其他单位：分包商、供应商纳入总包的创优体系，合同支付与创优挂钩。

在上述内容的招标与合同签订时，将创优的职责分解到各参建单位，并在合同中体现针对创优，奖罚分明，在合同中明确安全文明事项，制定可操作性的惩罚机制，一票否决。

明确创优奖励额度，从经济上对各参建单位实现创优目标后予以奖励。奖励额度：

勘察设计：省级奖项50万元，国家级奖项150万元；

全过程工程咨询：大禹奖、詹天佑奖、鲁班奖各50万元；

BIM咨询：龙图杯50万元；

工程施工：大禹奖500万元、詹天佑奖1000万元、鲁班奖1500万元。

14.9.2　组织措施

分解项目目标：针对重点工序内容，制定高于国家标准的项目标准，项目目标分解到各参建单位的工作目标中去。

要求参与单位重视：将承建单位与主要参建单位的公司领导须加入创优管理机构中来。

分工明确：建设单位、总包单位、分包单位、全过程工程咨询单位、勘察设计单位、供应商分工协作、有效配合。

建立有效协调机制：1）创优领导小组、策划管理小组、实施小组、资料管理小组、监督检查小组，确立与创优专家的联络机制；2）建立联合沟通机制。

总承包单位选择：选择创优经验丰富、技术实力雄厚、质量体系完善的总承包单位。

为更加清晰地分解组织目标，现对各参建单位的要求如下：

（1）建设单位

① 整个项目建设的中心，也是最能全面协调项目参与各方的主体，对创优的热情和支持程度非常关键。

② 确保建设工程符合基本建设程序。

③ 做好甲定分包和总包单位的协调工作。

④ 支持和帮助总包单位处理与现场周边地区的社会关系和交往。

⑤ 按规定程序和时间组织工程交工验收、备案，做好运营使用管理工作。

（2）全过程工程咨询单位

① 督促参与各方保证各种文件资料齐全、完整、准确。

② 做好对设计变更、专项设计及材料设备的规格、型号、品种、生产厂家等的把关。

③ 对总包单位呈报的各种施工方案、技术方案、材料设备方案等，进行必要的审核，

及时上报建设单位批示。

④ 督促设计单位申报并获得省、部级优秀设计奖。

⑤ 配合承包单位搞好工程维护、评优创奖工作。

⑥ 协调整个项目的质量控制工作。

（3）总承包单位

① 总承包方是工程施工质量管理的主体，是创优工作的总负责，应当建立公司、项目经理部和作业层三级创优管理机制。

② 应当形成以公司主要领导挂帅的创优领导机构和跨部门工作团队，负责对项目部工程质量管理和创奖过程的指导、监督、检查和考核，并在资源方面提供保障。

③ 建立行之有效的质量管理体系，建立施工质量管理制度，报咨询单位、建设单位批准后实施。

④ 项目部的主要人员配备应满足工程质量创优的需求。

⑤ 班组作业层是项目质量创优的基石，应成立以各工种能工巧匠为骨干的作业班组、专业班组。

（4）勘察设计单位

① 确保工程设计先进合理，并获得省部级优秀设计奖。

② 及时有效地进行图纸会审、设计交底，保证设计意图能准确地传递给承包方，对承包方提出的图纸疑问和变更洽商要及时解决。

③ 在施工技术创新、技术鉴定方面提供支持；配合承包方创优评奖活动。

（5）分包单位

① 在创优上都应和总承包方保持一致，确保分包工程质量和工程资料的优良，并主动参与创优活动，配合评奖检查。

② 应根据分包合同的要求实现规定的质量创优目标，成立相对应的创优组织，制定责任制度。

（6）供应商

① 及时按供应合同、供应计划供应施工材料、机具、设备、构配件等，保质保量。

② 保证所供物资的出厂资料、质量证明等齐全有效，与所供物资相符。

③ 当因施工变化对供应方有所需求时，有能力满足承包方要求。

14.9.3　技术措施

1. 技术支持策划

利用公司的创优专家咨询库，充分发挥专家的经验和才智，保证全过程对本工程进行指导。

（1）根据工程的具体情况，聘请参加过鲁班奖工程建设或在工程建设行业实践经验丰富，具有较高声望的专家组成专家库，实时对工程进行指导，对存在的问题，及时发现并提出处理意见，监督整改。

（2）公司定期或不定期的组织专家组成员深入现场，及时发现问题，提出整改意见，并对重要工序的专项施工方案进行论证审核。

（3）利用公司的创优工程技术资料库，及时对施工中的规范、规程、新技术、新工艺、国家明令禁止使用的材料及工艺等相关资料提供技术支持。

（4）利用公司数据库资源对现行有效规范进行梳理澄清，列表下发相关参建单位，防止误用过期规范。

（5）在基础、主体、装饰等工程中积极推广国家推荐的十大新技术、新工艺。

（6）对国家明令禁止使用和淘汰的材料及工艺，要予以禁止，积极推广应用环保、节能、绿色的材料和工艺。

（7）针对施工组织及工序工艺要求，策划选择适宜的施工机具，优选设备参数，确保设备先进并满足施工及工艺要求。

2. 施工过程策划

施工过程策划主要体现在以下几个方面：

（1）质量保证点作业指导书：主要针对工程质量起至关重要作用的原材料、半成品或成品构件的质量、采购及验收编制的作业指导书。

（2）质量校核点作业指导书：指对工程质量验收控制编制的作业指导书，应明确项目验收批的划分、验收内容、验证方法等，明确质量要求高于国家规范。

（3）质量控制点作业指导书：主要针对涉及工程安全及功能检测项目的控制而编制。施工前对图纸涉及的质量控制点的施工工艺应明确操作方法、要点和难点，对操作者的技能要求、检验方法等。

（4）隐蔽工程追溯点作业指导书：是针对工程所涉及的全部隐蔽工程项的控制而编制。隐蔽工程验收工程内在质量的真实反映，也是竣工交付后可追溯的依据。

（5）深化设计图、节点图或大样图：根据工程施工图，有针对性地绘制施工装配图、加工图、节点构造等，用以指导加工、生产、施工。

（6）采用经安全实践检验、成效显著的成熟工法，在特殊部位，编制专用操作指导书，指导施工作业，确保分部分项工程质量优良。

（7）督促、协调施工单位建立或修订企业标准，以适应创"大禹奖""詹天佑奖""鲁班奖"工程的施工和质量验收工作。对工程细部构造，要进行二次设计，细化节点做法，确保施工有据可依。

（8）组织工程监理部对工程施工的重点、难点进行分析，以简明易懂的表格方式，确定施工程序、管理要点、监理控制措施等，以指导监理工程师的工作。

（9）对能够体现工程特点且在同类工程中具有代表性的节点、部位，要督促施工单位，提前做好计划，进行二次设计，精心进行施工，创造工程创优亮点。

（10）收集整理历年"大禹奖""詹天佑奖""鲁班奖"，工程复查中提出的质量通病，有目标有针对性地制定防治要点和控制措施。

（11）按照结构安全、使用功能完善、经济指标合理、外观优美亮丽的原则，组织工程监理部对施工过程进行评价，使工程施工在过程控制上符合创优的要求。

（12）制定工程缺陷责任期的工作计划，变被动为主动，开展保修期的监理工作，使用户满意，为鲁班奖的申报打下良好的群众基础。

14.9.4 管理措施

1. 目标层层分解落实制

按现行国家以及地方规范、要求施工单位标准组织施工，确保工程结构优质，验收一次合格。为达到上述总体目标，确定如下分解目标，以分目标来保证总目标的实现：

（1）各分部分项质量一次验收合格，达到当地推荐评优标准；

（2）主体结构获得地区优质结构工程；

（3）竣工工程获得"大禹奖""詹天佑奖""鲁班奖"。

将上述分解目标进一步细化到各个施工分项和工序，细化到每一个分包商（以合同形式加以约束），贯彻"精细施工"的指导思想。

2. 作业指导书、技术交底制

在每一分项工程实施前，要求施工单位项目技术人员根据该分项工程的施工工序，质量要点进行总结，并以指导书的形式编制成册，分别对管理人员以及施工操作人员进行交底、授课，并以考核的形式检验交底成果。

各级交底以口头进行，并有文字记录。因技术措施不当或交底不清而造成质量事故的要追究有关人员的责任。

3. 关键/特殊过程专人监控制

根据全过程工程咨询程序文件所界定的关键/特殊过程，结合工程实际进行筛选，明确本工程的关键过程和特殊过程如工作井、地下泵房的自防水等，安排专业监理人员进行监控，确保过程规范，行为受控。

4. 样板先行制

通过作业指导书指导了管理人员及操作人员之后，在大面积施工前，选择具有代表性的区段进行样板段施工，并对施工过程及结果进行总结，其中优良的进行保持，不足之处进行总结、改正；出现较大错误的找出原因后重新选择区域进行第二次样板段施工，确保在大面积施工时管理人员及操作人员具有成熟的施工经验，保证施工质量的稳定。

5. 施工挂牌制度

施工现场实行挂牌制，主要工种如钢筋、混凝土、模板等分项工程均应在操作过程中挂牌。现场施工挂牌内容应与施工日记相符合。挂牌内容主要包括：

该分项工程的直接管理者姓名，如模板为木翻，钢筋为钢翻，砌墙为关砌，混凝土为施工员等；操作班组长姓名；施工日期、气象；相应的施工部位图；质量实测结果（量化）、评定等级等。

6. 质量否决制度

对不合格的材料必须做出明显标识或予以隔离以防止误用；对不合格的分项、分部工程必须及时进行返工，不合格的材料不准投入施工，若因误用而造成质量问题的必须追究相关部门人员的责任。若擅自使用，并造成质量问题和损失的，必须从严处理。

要求施工单位项目工程师和有关部门的责任人员要针对不合格的原因采取必要的纠正和预防措施。

7. 网格化管理制

由于本工程占地面积较大、角落较多，容易造成管理的盲点。为避免这一情况的发生，我们将对整个施工区域按工程量、工作内容进行划分，确保每一分块区域内有相对固定的责任人，各区域施工均处于监控范围。

8. 责任考核制

为使质量目标落到实处，必须调动项目部管理人员的积极性，充分发挥每个管理人员的作用，为此，我们将督促施工单位成立以公司副总经理为首的结构创优管理小组，建立健全创优管理组织体系和管理责任制。

9. 施工过程控制措施

（1）质量目标要求

按质量目标管理要求，建立工程项目实测实量管理制度，对每道工序、每个检验批、分项、分部工程逐项进行实测实量，并做到测量有结果、有记录、数字准确，有整改结果、要求，有检查方案，制定详细的质量计划，对检查结果及时总结，吸取教训，保证一次成优。

（2）加强质量事前预控，精心做好开工前的准备

① 积极参与设计图纸会审和设计交底工作。各专业设计管理工程师要对设计图纸和设计说明进行查对、审核，对图纸表述不详、错漏碰缺、会签不细而出现的矛盾等逐一列出，汇总后提交勘察设计院作相应修改。对勘察设计院的答复，设计管理工程师要认真进行梳理，对有疑义的要积极表明自己的观点。

② 认真对施工组织设计和专项施工方案进行审核把关。工程监理部在充分了解承包合同和设计文件的基础上，就施工组织设计的技术可行性、方案合理性和质量创优保证措施的针对性进行全面审查，着重审核其质量保证体系是否健全，创优措施是否具体可行，对不符合要求的提出书面审核意见，督促施工单位修改补充。对技术性较强的施工方案，专业监理人员要和施工单位技术人员一起讨论，共同完善方案，必要时对重要的处理措施应与结构设计人员共同会商。

（3）对分包商、主要材料供应商和试验室进行审查

本工程涉及专业较多，可能会有多家分包单位。工程监理部要重点审查施工单位资质、业绩材料、专业人员和特种作业人员资格证、上岗证、安全施工许可证以及三类人员安全考核合格证书，不符合要求的，总监理工程师不予以签认。对审查合格的分包单位，要督促总包单位对其工程质量进行严格的监督、指导、检查，并做好协调配合。

对工程中使用的结构材料、设备、构配件和重要装修材料，工程监理部要会同建设单位、施工单位到生产厂家或加工场地实地考察，作出考察记录。对工程使用的建筑材料

质量要严格把关，每批材料进场，都要认真进行检查，核对质保资料与实物的符合性，核对质保资料的有效性，检查实物的外观质量。对于进场的材料，施工单位均必须向监理报验，不合格不允许进场。对于材料试验，工程监理部要坚持见证取样，跟踪送检，审查试验室出具的试验报告，确保工程材料质量。

对施工单位选定的试验室资质、试验项目、人员资质以及试验场所、检测设备要予以严格的审查，确认其具备承担工程施工试验的资质和能力。

（4）熟悉施工方案，明确质量目标，样板引路先行

工程施工，方案先行。工程监理部要熟悉施工方案，严格按照施工方案制定的施工方法和验收标准对工程进行验收。没有施工方案，不得进行施工。工程监理部要事先熟悉图纸，熟记"标准、图纸尺寸、技术要求"等，掌握操作规程、规范、标准、施工技术、贯标等内容，确保在施工检查中有的放矢，精确到位。

督促施工单位制定细化的质量目标，质量目标要分解到检验批，具体检验数据要细化到生产要素，如柱子的截面尺寸、垂直度等，经工程监理部批准后作为各方检查验收的依据。

任何一道施工工序的开展，必须先作样板，经各方验收达到创优标准，才允许展开全面施工。如果本项目条件允许，可专门设立工程样板区，对整个项目起到引导作用。

（5）工程监理人员全天候上岗到位，强化工程施工过程中的质量控制

现场工程监理人员要保证有足够的人员在岗，只要有施工作业，不管白天黑夜，都有监理人员在场，对需旁站的部位和工序，要有具有相应能力的监理人员进行旁站监理，旁站内容做到每道工序的施工过程都在监理人员的掌握控制之中。

（6）成立相应 QC 小组

为了提高施工质量，推行全面质量管理，工程监理部与施工单位共同组成 QC 小组，工程监理部监督本工程施工过程中根据施工进度，并且分阶段成立主体混凝土工程、墙面粉刷工程等多个 QC 小组，施工单位各个 QC 小组由项目经理、技术负责人、质量员、施工员、班组长组成，按 PDCA 的四个阶段，八个步骤开展活动，针对每次 QC 活动的分部工程，在每次 PDCA 循环对人、材料、机械设备、工艺方法、环境五个方面进行分析、总结，稳定和提高。

（7）建立开工前的技术交底制度

每项工程开工前，必须有监理工程师向施工单位进行技术交底，讲清该项工程的设计要求、技术标准、定位方法、几何尺寸、功能作用及与其他项目的关系和注意事项等。每个工序开工前有施工队主管工程师向施工班组进行技术交底，使全体人员在彻底明了施工对象的情况下投入施工。

（8）建立严格的隐蔽工程检查签证制度

凡属隐蔽工程项目，首先由班、队、项目部逐级进行自检，自检合格后，之后监理工程师复检，检查结果填入质量验收记录，由双方签认，并由监理工程师签发隐蔽工程验收证明。

（9）建立质量巡视检查和旁站制度

在施工过程中，必须及时巡视检查，发现问题及时纠正，以"预防为主，防患于未然"。

关键部位工序全过程实行旁站制度，成立以监理员为主、施工单位协同的旁站小组，进行全过程旁站，全过程督查。

10. 明确创优重点和要点

精品工程必须做到"精品中的精品"，要突出创优的思路，突出预控、过程控制，突出过程精品、建立精品工程和经济效益并重，达到管理的完善、工程质量完美、工程质量资料完整。

（1）思想认识的重点

树立"创新、创优、创高"的意识，将"精品工程"为精品中的精品的认识贯穿到工程施工的每个环节。要在观念、管理思路、技术进步等方面全面创新；要在施工过程中优化施工工艺、优化控制仪器、优化综合工艺，确保达到一次成活、一次成优；在项目管理上不断提高人员素质，不断提高企业管理水平，创造高的操作技艺、高的管理体系、实现高的质量目标。

（2）管理方法的重点

要认真进行工序质量控制的研究，编制企业工艺，操作规程，不断改进操作技艺，提高操作技能，用操作质量来实现工程质量。

要采取预控和过程控制、生产控制、合格控制到位，突出过程精品，一次成活，一次成优，一次成精品，达到精品、效益双控制。

要注意整体质量，达到工序精品、环节精品、过程精品，用过程精品达到整个工程是精品。

11. 工程质量创优保证措施

（1）管理保证措施

① 从政策上落实：公司将该工程列入本年度重点优质样板工程之一，公司对该工程从人、材、物上全力支持，实行质量否决制，真正做到奖优罚劣。

② 从组织上落实：实行质量岗位责任制，建立项目经理与技术部、生产部、物资后勤部等各部门的确保质量相互制约关系。

③ 从人员上落实：抓工程质量，管理人员和操作人员的素质是关键的因素。

④ 从机械设备落实：配置性能良好，充足的机械设备进场，并作好维修保养工作，利用运转良好、符合要求的机械设备控制好各种半成品及辅助分项质量。

⑤ 从材料上落实：材料产品质量的优劣是保证工程质量的基础。因此，必须严格把好材料进场关，杜绝假冒、不合格材料进场，决不贪小失大。对进场的各种材料、成品、半成品按有关标准进行质量检查验收，凡使用在工程上的钢材、水泥、设备等必须有出厂合格证或质保单，其中钢材应事先做力学试验及焊接性能试验；水泥尽量选择质量稳定的大厂；多孔砖及砌块必须符合设计及规范要求；砂石要符合级配并作好级配调整工作；水

电安装材料必须有水电认证的产品合格证方可使用。

对于面砖等装饰材料及防水材料，必须由甲乙双方看样定货，并由甲乙双方签证方可使用。

（2）技术保证措施

加强技术管理，认真贯彻执行国家规定。操作规程和各项管理制度，明确岗位责任制，认真做好技术交底工作，除进行书面交底外，还应组织各班组召开技术交底会，对施工难点和重点进行讲解。

（3）质量保证措施

① 加强人的控制，发挥"人的因素第一"的主导作用，把人的控制作为全过程控制的重点。对项目管理人员，根据职责分工，必须尽职尽责，做好本职工作，同时搞好团结协作，对不称职的管理人员及时调整；对外埠施工队伍严格施工资质审查，并进行考核上岗施工。在编制施工计划时，全面考虑各种因素对工程质量的影响和人与任务的平衡，防止造成人为事故。

② 监督施工单位加强施工生产和进度安排的控制：会同技术人员合理安排施工进度，在进度和质量发生矛盾时，进度服从于质量；合理安排劳动力，科学地进行施工调度，加强施工机具、设备管理，保证施工生产的需要。

③ 督促施工单位加强施工物资的质量控制：原材料、成品、半成品的采购必须认真执行《物资采购及环境、安全行为控制程序》，建立"合格物资供方名录"，并对物资供方进行评价。凡采购到现场的物资，材料人员必须依据《验证规程》对施工物质的进行质量验收和申请计划，严把质量、数量、品种、规格验收关，必要时请有关技术、质检人员参加。

④ 监督施工单位做好成品保护的控制：

合理安排施工顺序，不得颠倒施工工序，防止后道工序损坏或污染前道工序。

采取行之有效的保护措施，如提前保护、覆盖保护、局部封闭等，避免二次返工。

12. 工程质量创优程序化管理

监督施工单位 QC 小组根据质量手册及合同、规范，并结合施工经验编制本工程质量控制的总程序，各施工队根据总程序的要求编写成书面文件，并按规定经过工程师机构及有关部门审查批准。程序的确定应根据不同工程项目的技术特点，包括必要的技术措施和技术标准要求，所有程序都应对影响质量的工作提供适当的控制条件。

工程施工过程中影响工程质量的工作，如原材料的供应和鉴定，施工阶段各单项工程质量检查和鉴定，混凝土及其组成材料的各项试验和检查，不合格品的鉴定和处理等，均应编制控制程序。

14.9.5　创新技术策划

本工程质量目标为确保"大禹奖"，争创"詹天佑奖""鲁班奖"。为确保如期完成质量目标，我公司建立"目标工程、动态控制、阶段考核、过程精品"的工程质量管理与创优机制，实践证明这种机制是有效的，具体创新技术如下：

1. 技术创新关键控制点

本工程实施中，建议对以下技术加以重点关注，进行专项攻关控制：

（1）高抗渗等级混凝土结构施工技术；

（2）大体积混凝土结构施工技术；

（3）清水混凝土结构施工技术；

（4）隧洞模板台车施工技术；

（5）隧洞变形远程自动监测系统；

（6）信息化、电子化、智能化施工技术；

（7）计算机网络应用技术；

（8）节能环保设备应用技术；

（9）混凝土裂缝控制技术。

2. 主要十新技术应用内容

基于本工程的高起点、高定位，设计施工中建议采用了多种新技术、新工艺、新材料、新设备，充分考虑了绿色节能环保的要求，施工技术水平先进。经初步策划，本工程中建议应用以下十新技术（编号对应《建筑业 10 项新技术》（2017 版））：

第 1 项地基基础和地下空间工程技术的 4 个子项（包括 1.8　地下连续墙施工技术，1.9　逆作法施工技术，1.10　超浅埋暗挖施工技术，1.11　复杂盾构法施工技术）；

第 2 项钢筋与混凝土技术的 3 个子项（包括 2.3　自密实混凝土技术，2.7　高强钢筋应用技术，2.8　高强钢筋直螺纹连接技术）：

第 3 项模板脚手架技术的 1 个子项（包括 3.8　清水混凝土模板技术）；

第 4 项装配式混凝土结构技术的 1 个子项（包括 4.10　预制构件工厂化生产加工技术）；

第 5 项钢结构技术的 5 个子项（包括 5.2　钢结构深化设计与物联网应用技术，5.4　钢结构虚拟预拼装技术，5.5　钢结构高效焊接技术，5.6　钢结构滑移、顶（提）升施工技术，5.7　钢结构防腐防火技术）；

第 6 项机电安装工程技术的 3 个子项（包括 6.1　基于 BIM 的管线综合技术，6.5　机电管线及设备工厂化预制技术，6.11　建筑机电系统全过程调试技术）；

第 7 项绿色施工技术的 6 个子项（包括 7.1　封闭降水及水收集综合利用技术，7.2　建筑垃圾减量化与资源化利用技术，7.3　施工现场太阳能、空气能利用技术，7.4　施工扬尘控制技术，7.5　施工噪声控制技术，7.6　绿色施工在线监测评价技术）；

第 8 项防水技术与围护结构节能的 2 个子项（包括 8.2　地下工程预铺反粘防水技术，8.3　预备注浆系统施工技术）；

第 9 项抗震、加固与监测技术的 5 个子项（包括 9.1　消能减震技术，9.6　深基坑施工监测技术，9.8　爆破工程监测技术，9.9　受周边施工影响的建（构）筑物检测、监测技术，9.10　隧道安全监测技术）；

第 10 项信息化技术的 8 个子项（包括 10.1　基于 BIM 的现场施工管理信息技术，10.2　基于大数据的项目成本分析与控制信息技术，10.4　基于互联网的项目多方协同管理技术，10.5　基于移动互联网的项目动态管理信息技术，10.6　基于物联网的工程总承包项目物资全过程监管技术，10.7　基于物联网的劳务管理信息技术，10.8　基于 GIS 和物联网的建筑垃圾监管技术，10.9　基于智能化的装配式建筑产品生产与施工管理信息技术）。

3．工程技术攻关课题计划

根据本工程中建议应用技术情况，拟对应以下课题进行专题控制：

（1）高抗渗等级大体积混凝土施工技术；

（2）隧洞多功能台车液压施工技术；

（3）工程项目信息化、电子化、智能化综合施工技术；

（4）水利工程节能环保综合应用技术。

第15章 绿色施工与环境管理（水土保持）

15.1 绿色施工有关要求

15.1.1 绿色施工的原则

绿色施工是指工程建设中，在保证质量、安全等基本要求的前提下，通过科学管理和技术进步，最大限度地节约资源与减少对环境负面影响的施工活动，实现节能、节地、节水、节材和环境保护。

绿色施工的原则：实施绿色施工，应依据因地制宜的原则，贯彻执行国家、行业和地方相关的技术政策，符合国家的法律、法规及相关的标准规范，实现经济效益、社会效益和环境效益的统一。

具有绿色施工要求项目的施工单位应运用 ISO14000 环境管理体系和 OHSAS18000 职业健康安全管理体系，将绿色施工有关内容分解到管理体系目标中去，使绿色施工规范化、标准化。

15.1.2 绿色施工的总体框架

绿色施工总体框架由施工管理、环境保护、节材与材料资源利用、节水与水资源利用、节能与能源利用、节地与施工用地保护六个方面组成。这六个方面涵盖了绿色施工的基本指标，同时包含了施工策划、材料采购、现场施工、工程验收等各阶段的指标。

15.1.3 绿色施工方案的内容

实施绿色施工，应进行总体方案优化。在规划（包括施工规划）、设计（包括施工阶段的深化设计）阶段，应充分考虑绿色施工的总体要求，为绿色施工提供基础条件。实施绿色施工，应对施工策划、机械与设备选择、材料采购、现场施工、资源循环利用、工程验收等各阶段进行控制，加强对整个施工过程的管理和监督。

主要内容包括：

1. 工程概况

工程概况包括建筑类型、结构形式、基坑深度、高（跨）度、工程规模、工程造价、占地面积、工程所在地、建设单位、设计单位、承建单位，计划开竣工日期等。

2．绿色施工目标

承建单位和项目部就环境保护、节材、节水、节能、节地五个方面分别制定绿色施工目标，并将该目标值细化到每个子项和各施工阶段。绿色施工目标的设定需符合项目创优标准的总体目标并提供设定依据。

3．组织机构

项目部成立创建全国建筑业绿色施工示范工程领导小组，公司领导或项目经理作为第一责任人，所属单位相关部门参与，并落实相应的管理职责，实行责任分级负责。

4．实施措施

实施措施包括：钢材、木材、水泥等建筑材料的节约措施；提高材料设备重复利用和周转次数、废旧材料的回收再利用、污废水处理循环利用措施；科学布置营地的用地控制措施；生产、生活、办公和大型施工设备的用水用电等资源及能源的控制措施；环境保护如扬尘、噪声、光污染的控制及建筑垃圾的减量化措施等。

5．技术措施

技术措施包括：采用有利于绿色施工开展的新技术、新工艺、新材料、新设备和新产品；采用最新的先进绿色施工技术或创造新的绿色施工技术及方法；采用工厂化生产的预制混凝土、配送钢筋等构配件；项目为达到方案设计中的节能要求而采取的措施等。

6．管理制度

建立必要的管理制度，如教育培训制度、检查评估制度、资源消耗统计制度、后评估制度、奖惩制度，并建立相应的书面记录表格与相应的电子资料留存库。

15.2　绿色施工要点

15.2.1　环境保护技术要点

1．扬尘控制

工程在土方作业、结构施工、安装装饰装修、建构筑物机械拆除、建构筑物爆破拆除等时，要采取洒水、地面硬化、周挡、密网覆盖、封闭等，防止扬尘产生并安装扬尘检测设备实时监控扬尘信息。

2．噪声与振动控制

现场噪声排放不得超过国家标准《建筑施工场界环境噪声排放标准》GB 12523 的规定。在施工场界对噪声进行实时监测与控制。使用低噪声、低振动的机具，采取隔声与隔振措施，避免或减少施工产生的噪声和振动。

3．光污染控制

尽量避免或减少施工过程中的光污染。夜间室外照明灯加设灯罩，合理选择光源并合理布置灯光如：光源的布置间距与不同光源不同角度的合理配合等以保证透光方向集中在施工范围，从而减少光污染。电焊作业采取遮挡措施，避免电焊弧光外泄。

4. 水污染控制

施工现场污水排放应达到国家标准《污水综合排放标准》GB 8978 的要求。在施工现场应针对不同的污水，设置相应的处理设施，如沉淀池、隔油池、化粪池等。基坑降水尽可能少地抽取地下水。

对于化学品等有毒材料、油料的储存地，应有严格的隔水层设计，做好渗漏液收集和处理的应对措施。

5. 土壤保护

保护地表环境，防止土壤侵蚀、流失和污染。因施工造成的裸土，及时覆盖砂石或种植速生草种，以减少土壤侵蚀；因施工造成容易发生地表径流土壤流失的情况，应采取设置地表排水系统、稳定斜坡、植被覆盖等措施，减少土壤流失；因施工造成的土壤污染，根据污染源可以选择不同的土壤修复技术如：客土法、挖掘填埋、植物修复、微生物修复等。

6. 建筑垃圾控制

加强建筑垃圾的回收再利用，保证建筑垃圾的再利用和回收率达到 30%。对于碎石类、土石方类建筑垃圾，可采用地基填埋、铺路等方式提高再利用率，力争再利用率大于50%。

施工现场生活区设置封闭式垃圾容器，施工场地生活垃圾实行袋装化，及时清运。对建筑垃圾进行分类，并收集至现场封闭式垃圾站，集中运出。

7. 地下设施、文物和资源保护

施工前应调查清楚地下各种设施，做好保护计划，保证施工场地周边的各类管道、管线、建筑物、构筑物的安全运行。施工过程中一旦发现文物，立即停止施工，保护现场并报告文物部门和做好协助工作。

15.2.2 节材与材料资源利用技术要点

1. 节材措施

图纸会审时，应审核节材与材料资源利用的相关内容。根据施工进度、库存情况等合理安排材料的采购、进场时间和批次，减少库存。材料运输工具适宜，装卸方法得当，防止损坏和散落。根据现场平面布置情况就近卸载，避免和减少二次搬运。

现场材料堆放有序。储存环境适宜，措施得当。保管制度健全，责任落实。

施工中采取技术和管理措施提高模板、脚手架等的周转次数。优化安装工程的预留、预埋、管线路径等方案。

2. 结构材料

推广使用预拌混凝土和商品砂浆。准确计算采购数量、供应频率、施工进度等，在施工过程中进行动态控制。推广钢筋专业化加工和配送，隧洞内衬管片与制作、装配化。优化钢筋配料和钢构件下料方案，内衬钢管要求一次成型、减少现场切割。优化内衬钢管的制作和长距离安装方法。

3. 围护材料

门窗、屋面、外墙等围护结构选用耐候性及耐久性良好的材料，施工确保密封性、防水性和保温隔热性。

4. 装饰装修材料

（1）贴面类材料在施工前，应进行总体排版策划，减少非整块材的数量。

（2）采用非木质的环保材料代替木质板材，同时考虑回收再利用，节约资源。

（3）防水卷材、壁纸、油漆及各类涂料基层必须符合要求，避免起皮、脱落。各类油漆及胶黏剂应随用随开启，不用时及时封闭。

（4）幕墙及各类预留预埋应与结构施工同步。

（5）木制品、木装饰用料等各类板材及玻璃等宜在工厂采购或定制。

（6）采用自粘类片材，减少现场液态胶黏剂的使用量。

5. 周转材料

周转材料应选用耐用、维护与拆卸方便的周转材料和机具。推广使用定型钢模、钢框胶合板、铝合金模板、塑料模板。多层、高层建筑使用可重复利用的模板体系，模板支撑宜采用工具式支撑。高层建筑的外脚手架，采用整体提升、分段悬挑等方案。

现场办公和生活用房采用周转式活动房。现场围挡应最大限度地利用已有围墙，或采用装配式可重复使用围挡封闭。力争工地临房、临时围挡材料的可重复使用。

15.2.3 节水与水资源利用技术要点

1. 提高用水效率

施工现场供水管网应根据用水量设计布置，管径合理、管路简捷，采取有效措施减少管网和用水器具的漏损。施工现场喷洒路面、绿化浇灌宜采用经过处理的中水。现场机具、设备、车辆冲洗用水必须设计循环用水装置。施工现场办公区、生活区的生活用水采用节水系统和节水器具，提高节水器具配置比率。项目临时用水应使用节水型产品，安装计量装置，采取针对性的节水措施。

2. 非传统水源利用

（1）优先采用中水搅拌、中水养护，有条件的地区和工程应收集雨水养护。

（2）处于基坑降水阶段的工地，宜优先采用地下水作为混凝土搅拌用水、养护用水、冲洗用水和部分生活用水。

（3）现场机具、设备、车辆冲洗、喷洒路面、绿化浇灌等用水，优先采用非传统水源，尽量不使用市政自来水。

（4）大型施工现场，尤其是雨量充沛地区的大型施工现场建立雨水收集利用系统，充分收集自然降水用于施工和生活中适宜的部位。

（5）施工中应尽可能采用非传统水源和循环水再利用。

15.2.4 节能与能源利用技术要点

1. 节能措施

制定合理施工能耗指标，提高施工能源利用率。优先使用国家、行业推荐的节能、高效、环保的施工设备和机具，如选用变频技术的节能施工设备等。

在施工组织设计中，合理安排施工顺序、工作面，以减少作业区域的机具数量，相邻作业区充分利用共有的机具资源。安排施工工艺时，应优先考虑耗用电能较少或其他能耗较少的施工工艺。避免设备额定功率远大于使用功率或超负荷使用设备的现象。

根据当地气候和自然资源条件，充分利用太阳能、地热等可再生能源。

2. 机械设备与机具

建立施工机械设备管理制度，开展用电、用油计量，完善设备档案，及时做好维修保养工作，使机械设备保持低耗、高效的状态。

选择功率与负载相匹配的施工机械设备，避免大功率施工机械设备低负载长时间运行。机电安装可采用节电型机械设备，如逆变式电焊机和能耗低、效率高的手持电动工具等，以利节电。机械设备宜使用节能型油料添加剂，在可能的情况下，考虑回收利用，节约油量。

3. 生产、生活及办公临时设施

利用场地自然条件，合理设计生产、生活及办公临时设施的体形、朝向、间距和窗墙面积比，使其获得良好的日照、通风和采光。

临时设施宜采用节能材料，墙体、屋面使用隔热性能好的材料，减少夏天空调、冬天取暖设备的使用时间及耗能量。

4. 施工用电及照明

临时用电优先选用节能电线和节能灯具，临电线路合理设计、布置，临电设备宜采用自动控制装置。采用声控、光控等节能照明灯具。

15.2.5 节地与施工用地保护技术要点

1. 临时用地指标

根据施工规模及现场条件等因素合理确定临时设施，如临时加工厂、现场作业棚及材料堆场、办公生活设施等的占地指标。临时设施的占地面积应按用地指标所需的最低面积设计。

2. 临时用地保护

（1）应对深基坑施工方案进行优化，减少土方开挖和回填量，最大限度地减少对土地的扰动，保护周边自然生态环境。

（2）红线外临时占地应尽量使用荒地、废地，少占用农田和耕地。工程完工后，及时对红线外占地恢复原地形、地貌，使施工活动对周边环境的影响降至最低。

（3）利用和保护施工用地范围内原有绿色植被。对于施工周期较长的现场，可按建筑永久绿化的要求，安排场地新建绿化。

　　3．施工总平面布置

　　施工总平面布置应做到科学、合理，充分利用原有建筑物、构筑物、道路、管线为施工服务。施工现场搅拌站、仓库、加工厂、作业棚、材料堆场等布置应尽量靠近已有交通线路或即将修建的正式或临时交通线路，缩短运输距离。

　　临时办公和生活用房应采用经济、美观、占地面积小、对周边地貌环境影响较小，且适合于施工平面布置动态调整的多层轻钢活动板房、钢骨架水泥活动板房等标准化装配式结构。施工现场围墙可采用连续封闭的轻钢结构预制装配式活动围挡，减少建筑垃圾，保护土地。

　　施工现场道路按照永久道路和临时道路相结合的原则布置。施工现场内形成环形通路，减少道路占用土地。

15.3　开发绿色施工的新技术、新工艺、新材料与新设备

　　施工单位应建立健全绿色施工管理体系，对有关绿色施工的技术、工艺、材料、产品与设备等应建立推广、限制、淘汰公布制度和管理办法。发展适合绿色施工的资源利用与环境保护技术，对落后的施工技术、工艺、设备、产品和材料等进行限制或淘汰，鼓励绿色施工技术的发展，推动绿色施工技术的创新。

　　住房和城乡建设部在《建筑业 10 项新技术（2017）》中专门列了"绿色施工技术"一章，其中包括封闭降水及水收集综合利用技术；建筑垃圾减量化与资源化利用技术；施工现场太阳能、空气能利用技术；施工扬尘控制技术；施工噪声控制技术；绿色施工在线监测评价技术；工具式定型化临时设施技术；垃圾管道垂直运输技术；透水混凝土与植生混凝土应用技术；混凝土楼地面一次成型技术；建筑物墙体免抹灰技术等先进的绿色施工技术。

15.4　水土保持重点与措施

　　本工程取水口、出水口将紧邻水源地建造施工，决定了其开发活动对于当地水环境存在直接影响，施工期的影响尤为突出。如不采取有效措施予以防治，将会对当地和下游水环境造成污染，给下游居民生活和工农业生产产生危害。本工程对水环境可能的污染主要来源于施工、生产废水和生活污水以及固体废弃物渗滤液等的非达标排放，其中施工生产废水、固体废弃物渗滤液成分复杂，不同程度地含有有毒成分，必须在设计方案阶段对此设计内容予以关注，并在施工过程中重点关注，动态检查评估。因废水与固体废弃物产生的渗滤液具有流动性需要进行动态监测。利用循环系统减少废水，针对固体废弃物的资源性对固废进行再生利用从而达到从源头减少的目的。

15.4.1　水土保持工程情况分析

本项目水土流失及水土保持现状，本工程主要扰动部位包括隧洞施工工区、临时堆渣场等。项目区周边及沿线经过建成区的，部分地段经过自然山体，植被覆盖度高，水土流失程度较少。

但由于本工程的扰动，若不采取及时、有效的水土保持措施，施工工区、临时堆土、堆渣、开挖等施工部位的水土流失程度会极具加剧，影响周边环境以及交通及居民生活生产。

同时，本工程输水管道采用深层隧洞方案，具有水土流失较为分散的特点。施工过程中将会破坏原有植被，对周边环境产生一定程度的干扰，尤其土石方开挖、回填过程中，极易造成水土流失。主体工程建设中若无完善的水土保持防护措施体系，遇降雨极易产生水土流失，特别是在深圳这种雨量大、降水集中的地区，裸露区域极有可能发生面蚀和沟蚀等水土流失现象。

考虑到当地地理条件，堆渣区域易发生滑坡影响周边环境或造成财产损失等，工程存在一定数量的弃渣场。施工前，做好渣场的水土保持，渣场四周用沙袋拦挡，并设临时截水草沟，排水沟出口设临时沉沙池，雨季施工时要求用编织布覆盖堆土表面。弃渣完成后对其进行降坡处理与表面平整，采用喷草绿化简单处理。

15.4.2　水土保持建议

（1）环境影响：考虑原来水库的辐射区域，在新工程中，水库辐射区是否发生变化。

（2）充分考虑原水库水质对深圳原先饮水的影响。

（3）考虑水源保护区如何划定，水源地如何保护。

（4）对周边构筑物影响，施工振动安全监测。

（5）在过程中生态化的工程措施。

（6）施工期间做好环境监测。

（7）充分调查本隧洞工程施工过程中，是否有可能连接其他用水环境，影响到其他区域的水资源。

15.4.3　水土流失防治总体要求和初步方案

1. 水土保持要求

（1）从水土保持角度，主体工程应从施工准备期提前落实水土保持措施，切实落实先防护后施工，同时将水土保持防护措施与安全文明施工合理结合，从施工管理制度，施工落实程序等方面全面落实水土保持措施。

（2）切实做好土石方优化管理，开挖施工段全部进行就地微地形塑造回填，减少外运。

2. 水土流失防治措施

根据本工程水土流失特点，分为取水口施工工区、隧洞出口工区、管道开挖区、临时堆渣场等几个部分。

（1）取水口施工区：取水口施工会产生一定的噪声，应选用低噪声机械设备，并保持设备处于良好运转状态；要合理安排施工计划，以不给附近居民生活造成严重影响为原则，对施工作业进行协调，对通过居民区的施工段尽量避免集中使用大功率机械。

（2）工作井施工区：工作井施工范围水土流失呈块状分布，必须通过做好施工场地、临时堆渣场的水土保持，施工后对扰动地面进行喷草绿化等措施减少水土流失。工程施工中会对原来的植被产生破坏，存在水土流失的隐患，因此应进行植被恢复和水土保持相关方面的工作。

（3）弃渣场：考虑到当地地理条件，施工前，做好渣场的水土保持，渣场四周用沙袋拦挡，并设临时截水草沟，排水沟出口设临时沉沙池，雨季施工时要求用编织布覆盖堆土表面。弃渣完成后对其进行降坡处理和表面平整，采用喷草绿化简单处理。

15.4.4　水土保持典型设计

（1）临时围挡：主体设计车行道罩面施工区、人行道工程区外围修建临时施工围挡，采用波纹彩钢板结构，墙板采用单面彩色夹芯钢板。基础底部为混凝土结构。

（2）沙袋拦挡：建设过程中，临时堆放的土方集中堆放，采用临时拦挡、遮盖进行防护。

（3）土工布苫盖设计：施工时，遇雨天需要将临时堆土、堆料等用土工布进行苫盖，以免雨水携带大量的土粒、料、泥四处散流。

15.4.5　雨季施工水土保持措施

由于深圳地区雨季从 4 月到 9 月份，历时时间长，降雨强度大，主体工程安排在旱季施工，不易发生水土流失，其他工程在雨季施工中应做一些临时应急措施来预防水土流失，主要措施如下：

（1）根据天气预报，降雨前应疏通各排水沟，清理沉沙池。对排水沟不完善的区域应临时开挖排水沟，沟内铺土工布防冲，还可用沙包拦截引导水流，收拢归槽，以免泥水四处漫流。

（2）临时堆积土方等易发生流失的部位采用编织布进行覆盖防止水土流失。

（3）应做好施工监督管理工作，施工单位应与咨询单位及建设单位密切联系，遇到问题及时通报，以便能及时解决，把水土流失降到最低。

15.5　环境保护重点与措施

本工程取水口位于水库内，环境保护问题极为重要，必须高度重视。

环境保护措施总体布局：根据本工程建设对环境的影响特点和各环境因子影响预测评价结论，以及工程涉及区环境保护目标和污染控制目标要求，本工程环境保护措施包括运行期水环境保护措施、施工期水环境保护措施、环境空气保护措施、声环境保护措施、生活垃圾处理措施和人群健康保护措施、水土保持措施、生态环境保护措施、移民安置保护措施、环境地质保护措施和其他环境保护措施。

应在前期做好保护区域生态环境措施，确保项目区生态、经济、社会的全面、协调发展。同时更进一步明确工程建设过程中水土流失防治范围及责任者、水土流失防治目标、防治措施及实施进度，为防治水土流失提供技术保障，并将水土流失的防治措施纳入工程建设总体。

15.5.1 环境保护措施总体布局内容

1．运行期水环境保护措施

（1）水质保护——加强水土保持，流域污染源治理、库区周边污染源处理；

（2）管理营地生活污水——土地处理系统＋综合利用；

（3）管理营地生活垃圾——集中收集后运输到深圳市垃圾填埋场；

（4）生活污水——集中收集后输送至污水处理厂及综合利用系统。

2．施工期水环境保护措施包括

（1）基坑废水——投加絮凝剂，沉淀；

（2）砂石加工废水——沉砂池、絮凝沉淀池处理后循环利用；

（3）混凝土系统废水——在沉淀池内，投加絮凝剂，沉淀后综合利用；

（4）含油废水——投加混凝剂、经隔油材料回收浮油后综合利用；

（5）生活污水——地埋式一体化生活污水处理设备处理后综合利用。

3．环境空气保护措施

（1）粉尘防治——采用先进施工技术，定期洒水，雾炮降尘技术、覆盖爆破，配备收尘器；

（2）加强绿化——栽种行道树、草坪；

（3）废气控制——选择符合卫生标准的机械，加强维护，配备净化器、收尘器；

（4）道路扬尘——限速行驶，定期洒水；

（5）施工人员——配备防尘设备，加强人员保护。

4．声环境保护措施

噪声源控制。选择符合相关标准的机械，并且加强维护；采用先进施工技术和爆破技术，控制爆破时间；振动大的设备使用减振机座；采用隔声屏、隔声罩等措施有效降低施工现场及施工过程噪声的控制技术。

15.5.2 施工期环境控制措施

从施工期大气污染分析可知，大气影响主要来自施工场地、土料开挖和运输，影响对象除现场施工人员外，还有施工区附近居民。大气污染控制的有效方法主要是采取洒水、雾炮降尘技术、施工现场车辆自动冲洗技术以及控制车速等措施，施工现场及施工道路应每天定时洒水（洒水次数视具体情况而定，要求每天两次），保持工地有一定湿度，物料装卸时也采用洒水设备，运输过程中加罩防护；卡车在施工现场行驶时车速控制在 12km/h 以下，推土机的推土速度减至 8km/h 以下；另外在靠近居民的施工区必须在现场周围设有效整洁的施工围挡。另外应做好施工人员的劳动保护，如佩戴防尘口罩等。

1. 大气环境保护措施

选用正规施工机械运输车辆，减少有害气体的排放。运输干线和施工工地在晴天定期洒水和清扫，场内车辆限速行驶。集中施工作业时注意考虑风力、风向、大气状况等条件，避免集中作业造成局部大气污染严重；对水泥、砂石等施工物料需妥善堆放、保管和运输，避免因搬运等造成扬尘；工程弃土及时清运，以防产生环境污染；运输车辆要进行清洗后才能离开工地。

2. 噪声控制措施

合理安排施工计划，居民区的地段，避免在同一地点集中使用大型动力机械设备，在一定时段应降低施工强度，尽量避免集中使用大功率机械，严格控制施工时间。选用低噪声设备，固定的大型机械设备加装减震机座；加强设备维护和保养；进、排气口设置消声器。

3. 弃土处置

工程建设所产生的弃土，按规定运至指定地点弃置，避免对环境的二次污染。施工土方开挖现挖现运，临时堆积时应防止水土流失，为防止弃置作业中流水的侵蚀，应在弃置场周围修筑排水沟以收集与排走地表径流。

4. 水质污染防治

（1）施工废水的处理：隧洞开挖、管槽开挖及混凝土养护过程中，采用适当的机械设备和作业方式、选择合理的时间和施工强度，控制悬浮量，减少对水质的影响。

（2）将生活区设置在附近的居住区，生活污水排入市政污水管网。

（3）机械设备冲洗水处理：使用非常规水源并根据地形条件，设置集水池使生产废水在池内停留，经沉淀后排入市政管网或接入污水处理系统循环利用。

5. 工程运行期的环境保护

本工程运行期的环境保护主要为做好工程区表面绿化，同时做好沿线排水设施，使地表积水尽快排走。

15.5.3 环境监测与环境管理

1. 环境监测

施工期污废水水质监测计划为在各个施工区生活污水、生产废水处理设施的进水口和出水口各设置一个监测断面，施工高峰期 1 次 / 周，非高峰期 2 次 / 月，施工准备期、竣工期适当放宽监测频率。分析项目为 BOD5、CODCr、DO、pH、SS、NH3-N、TN、石油类共 8 项。

　　大气和噪声的监测点拟设置在管线施工区及泵站施工区的施工场地。大气监测项目为 TSP、PM10 等。噪声监测与大气监测同步进行，主要对高声级机械设备噪声进行监测。大气和噪声监测时间为施工高峰期，每三个月监测一次。

　　2. 环境管理

　　为了更好地对建设项目的环保工作进行监督和管理，建设单位应设置专职的环保部门，由该部门负责人主持环境保护的有关工作，将各项指标落实到具体的责任人，并建立相应的奖惩制度，确保环保措施的落实和发挥效益。环境管理部门主要工作包括制定并执行各项环境保护工作规章制度；制定并执行施工期环境监测计划，加强施工期生态环境保护监管工作；应将施工期的生态保护和环境污染控制列入工程承包内容，并在开工前制定生态保护和污染控制方案上报环保行政主管部门。

第16章 项目资源管理

资源管理是围绕项目各项目标成功实现的有效配套措施，资源管理的过程就是调用各种资源、采取有效方法使各个资源发挥其积极的有效作用的过程。项目资源管理主要包括人力资源、物资资源和知识资源三大类。

16.1 人力资源

全过程工程咨询是靠技术人员和管理人员共同完成的一项集体性的、需要综合技能人员共同参加的服务工作，参与服务的人员的技术水平、管理能力、类似工程经验和阅历的积累等，都是实现项目目标的有效方面。全过程工程咨询人力资源的管理，包括企业、项目部内部资源的利用与管理和社会资源等外部资料的利用与管理，一个称职的项目负责人，必须是人力资源利用和管理两方面都得心应手的人员。项目在实施过程中，在什么样的阶段或遇到什么样的事情需要什么样的资源配置与完成，对整个项目的管理效果的保障至关重要。

依据合同约定，项目除项目总指挥、总协调外，现场计划投入××人，另有不定岗后台专家团队人员若干。实际工作中项目部将本着满足工程建设需要，建设单位对工作满意和综合考虑公司成本管理要求，按照人员分阶段到岗、一专多能、培训学习的思路进行人员工作岗位安排。项目人员配置表16.1。

项目人配置表　　　　　　　　　　　　　　　　表16.1

部　　门	岗　　位	数量	姓名	本项目拟任职务
综合管理团队	项目总负责人			项目总负责人
	前期管理工程师			前期管理工程师
	综合管理工程师			综合管理工程师
	组织协调工程师			组织协调工程师
	小计			
设计技术团队	设计管理负责人			设计管理负责人
	总图工程师			总图工程师
	水工建筑工程师			水工建筑工程师

续表

部　　门	岗　　位	数量	姓名	本项目拟任职务
设计技术团队	给排水工程师			给排水工程师
	结构工程师			结构工程师
	岩土工程师			岩土工程师
	机电设备工程师			机电设备工程师
	水土保持工程师			水土保持工程师
	电气工程师（强弱电）			电气工程师（强弱电）
	自动化工程师			自动化工程师
	环保工程师			环保工程师
	景观工程师			景观工程师
	BIM 工程师			BIM 工程师
	小计			
招采合约团队	造价合约管理负责人			造价合约管理负责人
	土建造价工程师			土建造价工程师
	机电安装造价工程师			机电安装造价工程师
	水利造价工程师			水利造价工程师
	招标工程师			招标工程师
	合同工程师			合同工程师
	资料管理工程师			资料管理工程师
	报批报建工程师			报批报建工程师
	小计			
工程监理团队	总监理工程师			项目执行经理兼总监理工程师
	副总监理工程师			副总监理工程师
	土建总监代表			土建总监代表
	安装总监代表			安装总监代表
	土建监理工程师			土建监理工程师
	给排水监理工程师			给排水监理工程师
	测量监理工程师			测量监理工程师
	设备监理工程师			设备监理工程师
	电气监理工程师			电气监理工程师
	水土保持监理工程师			水土保持监理工程师

续表

部　门	岗　位	数量	姓名	本项目拟任职务
工程监理团队	环境监理工程师			环境监理工程师
	安全工程师			安全工程师
	安全员			安全员
	监理员			监理员
	资料员			资料员
	小计			
BIM 技术团队	BIM 负责人			BIM 负责人
	土建 BIM 工程师			土建 BIM 工程师
	机电 BIM 工程师			机电 BIM 工程师
	小计			

16.2　物资资源

16.2.1　项目施工设备管理

拟定每个阶段需要投入使用的设备投入量、投入时间、投入步骤并进行合理的安排，大致估算出某些建筑材料、机械设备在某季度、某阶段的需要量，从而按照时间、地点要求编制出建筑设备、材料需要量计划，如表 16.2，以便审核工程承包单位申报的相关资料时进行比对。

施工设备需要量计划表　　　　　　　　表 16.2

序号	设备名称	型号规格	数量	国别产地	制造年份	额定功率（kW）	生产能力	用于施工部位	备注
1	自卸汽车	…	…	…	…	…		基础	—
2	装载机							基础	—
3	挖掘机							基础	—
4	钢筋对焊机							钢筋工程	—
5	钢筋切断机							钢筋工程	—
6	钢筋弯曲机							钢筋工程	—
7	钢筋调直机							钢筋工程	—
8	交流焊机							钢筋工程	—

续表

序号	设备名称	型号规格	数量	国别产地	制造年份	额定功率（kW）	生产能力	用于施工部位	备注
9	污水泵							排水	—
10	搅拌机							混凝土\砂浆	—
11	汽车吊/履带吊								
12	TBM								

16.2.2 项目机械设备管理

水利项目由于地理环境的差异及项目施工的特殊性，有大量区别于房建项目的施工机械及电气设备。

1. 水力机械

本工程共设六个泵站，一个提升泵站和五个分水口泵站。

2. 台数、单泵流量选择

泵站设计流量为 $14m^3/s$，根据泵站的设计流量、使用条件、设置条件，考虑与需用水量的对应性、并联运行机组与管路特性的适应性以及生产厂家的设备制造能力的要求，拟选择五台泵组，四台工作，一台备用，水泵单机流量 $3.5m^3/s$。

3. 泵型选择

泵站运行扬程范围为 $2 \sim 44.7m$，单泵流量为 $3.5m^3/s$。根据泵站运行扬程范围、单机流量及结构特点，适合的水泵型式为单级双吸式离心泵和立式混流泵。可选择离心泵型式有卧式单级双吸式离心泵、立式单级双吸式离心泵。

立式抽芯式混流泵，进水为水池引水，泵房为湿室型，电动机和机电辅助设备必须布置在最高水位以上，以避免抽芯检修时水淹厂房。本工程水源变幅大，为满足上述要求，则泵的传动轴较长，对立式泵，传动轴越长，轴的底部摆动越大，造成泵轴填料函处漏水量也会增加。虽可增加中间轴承及轴承支承设备减少摆动，但其稳定性相对差些，并增加了安装检修工程量。综合分析，本工程不适合选用抽芯式混流泵。单级双吸离心泵与抽芯式混流泵比较，水力性能好，水泵效率高，抗汽蚀性能好；水泵流量效率曲线比较平坦，高效区范围宽，从水力性能分析适用的泵型是单级双吸离心泵。立式离心泵房平面尺寸小，但其运行的可靠性和安全性比卧式差，而且安装检修困难，抗汽蚀性能不如单级双吸中开离心泵。

卧式单级双吸中开离心泵取消传动长轴，运行可靠性高；卧式双吸中开离心泵泵壳中开，打开泵壳即可进行检查和维修，维护方便。但泵房的平面尺寸比立式泵泵房平面尺寸大，本工程泵站在地面以下 30m，泵房开挖深度大的条件下，导致土建费用和施工难度增加。

经过技术经济比较，基于立式机组方案水力性能与卧式机组相同，但投资小；可选定电动机适合安装位置以减小轴的长度，以确保泵组的运行稳定性。尽量选定本泵站泵型采用立式单级双吸中开离心泵。

4. 电动机选择

泵站主水泵配套电动机初选为三相、竖轴、鼠笼式变频调速异步机。电动机容量按水泵运行扬程范围内最大轴功率选配，并留有一定的储备，储备系数选用 1.05 ～ 1.1。水泵运行扬程范围内最大轴功率为 1400kW，泵站主水泵配套电动机功率选定为 1600kW。根据电动机的额定功率，以及变频器的电压等级，泵站变频调速异步机电动机的额定电压选用 10000V。

电动机冷却方式选用 IC611，防护等级 IP54，绝缘等级 F 级，B 级考核；电动机定子绕组和轴承设置温度监测装置并带自动化接口的显示仪表。

5. 主要机电设备

（1）水泵出口阀和断流设备

泵站水泵出口设置液控止回蝶阀作为断流设备，正常情况下当泵组启动时开启，泵组停机时分阶段关闭；泵组事故失电时，该阀自动分阶段关闭。在正常停泵及事故失电停泵的情况下，该阀门均按调定的快、慢关角度和时间分快关和慢关两阶段关闭。出口阀每泵一台。

（2）水泵出口检修阀

泵站水泵的进水管路及出水管路上，均设有检修阀，作为检修水泵及出口阀之用。泵组正常运行时处于全开状态，检修时关闭。

（3）主厂房桥式起重机

为便于安装检修，泵站水泵、电动机均考虑整体吊。泵站起重机选用电动双梁桥式起重机，最大起重量 30t，起升高度 30m。

（4）辅助系统

① 排水系统

泵站排水系统包括机组检修排水、厂房渗漏排水。

泵站机组检修时，先把钢管、蜗壳的水自流排至集水井，然后由 2 台潜水泵同时运行排至厂区集水井。

厂房渗漏排水主要包括水泵主轴密封、伸缩节漏水、厂房水下部分水工结构渗漏水、洗涤等排水。

渗漏排水由两台检修排水潜水泵将渗漏水排至进水池。排水泵的起停由集水井水位计自动控制，两台水泵一台工作，一台备用，定期手动切换。

压力水箱检修排水，先将水体自流排至进水池，当水体不能自排时，由两台水泵同时运行将水体排至进水池。

② 油系统

泵站主厂房内，泵组各轴承油槽的加油均从各自的加油斗加入，每次加油后将加油漏斗封盖严密，以防外界灰尘污染油质。故不设专用的油系统。

③ 压缩空气系统

泵站泵组停运采用自由惰转降速方式，故不设专用的永久压缩空气系统。设备检修吹扫等用气，设置移动式空压机及临时设备提供气源。

④ 技术供水系统

泵站水泵结构本体已考虑水泵主轴轴承冷却润滑供水，故不设技术供水系统。

⑤ 水力监测系统

为确保泵站安全经济运行，各泵站设置了以下水力监测项目及仪器仪表：

a．集水井液位：采用液位变送器和液位信号器；

b．水泵进口压力：采用压力变送器；

c．水泵出口压力：采用压力变送器；

d．水泵出口阀后压力：采用压力变送器；

e．流量计：采用电磁流量计。所有量测项目均可在现地显示、变送（4～20mA）、通信和现地控制。

⑥ 机械修理设备

泵站位于深圳市，泵站大修时可利用市内机械加工厂满足本泵站机修要求，故泵站不再设置修配厂；泵站配置简易机修设备。

16.2.3　项目电气设备管理

1．电气一次

（1）泵站

经初步统计，泵站电源需求情况：提升泵站用电负荷约7200kVA，站用变容量为500kVA，共两台，一用一备。NK泵站用电负荷约5400kVA，站用变容量为315kVA，共两台，一用一备。MK泵站用电负荷约2200kVA，站用变容量为315kVA，共两台，一用一备。BXG泵站用电负荷约1650kVA，站用变容量为315kVA，共两台，一用一备。LH泵站用电负荷约7400kVA，站用变容量为315kVA，共两台，一用一备。GL泵站用电负荷约2550kVA，站用变容量为315kVA，共两台，一用一备。

上述提升泵站及各分水口泵站均需要两路10kV外电电源，根据深圳供电部门业扩管理制度，提升泵站及各分水口泵站10kV外线具体引入方式由建设单位直接委托供电规划设计院设计，不包含在本工程设计范围内。

（2）取水口

QLJ水库取水口与提升泵站距离较近，故从提升泵站两台站用变上各引取一回路380V低压电源供电；GM水库取水口设置一座80kVA箱变，可从附近环库路景观箱变引取一回路10kV供电电源，再设置1台移动式柴油发电机组作为备用供电电源。

（3）始发井及接收井

1号始发井、2号接收井及5号始发井可从就近泵站或取水口变压器引取一回路380V低压电源供电；3号始发井及4号接收井设置一座30kVA箱变，从附近引取一回路10kV

供电电源，因该位置为偏僻地区，供电距离暂按 2km 设计。

（4）电气主接线

① 提升泵站及各分水口泵站

10kV 采用单母线断路器分段接线，Ⅰ段母线均接有两台或三台异步电动机组，一台站用变压器，Ⅱ段母线均接有一台或两台异步电动机，一台站用变压器。站用变压器 0.4kV 均采用单母线分段接线方式，两台站用变压器一用一备，互为备用。

② 箱式变电站

10kV 采用单母线接线，10kV 母线上接有 1 台变压器，0.4kV 系统采用单母线分段接线方式。

③ 其他

各用电点动力 0.4kV 低压配电干线采用放射式或树干式接线方式。

（5）电动机选择及启动方式

本工程泵站电动机初步选用额定电压为 10kV 的异步变频电动机，采用变频调速起动方式。其余机电设备功率均小于 30kW，均采用手动控制、直接启动方式。

（6）无功补偿

本工程提升泵站及各分水口泵站均采用鼠笼型三相变频调速高压异步电动机，配置高压变频器，变频器功率因数可达 0.95 以上，不需要另外设置高压变频装置。室外箱式变电站采用低压计量方式，功率因数补偿采用低压配电柜 380/220V 系统母线上集中分步自动补偿方式，补偿后的功率因数可达 0.95 以上。

（7）防雷、过电压及接地

根据工程的性质，发生雷电事故可能性和后果等，本工程防雷按三类标准设计。

① 为防止直击雷，在泵站、配电房及闸阀室等屋顶易受雷击的部位装设避雷网带进行保护。

② 为防感应雷，建筑物内的设备、管道、轨道、构架等主要金属物应就近接至防直击雷接地系统电气设备的保护接地装置上。

③ 防雷电波侵入，电缆入户端应将电缆金属外皮、金属管道接地。变配电站高、低压母线均装防雷装置。同时对于计算机、仪表等电子设备采用电源浪涌保护器及信号、数据浪涌保护器进行了双重保护，防止线路和设备过流和过电压，避免损坏设备。

④ 10kV 电源进线侧装设避雷器用作雷电波入侵的过电压保护。

⑤ 在所有装有真空断路器的回路均装有金属氧化锌避雷器以限制操作过电压的损坏，保护电气设备的安全。

⑥ TN-S 接地系统，本工程低压配电所系统采用 TN-S 接地系统。

⑦ 共用接地系统防直击雷接地和防雷电感应，电气设备等接地共作同一接地装置，接地电阻不大于 1 欧姆。

（8）电气设备布置

本工程泵站均设有高压开关室，高压变频启动柜、站用变及低压开关室，二次设备室及中控室等。

取水口处设有闸室，电气配电箱及控制箱均在闸室内挂墙安装。

（9）电力电缆

10kV 电力电缆采用 ZRC-YJV22 交联铠装聚乙烯绝缘电力电缆；0.4kV 低压电缆采用 ZR-YJV22 交联铠装聚乙烯绝缘电力电缆；消防电气配电采用阻燃电缆。

（10）照明

本工程按"绿色照明"设计，即采用高光效、长寿命、显色性能好、节能的光源、灯具、灯用电器附件和光控开关等。

（11）电气节能设计

① 电动机选用效率高、性能优越的节能变频电机。

② 变压器采用难燃、防尘、耐用、耐潮、效率高、损耗小的 SCB13 系列节能产品。

③ 室内照明灯采用发光效率高，使用寿命长的高效灯具，室外照明采用太阳能灯具。

④ 每座室外小型箱式变电站均采用无功补偿装置将 0.4kV 母线上的功率因数提高到 0.95，减少电网无功损耗。

（12）临时施工用电

根据施工组织安排，本工程输水隧洞施工长约 42.1km，沿线共设 3 处始发井及 2 处接收井。在隧洞沿线的始发井、接收井及六个新建泵站处需设置临时用电，按施工组织提供负荷及隧洞 TBM 施工负荷需求，经统计，各新建泵站负荷均为 150kW，接收井负荷为 800kW，隧洞 TBM 挖掘施工随挖掘机配套 2 台 1600kVA ＋ 1 台 800kVA 箱变。综合以上情况，在各新建泵站分别设置一座 250kVA 临时箱式变电站，在各接收井处设置一座 1250kVA 临时箱式变电站，供施工机械及生产用电，10kV 电源从附近市电环网上引取，采用 ZRC-YJV22-8.7/15kV-3×120 电缆引至各施工箱变。隧洞 TBM 随设备配套的 3 台箱变的 10kV 外线，10kV 电源从附近市电环网上引取，采用 ZRC-YJV22-8.7/15kV-3×120 电缆引至隧洞始发井附近新建的用户中置柜，然后从中置柜引至 3 台箱变。

2．电气二次

（1）自动控制系统

① 调度管理关系

GM 水库—QLJ 水库输水隧洞连通工程中，提升泵站、分水口泵站、进水口水闸及格栅机、始发井和接收井检修阀的调度中心设在 QLJ 水库办公楼里，通过调度中心对各泵站、水闸、阀门进行监控。

调度中心含 2 套操作员工作站、2 套工程师站、2 套服务器、1 套打印机及其打印服务器、1 套不间断电源（UPS）、1 套 GPS 时钟同步系统。

② 泵站中控室监控层计算机监控系统

计算机监控系统采用开放环境下的分层分布式结构，分为办公楼调度层、泵站中控室监控层、泵站现地监控单元监控层。网络结构采用光纤以太网。网络通信协议采用 TCP/IP 协议。

泵站计算机监控系统均设有主控级、现地级两级，采用开放环境下的分层分布式结构，计算机监控系统主控级和现地控制单元间采用 100MB 光纤以太网通信，网络通信采用 TCP/IP 协议。计算机监控系统的重要设备双重化设置，并配置 GPS 卫星定时自动校对装置，校对计算机监控系统的内部时钟。

计算机监控系统设备采用多微机结构，含 2 套操作员工作站、2 套工程师站、1 套打印机及其打印服务器、1 套不间断电源（UPS）、1 套 GPS 时钟同步系统。

③ 现地控制层

泵站现地控制层由 1 套泵组及 1 套公用现地控制单元构成，满足泵站内所有需要进行自控的工艺设备的监控要求。

GM 水库、QLJ 水库进水口均设有一套现地控制单元，控制进水口水闸及格栅机；三处始发井及两处接收井均设有一套现地控制单元。

（2）继电保护

本项目所有泵站的继电保护装置均一律采用微机型保护。

按照中华人民共和国国家标准《泵站设计规范》GB 50265—2010 及《继电保护和安全自动装置技术规程》GB/T 14285—2006 对泵站泵组、站用变等设备的继电保护进行配置。

（3）二次接线

① 测量表计、信号测量仪表按《电测量及电能计量装置设计技术规程》DL/T 5137—2001 配置。本项目所有泵站均不设常规的中央音响信号系统，由计算机监控系统完成语音报警和事故及故障信号显示。

② 电源系统

本项目所有泵站直流控制电源采用 110V 一种电压等级，选用一组 110V、80Ah 密封阀控式免维护铅酸蓄电池，为控制、保护、合闸等工作电源。

③ 光缆通信系统

本工程沿输水隧洞上方开挖路面埋地敷设一根 24 芯单模铠装光缆，用于实现调度中心各泵站、进水口现地控制站、始发井及接收井现地控制站之间，泵站与泵站之间的通信链接，光缆总长约 55km，采用沿线敷设 1 根 DN80 镀锌钢穿线管，埋地敷设，埋深 0.8～1m，每 70m 设置一个光缆手井，转弯处另设。

④ 工业电视系统

在本工程提升泵站、水库进口闸门、检修阀均采用无人值班工作方式，为加强对泵站、闸门、阀井设备监控，在泵站、闸及阀门处均安装跟踪式摄像机构成闭路工业电视监控系统，以达到视频辅助观察现场的作用。通过电脑网络选看图像，并遥控控制远端摄像机的上下左右转动及镜头的伸缩来跟踪画面并放大，可对远程的设备运行状况及现场情景进行直观的了解。

本工程处工业电视系统均以对现场的观察、监视、管理为目的。可对本工程的中控室、安装间、主机间、进水池等主要摄像部位进行全面实时观察。并通过云台转动、三可变镜头的调整，进行范围的扩展、主要部位的放大，清晰、实时地在监视器上显示出来，便于观察。

16.3 知识资源

知识资源是一种软资源，或者说是无形资源，这种资源在全过程工程咨询中经常被忽视，但实际上项目组拥有足够的知识资源将使项目组如虎添翼。

知识资源包括多方面的，除了项目涉及的专业技术知识以外，还包括相关政策法规知识、各类工具知识、各类信息资源等，全过程工程咨询的相关知识也在其内，特别是大型项目。

对于大型复杂项目，由于项目的复杂性，涉及各个方面的内容，所以无论是涉及知识层面还是工作高效完成能力，都不是一两个骨干能拥有的，如果这些工作基于一两人身上，明显他们的工作就会遇到瓶颈。所以大型项目一般都会被合理拆分，设置子项目骨干，各自有分工。而项目负责人只涉及项目的体系结构，重要策划等重大的问题，这就有知识传递与共享的问题，如何使少数人掌握的信息让项目组相关的所有人理解，这是内部知识的管理问题，只有大家共同理解项目的整体情况，在这前提下完成自己部分的工作，才不会造成各部分工作的脱节。

同时，大型项目涉及的很多问题需要在实施策划定稿时做论证，证明其确实可行，而项目组成员的经验是有限的，这时候如何利用各类外部信息资源来解决这些问题，也是很重要的。这些外部信息资源包括了公司编辑的指导手册、各类书籍、各个网上信息以及业内专家、同行的意见等，都是极其有效的。

在项目策划期做知识管理策划，确定一些知识获取途径：

（1）收集相关网站资源，做链接文档保存，大家可以更新资源文档，简单说明文档上可提供相关知识，做到群策群力。

（2）利用公司编辑的指导手册文件。

（3）提供内部人员的交流途径、场地，包括正式和非正式的，很多问题会在不经意的交谈中发现。

（4）建立可提供帮助人员通信录，来源于项目组成员的人脉关系。

（5）保持原厂商的友好联系，获取厂商支持。

（6）请客户提供知识支持，客户在许多方面可以给项目组帮助，尤其是业务上。

第17章 项目信息管理

项目信息管理指的是运用信息技术、建立健全信息及档案管理体系，确保资料档案在收集、保管和利用期间的完整性、有效性、规范性和安全性。

17.1 信息管理任务

（1）组织深圳市 GM 水库—QLJ 水库连通工程项目的基本情况进行归类整理，并将其系统化、电子化。按照项目的任务、项目的实施要求设计项目实施和项目全过程工程咨询中的信息和信息流，确定他们的基本要求和特征，并保证在项目实施过程中信息流通畅，且及时、准确、安全地获得项目所需要的信息。包括信息的准备、收集、标识、分类、分发、编目、更新、归档和检索等。未经验证的口头信息不能作为项目管理中的有效信息。

（2）按照《建设工程文件归档整理规范》（GB/T 50328—2014）、深圳市关于工程建设管理的法律法规规定的要求和公司 ISO9001 质量认证的要求制定深圳市 GM 水库—QLJ 水库连通工程施工各种资料的格式、内容和数据结构等。

（3）建立深圳市 GM 水库—QLJ 水库连通工程施工实施管理信息系统流程，在施工过程中保证系统的正常运行，并控制信息流。

（4）监理资料日常管理、文档管理工作。

（5）将项目资料分类进行归档并建立齐全的归档目录。

17.2 组建信息管理局域网

建议建设单位建立信息化系统，应用网络技术，搭建通畅共享的信息平台。信息化系统应至少包括的内容见表17.2。

信息化系统 表 17.2

序号	模　块	说　明
1	可视化表单设计系统	基于 WEB 方式的可视化表单定制，设计开发系统
2	可视化工作流系统	标准化工作流引擎：完全符合 WFMC 标准的工作流引擎
3	办公自动化系统	具备建筑行业特点的 OA 协同办公系统。进行施组、方案报审，进度报审，工程变更等流程

续表

序号	模　块	说　明
4	人力资源管理系统	含人员资料管理，招聘管理，日常调派管理，人员离职管理，人员培训管理，人事审批系统管理等模块
5	原材料、构件、设备管理系统	原材料构件设备进场报验管理，包括施工机械管理
6	工程验收系统	分部分项隐蔽验收系统
7	造价控制	含年（月）度预算、合同管理、进度款控制等模块
8	项目安全管理系统模块	项目管理大系统，分招标管理、进度控制、质量管理等模块
9	安全管理系统	安全检查、安全控制
10	即时通信平台	含电子邮件、手机短信、即时消息三大平台
11	报表系统	各个子类应用系统出具报表以及打印功能

17.2.1　信息管理系统的建立

深圳市 GM 水库—QLJ 水库连通工程规模大，建设工期长，它的建设管理本身就是一个庞大而复杂的系统工程。如何科学有序地进行管理，如何组织项目基本情况的信息，并系统化，按照项目的任务、项目的实施要求设计项目实施和项目工程中的信息和信息流，确定他们的基本要求和特征，并保证在项目实施过程中信息流通畅，是深圳市 GM 水库—QLJ 水库连通工程的重要课题。为此，我公司将依靠现代信息技术，用计算机网络系统，把各项工程、各项管理、各参建单位、各自然参数、经济参数和工程技术参数等联系起来，成为一个有机的整体，建立深圳市 GM 水库—QLJ 水库连通工程信息管理系统结构如图 17.2-1 示意。

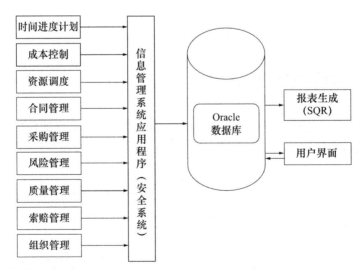

图 17.2-1　信息管理系统结构图

深圳市 GM 水库—QLJ 水库连通工程信息管理系统由众多的子系统集成，进行数据交换。如图 17.2-2。

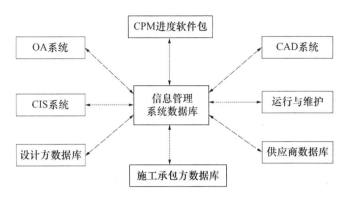

图 17.2-2　工程信息管理系统子系统数据交换图

本数据库能加快工程信息的反馈速度，有效地支持工程管理和控制。根据预先制定的工程计划目标和控制基准，在实施过程及时获得信息的反馈，可以及时地予以纠偏调整，能明显增强控制力度。如图 17.2-3。

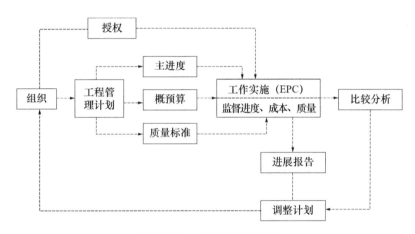

图 17.2-3　信息反馈路线图

17.2.2　发挥公司总部办公平台的作用，为项目所用

公司现有的办公平台建立在 Emsflow（可视化工作流）开发平台之上，为公司提供了办公系统的信息化解决方案。借助公司总部办公平台的优势：

（1）在成熟平台上搭建所需功能，开发速度快，周期短。

（2）其开发平台较成熟，开发的系统稳定性好，开发风险小。

（3）功能按需定制；平台可实现可视化维护。

如建设单位暂时没有合适的办公系统平台，可在我公司现有的办公平台基础上，利用预留接口搭建适合深圳市 GM 水库—QLJ 水库连通工程的信息平台，以缩短信息传递路径、加强数据关联、提高工作效率、减少办公成本，并能够及时汇总统计，提供工程决策依据。

17.3 信息管理流程

1. 项目前期信息流程（图 17.3-1）

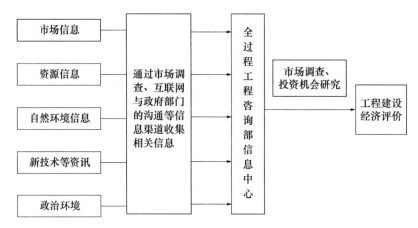

图 17.3-1 项目前期信息流程图

2. 项目设计阶段信息流程（图 17.3-2）

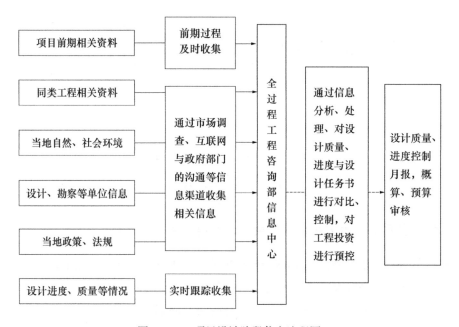

图 17.3-2 项目设计阶段信息流程图

3. 施工招投标阶段信息流程（图 17.3-3）

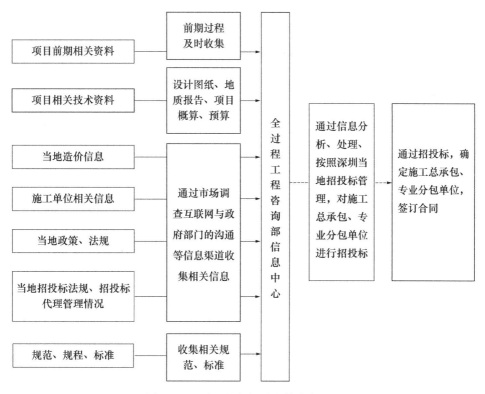

图 17.3-3　施工招投标阶段信息流程图

4．施工准备阶段信息流程（图 17.3-4）

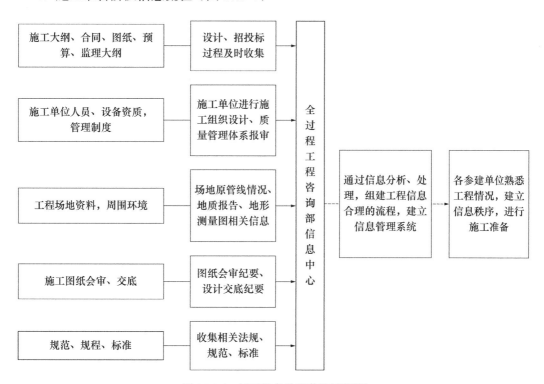

图 17.3-4　施工准备阶段信息流程图

5．施工阶段信息流程（图 17.3-5）

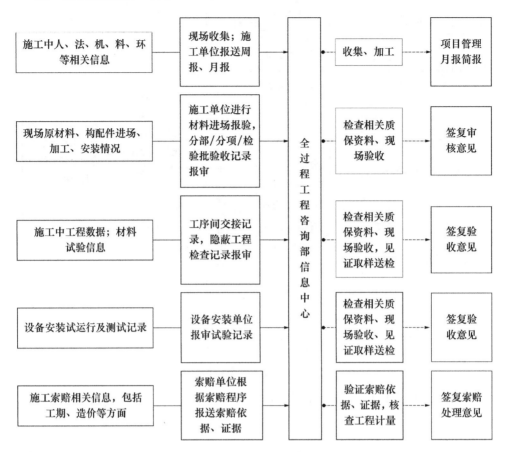

图 17.3-5 施工阶段信息流程图

17.4 信息管理方法

17.4.1 全过程工程咨询资料的日常管理

本项目在信息档案管理上要争创"广东省重大建设项目档案金册奖"，建设目标为确保"大禹奖"，争创"詹天佑奖""鲁班奖"。为提高工作效率，并确保深圳市 GM 水库—QLJ 水库连通工程项目信息资料的齐全、完整、准确和系统，统一资料管理思路，明确资料信息管理流程及规定，确保本工程档案规范、真实、完整，特就本项目档案资料管理有关流程规定如下：

1．通过建立完善的信息、档案管理制度进行信息管理

（1）设置专职资料档案管理人员，负责项目档案资料的收集、编目、分类、整理、归档。资料归档管理按国家档案管理制度执行。工程资料强调真实、规范、完整，套用表式必须符合当地行业主管部门规定及项目归档需要，保证档案资料的内容真实、准确，并与工程实际相符。

（2）工程咨询管理信息应随工程的进展，按照项目信息管理的要求，及时整理、录入项目信息。信息资料要真实、准确、及时，所收到的项目信息应经项目部有关责任人审核签实后，方可录入计算机信息系统，以确保信息的真实性。

（3）建立系统、完善的信息安全管理制度和信息保密制度，严格信息管理程序。

（4）对信息进行分类、分级管理。保密要求高的信息应按高级别保密，并要求进行防泄密管理，由综合管理部保管；一般性信息由信息使用部门登记保存，每月末提交一份信息汇总表（电子版）至综合管理部备案。

（5）对无使用价值的过期和报废资料（文件、图纸等）应及时清理做好登记，如需报废应填写报废申请单，经部门经理签字确认加盖作废章后，单独存放、集中销毁。

2．建立文件传递程序、搜集和整理制度进行信息管理

在文件编制、编号、登记、收发制度上，有明确的规定的，力求做到体系化、规范化、标准化。

信息搜集内容应包括必要的录像、摄影、音响等信息资料，重要部分刻盘保存。及时准确地收集、传递、反馈各类工程信息；审核原始工程信息的真实性、可靠性、准确性和完整性。

3．通过会议制度进行信息管理

注意会议信息的收集，会议纪要按有关规定编写并按要求存档。

17.4.2　归档资料目录

水利工程建设项目文件归档范围与保管期限　　　　表 17.4

序号	归 档 文 件	保 管 期 限		
		项目法人	建设单位	档案馆
1	工程建设前期工作文件材料	永久	永久	永久
1.1	勘测设计任务书、报批文件及审批文件	永久	永久	
1.2	规划报告书、附件、附图、报批文件及审批文件	永久	永久	
1.3	项目建议书、附件、附图、报批文件及审批文件	永久	永久	
1.4	可行性研究报告书、附件、附图、报批文件及审批文件	永久	永久	
1.5	初步设计报告书、附件、附图、报批文件及审批文件	永久	永久	
1.6	各阶段的环境影响、水土保持、水资源评价等专项报告及批复文件	永久	永久	
1.7	各阶段的评估报告	永久	永久	
1.8	各阶段的鉴定、实验等专题报告	永久	永久	
1.9	招标设计文件	永久	永久	
1.10	技术设计文件	永久	永久	

续表

序号	归 档 文 件	保 管 期 限		
		项目法人	建设单位	档案馆
1.11	施工图设计文件	长期	长期	
2	工程建设管理文件材料	永久	永久	
2.1	工程建设管理有关规章制度、办法	永久	永久	
2.2	开工报告及审批文件	永久	永久	
2.3	重要协调会议与有关专业会议的文件及相关材料	永久	永久	永久
2.4	工程建设大事记	长期	长期	
2.5	重大事件、事故声像材料	长期	长期	
2.6	有关工程建设管理及移民工作的各种合同、协议书	长期	长期	
2.7	合同谈判记录、纪要	长期	长期	
2.8	合同变更文件	长期	长期	
2.9	索赔与反索赔材料	长期	长期	
2.10	工程建设管理涉及的有关法律事务往来文件	长期	长期	
2.11	移民征地申请、批准文件及红线图(包括土地使用证)、行政区域图、坐标图	永久	永久	
2.12	移民拆迁规划、安置、补偿及实施方案和相关的批准文件	永久	永久	
2.13	各种专业会议记录	长期	长期	
2.14	专业会议纪要	永久	*永久	*永久
2.15	有关领导的重要批示	永久	永久	
2.16	有关工程建设计划、实施计划和调整计划	长期		
2.17	重大设计变更及审批文件	永久	永久	永久
2.18	有关质量及安全生产事故处理文件材料	长期	长期	
2.19	有关招标技术设计、施工图设计及其审查文件材料	长期	长期	
2.20	有关投资、进度、质量、安全、合同等控制文件材料	长期		
2.21	招标文件、招标修改文件、招标补遗及答疑文件	长期		
2.22	投标书、资质资料、履约类保函、委托授权书和投标澄清文件、修正文件	永久		
2.23	开标、评标会议文件及中标通知书	长期		
2.24	环保、档案、防疫、消防、人防、水土保持等专项验收的请示、批复文件	永久	永久	

续表

序号	归档文件	保管期限		
		项目法人	建设单位	档案馆
2.25	工程建设不同阶段产生的有关工程启用、移交的各种文件材料	永久	永久	永久
2.26	出国考察报告及外国技术人员提供的有关文件材料	永久		
2.27	项目法人在工程建设管理方面与有关单位（含外商）的重要来往函电	永久		
3	施工文件材料			
3.1	工程技术要求、技术交底、图纸会审纪要	长期	长期	
3.2	施工计划、技术、工艺、安全措施等施工组织设计报批及审核文件	长期	长期	
3.3	建筑原材料出厂证明、质量鉴定、复验单及试验报告	长期	长期	
3.4	设备材料、零部件的出厂证明（合格证）、材料代用核定审批手续、技术核定表、业务联系单、备忘录等		长期	
3.5	设计变更通知、工程更改洽商单等	永久	永久	永久
3.6	施工定位（水准点、导线点、基准点、控制点）等测量、复核记录	永久	永久	
3.7	施工放养记录及有关材料	永久	永久	
3.8	地质勘探和土（岩）试验报告	永久	长期	
3.9	基础处理、基础工程施工、桩基工程、地基验槽记录	永久	永久	
3.10	设备及管线焊接实验记录、报告、施工检验、探伤记录	永久	长期	
3.11	工程或设备与设施强度、密闭性试验记录、报告	长期	长期	
3.12	隐蔽工程验收记录	永久	长期	
3.13	记载工程或设备变化状态（测试、沉降、位移、变形等）的各种检测记录	永久	长期	
3.14	各类设备、电气、仪表的施工安装记录、质量检查、检验、评定材料	长期	长期	
3.15	网络、系统、管线等设备、设施的运行、测试、调试、试验记录与报告	长期	长期	
3.16	管线清洗、试压、通水、通气、消毒记录、报告	长期	长期	
3.17	管线标高、位置、坡度测量记录	长期	长期	
3.18	绝缘、接地电阻等性能测试、校核记录	永久	长期	
3.19	材料，设备明细表及检验，交接记录	长期	长期	
3.20	电器装置操作、联动实验记录	短期	长期	
3.21	工程质量检查自评表	永久	长期	

序号	归 档 文 件	保 管 期 限		
		项目法人	建设单位	档案馆
3.22	施工技术总结、施工预、决算	长期	长期	
3.23	事故及缺陷处理报告等相关材料	长期	长期	
3.24	个阶段检查、验收报告和结论及相关文件材料	永久	永久	永久
3.25	设备及管线施工中间交工验收记录及相关材料	永久	长期	
3.26	竣工图（含工程基础地质素描图）	永久	永久	永久
3.27	反映工程建设原貌及建设过程中重要阶段或事件的声像材料	永久	永久	永久
3.28	施工大事记	长期	长期	
3.29	施工记录及施工日记		长期	
4	监理文件材料			
4.1	监理合同协议，监理大纲，监理规划、细则、采购方案、监造计划及批复文件	长期		
4.2	设备材料审核文件	长期		
4.3	施工进度、延长工期、索赔及付款报批材料	长期		
4.4	开（停、复返）工令、许可证等	长期		
4.5	监理通知，协调会议纪要，监理工程师指令、指示，来往信函	长期		
4.6	工程材料监理检查复检、实验记录、报告	长期		
4.7	监理日志、监理周（月、季、年）报、备忘录	长期		
4.8	各项控制、测量成果及复核文件	长期		
4.9	质量检测、抽查记录	长期		
4.10	施工质量检查分析评估、工程质量事故、施工安全事故等报告	长期	长期	
4.11	变更价格审查、支付审批、索赔处理文件	长期		
4.12	单元工程检查及开工（开仓）签证，工程分部分项质量认证、评估	长期		
4.13	主要材料及工程投资计划、完成报表	长期		
4.14	设备采购市场调查、考察报告等	长期		
4.15	设备制造的检验计划和检验要求、检验记录及试验、分包单位资格报审表	长期		
4.16	原材料、零配件等的质量证明文件和检验报告	长期		
4.17	会议纪要	长期	长期	
4.18	监理工程师通知单、监理工作联系单	长期		

序号	归 档 文 件	保 管 期 限		
		项目法人	建设单位	档案馆
4.19	有关设备质量事故处理及索赔文件	长期		
4.20	设备验收、交接文件，支付证书和设备制造结算文件	长期	长期	
4.21	设备采购、监造工作总结	长期	长期	
4.22	监理工作声像材料	长期	长期	
4.23	其他有关的重要来往文件	长期	长期	
5	工艺、设备材料（含国外引进设备材料）文件材料			
5.1	工艺说明、规程、路线、试验技术总结		长期	
5.2	产品检验、包装、工装图、检测记录		长期	
5.3	采购工作中有关询价、报价、招投标、考察、购买合同等文件材料	长期		
5.4	设备、材料报关（商榆、海关）、商业发票等材料	永久		
5.5	设备、材料检验、安装手册、操作使用说明书等随机文件		长期	
5.6	设备、材料出厂质量合格证明，装箱单、工具单、备品备件单等		短期	
5.7	设备、材料开箱检验记录及索赔文件等材料	永久		
5.8	设备、材料的防腐、保护措施等文件		短期	
5.9	设备图纸、使用说明书、零部件目录		长期	
5.10	设备测试、验收记录		长期	
5.11	设备安装调试记录、测定数据、性能鉴定		长期	
6	科研项目文件			
6.1	开题报告、任务书、批准书	永久		
6.2	协议书、委托书、合同	永久		
6.3	研究方案、计划、调查研究报告	永久		
6.4	试验记录、图表、照片	永久		
6.5	实验分析、计算、整理数据	永久		
6.6	实验装置及特殊设备图纸、工艺技术规范说明书	永久		
6.7	实验装置操作规程、安全措施、事故分析	永久		
6.8	阶段报告、科研报告、技术鉴定	永久		
6.9	成果申报、鉴定、审批及推广应用材料	永久		
6.10	考察报告	永久		

序号	归档文件	保管期限		
		项目法人	建设单位	档案馆
7	生产技术准备、试生产文件材料			
7.1	技术准备计划		长期	
7.2	试生产管理、技术责任制等规定		长期	
7.3	开停车方案		长期	
7.4	设备试车、试验、运转、维护记录		长期	
7.5	安全操作规程、事故分析报告		长期	
7.6	运行记录		长期	
7.7	技术培训材料		长期	
7.8	产品技术参数、性能、图纸		长期	
7.9	工业卫生、劳动保护材料、环保、消防		长期	
8	财务、器材管理文件材料			
8.1	财务计划、投资、执行及统计文件	长期		
8.2	工程概算、预算、决算、审计文件及标底、合同等说明材料	永久		
8.3	主要器材、消耗材料的清单和使用情况记录	长期		
8.4	支付使用的固定资产、流动资产、无形资产、递延资产清册	永久	永久	
9	竣工验收文件材料			
9.1	工程验收申请报告及批复	永久	永久	永久
9.2	工程建设管理工作报告	永久	永久	永久
9.3	工程设计总结（设计工作报告）	永久	永久	永久
9.4	工程施工报告（施工管理工作报告）	永久	永久	永久
9.5	工程监理报告	永久	永久	永久
9.6	工程运行管理报告	永久	永久	永久
9.7	工程质量监督工作报告（含工程质量检测报告）	永久	永久	永久
9.8	工程建设声像材料	永久	永久	永久
9.9	工程审计文件、材料、决算报告	永久	永久	永久
9.10	环境保护、水土保持、消防、人防、档案等专项验收意见	永久	永久	永久
9.11	工程竣工实验鉴定书及验收委员签字表	永久	永久	永久
9.12	竣工资料会议其他重要文件材料及记载了会议主要情况的声像材料	永久	永久	永久
9.13	项目评优奖申报材料，批准文件及证书	永久	永久	永久

17.5　信息管理的职责

17.5.1　信息整理

1. 全过程工程咨询单位信息整理职责

全过程工程咨询单位在开工前根据国家、深圳市档案资料管理法规、"金册奖"相关规定及深圳市 GM 水库—QLJ 水库连通工程实际情况，确定信息源、信息内容、信息形式、信息时效及信息流程，建立信息管理系统。

进场的参建单位在专业开工前，由全过程工程咨询单位对信息整理进行交底，建立信息管理秩序。全过程工程咨询单位配备信息管理工程师，全面负责收集、整理项目信息。全过程工程咨询单位各部门的信息管理职责如下：

（1）综合管理部负责保管项目前期资料、项目部管理类资料、建设主管部门各类指令性文件及各种数据、表格、图纸、文字、音像资料等。负责收集，整理，管理本项目范围内的信息；经过加工后以项目管理月报、简报等形式及时报送建设单位。督促参建单位按照省、市有关工程资料管理的规定进行工程资料的整理、归档工作。

（2）设计与工程管理部负责收集、整理设计相关资料，如设计方案、设计文件、施工图纸、设计工程联系单；负责收集、整理工程施工资料、文件。相关资料收集、整理完成后统一交综合管理部归档保存。

（3）招标合约部负责收集、整理工程招投标文件、各种合同文件、资金使用计划及工程款支付、结算资料。相关资料收集、整理完成后统一交综合管理部归档保存。

（4）工程监理部负责收集、整理、保管工程施工资料、文件，督促施工单位按照主管部门、监理规范及建设单位有关工程施工技术资料、监理资料管理的规定进行工程资料的整理、归档工作。

2. 各参建单位信息管理职责

（1）各参建单位都应设专职的信息管理人员，负责日常信息资料收集、整理、分发、检索和存储等职能，并保证文件档案资料的真实性、完整性、有效性。文件档案资料以及存储介质质量应符合要求，适应长时间保存的要求，各参建单位发文按信息资料分类和编码要求进行分类编码，收文单位应根据信息处理要求及时传阅，且及时做好收发文登记，并收发人员签字。文件档案资料应保持清晰，不得随意涂改记录，保存过程中应保持记录介质的清洁和不破损。

（2）各参建单位管理职责不同，其中承包商负责承包范围的信息收集整理，并及时报送全过程工程咨询单位。实行分包的项目，项目分包人应负责分包范围的信息收集整理，并及时报送承包人；承包人负责汇总、整理各分包人的全部信息，并及时报送全过程工程咨询单位。

（3）项目信息收集应随工程的进行，保证真实、准确、完整，按照项目信息管理的要求及时整理，经有关负责人审核签字。项目信息在有追溯性要求的情况下，应注意核查所填部分内容是否可追溯。如果不同类型的项目信息之间存在相互对照或追溯关系时，在分类存放的情况下，应在文件和记录上注明相关信息的编号和存放处。

（4）信息档案必须使用科学的分类方法进行存放，既满足项目实施过程查阅、求证的需要，又方便项目竣工后文件和档案的归档和移交。项目建设过程中文件和档案的具体分类原则将根据工程特点制定总目录、分目录及卷内目录。

在本项目中计划采用计算机对项目信息进行辅助管理，各参建单位应配备信息管理设施，满足深圳市 GM 水库—QLJ 水库连通工程的软硬件要求。

在本项目中计划采用计算机对项目信息进行辅助管理，各参建单位应配备信息管理设施，满足深圳市 GM 水库—QLJ 水库连通工程的软硬件要求。

17.5.2　信息汇报

1．全过程工程咨询单位信息汇报职责

全过程工程咨询单位根据深圳市 GM 水库—QLJ 水库连通工程信息流程，分别对项目前期、设计、招投标采购、施工准备过程、施工过程、竣工保修六个阶段的信息进行收集，整理加工并形成相应的书面汇报资料，及时报送建设单位。

（1）项目前期阶段，全过程工程咨询单位通过对前期社会、技术、环境等信息的收集、整理，形成书面的项目工程建设经济评价等汇报资料报送建设单位，以适时地提供决策依据。

（2）设计阶段，全过程工程咨询单位通过对项目要求、工程技术信息、设计质量、进度等信息的收集、整理，对设计进行质量、进度控制，对工程概算、预算进行审核，对工程投资进行预控，并形成书面的设计情况简报报送建设单位。

（3）施工招投标阶段，全过程工程咨询单位通过对施工设计和施工图预算，法律法规，当地招、投标程序，合同范本等信息的熟悉，了解工程特点，对工程量进行合理的分解，开展招投标工作，并根据招投标计划实施情况，提交招投标方案、招投标进度、结果等书面汇报资料，及时报送施工合同，总分包合同。

（4）施工阶段：在施工准备期，全过程工程咨询单位要求进场单位及时办理相关报审手续，编写监理规划及相关监理细则，并汇总施工组织设计、工程施工总进度、施工图纸会审、设计交底等开工前相关资料，报送建设单位。

在施工实施期，全过程工程咨询单位通过对工程施工过程的质量、投资、进度的事前、事中、事后控制，收集工程各方面信息，每月形成深圳市 GM 水库—QLJ 水库连通工程项目管理月报，每月 5 日前报送建设单位，汇报项目实施情况，与计划投资、进度进行比对，预测下步项目实施计划，并针对工程实施情况提出下步工作的重点及建议。

（5）竣工保修期，全过程工程咨询单位协助办理相关竣工备案、竣工决算、结算等手续，负责组织，监督勘察、设计、施工等单位的工程文件的形成、积累和立卷归档工作，组织工程档案的编制工作，将汇总的建设工程文件档案移交建设单位，并协助建设单位向地方城建档案管理部门移交。

2．各参建单位信息汇报职责

各参建单位应按照信息管理系统要求，遵循信息流程，及时申报相关资料，并保证其真实性、有效性、完整性。

17.5.3　信息归档

（1）竣工资料的收集、归档工作由监理部统一管理监督、指导施工单位完成，最后由综合管理部组织监理部协助建设单位向当地城建档案馆进行竣工档案报建、移交工作；

（2）归档的工程文件一般应为原件，工程文件的内容及其深度必须符合国家勘察、设计、施工、监理等方面的技术规范、标准和规程；

（3）工程文件应采用耐久性强的书写材料，如碳素墨水、蓝黑墨水，不得使用易褪色的书写材料；工程文件应字迹清楚、图样清晰、图表整洁，签字盖章手续完备；

（4）信息资料的照片（含底片）及声像档案，要求图像清晰、声音清楚，文字说明或内容准确；

（5）工程文件中文字材料幅面尺寸规格宜为 A4 幅面，图纸宜采用国家标准图幅。

17.6　信息管理的措施

17.6.1　信息管理的技术措施

1．100% 电子化管理

（1）采用 100% 电子化管理，任何一份电子文件收入时，立即编码归档；任何一份纸质版资料收入时，立即扫描、编码、归档。

（2）由综合管理部统一建立更新《项目档案台账》与《卷内目录》，更新频次为每周不少于一次。

（3）对需要编码文件，采用统一编码格式"公司简称＋文件类型＋版本号＋文件主题＋期号"，其中各项均采用英文字母简称，如 JNPM-GQNY-1.0、1.0-NBHY-001

（4）项目档案台账与卷内目录体现文件形成的时间与阶段，文件目录下的文件采用标段管理模式，从而实现本项目文件资料的"时间 - 空间"管理。

2．纸质文件管理

（1）本项目文件均以文件目录形式管理，每个文件目录配置相应卷内目录，卷内目录每周更新不少于 1 次。

（2）文件盒脊背标签采用统一格式，每个文件盒中存放的文件目录不超过 2 个。

（3）文件盒封面附上对应文件目录名称，文件柜柜门贴上本项目各部门文件目录索引，便于文件查找。

3．各部门资料协调

（1）项目档案台账分为综合管理部档案台账、设计管理部档案台账、招采造价合约部档案台账，各部门分别建立、更新其档案台账，由综合管理部信息管理负责人统一管理。

（2）由综合管理部信息管理负责人牵头，每周定期组织设计部、招采部资料负责人进行档案台账梳理及资料信息对接。

17.6.2　信息管理的组织措施

1. 信息处理的要求

要使信息能有效地发挥作用，在处理的过程中就必须符合及时、准确、适用、经济的要求。

2. 收集的大量信息，找出信息与信息之间的关系和运算公式

从收集的少量信息中得到大量的输出信息。信息处理包括收集、加工、输入计算机、传输、存储、计算、检索、输出等内容。

17.6.3　信息管理的经济措施

（1）依据投资控制信息，对工程结算情况的意见和指示。

（2）工程价款结算一般按月进行，要对投资完成情况进行统计、分析，在统计基础上作一些短期预测，以便对建设单位在组织资金方面提供咨询意见。

（3）依据合同信息，在工程施工中，由于建设单位的原因或客观条件使承包商遭受损失，承包商提出索赔要求的；承包商由于违约使工程遭受损失，建设单位提出索赔要求的，对索赔提出处理意见。

17.6.4　信息管理的合同措施

（1）工程项目信息管理中，对收集来的资料进行加工整理后，按其加工整理的深度，可分为如下几个类型：

第一类：对资料和数据进行简单整理和滤波；

第二类：对信息进行分析，概括综合能产生辅助决策的信息；

第三类：通过应用数学模型统计推断可以产生决策的信息。

（2）依据进度控制信息，对施工进度状态的意见和指示，每月、每季度都要对工程进度进行分析对比并做出综合评价，包括当月整个工程各方面实际完成，实际数量与合同规定的计划数量之间的比较。如果某一部分拖后，应分析其原因。存在的主要困难和问题，提出如何解决的意见。

依据质量控制信息，对工程质量情况的意见和指示，应当系统地将当月施工中的各种质量情况，包括现场检查中发现的各种问题、施工中出现的重大事故，对各种情况、问题、事故的处理情况除在月报中进行阶段性的归纳和评价外，如有必要可进行专门的质量情况定期报告。

17.6.5　信息管理的安全措施

（1）信息文件处理、整理、登记、立卷、归档由专人负责，收文、发文、借用、移交记录要及时准确，做到各项信息有据可查；

（2）工程信息计算机存储，要做到分类有序，存储的文件为最终有效文件，对过程文件进行有选择性的保留，避免同一文件有多个版本的情况出现，电子档信息文件在存储时，文件名要能够反映文件内容，顺序号清晰，便于查看和查找；

（3）平时要做好计算机系统的维护工作，避免恶意软件对网络的安全侵害，定期对重要数据进行备份，尽量防止因计算机系统问题造成信息资料文件的丢失，保证工程信息的安全；

（4）要做好信息的保密工作，实行信息传递的分级管理制度，重要信息按最高等级进行传递管理，一般信息按常规方式进行传递管理。注意重要信息传递过程中的保密控制，特别是合同、造价类信息资料；

（5）有关人员借阅项目文件和档案须办理借阅手续，机密档案（财务文件、重要合同、招投标文件等）的查阅须经项目经理同意方可。一般不可复制；

（6）鉴于国家对监理工作有专门规范（章），故监理部的信息资料管理尚应遵照监理规范和公司监理工作标准要求执行。

第18章　项目沟通与相关方管理

项目沟通对整个项目建设来说至关重要，项目所有建设目标的分解传达落实、问题的报告与解决、协同作业等均依靠有效的沟通，涉及项目的各个相关方。因此，做好项目沟通工作能够为项目顺利实施提供基础保障。要做好项目沟通工作，主要从以下几个方面着手：

18.1　项目沟通内容

（1）根据已明确的管理组织结构图（包括全过程工程咨询内部以及整个项目的管理组织结构图），组织应建立项目相关方沟通管理机制，健全项目各个层面协调制度，确保组织内部与外部的有效交流与合作。

（2）全过程工程咨询单位应将沟通管理纳入日常管理工作中，及时沟通信息、协调工作，解决遇到的问题，避免和消除在项目运行过程中的障碍、冲突和不一致。

（3）项目各参建的相关方应通过完整的制度和完善的程序，实现相互之间沟通的零距离和运行的有效性。

（4）与有关行政部门的沟通，一方面对于项目审批的有关部门，积极取得良好的沟通，获取对项目有利的审批条件和时限；另一方面对于项目的行政主管部门，保持顺畅的沟通，按照主管部门的各项要求予以落实，保障项目依法依规建设。

18.2　相关方需求识别与评估

（1）建设单位应分析和评估其他各相关方对项目质量、安全、进度、造价、环保方面的理解和认识，同时分析各方对资金投入、计划管理、现场条件以及其他方面的需求。

（2）全过程工程咨询单位应分析和评估建设单位的各项目标需求、授权和权限，分析和评估施工单位及其他相关单位对全过程工程咨询（含监理）工作的认识和理解、提供技术指导和咨询服务的需求。在分析和评估其他方需求的同时，也应对自身需求做出分析和评估，明确定位，与其他相关单位的需求有机融合，减少冲突和不一致。

（3）勘察设计单位应分析和评估建设单位、施工单位、监理单位以及其他相关单位对勘察设计文件和资料的理解和认识，分析对文件质量、过程跟踪服务、技术指导和辅助管理工作的需求。

（4）施工单位应分析和评估建设单位以及其他相关方对技术方案、工艺流程、资源条件、生产组织、工期、质量和安全保障以及环境和现场文明的需求；分析和评估供应、分包和技术咨询单位对现场条件提供、资金保证以及相关配合的需求。

（5）专业承包、劳务分包和供应单位应当分析和评估建设单位、施工单位、监理单位对服务质量、工作效率以及相关配合的具体要求。

18.3　沟通管理计划

（1）全过程工程咨询单位应在项目运行之前，由项目负责人组织编制项目沟通管理计划。

（2）项目沟通管理计划编制依据应包括下列内容：

① 项目立项批复文件；

② 项目招投标文件；

③ 项目合同文件；

④ 组织制度和行为规范；

⑤ 项目相关方需求识别与评估结果；

⑥ 项目实际情况；

⑦ 项目主体之间的关系；

⑧ 沟通方案的约束条件、假设以及适用的沟通技术；

⑨ 冲突和不一致解决预案。

（3）项目沟通管理计划应包括下列内容：

① 沟通范围、对象、内容与目标；

② 沟通方法、手段及人员职责；

③ 信息发布时间与方式；

④ 项目绩效报告安排及沟通需要的资源；

⑤ 沟通效果检查与沟通管理计划的调整；

⑥ 重要沟通成果的归档。

（4）项目沟通管理计划应由授权人批准后实施。全过程工程咨询单位应定期对项目沟通管理计划进行检查、评价和改进。

18.4　沟通程序与方式

（1）全过程工程咨询单位应制定沟通程序和管理要求，明确沟通责任、方法和具体要求。

（2）全过程工程咨询单位应在其他方需求识别和评估的基础上，按项目运行的时间节点和不同需求细化沟通内容，界定沟通范围，明确沟通方式和途径，并针对沟通目标准备相应的预案。

（3）项目沟通管理应包括下列程序：

① 项目实施目标分解；

② 分析各分解目标自身需求和相关方需求；

③ 评估各目标的需求差异；

④ 制定目标沟通计划；

⑤ 明确沟通责任人、沟通内容和沟通方案；

⑥ 按既定方案进行沟通；

⑦ 总结评价沟通效果。

（4）全过程工程咨询单位应当针对项目不同实施阶段的实际情况，及时调整沟通计划和沟通方案。

（5）全过程工程咨询单位应进行下列项目信息的交流：

① 项目各相关方共享的核心信息；

② 项目内部信息；

③ 项目相关方产生的有关信息；

④ 行政主管部门要求上报的信息等。

（6）全过程工程咨询单位可采用信函、邮件、文件、会议、口头交流、工作交底以及其他媒介沟通方式与项目相关方进行沟通，重要事项的沟通结果应书面确认。

（7）全过程工程咨询单位应定期编制项目进展报告，说明项目实施情况、存在的问题及风险、拟采取的措施，预期效果或前景。

18.5 组织协调

组织应制定项目组织协调制度，规范运行程序和管理，应针对项目具体特点，建立合理的管理组织，优化人员配置，确保规范、精简、高效。全过程工程咨询单位应就容易发生冲突和不一致的事项，形成预先通报和互通信息的工作机制，化解冲突和不一致。全过程工程咨询单位应识别和发现问题，采取有效措施避免冲突升级和扩大。在项目运行过程中，全过程工程咨询单位应分阶段、分层次、有针对性地进行组织人员之间的交流互动，增进了解，避免分歧，进行各自管理部门和管理人员的协调工作。全过程工程咨询单位应实施沟通管理和组织协调教育，树立和谐、共赢、承担和奉献的管理思想，提升项目沟通管理效率。

18.5.1 组织协调的难点、要点

1. 接口涉及部门多，进度计划确认难

具体表现是：不确定性因素多，对进度接口条件的确认难，给施工组织确认和施工进度的控制带来很大影响。

2．项目内部涉及的单位多

主要包括建设单位团队、设计、全过程工程咨询、承包商、供应商，接口管理程序的统一和执行难度大。由于本项目"时间紧、任务重、要求高、牵涉面广"，可以想象，要使整个工程建设的接口处于有序和受控状态，各接口程序的统一和有效执行是关键所在。"系统化、规范化、标准化"的管理能有效地让接口之间顺利的实现"顺接"是接口管理的难点所在。

3．接口涉及专业多

主要表现是接口部位的确认及接口边界的确定难度大。

工程有各种各样众多的接口。按系统划分：有土建 / 土建的接口、土建 / 设备的接口、设备 / 设备的接口；按性质划分：有工序接口、技术接口、合同接口、管理接口等；按工作范围划分：有内部接口、外部接口及内部与外部间的接口等。

（1）土建与土建的接口：隧洞工程与工作井工程的接口，泵站与管沟的接口，各单项工程之间的接口等。

（2）土建与设备的接口：隧洞结构施工中要求必须严格按施工图和施工规范做好土建、部分机电和建筑（管）、接地网的埋设和安装工作，以及电缆沟等的预留与预埋工作，为设备安装提供准确无误良好的条件。

（3）设备与设备的接口：常规设备各系统之间接口；系统设备与智能设备之间的接口等。

（4）合同接口：总、分包合同之间；智能化总集成商和各子系统承包商之间等。

（5）内部接口：全过程工程咨询管理程序与建设单位管理程序之间接口。

4．技术接口的管理涉及的专业多

技术接口的管理涉及的专业多，导致过程的实施、控制及验证的要求高。比如，隧洞开挖、洞渣料处理和外运、隧洞支护及衬砌施工、注浆等，工作井包括地下连续墙、土方明挖、石方明挖、内衬混凝土浇筑、井内钢管安装及管外混凝土浇筑等，调压井包括土方明挖、土方井挖、石方井挖、灌注桩、竖井初期支护（锚杆、挂网喷射混凝土、钢拱架等）、内衬混凝土浇筑等。

需协调控制各专业的统一协调，统一部署，达到顺利对接，过程控制要求高，并在其实施过程后的验证要求严。

18.5.2　组织协调的任务

良好的氛围是事情成败的关键，本工程的难点之一是协调管理。建设的工作量大，涉及专业、部门多，施工过程各专业交叉配合复杂，参与建设的单位来自全国各地，造成工程的协调工作量非常巨大而繁重，千头万绪，最主要的有：

1．与建设单位之间的协调

通过与建设单位的沟通协调，明确项目的建设意图和建设目标，从而确定项目的功能需求定位。围绕项目目标层层推进、落实。实施过程中需要建设单位决策的事宜，及时协调建设单位予以决策。

2. 与政府部门的协调

与政府部门建立起有效的沟通渠道，充分发挥政府的职能作用。招标流程需要公共资源交易中心、招投标监督管理办；施工报建需要建设局、水利局、环保局等；施工交通组织需要交警部门；施工质量、安全需要质监站。

3. 与设计单位之间的协调

通过设计管理工作，做好设计单位接口的衔接，避免重叠、交接不清。组织坐标点，标高交接、图纸会审、技术交底；及时修改设计变更。

4. 施工单位之间的协调

本工程施工单位多，施工时间长、高强度连续作业，施工场地狭窄，相邻标段施工干扰大，存在相互交面、交叉作业以及工作衔接等，我公司将在交通运输、场地利用等方面充分协调好施工单位之间的先后顺序与立体交叉施工。

5. 总包与专业分包单位的协调管理

总包单位对专业分包单位要制定分包管理办法，不单是管理，还要协调和配合分包单位的工作，建立内部协调会议制度。

6. 工程环境保护的协调

本工程对环境影响主要表现在工程施工期和工程完建期。可能产生环境影响的主要为施工准备期、主体工程施工期以及施工完建期。具体产生影响的施工行为主要有施工导流、主体工程施工以及工程弃渣等活动。此外，工程建设区和施工区的征占地会造成居民的搬迁和耕地损失，水库的建设导致的搬迁和生产安置移民也需在施工前完成相关的安置工作，移民安置会带来生态环境、社会环境和人群健康的影响等。

全过程工程咨询单位将把环保方面的协调工作当作工程外部协调工作重点难点之一，建议通过控制大气污染、施工噪声、施工污染、固体废弃物排放、交通运输系统尾气和扬尘等，尽量降低施工扬尘和污染、做好交通疏解及出入便道、施工后恢复等措施保护自然环境。

18.5.3　对承包商的协调管理措施

全过程工程咨询单位会派驻各个专业的管理工程师。管理工程师与承包商之间是管理被管理的关系，因此承包商的一切活动必须得到管理工程师的批准和认可，并接受管理工程师的监督和管理。在本工程中，管理工程师采用以下手段对承包商进行管理：

1. 书面指示

管理工程师的各种决定、意见和要求均以书面形式发出指示，补充和完善合同条件的不足，纠正承包商各种不符合合同的行为。承包商对这些书面指示都应严格遵守和执行。所有书面指示在发给承包商前均要先报建设单位批准。书面通知包括：

（1）开工通知。

（2）管理备忘录。

（3）会议通知和会议纪要。

（4）整改通知单：管理工程师发现施工质量缺陷或施工人员违反操作规程等足以引起工程质量事故时，以整改通知单的形式经建设单位批准后通知承包商返工或修补或改进。

（5）暂时停工和复工的指示：由于承包商施工质量问题或由于现场天气条件或为工程的合理施工和其安全而需要工程全部或部分停工时，管理工程师以书面报告要求建设单位发出上述暂时停工指示。当达到复工条件时，则要求建设单位发出复工指令。

（6）拒绝和恢复计量支付的指示：当工程质量不合格或其他方面未达到管理工程师满意时，管理工程师发出对该不合格工程不予计量的指示并以书面要求建设单位拒绝支付审批，改进后恢复计量确认。

（7）修改进度计划的指令：承包商的实际施工进度已延后于计划的施工进度，有必要对原施工进度计划作修改时，管理工程师向建设单位建议发出上述修改指令，指令承包商调整计划。

（8）其他下达有关规定的管理通知：管理工程师任命通知（包括管理人员名单、联系电话、应急电话等），关于管理程序的通知，关于文件运转、收发的规定等等。

2．工程例会

工程例会每周召开一次，管理工程师对下列问题发表意见：检查上次会议的决议的落实情况，分析未完成事项的原因；检查本周工程计划完成情况，分析未完成原因；确定下一阶段进度目标及其落实措施；检查本阶段工程质量情况及有关技术问题；承包商对管理程序的执行情况及现场管理情况；其他任何有关问题。

3．专题会议

对技术方面或合同管理方面比较复杂的文件，采用专题会议的形式进行研究和解决。

4．邀见承包商

当承包商无视管理工程师的指令和合同条款，违反合同进行工程活动时，管理工程师在要求建设单位处罚承包商之前，可邀见承包商主要负责人，提出通报或警告。邀见纪要报送建设单位。

18.5.4　总包与各专业承包人之间的协调

全过程咨询单位通过以往大中型项目的管理体会，认为由总承包对分包单位进行管理的模式有着明显的优点。首先是总包和分包均属施工企业，熟悉施工内部管理体系，将会提高协调工作的实效性；其次，通过总包和管理单位协调，多了一个协调层面，也多了一份责任，将极大深化协调工作；第三，分包单位若对协调工作不积极，消极施工，那么总包单位可替代做一些分包单位的工作，弥补施工中的缺陷；第四，从解决问题的过程看，先总包协调，有矛盾再提交咨询单位进行公正、公平、合情合理的协调，有利于矛盾解决。

根据中华人民共和国国务院令 279 号《建设工程质量条例》，施工总承包单位对其分包单位的管理原则为：

1. 总承包单位的权利

（1）建设单位与分包单位签订的合同中必须明确，分包单位纳入总承包管理，接受总承包单位的统一协调和安排。

（2）分包单位负有成品保护的责任，如有可能损坏成品时应事先与总承包单位取得联系并得到认可，如属不文明施工造成的损坏应向总承包单位赔偿。

（3）分包单位的工程质量、数量首先由总承包单位签订，然后由管理单位、建设单位确认，总承包单位不签认的，管理单位、建设单位不予签认工作量，不核拨工程款。

（4）总承包单位按规定履行其职责，按合同要求完成总承包工作后，建设单位按规定支付总包管理费。

2. 总承包单位的责任

（1）本工程实行施工总承包，总包单位对其承包的全部建设工程质量负责，分包单位按照分包合同的约定对其分包工程的质量向总承包单位负责。

（2）总承包单位按监理规范要求向监理单位报送分包单位的资质和其他有关资料。

（3）分包单位的工程进度应纳入总承包单位的总进度计划和周进度计划。

（4）总承包单位应指定具备管理能力和专业技术知识的管理人员作为与分包单位的联系人，将对分包单位的管理落到实处，并为分包单位提供必要的服务和物质支持，联系人简况及联系方式报建设单位、监理备案。

（5）督促分包单位全面履行合同规定的责任和义务。

（6）总承包单位自身不能解决的问题，及时与建设单位、全过程工程咨询单位联系。

3. 工作边界和工作程序

（1）对于指定分包单位和特殊分包单位，建设单位、全过程工程咨询单位应将招投标、合同洽谈等情况向总承包单位交底，并由全过程工程咨询单位向总承包单位提供一份合同复印和一套相关图纸，在交底时确定三方各自的联系人。

（2）分包单位进场一周内，总承包单位应将《分包单位资格报审表》报监理、建设单位。

（3）分包单位在工程中使用的材料、构配件、设备由总承包单位核验，在施工前由总承包单位将《工程材料／构配件／设备报审表》报监理审核。

（4）分包单位的工程质量由总承包单位负责检验，监理抽检，对重点部位、关键工序和隐蔽工程，总承包单位检验合格后报监理核验，交工验收，总承包单位验收合格后，报建设单位、监理验收。

（5）由于工程的特殊性，工作边界不清、职责不明的情况还会出现，参建工程各方应本着积极的态度，按照本管理原则，主动承担责任，及时沟通，力争在第一时间将问题妥善解决。

4. 对总承包在不合作情况下全过程工程咨询单位执行手段、策略

在工程建设过程中出现总包单位不服从管理行为时，全过程工程咨询单位将从组织、

合同、经济方面采取一下应对措施：

（1）首先必须充分分析不服从管理的原因，是在哪方面不服从管理（如质量方面，还是安全文明管理方面或是进度、投资、对分包管理方面等），以便寻找对策，对症下药。

（2）当有出现不服从管理的苗头时，可以通过及时的召开正式专题会议或非正式沟通、致函通报等手段，及时加强与总包单位当事人、项目经理、公司负责人三个层面的信息沟通（尤其要注重与项目经理和公司管理层面的沟通交流），对存在问题，以实事为依据，晓之以理，动之以情，使其认识到不服从管理所造成后果的严重性以及对总包公司在效益和名誉上的不良影响，使其项目经理部回到服从管理的轨道上来。

（3）对于总包单位出现不服从管理的行为，也可依据有关法规通过发布监理停工整顿的通知的手段督促其进行纠正。

（4）对于经教育无效，仍不服从管理的总包管理人员，可以依据合同发挥监理有权对不胜任人员进行撤换的权利，及时对其撤换，通过在组织机构、人员上进行调整整顿的组织措施，遏制不服从管理的状态持续或扩展。

（5）同时为了加强纠偏效果，管理部也可以通过及时向建设单位领导、政府管理部门汇报，建设过程中所出现不服从管理的情况，以便得到他们的支持，采取多方位多层面的组织管理措施，更有力地督促总包单位纠正存在的问题。

（6）在合同签订前的招标阶段，建议并协助建设单位将有关对不服从管理的行为进行处罚条款、进度款支付、总包管理费支付与管理配合程度相挂钩的条款写入其中，建立考核制度，以便于今后建设过程中一旦出现类似情况，有据可循采取合同措施进行治理。为约制和防止承包单位出现不服从管理的行为，并考虑在实际管理中有可操作性。

（7）从工程款的支付数量方面进行考核、制约，对于总包单位出现不服从管理的状况，视其严重程度，可不付款、缓付款或打折付款的合同手段督促其进行纠正。

（8）对出现总包不服从管理的时候，依据合同条款、制度，对其不服从管理的违规行为进行扣罚的经济手段督促其进行纠正。

（9）当总包确实不服从管理，出现严重影响合同履行的状况时，建议建设单位终止合同，并协助建设单位收集总包单位的相关违约以及造成建设单位损失的证据，以便维护建设单位的合法利益。

（10）同时加强管理队伍的自身建设。根据工程进度，随时调整管理力量，要精心编制人员进场计划，并根据施工现场的情况变化随时调整，在进场和退场各工序工种的交接阶段，应投入足够的管理力量，尤其在总包管理不到位的情况下，管理更应本着对项目负责、敢抓敢管，必须督促总包单位履行其管理职责。

18.5.5　与建设单位的协调

全过程工程咨询单位应积极采取多种渠道加强与建设单位的沟通，使建设单位及时地了解、掌握工程情况，了解项目管理的各种建议和其原因，从而获得建设单位的理解、信任和支持。全过程工程咨询单位与建设单位的联系分为书面报告和口头汇报两类。

1．书面报告

全过程工程咨询周报或月报是项目负责人签署后提交给建设单位的报告，其内容包括：

（1）全过程工程咨询周报；

（2）工程设计进展情况；

（3）报批报建工作进展情况；

（4）招投标工作进展情况；

（5）施工单位的现场工作人数；

（6）设备种类、数量和完好程度；

（7）各类材料品种、数量和质量状况；

（8）工程量完成状况及相应的质量情况；

（9）本周完成的验收情况摘要；

（10）质量及进度问题的补救措施；

（11）各类事故是否发生及对策；

（12）重要部位应有图像资料；

（13）全过程工程咨询月报及专题报告；

（14）专题报告；

（15）全过程工程咨询会和例会汇总表；

（16）工程质量签证情况汇总表；

（17）向施工单位发出的通知、指示和指令；

（18）施工单位提出的各种报告；

（19）增加工作量的审核报告；

（20）工程付款签证；

（21）工程进度报告；

（22）图像资料；

（23）全过程工程咨询工程师函，用于日常工程中发生的事情与建设单位进行联系、请示、答复、建议等的函件。

2．口头汇报

定期召开与建设单位碰头会，向建设单位汇报工程每周进展的情况，并就某些具体问题达成共识。

18.5.6 代替建设单位处理各有关方面的关系

全过程工程咨询单位应致力于对建设单位利益的维护，随时注意避免和减少建设单位的损失，在工程进行的全过程，全方位协助建设单位处理有关矛盾和问题，排忧解难，做好管家，主动处理以下矛盾：

1．设计与施工单位的矛盾

设计与施工的矛盾，绝大部分是技术性问题，主要发生在设计主动变更、施工要求变更、验收标准分歧和时间配合等方面，管理应从以下几方面做好协调工作。

（1）组织好图纸会审，切实处理好施工图中不够清晰，不利于施工的技术问题；

（2）以丰富的专业知识评估工程变更的影响，严格按工程变更程序慎重处理，依据充分，处理到位；

（3）认真研究，判定现行适用标准，理解和分析标准条文，以标准为依据，以专业理论为根本，耐心说服；

（4）搭建设计、施工信息通道，形成密切配合工作的良好关系。

2. 施工单位与施工单位的矛盾

施工单位与施工单位的矛盾主要发生在材料堆放面交叉，工作面交叉，工序次序安排不当等情况。这就要求管理单位必须有一个全盘计划，统筹安排，拟从以下几个方面做好协调工作。

（1）各施工单位办公、住宿、堆料、加工、运输道路在施工总平面图上予以明确，分期使用管理；

（2）需要平行交叉作业的内容，事先召开协调会予以交底，避免责任不清引起争执；

（3）督促总承包单位建立并执行成品保护和奖惩制度；

（4）随时注意不同省份不同队伍民工的情绪变化，及时缓解紧张关系。

3. 建设单位与施工单位的矛盾

建设单位与施工单位有明确的合同关系，两者之间的矛盾主要发生在合同履约上，特别是工程款支付、奖罚条款执行等。全过程工程咨询单位必须研究合同、熟悉计量依据和支付条件，在发生合同纠纷时不轻易上交矛盾，维护建设单位利益的同时、不损害施工方的利益。

4. 全过程工程咨询单位与施工单位的矛盾

全过程工程咨询单位是工程项目的管理者，与施工单位密切接触，严格管理难免会产生一定的矛盾。全过程工程咨询的态度是直面矛盾，态度诚恳、公正廉明、以理服人。只要本着依据法律法规、合同条件的要求，以预控为主，按原则性与灵活性相结合的方式，必将化解矛盾。在对矛盾问题的处理上，应得到建设单位的理解和支持，以使全过程工程咨询的协调工作事半功倍。

5. 协助建设单位处理其他日常有关事务

做好建设单位的顾问，处理建设单位交办的其他日常事务，是全过程工程咨询协调工作的一部分。全过程工程咨询人员必须与建设单位配合，主动分担。包括协助建设单位办理各项报审、与区域各行政职能部门沟通、与宣传媒体联络。组织典礼、接待参观检查等外部协调。并尽可能做到尽善尽美，使建设单位满意和放心。

18.5.7　各接口专业之间的协调

1. 明确接口部位，确定接口边界，建立管理接口数据库

（1）工程建设初期，全过程工程咨询方组织专业人员与建设单位团队及相关单位协商，以便明确接口部位，确定接口边界条件，建立管理接口数据库。

（2）接口文件的资料包含了大量的专业信息，所以建立接口文件需要众多单位的共同努力。协调、确认接口要求是一个逐步完善的过程，接口信息需要进行动态的变更和监控。

（3）该管理接口数据库应能实现如下功能：详述接口资料；相关图纸；设备位置；建筑详图；设备及管线布置；安装资料；环境要求；维护要求；工程规划及协调；单机测试结果及联调结果；可追踪的资料。

2. 确定全过程工程咨询方接口管理的统一工作程序

与建设单位团队及相关单位协商确定全过程工程咨询方接口管理的统一工作程序。接口协调管理统一工作程序必须以有效的管理手段来保证整个工程对外及内部的接口顺利实施，具体的步骤可分为：

（1）熟悉并认真审核施工图纸和相关技术文件，列出相关系统的工程接口矩阵表。

（2）划清工程接口界面，明确接口各方责任。

（3）组织设计单位向施工单位进行技术交底，关键的技术接口和工程管理接口，要突出重点加以详细说明。

（4）审查施工单位提交的施工组织设计和施工方案时，对工程相关接口要列为专题进行审查；要求施工单位合理安排施工进度，在设备安装、装修施工阶段要重点关注各专业系统间的施工工序的衔接和工程接口的处理。

（5）要求施工单位认真执行由建设单位管理团队所制定的相关接口管理规定，实施规范化操作。

（6）在施工管理过程中认真负责督促、监控承包商按工程接口的相关要求展开接口的实施工作。

（7）做好组织协调工作，按施工规范和图纸要求及时解决各系统、各专业之间在施工中必须解决的各种技术接口和工程管理接口问题。

（8）安排专职人员检查接口实施记录，落实接口任务完成情况。

（9）相关专业管理工程师负责对承包商的接口实施情况进行确认。

（10）定期编写接口管理的工作总结，并向建设单位项目团队定期汇报。

18.5.8 接口管理的措施

（1）认真履行职责，正确处理好合同内协调（根据合同规定，进一步明确承包单位和建设单位的权、责、义）和合同外协调（主要是外围与工程建设有关的各方，如管线单位、园林和文物保护单位、供水、供电等单位）以及工地各方的关系。

（2）协调方法要讲究原则性和灵活性相结合，要根据合同讲究原则性，根据国情和有利于工程的共同目标讲究灵活性，达到互利互谅。

（3）在合同工程实施期间，管理工程师要督促承包商履行合同条件中有关规定的义务，无条件服从接口统一协调指令，应配备专人负责接口协调和落实工作，确保接口协调指令的及时实施。

（4）协调工作主要围绕解决工程开工、施工进度、工程质量、安全文明、合同索赔、竣工验收等一系列目标与环节上的工作落实和协同配合问题。

（5）接口管理中出现需要协调的问题时，要督促各方派专人参加协调，参加协调人员要有权威（说话算数），能代表各方的单位，并保持相对稳定。

（6）同一协调问题要注意协调工作的连续性，每次协调要在上一次（如有）协调的基础上的进一步协调，而不是推翻上一次，重新协调。

（7）协调的方式：主要是各种会议制度（专题协调会议、第一次工程例会、周工程例会等），同时应保持会外有关联系渠道畅通，会议必须形成各方签认的纪要。

（8）参加并督促驻地管理工程师积极做好会议前协调工作，包括通过与协调各方的单独沟通，真实了解各方的意见，掌握现场或了解事实，对照比较合同、法规，预测协调结果，再次征求协调各方意见等。

（9）协调会议主持人要主动掌控协调会议的进程，做好协调会议记录，整理成会议纪要，要求各方签字。

18.6　沟通协调注意事项

（1）组织协调必须坚持公平、公正的原则。公平、公正是指协调过程中要坚持中立，中立能增加协调工作的成功率。要中立，全过程工程咨询人员就要严格遵守项目管理的职业道德，做的不违规；在行为举止上要保持中立和公正，与建设单位、承包商、勘察设计等单位的相关管理人员之间，既要形成良好的工作关系，又要保持一定距离。全过程工程咨询负责人和全过程工程咨询人员都应站在公正、客观的立场上，依据有关的法律、法规、规范和承发包合同，要以科学分析的方法，正确调解参建各方矛盾，维护参建各方合理、合法的利益，力求使当事各方满意。

（2）知情是做好协调的基础。知情，要了解和熟悉与全过程工程咨询有关各主要管理人员的性格、爱好、工作方式、方法等。知情，要及时了解和掌握有关各方当事人之间利益关系。知情，要借助信息的发布、信息接收，及时掌握和跟踪各方信息，应用正确的信息，在有限的时间内，有的放矢的协调好内外关系。知情，全过程工程负责人和全过程工程咨询人员对重大工程建设活动情况，进行严格监督和科学控制，认真分析各单位具体情况，恰当协调好各方关系。

（3）正确的工作方法，是搞好协调的重要手段。组织协调的方法很多，如协调、对话、谈判、发文、督促、监督、召开会议、发布指示、修改计划、进行咨询、提出建议、交流信息等。协调要注意原则性、灵活性、针对性、群众性。原则性是指全过程工程咨询人员的清正廉洁、作风正派、办事公平、公正、讲求科学、坚持原则、严格管理；坚持按照国家有关的法律、法规、规范、标准，严格检查、验收，对于各方的违规行为不姑息，不迁就，一抓到底。灵活性是指工作方法上和为人处世方面，要因人、因事、因地而宜，根据实际情况随机应变，灵活应用协调的各种方法，切忌生搬硬套；在众多的矛盾中，要突出重点，分清主次，抓主要矛盾，关键问题。针对性是指协调要有针对性、有目的。在协调前要对所了解和掌握的情况，进行分析、归纳，理清头绪，找准问题，做到有的放矢；在协调前要多设想几种情况，尽可能考虑到各方可能提出的问题，多准备几套解决方案，做到有备无患；在协调前要明确协调对象、协调主体、协调问题的性质，然后选择适用的手段，以提高协调效率。群众性是指协调过程中注意走群众路线，让大家献计献策、群策群力，激发群众的创造热情，充分发挥集体的智慧和力量，与各方同舟共济，解决问题战胜困难。

（4）协调好争议，是做好协调工作的关键。建设项目参建单位多，矛盾多，争议多；关系复杂，障碍多，需要协调的问题多，解决好过程中各种争议和矛盾，是做好协调工作的关键。这些争议有专业技术争议，权利、责任、利益争议，建设目标争议，角色争议，过程争议，人与人、单位与单位之间的争议等等。有争议是正常的，全过程工程咨询人员可以通过争议的调查、协调暴露矛盾，发现问题，获得信息，通过积极的沟通达到统一，化解矛盾。协调工作要注意效果，当争议不影响大局，项目经理应采取策略，引导双方回避争议，互谦互让，加强合作，形成利益互补，化解争议；利益冲突，双方协调困难，可请双方领导出面裁决；如果争议对立性大，协商、调解不能解决，可由行政裁决或司法判决。当全过程工程咨询成为争议的对象时，要保持冷静，避免争吵，不要伤害感情，否则会给协调带来困难。所有的全过程工程咨询人员都要采用感情、语言、接待、用权等艺术，做好协调工作。

第19章　项目风险管理

风险预控贯穿项目全过程，是全过程工程咨询的核心理念之一。围绕项目的特点，全过程工程咨询单位在前期策划阶段重点做好风险管控策划，编制有针对性的策划方案并给出相应的管控措施。

风险管控策划是本工程区别于其他一般项目的一个重点内容，本项目风险因素多，有深基坑、局部爆破、深埋隧洞、施工用电、大型设备安装拆除等复杂工作产生的工期、质量、安全风险，也有因不可预见的因素产生的投资增加风险，还有廉政风险等，全过程咨询单位应提前进行风险分析，为风险预控做好铺垫，进而有效降低工程风险。

19.1　风险管理计划

（1）全过程工程咨询单位应在管理策划时确定项目风险管理计划。

（2）项目风险管理计划编制依据

①项目范围说明；

②招投标文件与工程合同；

③项目工作分解结构；

④项目管理策划的结果；

⑤组织的风险管理制度；

⑥其他相关信息和历史资料。

（3）风险管理计划

①风险管理目标；

②风险管理范围；

③可使用的风险管理方法、措施、工具和数据；

④风险跟踪的要求；

⑤风险管理的责任和权限；

⑥必需的资源和费用预算。

（4）项目风险管理计划应根据风险变化进行调整，并经过授权人批准后实施。

19. 2　风险识别

（1）全过程工程咨询单位应在项目实施前识别实施过程中的各种风险。

（2）全过程工程咨询单位应进行下列风险识别：

① 工程本身条件及约定条件；

② 自然条件与社会条件；

③ 市场情况；

④ 项目相关方的影响；

⑤ 项目管理团队的能力。

（3）识别项目风险应遵循下列程序：

① 收集与风险有关的信息；

② 确定风险因素；

③ 编制项目风险识别报告。

（4）项目风险识别报告应由编制人签字确认，并经批准后发布。项目风险识别报告应包括下列内容：

① 风险源的类型、数量；

② 风险发生的可能性；

③ 风险可能发生的部位及风险的相关特征。

19. 3　风险评估

（1）全过程工程咨询单位应按下列内容进行风险评估：

① 风险因素发生的概率；

② 风险损失量或效益水平的估计；

③ 风险等级评估。

（2）风险评估宜采取下列方法：

① 根据已有信息和类似项目信息采用主观推断法、专家估计法或会议评审法进行风险发生概率的认定；

② 根据工期损失、费用损失和对工程质量、功能、使用效果的负面影响进行风险损失量的估计；

③ 根据工期缩短、利润提升和对工程质量、安全、环境的正面影响进行风险效益水平的估计。

（3）全过程工程咨询单位应根据风险因素发生的概率、损失量或效益水平，确定风险量并进行分级。

（4）风险评估后应出具风险评估报告，风险评估报告应由评估人签字确认，并经批准后发布。风险评估报告应包括下列内容：

　　① 各类风险发生的概率；

　　② 可能造成的损失量或效益水平、风险等级确定；

　　③ 风险相关的条件因素。

19.4　风险应对

（1）全过程工程咨询单位应依据风险评估报告确定针对项目风险的应对策略。

（2）全过程工程咨询单位应采取下列措施应对负面风险：

　　① 风险规避；

　　② 风险减轻；

　　③ 风险转移；

　　④ 风险自留。

（3）全过程工程咨询单位应采取下列策略应对正面风险：

　　① 为确保机会的实现，消除该机会实现的不确定性；

　　② 将正面风险的责任分配给最有利于风险控制的一方；

　　③ 针对正面风险或机会的驱动因素，采取措施提高机遇发生的概率。

（4）全过程工程咨询单位应形成相应的项目风险应对措施并将其纳入风险管理计划。

19.5　项目施工风险及管控措施

根据 GM 水库—QLJ 水库连通工程"工期紧、实施难度大、危险源多、工作任务重"的特点分析，主要工程风险因素及控制措施有 9 个方面，作为风险管控的重要方面。

19.5.1　TBM 施工装备风险

1. 设备风险

TBM 装备的选型和设计，不仅决定了 TBM 在施工过程中能否发挥正常的施工功能，而且也直接影响了后期施工风险发生的概率。

TBM 选型（开敞式还是护盾式）、刀盘的结构形式、刀具配置与刀型、刀间距设计、地层处理系统设计和支护系统设计等。不合理的装备设计易引起工程风险，如主轴承或密封损坏、刀盘损坏（开裂、磨损）及刀具异常磨损等。

技术先进、质量可靠的 TBM 装备是 TBM 施工项目顺利完成的关键因素之一。先进设计、制造技术能够保证 TBM 地质适应性更好、施工更安全、效率更高、可靠性更好。

2. 引起 TBM 装备风险分析

（1）设备设计欠考虑地质适应性。主要表现为：

① 护盾长度过长，增加了盾体被卡的概率以及护盾摩擦力，可通过缩短护盾长度、

将护盾设计为锥形和增设扩挖机构来减少护盾摩擦力；

② 刀盘扭矩不足，直接导致刀盘脱困能力达不到需求；

③ 未增设超前钻孔和注浆系统，当遇到软弱围岩时，无法提前加固围岩；

④ 无刀盘进岩量控制系统，造成停机清碴概率大大增加。

（2）导坑隧洞不宜选用双护盾 TBM：

① 使用双护盾 TBM 很难探测到围岩的岩性；

② 使用双护盾对围岩的支护较为困难，同时无法对正洞软弱围岩进行处理；

③ 双护盾通过断层、软弱破碎地带时自身能力不强，掘进速度不高，起不到超前的作用；

④ 导坑隧洞应选开敞式 TBM。

3．设备风险应对措施

（1）结合工程地质条件的特点，进行 TBM 选型；

（2）设计 TBM 装备时，应全面考虑工程所需，选择合适的护盾长度、刀盘驱动扭矩等重要设计参数；

（3）同时应配备刀盘进岩量控制系统、超前钻孔和注浆等系统，从而降低 TBM 在施工过程中因装备问题而造成停机或出现故障的概率。

4．设备选型的原则

随着施工条件的不断变化，对 TBM 施工也提出了更高的要求，即掘进速度更快、地质适应性更高、隧洞开挖直径更大。为了提高 TBM 在多变和极端地质环境下的适应性，多功能高适应性 TBM 的设计原则如下：

（1）必须确保人员和 TBM 设备的安全；

（2）能有效解决施工中遇到的各种难题；

（3）能应对各种地质风险，如大埋深、高地应力条件下岩爆、坍塌及围岩大变形风险，破碎带、软弱围岩条件下坍塌风险，渗漏水、涌水风险等；

（4）具有高适应性并兼顾局部特殊性化。

19.5.2 TBM 施工人为风险及其控制

1．TBM 人为风险

TBM 施工管理队伍缺乏应对软弱围岩的能力和措施。隧洞施工中，可能会遇到各种类型的不同地质，而可能形成地质灾害的不仅仅只是由地质原因造成的，围岩被开挖过程中，它的初始稳定被破坏，故包括开挖方式、开挖进度、支护手段和类型都影响着围岩的重新稳定过程。人为扰动因素，也可能是造成 TBM 灾害的原因和主体。

某些施工失败的 TBM 现场，一个明显问题是缺少经验丰富的隧洞施工技术人员。工程经验不足的施工人员独自应付 TBM 施工，不能及时对工况的变化做出应对措施。

因此，TBM 施工经验丰富、管理科学、专业高效的施工队伍是 TBM 施工项目成功的根本因素。由于施工人员认知的局限性、施工组织及管理责任心不足、施工方案和措施不合理等原因，直接增加了 TBM 施工过程风险事故发生的可能性。

2．人为风险应对措施

为了规避 TBM 施工过程中因人为因素造成的风险事故，要求 TBM 施工队伍素质高、能力强：

（1）经验丰富，地下工程的风险需要丰富的经验应对；

（2）管理科学，TBM 施工项目工期紧，科学的管理才能充分发挥 TBM 的效能，节约成本、创造效益；

（3）专业高效，TBM 施工工序安排紧凑，一环扣一环，高效先进的 TBM 装备需要高效的专业作业人员，是保证工期的关键因素之一；

（4）学习培养，不仅要重视工程完成的质量，还要注重对施工技术人才和施工管理人才的培养，力争配备一个经验丰富、管理科学、专业高效的施工人才队伍。

19.5.3 钻爆法施工风险及其控制

1．钻爆法风险分析

本工程主线暗挖施工方法为 TBM 掘进，钻爆法作为补充的施工工艺相对使用量较小，但由于其工艺特殊性，依然有较大风险及安全隐患，需参建各方引起关注。钻爆法主要安全风险控制核心在于：隧洞光面爆破风险的安全控制；对于施工超欠挖风险的控制；对爆破操作流程的规范化安全管理。

隧洞光面爆破是支撑新奥法原理的重要技术之一，优点是能有效地控制周边眼炸药的爆破作用，从而减少对围岩的扰动，保持围岩的稳定，充分发挥围岩的自承作用，同时又能减少超欠挖，提高工程质量和效率，节约成本。

2．爆破风险影响因素分析

隧洞爆破施工方法的选择是一个综合评估的过程，需要考虑多方面的风险影响因素，通过对主要影响因素的分析判断，来进行爆破方案的比选和决策。在施工方案选取时，以下几点因素应重点考虑：

（1）水文地质：水文地质条件的判定对地下工程施工是十分重要的，它决定爆破方案的制定和实施。对于地质条件的判定主要有围岩的级别、岩石的种类、地下水的情况、有毒有害气体、不良地质情况判别等。围岩工程地质分类以Ⅳ类或Ⅴ类为主，围岩稳定性差，隧洞开挖时存在涌水、突水可能性。这样的地质条件下，爆破方法选取时就要侧重于减小围岩扰动，在计划范围内尽可能缩短开挖进尺，增加超前地质预报，减少单孔装药量，不宜使用烈性炸药，不能使用导火索及火雷管等。

（2）技术条件：包括施工队伍的整体素质，管理水平，炮工的技术经验等方面。就目前行业的施工现状来看，虽然多数隧洞在施工前做过爆破参数计算，但实际施工中却是由炮工班组根据自己的经验来施工，技术和施工"两张皮"。炮工技术的好坏往往成为爆破成功与否的关键。所以作为施工方，不得不慎重考虑施工队伍的技术条件水平，根据技术条件来制定可行性的施工方案。

（3）爆破器材的选取

根据国内民用爆破器材适用情况，地下洞室爆破常用的炸药有岩石硝铵炸药和矿山乳化炸药等。下面以两种常见炸药对比分析：

因为本工程为超长距离隧洞，通风排烟十分困难，洞室顶高程大部分处在地下水位以下，施工中存在涌水、突水可能性。依据工程经验可选择矿山乳化炸药。根据长期使用效果来看，虽然材料成本有所增加，但减少了通风设备资金投入的同时还降低了对环境的污染，并在富水段施工中发挥了其防水性能方面的优势，综合效益是良好的。

（4）安全及周边环境影响

地下工程因其特殊性，安全风险控制一直是施工管理的重中之重，安全问题产生原因主要是人为因素和外界环境两方面。通过制定科学的安全管理体系可将人为因素降到最小化。这里主要分析环境因素：对于隧洞施工，要考虑隧洞施工产生爆破震动、地表沉降、施工噪声、地下水位等影响程度。工程穿越公路、铁路等重要构筑物，特别在埋深较浅的隧洞段需极其慎重。为此，需要请专业机构对爆破影响范围进行监测，对影响范围内房屋耐受性作了评估。

3. 对爆破物安全风险管理

爆破物是高危风险源，对于本工程来说，对其的严格控制与管理是安全管理的重要环节，应做好对施工操作人员的安全理念灌输，并在施工过程严格执行爆破物管理制度。

4. 爆破安全保证措施

（1）钻眼工作开始前必须由安全员和开挖班长对隧洞开挖面进行全方位安全检查，检查的内容包括：拱顶部及开挖面的浮碴、有无盲炮、断裂构造、涌水、通风情况等，在确认安全无危险后方可同意钻眼工人进入工作台操作。

（2）作业人员必须正确平佩戴劳动防护用品。

（3）掌子面作业必须有充足的照明，因工作场所比较潮湿因此所用电缆必须要有良好的绝缘保护和漏电保护。

（4）打眼时必须调好钻头、风钻及气腿的位置，尽量使之保持在一个平面内，防止受力不一致而出现断钎伤人现象发生。

（5）炮眼打好后必须进行吹孔，吹净眼中的岩粉，确保能够顺利装药，提高爆破效果。

（6）爆破材料的运输、储存、装药、联线、起爆、和瞎炮处理必须按照民用爆破品管理的有关规定执行。爆破作业人员（爆破员、安全员、库管员等）必须持证上岗。

（7）现场装药必须在安全员和爆破员的指导管理下，严格按照批准的爆破图表中的规定进行装药联线和起爆。

（8）进行爆破时，人员、设备撤至受爆破影响范围之外，一般距爆破掌子面的距离不少于300m。同时必须指派专人担任警戒工作，有必要时要通知邻洞的工作人员撤离掌子面以确保安全。

（9）爆破工作结束以后，要仔细检查瞎爆和残爆现象，发现问题及时处理；爆破工作结束以后要核查火工品的用量，若核对无误按规定及时将火工品清退给炸药库。

（10）每次放炮结束后要及时通风，15min 后人员和设备才能进入掌子面。

（11）隧洞施工光线不良场地狭小，装载机、工程车等来往运输频繁，行人在隧洞中行走必须注意安全，防止意外事故发生；各种车辆在洞内运行必须控制速度严防撞伤人员和设备。

（12）放炮工作结束以后必须及时进行排险，排险的方式由人工和挖掘机配合进行，在清除浮碴消除安全隐患后其他人员才能工作地点。

（13）施工过程中一当发现安全隐患必须立即停止工作，组织人员进行处理，安全隐患不消除不得进行任何工作。

5．爆破施工安全事故应急处理制度

为做好本合同段隧洞工程安全生产事故应急处理工作，最大限度地减少险情及事故造成的生命财产损失，特制定如下方案：

（1）事故应急处理：救人高于一切；施救与报告同时进行，逐级报告，就近施救；局部服从全局，下级服从上级；分级负责，密切配合；最大限度地减少损失，防止和减轻次生损失。

（2）项目部各部门可以根据险情事故处理工作的需要，紧急征用项目部和各施工作业组车辆、设备和人员，项目部和各施工作业组各成员必须无条件地服从调度和征用。

（3）险情事故发生后，作业班组负责人和项目部安全生产责任人应立即赶至事故地点，及时向项目部主要领导汇报，项目部接到险情后应急指挥中心应立即展开工作。

架子队应急组织机构：由现场施工单位有关人员组成。

（4）应急指挥中心主要职责：落实项目部工作处理，提出应急处理具体措施，负责相关情况上报工作。指导监督应急处理工作，协调解决应急处理工作中的重大问题。掌握应急处理动态状况，及时调整部署应急工作措施。

（5）在应急处理工作中，当事方有关部门未到达现场前由有关部门负责，主动开展工作。

（6）险情事故发生后，事故单位应立即向有关部门紧急呼救，并开展自救。其他作业组在救助呼救时应当积极协助，大力支持。

（7）通信联络。通信联络工作人员应坚持昼夜值班制度，作好值班记录，调度安排应急处理工作。

（8）应急施救。应急施救工作人员应本着"救人高于一切"的原则，积极救治死伤人员，最大限度地减少死伤和损失，千方百计地做好防止和减轻次生损失工作。

（9）事故调查及善后处理。应当做好事故调查取证工作，勘察事故现场，调查分析原因，对其目击证人做好登记检查工作。事故负责人应当尽快处理善后事宜。采取统一管理，分散接待的办法，积极做好各方人员的思想工作。及时按规定制定事故处理赔付标准，积极做好事故处理赔付工作。

（10）后勤保障。应当根据应急处理工作需要，调集有关物资，保证应急处理急需，为应急处理人员提供一切生活保障。

（11）运行稳定。应当做好思想稳定工作，维护正常的生产工作生活秩序，保证日常工作有秩序进行。

（12）工作报告。应急处理工作结束后，逐级书面报告应急处理工作情况。报告必须实事求是，不得弄虚作假或隐瞒具体详情。

（13）项目部根据参与应急处理工作实际情况与救助效果，从安全专项资金中列支险情事故应急处理奖励资金，专项用于奖励应急处理工作先进单位，先进个人。

（14）经查实在应急处理工作中推诿扯皮、拖延时限或虚报救助实效的，给予通报批评，性质严重的，追究及主要负责人的责任；构成犯罪的，由司法机关依法追究刑事责任。

19.5.4 地质勘察的风险及其控制

1. 深埋隧洞中地质勘探的重要性

（1）保障工程的实施

进行工程地质勘察可以了解水文地质的相关情况，可以了解工程勘察的结构，从而影响工程的实施。也就是说在工程勘察时，要考虑到地下水的结构变化，结合自然环境，合理的规划勘察方向，从而明确工程建筑的施工目的，对整体工程做出准确性的评价方案，确保水利工程顺利进行，特别是为水利工程的选线选址提供最直接的证据。

（2）为工程提供规划设计参数

工程地质勘察是为查明影响工程建筑物的地质因素而进行的地质调查研究工作，会对建设场地的地形、地貌、地质构造、地层岩性、不良地质现象以及水文地质条件等进行勘察，查明工程地质条件后，需根据设计建筑物的结构和运行特点，预测工程建筑物与地质环境相互作用（即工程地质作用）的方式、特点和规模，并作出正确的评价，为确定保证建筑物稳定与正常使用的防护措施提供依据。

（3）地质勘察不准确的风险与危害

① 工程力学参数取值不合理：直接导致施工工艺的选择出现偏差，后期施工出现问题重新选择工法将对工期与经济带来极大的不良后果。

② 勘察成果不能反映关键地质情况：可能直接导致隧洞过程中突发的风险，TBM 机器被卡，隧洞大量涌水，乃至其他灾难性的后果，同时其后续处理与补救都将花费数倍的人力物力与财力，以及牺牲较长的工期。

③ 某些不良工程地质条件前期未发现，设计上未作出针对性地措施，可能在后期供水环节带来不可预计的后果，如出现影响水质的情况，水头损失过大影响经济性的情况等。

2. 本工程地质勘察风险分析与措施

输水隧洞可能存在的工程地质问题主要有围岩变形、塌方、岩爆、涌水、高地温、岩溶和有害气体等。从目前已建和在建工程实例来看，深埋长隧洞工程出现上述问题的概率明显更高，也更为复杂。

在一个隧洞工程中，某些地质问题会比较突出，如某工程输水隧洞主要是穿越断层带、大溶隙涌水的问题，电站的岩爆、突涌水。突涌水、岩爆、软弱破碎围岩大变形和高地温是深埋长隧洞出现概率比较高的工程地质问题，对工程影响也较大。断层破碎带是诸多问题的关键所在，大变形、塌方、突涌水、岩溶和有害气体等，往往与断层有直接或间接的关联。对于深埋长隧洞穿越宽大的区域性断层概率很高，这些断层是关系到工程成败的关键地质因素。

如何准确地在地质勘察中反映出实际存在问题，对于本项目的顺利实施、保证工程达到设计要求，按时完成、控制项目总成本等，有着重大的意义。该工作将是我公司在项目初期阶段的重点把控内容：

一是建议勘察单位选用多样化适宜地勘察方式来进行作业；

二是在勘察阶段深度介入，确保勘察单位严格按照规范要求以及设计任务书要求来完成勘察任务。

3．进行地应力的测试与应用的建议

地应力是影响工程风险的重要因素之一，也是勘察过程中的难点，在勘察阶段需对其有针对性地方是，针对本工程建议以下几种方式对地应力进行测试：

（1）使用水压裂法

在进行地应力的测试，常规采取的方法是常规水压裂法，主要原因是常规水压裂法测试周期短、测试深度大、测试周期短；整理资料时不需要参考岩石具有的弹性参数，能够有效地避免参数取值而导致的误差；加压测试钻孔的长度一般是 80 ～ 100cm 之间，其岩壁具有非常广的受力范围等。

选取该手段进行测试，并对岩体做各项同性、线性以及均匀的线弹性体设想；如果把围岩当作多孔介质时，所加入的流体需要根据达西定律流动于岩体孔隙内。除此之外，把铅直钻孔轴向力假定成主应力，其力的大小和覆岩层具有的自重压力相等。按照钻孔地质特征情况对岩芯段的完整进行确定，通过可膨胀橡胶密封器对其密封处理；泵入液体施压钻孔，且多次重复循环，并全程采集加压时的液体流量和液体压力；通过测试曲线所得出的特征值，并据此对平面应力值进行计算。对主应力方位进行确定时往往应用印模器，测试的过程中把印模器胶筒放置在已压裂段，再继续加压一段时间，其压裂缝则会把印记留在印模胶筒上，并利用定向器使印模器被定向。还需要取出印模器，描绘破裂曲线，并按照定向方位对破裂缝方位角进行推算。

（2）使用三维水压裂法

在完整岩石段进行常规水压裂法测试地应力，具有的仅仅得到钻孔横截面上的地应力情况的局限彻底地被打破，并使其应用范围有效的被扩大。

测量时可以选择不同方向的三个钻孔的三维水压裂法测量，此手段假定所有的钻孔处在均匀的应力场内，地应力测试区范围内没有较大的裂隙与断层。采取常规三维水压裂法分别对三个以上方向不同的钻孔进行测量，构建数量充足的观测值方程，再联立求解。试验的过程中，存在常规压裂试验破裂缝记录的，每个侧段能够得出三个观测值方程；不存在常规压裂试验破裂缝记录的，每个测段则能够得到一个观测值方程。

只要是方向不同的三个钻孔内的其中两个存在一次以上的常规压裂试验破裂缝记录的，则能够对三维地应力情况进行确定。

（3）使用钻孔解除法

空心包体式钻孔三向应变计，地应力测量的方法是在对围岩进行线弹性体假定的前提下，按照岩芯切割前后出现的岩芯变形情况来计算应力。此手段的最大优点为可通过一次测量就能够获得岩石三维应力，其缺点为测试周期长、试验所需人力多、测试程序复杂以及试验所需物力多。

通过间接地对孔壁应变进行测量，此应变计则属于改进型，它与其他孔壁应变计进行比较更加的满足应用在完整性差、软弱和多裂隙的岩体内，其测试成功率非常高，并且操作便利。此应变力主要由镶入到环氧树脂筒内的九个应变片三个应变丛构成，其排列规则为相隔 120° 进行排列。选取比较完整的岩芯段，使其钻进小孔并仔细的进行清洗，再把其放置在安装器，并把应变计装入其中，再进行胶接固化，待套芯解除以后再使前后的读数解除，通过其他试验而得到计算参数，构建出观测值方程组，再通过观测值方程组进行计算。此手段一次测量就能够得到九个观测值方程，再通过最小二乘法的基本原理，就能够获得求解应力分量值的较正规方程组。通过正规方程组则能够解出由钻孔坐标系体现的六个岩体应力分量，再把它们有效的转移至大地坐标系，这样的话就能够得到其主应力方位和主应力。

依据工程地质条件的，选用合适的地应力测试办法，选取隧洞主线关键节点进行地应力测试，对于防治隧洞掘进过程中的岩爆危害，有着极其重要的作用。

19.5.5 施工过程隧洞内通风安全风险及其控制

1. 通风安全风险分析

粉尘是隧洞施工过程中空气污染的重要因素，其中的游离 SiO_2 对人危害很大，施工人员长期吸入岩粉，将会患硅肺病。为使工人能在较舒适的环境条件下工作，需要稀释或排除洞内具有强烈致病和致癌作用的物质；另外，当洞内含有其他有害气体时，也会对隧洞内作业人员的身心健康造成很大的伤害。

隧洞施工通风的目的就是向隧洞内输送足够的新鲜空气，冲淡、更换和排除有害气体，其对于降低隧洞内粉尘扩散速度及保证安全有着非常重要的意义，尤其是在本工程这样大长隧洞工程中，降低施尘的浓度，改善劳动条件，降低施工人员的健康风险，保障隧洞内作业人员的身体健工通风的设计尤为重要。

2. 本工程通风设计的原则与建议

（1）采用挤压理论设计，进行通风系统设计比选优化，满足局部通风效果；

（2）本着经济适用，维修方便原则，尽量选用国产的先进通风设备，并减少风机的品种型号；

（3）通风用电在隧洞施工中占有相当的比重，优先选用节能型风机以降低能耗；

（4）在净空允许的条件下，尽可能采用大直径风管，减少能耗损失；

（5）通过适当增加一次性投入，减少通风系统的长期运行成本。

同时，在隧洞通风设计上建议在上游风管设置阀门一道，在拐弯，分支处和渐变段采用硬质镀锌铁皮风管，其余全部采用软管或 PVC 风管通风防漏降阻措施：

（1）以长代短：直线段由以往的 20～30m 长至 50～100m，减少接头数量，减少漏风量；

（2）以大代小：在净空允许的条件下，尽量使用大直径风管；

（3）以直去弯：风管安装前，按规定间距埋设悬吊挂钩，使用铁丝拉直拉紧，在铁丝线上挂风管，可使风管安装平、直、稳、紧、不弯曲、无褶皱；

（4）加强管理：因采用自卸车出碴，挂破风袋现象时有发生，所以设置专人负责风管的检查维修工作，发现破损及时修补或更换；

（5）加强如风机与风管接头，拐弯处，分支处等特殊部位接头处理，减少漏风量及风管阻力。

3．其他通风施工与管理的措施

辅助通风降尘措施隧洞开挖时，由于钻眼、爆破、出碴等作业，将会产生大量的烟尘，对人体的危害性很大。另外，高山区气压低，氧气含量少，通风难度较大。为加强施工通风，确保通风效果，在施工过程中，采取以下辅助通风措施。

（1）湿式凿岩标准化，湿式凿岩可降低 80% 的岩粉，高压水湿润破碎的岩粉，大大减少了粉尘，施工中维持水压稳定，水量充足，操作规范，遵循先"开水后开风，先关风后关水"的步骤。

（2）机械通风经常化，在爆破通风完毕，其他主要作业（出渣、挂网焊接、喷混凝土等）进行期间，仍需经常通风。

（3）喷雾洒水降尘正规化。无水岩层地段在距掌子面一定距离设置几道水幕，水幕降尘器放在边拱上，爆破前 10min 打开水幕开关，其作业原理：把水雾化水滴喷射到空气中，与粉尘颗粒碰撞接触，尘粒被吸附或凝聚，加快沉降速度，不仅降低洞内的粉尘，而且能溶解少量的有害气体，还能降低温度，有湿润空气的作用。

（4）人人防护普遍化。每个施工人员均应注意防尘，戴防尘口罩，搞好个人防护。提高施工人员素质，做好职业病防治工作。

19.5.6　超长距离隧洞内施工运输安全风险及其控制

本工程的洞内运输，风险点主要可以划分为洞内压力钢管的运输，以及洞内一般材料与施工机具的运输；隧洞体可能包含部分斜洞的支洞，该部分的运输亦是运输风险的核心内容之一，主要管理上应做好以下几点：

（1）出渣前应敲帮问顶，做到"三检查"（检查隧洞与工作面顶、帮；检查有无残炮、盲炮；检查爆破堆中有无残留的炸药和雷管）。

（2）作业地点、运输途中均应有良好的照明。运输与提升必须同时安设声、光信号装置。

（3）若是洞内有轨运输必须检查轨道上有无障碍物，是否平整，并通知周围人员注意安全，禁止任何人靠近装岩机的工作范围。操作手一侧必须设防护装置，以免钢丝绳疲劳断裂而伤人。

（4）电瓶车应有完整的安全防护装置，任何一项不正常不得运行。车辆不能超速运行，行驶时随时发出警示信号，洞内行人应在人行道行走，注意避车。

（5）运输途中掉道时，应立即发出信号，处理人员应选择安全位置及联系信号，统一指挥处理。

19.5.7 TBM出渣不畅带来的施工风险及其控制

1. 出渣风险分析

TBM掘进施工过程中，出渣的效率是影响本工程隧洞施工效率的核心，若是出渣过程不畅，或者遇到风险因素导致出渣过程受阻滞，将对施工带来巨大的影响。采用效率更高、可靠性更好的出渣方式与技术，以及选择合适弃渣场所是本工程施工消除该风险的核心内容。

2. 使用TBM施工的连续皮带机出渣技术

皮带输送机结构紧凑，机架轻巧，机身可以很方便地伸缩，设有储带仓，机尾可随采矿工作面的推进伸长或缩短，可不设基础，直接在隧洞底板上架设，拆装十分方便。当输送能力和运距较大时，可配中间驱动装置来满足要求。根据输送工艺的要求，既可以单机输送，也可多机组合成水平或倾斜的运输系统来输送物料。

建议使用先进的出渣设备辅助功能：

（1）连续皮带机系统配置有监控系统，且数据都反馈到TBM主控制室，连续皮带机的控制系统连接到TBM的控制室内及地面控制室内；

（2）连续皮带机系统具备程序控制系统（即PLC控制），并具备自动故障诊断报警保护功能，具有电流、电压等检测功能；

（3）连续皮带机系统应具备400V三相、220V双相、24V低压控制等电源供应，具备控制柜、配电柜及相应的保护电路，控制柜内具照明系统；

（4）连续皮带满足驱动电机的启动前3分钟（速度10%以内）为慢升速阶段，便于紧急情况下的人员逃生；连续皮带系统满足设计总长度胶带满载工况下急停后的正常启动；连续皮带机系统包含胶带硫化时的收放、卷取设备，回收胶带卷曲设备；

（5）连续皮带机系统的张紧装置，满足长期、安全、稳定可靠，具有正常模式下的自动张紧功能和手动收、放功能，便于操作；

（6）连续皮带机系统配置有启动过程中的声光报警装置。

3. 弃渣场地的设计与环境保护措施

弃渣场地选择应尽可能方便运输，同时选择对周边环境影响较小的区域。弃渣场地在设计方案阶段就应明确，并在施工前得到充分落实。

同时，设计可综合利用弃渣，对弃渣场地水土保持方案的研究可能的减少恢复工程量；建议部分洞挖渣料如果品质较高，可用作本工程混凝土骨料加以利用；无法结合利用的弃渣堆存在弃渣场并采取适宜的工程防护措施。

弃渣场及防护区依据选择的地形条件可分为洼地型、平地型及山地型三种形式。本工程 TBM 量大，弃渣场堆渣量较多，规模较大，应根据各渣场堆放形式的不同采取不同的防治措施。

（1）洼地型弃渣场。洼地型弃渣场填平后，进行场地硬化，作为施工场地及管理占地，周边设置浆砌石挡土墙、墙上安设栏杆。

（2）平地型弃渣场。平地型弃渣场主要采取护坡工程，可采用浆砌块石护坡，格状框条护坡，并在框内撒播草籽。弃渣场填筑前，先进行表土清理，并用填土草袋作临时防护，弃渣堆放完毕后，再将表土回填。经整理后，种植植被。

（3）山地型弃渣场。山地型弃渣场主要采用浆砌块石挡土墙，并布设排水系统。挡土墙的断面高度及尺寸根据各渣场的堆渣高度及地质条件等特性而确定。排水沟的断面尺寸依据设计洪水标准计算而得。山地型弃渣场顶部采用复垦和植被恢复措施。采用的覆土方法与平地型渣场一致。

19.5.8　施工导致的水污染风险及其控制

1. 施工对水环境污染风险分析

本工程紧邻水源地建造，决定了其开发活动对于当地水环境的直接影响，施工期的影响尤为突出。如不采取有效措施予以防治，将会对当地和下游水环境造成污染，给下游居民生活和工农业生产产生危害。本工程对水环境可能的污染主要来源于施工、生产废水和生活污水以及固体废弃物渗滤液等的非达标排放，其中施工生产废水、固体废弃物渗滤液成分复杂，不同程度地含有有毒成分，必须予以关注。

由于对局部山体进行大方量的开挖以及隧洞的开挖施工，必将产生大量的工程弃土和弃渣，这些弃土弃渣如果不按要求进行堆放和处理，一旦雨水冲刷就会被带到河水之中，轻者污染河水，重者堵塞河道，给防洪带来隐患。

同时，在混凝土施工过程中会产生大量废水泥沙浆，这些水泥砂浆含有较大的悬浮物和部分的外加剂，一旦这些废水流入河中，将给水质带来极大的冲击，水泥砂浆沉入河底后，妨碍水中植物的光合作用，减少氧气的渗入，对河底微生物和细菌带来灭顶之灾，从而导致生态系统的破坏。

施工过程中，有大量的设备，这些设备在使用和维修过程中，不可避免的产生大量含油废水，这一部分含油废水如果不经处理直接排入江河，将对河流水质产生质的影响，并且要影响到下游的地区，造成不必要的环境纠纷。而且在施工工地，一般都有很多的贮油设施，如油罐，对这部分设置要严加控制，防止意外事故发生而造成大量成品油泄漏，给水环境造成不可挽回的损失。

另一个影响水环境的因素就是施工人员的生活污水。由于施工比较集中、人员较多，每天产生的生活污水和生活垃圾，这部分污染物是不可避免的。

2．水体污染风险控制的基本原则

（1）基本原则

高标准严要求。未经处理达标的废（污）水不准直接排入水体，生产污水处理应达到当地水质要求。生活垃圾和危险废物必须全部无害化处置。严禁施工区沿江堆放生活垃圾。

生态保护与生态建设并举。在施工中加强生态保护，预防为主，保护优先，遏制人为生态破坏。

（2）制度保障

建立建设单位主导、施工方推进的水污染防治新机制。工程建设方要切实履行职责，全面加强施工过程中的环境监督管理工作，并对当地的水环境质量负责。施工方要全面负责施工区及生活区的环境监测和保护工作，工程开工前，施工单位要编制详细的施工区和生活区的环境保护措施计划，根据具体的施工计划制定出与工程同步的防止施工环境污染的措施，认真做好施工区和生活营地的环境保护工作，防止工程施工造成施工区附近地区的环境污染和破坏。工程开工后要定期对本单位的环境事项及环境参数进行监测，积极配合当地环境保护行政主管部门对施工区和生活营地进行的定期或不定期的专项环境监督监测。

3．施工中水污染风险控制的措施

（1）施工排水措施

施工前要制定施工措施，做到有组织的排水。施工场地修建排水沟、沉沙池，减少泥沙和废渣进入江河。土石方开挖施工过程中，要保护开挖邻近建筑物和边坡的稳定。夏季施工时，在料场和坝址附近，避免堆放大量易受冲刷的土石料，防止因暴雨冲刷而造成的大量流失。临时堆放的土料要采取遮盖等防护措施，以免被雨水冲进河流水域中，造成淤积和污染。

（2）施工废水的处理措施

本工程施工过程中，排出的废水不得超国标《污水综合排放标准》Ⅰ级标准。为了确保施工过程中外排水质符合国家标准，分别对不同情况下产生的污水进行分类治理。

1）各类防渗施工会产生大量废泥浆，很容易对水体造成污染。施工企业在施工前，要按合同要求，并结合相关管理规定，事前制定好相应的处置泥浆的措施。修建好蓄浆池，并要确保有足够的容量。特别是射水造墙法、高压旋喷法注浆，施工中会产生大量废水泥浆，这些泥浆一旦进入水体将不可避免造成水污染事件。对此，一般应建两个沉浆池，并及时清理，确保沉淀后清水排放。条件许可时可采用多个蓄浆池，废泥浆经多级沉淀后，清水可循环利用。所有蓄浆池必须确保完好、不泄漏。

2）砂石料加工系统生产废水悬浮物较高，这种废水进入水体后污染江河底泥。对这类废水可采用石粉脱水回收装置处理，处理后大于0.035mm的细砂回收率可达80%以上，效果显著。砂石料生产废水也可采用"絮凝＋浓缩＋脱水＋回用"工艺处理，废水经沉砂池沉淀，去除粗颗粒物后，再进入反应池及沉淀池，在沉淀池中设置抽水泵，将经过处理后的水送入调节池储存，采取废水回收循环重复利用，损耗水从河中抽水补充，与废水一并处理再用。在沉淀池附近设置干化池，沉淀后的泥浆和细沙由污水管输送到干化池，经干化后运往附近的渣场。

（3）含油废水的处理措施

施工中车辆较多，洗车、修车废水中含油量大。此类废水悬浮物含量为 $500 \sim 4000mg / L$，COD（CR）含量为 $25 \sim 200mg / L$，石油类含量为 $10 \sim 30mg / L$，而对一些明显有油污的废水石油类含量高达 $1000mg / L$ 以上。此类废水如不经处理直排，将造成严重的危害，污染地表水、地下水和土壤。为防止含油废水直接排放造成污染，施工企业必须建油水分离器或经隔油池处理，废油回收、废水排出。也可使用絮凝沉淀＋成套油水分离设备进行处理。对这类洗车、修车等生产活动，施工单位宜集中进行，便于污水的收集和处置。应严禁随地随意洗车、修车，防止产生面源污染。

（4）生活废水及施工垃圾处理措施

生活及施工垃圾严禁随意弃置，须收集后运至规定的集中填埋场填埋。营地要设旱厕、粪便让附近农民运走作农田的肥料。营地必须设置生活污水收集池，污水经过化粪池发酵杀菌后由地下管网输送到无危害水域，有条件的可输送到当地污水处理厂。化粪池的有效容积应能满足生活污水停留一天的要求。同时，化粪池要定期清理，以保证它的有效容积。

经过化粪池后的污水，在排污口，要进行必要的内部监测，一般要求每月监测一次，必要时可委托有资质的检测单位对排放污水进行专门监测，并将监测结果上报。对一些执行国家Ⅰ类和Ⅱ水域环境功能和保护目标的河流来说，简单的化粪池一般不能达标排放，必要的情况下，生活污水可采用曝气好氧处理（简称BTS），曝气处理过的生活污水，其各项指标都能符合国家《污水综合排放标准》Ⅰ级标准。

或者采用二级生物处理"SBR"工艺，效果也很好。而对采用化粪池处理的生活污水，如果达不到Ⅰ级排放标准的，可以通过强化化粪池的运行管理和从源头上减少有机物质进入水体来提高处理效果。

（5）加强日常管理

加强施工队的管理，制定并严格执行各项环境保护规章制度，教育施工员注意保护环境，提高环保意识，禁止随意向河流中倾倒废水及一切残渣废物。

每月对排放的污水监测一次，发现排放污水超标，或排污造成水域功能受到实质性影响，立即采取必要治理措施进行纠正处理。

工程建设与环境保护应同时并重，水电工程建设者们应把经济效益、社会效益和生态效益有机地统一起来，正确认识工程建设与环境保护的关系，树立环境保护意识，重视环境保护工作，落实措施，狠抓管理，就一定能防止水污染事故发生，实现工程建设、生态环境及经济发展的良性循环。

19.5.9 防洪度汛风险及其控制

1. 度汛风险的重要性

本工程主体为隧洞工程，遇到暴雨，暴风，山洪等极端天气，对于施工与安全将带来灾难性的后果，雨水通过竖井、斜井等工作井大量流入隧洞中将对人员和机械产生致命危害，同时某些岩体软化系数高，雨水软化后更将带来更大的次生灾害，十分严重。

将工程防汛作为日常应急演练的主要任务之一，做好日常的防护工作，建立起行之有效的制度是度汛工作的核心内容；在应急抢险过程中，应本着先人后物、先急后缓的原则开展工作。全面加强应急救援人员的安全防护，减少人员财产损失。

2. 度汛期间基本原则

统一领导，分级负责：各防汛部门认真履行各自职责，做好本工程防汛突发事故的应急管理、预警响应和应急处置工作，建立统一领导、分工明确、职责明晰的全系统防汛安全责任体系。

预防为主，平战结合：坚持安全第一，预防为主的原则，加大隐患排查和消除工作力度，努力将事故控制在萌芽状态，全面降低事故风险。

充分准备，科学救援：充分做好各项应急准备工作，为随时应对防汛安全突发事故提供有力支撑。在援救过程中，采用先进技术，充分发挥专家作用，实行科学决策，快速有效开展救援。

3. 度汛的准备工作

按照工程施工特点及进度安排挡水墙，渗水沟的施工，在雨季施工期间做好各工作面的防、排水工作，完善各项工程防排水体系，施工现场提前做好临时排水的规划，充分组织设计好阻止场外水流入施工现场和将场内水排除规划，减少雨季对各项工程的影响。

技术准备，进入汛期施工的工程部位，复核施工图纸，对有不能适应雨期施工要求的部位及时与设计单位、监理、建设单位研究解决。

对项目管理人员和施工人员进行汛期施工方案的宣传教育及演练工作，熟悉各分部、分项工程的施工方法，以及技术、安全和降低成本措施，并形成文字，以交底和班前教育形式传达给作业队伍，能够针对汛期施工方法中出现的暴雨、大风问题及时采取措施。

编制可行的汛期预防物资计划，并按计划准备好各项汛期施工物资和覆盖材料，并尽量减少能源消耗。施工中要根据天气变化及时发放生活防雨用品。

对道路、基坑、原材、模板、施工机械设备等都结合各专项方案进行防雨维护、并检查其安全可靠性，保证雨季正常使用。

及时了解近期天气预报，为施工安排提供准确的信息。并做好每日天气记录。

4. 确定防洪度汛目标

为确保安全度汛，汛期须达到以下目标：

（1）确保无人员伤亡，无重大机械设备的损坏；

（2）确保各工作面正常施工；

（3）确保雨季施工期间工程的安全，生产生活设施不受损失；

（4）确保无因地质灾害造成的人员伤亡及机械设备的损坏。

5．防洪度汛重点内容与具体措施

在汛期集中的月份，根据工程总进度计划安排，本项目工程洪水可能发生场所和部位有以下几个方面：

（1）汛期大雨地表积水可能从外部流入隧洞内，隧洞施工前先做好洞顶、洞口和隧洞周围地表的防排水工作，设挡水墙，排水沟等防止地表水从洞口进入洞内。

（2）大汛期间派专人随时观察施工区来水与排水情况，发现问题及时上报防汛指挥部。

根据以上情况，汛期本工程度汛方案主要考虑在大汛期间，提前做好防汛准备工作。时刻关注汛情通报和天气预报情况，汛情发生前将除安全观测人员外，施工人员和施工设备全部撤出工作面。预备充足和防汛物资，防汛重点部位加大人力物力投入，24 小时值班，发现险情及时抢险处理。

（3）做好施工区排水

在施工区埋设相应直径的过路涵管，在涵管进水口处设置上游袋装土围堰。过路涵管进口处两侧土质边坡喷混凝土进行加强支护；并对过路涵管出水口段进行块石护底。

当施工区发生强降雨，上游来水量大于涵管过水量，有发生围堰垮塌险情时，利用现场装载机，在洪山溪过路涵管上部交叉口部位道路上，分别向东、西两侧堆放土质临时围堰，围堰迎水面采用沙袋护面，围堰底部宽 2.0m，顶部宽 50cm。并将涵管上方围堰拆除，形成将上游来水通过漫水与涵管排水相结合的方式导流，将洪水直接排至下游，防止突然加大的来水量灌入洞内。在上游围堰两侧分别堆放沙袋备用。

（4）做好营区排水

临时排水以生活污水及雨水为主，生活区周边设计排水沟，将雨水顺自然地势向下排出，排水沟沿生活区围墙布置。生活办公用房均采用坡面设计，雨水通过坡面汇集到各排生活办公用房后设置的附属排水沟。职工洗浴、水房等生活用水采用埋地 PVC 管道排水，PVC 管道与施工营区内附属排水沟相通，主副排水沟在营区内形成整体性排水系统，保证雨水的顺利排出。

6．防汛应注意事项

（1）当边坡变形过大，变形速率过快，周边环境出现沉降开裂等险情时暂停施工，根据险情选用如下应急措施：做好临时排水、封面工作；对边坡进行了临时加固；对险情段加强监测；尽快向监理和设计、建设单位反馈信息，开展设计资料复审，按施工现状工况验算。

（2）及时清理施工现场的排水沟，保证排水通畅。检查各施工现场周边的排水设施，确保排水设备完好，以保证降雨后，能在较短时间排出积水。

（3）对开挖形成的基坑边坡，及时进行覆盖支护，使其在雨季时不被破坏。对已经开挖成型的未进行处理的边坡采用聚乙烯膜或彩条布进行保护，防护较大水流冲刷边坡。

（4）对钢筋及模板料场进行硬化处理，保证其场地高于现场平面，钢筋用垫木架起，避免因雨水浸泡而锈蚀。同时检查现场材料库、加工棚等的防雨情况，保证现场内的各工棚不渗漏。

（5）汛期前，对于已填筑的微地形按设计坡比进行修坡，确保在雨水冲刷下边坡稳定。

（6）检查现场各类机具、设备的防雨设施、保证机具入棚和具备防雨功能，机电设备机座均垫高，不得直接放置在地面上，避免下雨时受淹。漏电接地保护装置应灵敏有效，汛期施工前检查线路的绝缘情况，做好记录。

（7）为防止暴雨天气雷击，生产区、施工区高处建筑物安装避雷装置。

（8）为防止雷击造成停电，在现场集中排水部位布置备用移动式柴油发电机供抽排水、备用用电电源。

（9）汛前准备好充分的防汛物资及机械设备。

（10）对经常使用的施工机械、机电设备、电路等进行检查，保证机械正常运转；检查各种设施围挡、标识牌安装是否牢固，以防暴风雨致使其脱落伤人。

（11）室外使用的中小型机械，要采取必要的防雨措施。

（12）雷雨天禁止露天高空作业，以防雷击。

（13）雷雨来临时，停止受暴雨影响大的土石方开挖，防止受潮或雨淋。

（14）做好钢筋钢材及其他露天堆存材料的保护工作，防止受潮或雨淋。

（15）电源线不使用裸导线和塑料线，也不沿地面敷设。配电箱必须防雨、防水，电器布置符合规定，电器元件完好，严禁带电明露。机电设备的外壳，采取可靠的接地或接零保护。使用手持电动工具和机械设备时安装合格的漏电保护器。工地临时照明满足规范要求。电气作业人员穿绝缘鞋、戴绝缘手套，做好用电安全防护措施。

第20章 收 尾 管 理

项目收尾管理主要包括建立项目收尾管理制度，明确与细分收尾管理的职责和工作程序。项目收尾工作包含编制项目收尾计划，提出有关收尾管理要求，理顺、终结所涉及的对外关系，执行相关标准与规定，清算合同双方的债务债权等。

20.1 工程质量验收

1. 水利建设工程质量验收按验收主持单位分为法人验收和政府验收

法人验收应包括分部工程验收、单位工程验收、水电站（泵站）中间机组启动验收、合同工程完工验收等。

政府验收应包括阶段验收、专项验收、竣工验收等。

验收主持单位可根据工程建设需要增设验收的类别和具体要求。

2. 工程验收主要依据

（1）国家现行有关法律、法规、规章和技术标准；

（2）有关主管部门的规定；

（3）经批准的工程立项文件、初步设计文件、调整概算文件；

（4）经批准的设计文件及相应的工程变更文件；

（5）施工图纸及主要设备技术说明书等；

（6）法人验收还应以施工合同为依据。

3. 工程验收工作主要内容

（1）检查工程是否按照批准的设计进行建设；

（2）检查已完工程在设计、施工、设备制造安装等方面的质量及相关资料的收集、整理和归档情况；

（3）检查工程是否具备运行或进行下一阶段建设的条件；

（4）检查工程投资控制和资金使用情况；

（5）对验收遗留问题提出处理意见；

（6）对工程建设作出评价和结论。

4. 验收组织机构

（1）政府验收应由验收主持单位组织成立的验收委员会负责；

（2）法人验收应由项目法人组织成立的验收工作组负责。验收委员会（工作组）由有关参建单位代表和有关专家组成。

5. 验收的成果性文件与相关事宜

（1）验收成果文件是各工程项目验收鉴定书。验收委员会（工作组）成员应在验收鉴定书上签字。对验收结论持有异议的，应将保留意见在验收鉴定书上明确记载并签字；

（2）工程验收结论应经 2/3 以上验收委员会（工作组）成员同意；

（3）验收过程中发现问题，其处理原则应由验收委员会（工作组）协商确定。主任委员（组长）对争议问题有裁决权。若 1/2 以上的委员（组员）不同意裁决意见时，法人验收应报请验收监督管理机关决定；政府验收应报请竣工验收主持单位决定；

（4）工程项目中需要移交非水利行业管理的工程，验收工作宜同时参照相关行业主管部门的有关规定；

（5）当工程具备验收条件时，应及时组织验收。未经验收或验收不合格的工程不应交付使用或进行后续工程施工。验收工作应相互衔接，不应重复进行；

（6）工程验收应在施工质量检验与评定的基础上，对工程质量提出明确结论意见；

（7）验收资料制备由全过程工程咨询部协助项目法人统一组织，有关单位应按全过程工程咨询档案资料信息管理部统一印制的模板要求及时完成。全过程工程咨询监理部应协助项目法人应对提交的验收资料进行真实性、完整性、规范性检查；

（8）验收资料分为应提供的资料和需备查的资料。有关单位应保证其提交资料的真实性并承担相应责任。验收资料目录分别详见全过程工程咨询档案资料信息管理方案有关章节内容；

（9）工程验收的图纸、资料和成果性文件应按竣工验收资料要求制备。除图纸外，验收资料的规格宜为国际标准 A4（210mm×297mm）。文件正本应加盖单位印章且不应采用复印件；

（10）工程验收所需费用应进入工程造价，由项目法人列支或按合同约定列支；

（11）本工程建设的验收除应遵守本方案外，还应符合国家行业现行有关标准的规定。

6. 工程验收组织申报程序

施工单位应根据水利工程质量与安全监督机构审查确认的项目划分文件，与施工现场进度同步编制施工质量记录和质量检验申报表格。单元工程施工完成后由施工单位专职质量检验人员组织落实"三检"制度；在内部检验合格的基础上向监理工程师申报后由其组织相关人员进行验收。关键部位和重要隐蔽工程，还需由监理工程师组织勘察、设计、建设、质安监督单位联合验收小组进行验收，对其质量进行检验评定，提出验收评定意见，填写关键部位和重要隐蔽工程验收记录表，验收小组成员需在记录表上签字确认。坚持上道工序不经检验或检验不合格不准进入下道工序施工的原则，竣工验收和移交工作由全过程咨询单位项目负责人总体把控，各子项目由总监理工程师及专业监理工程师全面负责本子项目的竣工验收与移交相关工作。

20.2　竣工验收程序

20.2.1　法人验收

1. 分部工程验收

（1）分部工程所辖范围内的最后一个单元工程验收合格，施工单位按照全过程工程咨询档案资料信息管理部印发统一模板收集整理、编制分部工程质量验收资料，经监理工程师审查验证后向项目法人提交验收申请报告，申请分部工程验收。项目法人收到验收申请后应在收到验收申请报告之日起 10 个工作日内，组建验收工作组主持或委托监理单位主持验收。验收工作组应由项目法人、勘测、设计、监理、施工、主要设备制造（供应）商等单位的代表组成。运行管理单位可根据具体情况决定是否参加。

（2）大型枢纽工程主要建筑物的分部工程验收，建设单位应邀请质量监督机构派代表列席会议。

（3）大型工程分部工程验收工作组成员应具有中级及其以上技术职称或相应执业资格；其他工程的验收工作组成员应具有相应的专业知识或执业资格。参加分部工程验收的每个单位代表人数不宜超过 2 名。

（4）分部工程验收应具备以下条件：

① 所有单元工程已完成；

② 已完单元工程施工质量经评定全部合格，有关质量缺陷已处理完毕或有监理机构批准的处理意见；

③ 合同约定的其他条件。

（5）分部工程验收应包括以下主要内容：

① 检查工程是否达到设计标准或合同约定标准的要求；

② 评定工程施工质量等级；

③ 对验收中发现的问题提出处理意见。

（6）分部工程验收应按以下程序进行：

① 听取施工单位工程建设和单元工程质量评定情况的汇报；

② 现场检查工程完成情况和工程质量；

③ 检查单元工程质量评定及相关档案资料；

④ 讨论并通过分部工程验收鉴定书。

（7）项目法人在分部工程验收通过之日后 10 个工作日内，将验收质量结论和相关资料报质量监督机构核备。大型枢纽工程主要建筑物分部工程的验收质量结论应报质量监督机构核定。

（8）质量监督机构在收到验收质量结论之日后 20 个工作日内，将核备（定）意见书面反馈项目法人。

当质量监督机构对验收质量结论有异议时，项目法人应组织参加验收单位进一步研究，并将研究意见报质量监督机构。当双方对质量结论仍然有分歧意见时，应报上一级质量监督机构协调解决。

（9）分部工程验收遗留问题，监理工程师应跟踪监督施工单位进行整改处理，整改完成自检合格及时报监理工程师检验，检验情况应有书面记录并经相关责任单位代表签字，书面记录应随分部工程验收鉴定书一并归档。

（10）分部工程验收鉴定书正本数量可按参加验收单位、质量和安全监督机构各1份以及归档所需要的份数确定。自验收鉴定书通过之日起30个工作日内，由全过程工程咨询部协助项目法人发送有关单位，并报送法人验收监督管理机关备案。

2. 单位工程验收

（1）单位工程验收应具备以下条件：

① 所有分部工程已完建并验收合格；

② 分部工程验收遗留问题已处理完毕并通过验收，未处理的遗留问题不影响单位工程质量评定并有处理意见；

③ 合同约定的其他条件。

（2）单位工程完工并具备验收条件时，施工单位应按照全过程工程咨询档案资料信息管理部印发统一模板收集整理、编制分部工程质量验收资料，经监理工程师审查验证后，向项目法人提出验收申请报告，项目法人应在收到验收申请报告之日起10个工作日内决定是否同意进行验收。

（3）单位工程验收应由项目法人主持。验收工作组应由项目法人、勘测、设计、监理、施工、主要设备制造（供应）商、运行管理等单位的代表组成。必要时，可邀请上述单位以外的专家参加。

单位工程验收工作组成员应具有中级及其以上技术职称或相应执业资格，每个单位代表人数不宜超过3名。

（4）项目法人组织单位工程验收时，应提前通知质量和安全监督机构。主要建筑物单位工程验收应通知法人验收监督管理机关。法人验收监督管理机关可视情况决定是否列席验收会议，质量和安全监督机构应派员列席验收会议。

（5）单位工程验收主要内容：

① 检查工程是否按批准的设计内容完成；

② 评定工程施工质量等级；

③ 检查分部工程验收遗留问题处理情况及相关记录；

④ 对验收中发现的问题提出处理意见。

（6）单位工程验收按以下程序进行：

① 听取工程参建单位工程建设有关情况的汇报；

② 按照施工专业分组现场检查工程完成情况和工程质量；

③ 检查分部工程验收有关文件及相关档案资料；

④ 讨论并通过单位工程验收鉴定书。

（7）项目法人在单位工程验收通过之日起 10 个工作日内，将验收质量结论和相关资料报质量监督机构核定。

（8）质量监督机构收到验收质量结论之日起 20 个工作日内，将核定意见反馈项目法人。

（9）单位工程验收鉴定书正本数量可按参加验收单位、质量和安全监督机构、法人验收监督管理机关各 1 份以及归档所需要的份数确定。自验收鉴定书通过之日起 30 个工作日内，由全过程工程咨询单位协助项目法人发送有关单位并报法人验收监督管理机关备案。

（10）需要提前投入使用的单位工程应进行部分工程投入使用验收。施工单位应按照全过程工程咨询档案资料信息管理部印发统一模板收集整理、编制分部工程质量验收资料，经监理工程师审查验证后，向项目法人申请部分工程投入使用验收申请。项目法人收到验收申请及时向施工单位作出是否同意验收和验收时间的回复。单位工程投入使用验收由项目法人主持。根据工程具体情况，经竣工验收主持单位同意，单位工程投入使用验收也可由竣工验收主持单位或其委托的单位主持。

① 单位工程投入使用验收除满足单位工程验收应具备的条件外，还应满足以下条件：

a. 工程投入使用后，不影响其他工程正常施工，且其他工程施工不影响该单位工程安全运行；

b. 已经初步具备运行管理条件，需移交运行管理单位的，项目法人与运行管理单位已签订提前使用协议书。

② 单位工程投入使用验收除完成所有分部工程已完建并验收合格的工作内容外，还应对工程是否具备安全运行条件进行检查。

③ 单位工程投入使用验收时，验收工作组成员讨论通过部分工程投入使用验收鉴定书。

3. 合同工程完工验收

（1）施工合同约定的建设内容完成后，应进行合同工程完工验收。当合同工程仅包含一个单位工程（分部工程）时，宜将单位工程（分部工程）验收与合同工程完工验收一并进行，但应同时满足相应的验收条件。

（2）合同工程具备验收条件时，施工单位应按照全过程工程咨询档案资料信息管理部印发统一模板收集整理、编制分部工程质量验收资料，经监理工程师审查验证后，向项目法人提出验收申请报告。项目法人应在收到验收申请报告之日起 20 个工作日内决定是否同意进行验收。

（3）合同工程完工验收由项目法人主持。验收工作组应由项目法人以及与合同工程有关的勘测、设计、监理、施工、主要设备制造（供应）商等单位的代表组成。

（4）合同工程完工验收具备的条件：

① 合同范围内的工程项目和工作已按合同约定完成；

② 工程已按规定进行了有关验收；

③ 观测仪器和设备已测得初始值及施工期各项观测值；

④ 工程质量缺陷已按要求进行处理；

⑤ 工程完工结算已完成；

⑥ 施工现场已经进行清理；

⑦ 需移交项目法人的档案资料已按要求整理完毕；

⑧ 合同约定的其他条件。

（5）合同工程完工验收包括以下主要内容：

① 检查合同范围内工程项目和工作完成情况；

② 检查施工现场清理情况；

③ 检查已投入使用工程运行情况；

④ 检查验收资料整理情况；

⑤ 鉴定工程施工质量；

⑥ 检查工程完工结算情况；

⑦ 检查历次验收遗留问题的处理情况；

⑧ 对验收中发现的问题提出处理意见；

⑨ 确定合同工程完工日期；

⑩ 讨论并通过合同工程完工验收鉴定书。

（6）合同工程完工验收鉴定正本数量可按参加验收单位、质量和安全监督机构以及归档所需要的份数确定。自验收鉴定书通过之日起 30 个工作日内，全过程工程咨询管理部协助项目法人发送有关单位，并报送法人验收监督管理机关备案。

20.2.2 政府验收

1. 阶段验收

本工程阶段验收主要有引水隧洞工程通水验收、泵站首（末）台机组启动等验收。

（1）阶段验收相关规定

① 阶段验收应由竣工验收主持单位或其委托的单位主持。阶段验收委员会应由验收主持单位、质量和安全监督机构、运行管理单位的代表以及有关专家组成；必要时，可邀请地方人民政府有关行政主管部门参加。

② 工程参建单位应派代表参加阶段验收，并作为被验收单位在验收鉴定书上签字。

③ 工程建设具备阶段验收条件时，项目法人向法人验收监督管理机关提出阶段验收申请报告。阶段验收申请报告应由法人验收监督管理机关审查后转报竣工验收主持单位，竣工验收主持单位应自收到申请报告之日起 20 个工作日内决定是否同意进行阶段验收与同意验收时间。

④ 本工程输水隧洞属大型工程建议在通水验收阶段验收前，成立专家组先对隧洞水锤防范措施进行技术预验收。

⑤ 阶段验收鉴定书数量按参加验收单位、法人验收监督管理机关、质量和安全监督机构各 1 份以及归档所需要的份数确定。自验收鉴定书通过之日起 30 个工作日内，由验收主持单位发送有关单位。

（2）隧洞输水工程通水验收

① 通水验收应具备以下条件：

a. 隧洞输水建筑物的形象面貌满足通水的要求；

b. 通水后未完工程的建设计划和施工措施已落实；

c. 进（出）水口工围堰已全部拆除及其他障碍物清理已完成并通过验收；

d. 隧洞输水的调度运用方案已编制完成，并通过专家论证；度汛方案已得到有管辖权的防汛指挥部门批准，相关措施已落实；

e. 启闭机、拦污栅、沿线检查井与排气井井盖、排气阀设备设施已安装完成，并通过完工验收；各处安全防护设施已安装到位；

f. 长距离隧洞输水防水锤措施已通过技术验收等。

② 通水验收主要内容：

a. 检查已完工程是否满足通水的要求；

b. 检查进（出）水口施工围堰和清障完成情况；

c. 检查通水准备工作落实情况；

d. 鉴定与通水有关的工程施工质量；

e. 对验收中发现的问题提出处理意见；

f. 讨论并通过阶段验收鉴定书。

（3）泵站首（末）台机组启动验收

① 机组启动验收前，项目法人应组织成立机组启动试运行工作组，进行机组启动试运行工作。首（末）台机组启动试运行前，项目法人应将试运行工作安排报验收主持单位备案，必要时，验收主持单位可派专家到现场收集有关资料，指导项目法人进行机组启动试运行工作。

② 机组启动试运行工作组的主要工作：

a. 审查批准施工单位编制的机组启动试运行试验文件和机组启动试运行操作规程等；

b. 检查机组及相应附属设备安装、调试、试验以及分部试运行情况，决定是否进行负荷试验和空载试运行；

c. 检查机组负荷试验和空载试运行情况；

d. 检查机组带负荷连续运行情况；

e. 检查带负荷连续运行结束后消缺处理情况；

f. 审查施工单位编写的机组带负荷连续运行情况报告。

③ 机组带负荷连续运行应符合以下要求：

a. 机组带额定负荷连续运行时间为 72h；泵站机组带额定负荷连续运行时间为 24h 或 7d 内累计运行时间为 48h，包括机组无故障停机次数不少于 3 次；

b. 受水位或水量限制无法满足上述要求时，经过项目法人组织论证并提出专门报告报验收主持单位批准后，可适当降低机组启动运行负荷以及减少连续运行的时间。

④ 首（末）台机组启动验收前，验收主持单位应组织进行技术预验收，技术预验收应在机组启动试运行完成后进行。

⑤ 技术预验收应具备以下条件：

a. 与机组启动运行有关的建筑物基本完成，满足机组启动运行要求；

b. 与机组启动运行有关的金属结构及启闭设备安装完成，并经过调试合格，可满足机组启动运行要求；

c. 过水建筑物已具备过水条件，满足机组启动运行要求；

d. 压力容器、压力管道以及消防系统等已通过有关主管部门的检测或验收；

e. 机组、附属设备以及油、水、气等辅助设备安装完成，经调试合格并经分部试运转，满足机组启动运行要求；

f. 必要的输配电设备安装调试完成，并通过电力部门组织的安全性评价或验收，送（供）电准备工作已就绪，通信系统满足机组启动运行要求；

g. 机组启动运行的测量、监测、控制和保护等电气设备已安装完成并调试合格；

h. 有关机组启动运行的安全防护措施已落实，并准备就绪；

i. 按设计要求配备的仪器、仪表、工具及其他机电设备已能满足机组启动运行的需要；

j. 机组启动运行操作规程已编制，并得到批准。

⑥ 技术预验收主要内容：

a. 听取有关建设、设计、监理、施工和试运行情况报告；

b. 检查评价机组及其辅助设备质量、有关工程施工安装质量；检查试运行情况和消缺处理情况；

c. 对验收中发现的问题提出处理意见；

d. 讨论形成机组启动技术预验收工作报告。

⑦ 首（末）台机组启动验收应具备以下条件：

a. 技术预验收工作报告已提交；

b. 技术预验收工作报告中提出的遗留问题已处理。

⑧ 首（末）台机组启动验收应包括以下主要内容：

a. 听取工程建设管理报告和技术预验收工作报告；

b. 检查机组和有关工程施工和设备安装以及运行情况；

c. 鉴定工程施工质量；

d. 讨论并通过机组启动验收鉴定书。

⑨ 中间机组启动验收可参照首（末）台机组启动验收的要求进行。

⑩ 机组启动验收鉴定书格式按项目要求设定；机组启动验收鉴定书是机组交接和投入使用运行的依据。

2. 专项验收

（1）工程竣工验收前，应按有关规定进行专项验收。专项验收主持单位应按国家和相关行业的有关规定确定。项目法人应按国家和相关行业主管部门的规定，向有关部门提出专项验收申请报告，并组织各参建单位做好有关准备和配合工作。

（2）专项验收项目主要有水土保持、环境保护、泵站消防与工程档案等。

（3）专项验收应具备的条件、验收主要内容、验收程序以及验收成果性文件的具体要求等应执行国家及相关行业主管部门有关规定。

（4）相关行政主管单位验收后出具的水利工程竣工专项工程验收报告，是专项验收成果性文件。也是本工程竣工验收成果性文件的组成部分。项目法人提交竣工验收申请报告时，应附相关专项验收成果性文件复印件。

20.3　竣工验收

20.3.1　竣工验收要求

竣工验收应在工程建设项目全部完成并满足一定运行条件后 1 年内进行。本工程竣工验收满足一定运行条件可以指：输水隧洞工程经过 6 个月（经过一个汛期）至 12 个月，或泵站工程经过一个排水或抽水期。

工程具备验收条件时，全过程工程咨询部协助项目法人向法人验收监督管理机关提出竣工验收申请报告，审查后转报竣工验收主持单位。

全过程工程咨询部组织造价部编制完成竣工财务决算经项目法人审查后，报送竣工验收主持单位财务部门进行审查和审计部门进行竣工审计。审计部门出具竣工审计意见。项目法人应对审计意见中提出的问题进行整改并提交整改报告。

竣工验收按照有关规定进行，分为竣工技术预验收和竣工验收两个阶段。

20.3.2　竣工验收前相关工作

1. 竣工验收自查

（1）申请竣工验收前，全过程工程咨询部协助项目法人应组织竣工验收自查。自查工作应由项目法人主持，勘测、设计、监理、施工、主要设备制造（供应）商以及运行管理等单位的代表参加。

（2）竣工验收自查主要内容：检查有关单位的工作报告；检查工程建设情况，评定工程项目施工质量等级；检查历次验收、专项验收的遗留问题和工程初期运行所发现问题的处理情况；确定工程尾工内容及其完成期限和责任单位；对竣工验收前应完成的工作做出安排；讨论并通过竣工验收自查工作报告。

（3）项目法人组织工程竣工验收自查前，提前 10 个工作日通知质量和安全监督机构，同时向法人验收监督管理机关报告。质量和安全监督机构应派员列席自查工作会议。

（4）项目法人应在完成竣工验收自查工作之日起 10 个工作日内，将自查的工程项目质量结论和相关资料报质量监督机构。

（5）参加竣工验收自查的人员应在自查工作报告上签字。项目法人应自竣工验收自查工作报告通过之日起 30 个工作日内，将自查报告报法人验收监督管理机关。

2. 工程质量抽样检测

（1）根据竣工验收的需要，竣工验收主持单位可以委托具有相应资质的工程质量检测单位对工程质量进行抽样检测。项目法人应与工程质量检测单位签订工程质量检测合同。检测所需费用由项目法人列支，质量不合格工程所发生的检测费用由责任单位承担。

（2）根据竣工验收主持单位的要求和项目的具体情况，项目法人应负责提出工程质量抽样检测的项目、内容和数量，经质量监督机构审核后报竣工验收主持单位核定。

（3）工程质量检测单位应按照有关技术标准对工程进行质量检测，按合同要求及时提出质量检测报告并对检测结论负责。项目法人应自收到检测报告 10 个工作日内将检测报告报竣工验收主持单位。

（4）对抽样检测中发现的质量问题，项目法人应及时组织全过程工程咨询、设计及有关责任单位研究处理。涉及影响工程安全运行以及使用功能的质量问题未处理完毕或处理经验收不合格的，不能进行竣工验收。

3. 竣工技术预验收

（1）竣工技术预验收应由竣工验收主持单位组织专家组负责。技术预验收专家组成员应具有高级技术职称或相应执业资格，成员的 2／3 以上成员应来自工程非参建单位。工程勘察设计、施工、造价、审计、全过程工程咨询（监理）等参建单位的代表应参加技术预验收，负责回答专家组提出的问题。

（2）竣工技术预验收专家组可下设专业工作组，并在各专业工作组检查意见的基础上形成竣工技术预验收工作报告。

（3）竣工技术预验收应包括以下主要内容：检查工程是否按批准的设计完成；检查工程是否存在质量隐患和影响工程安全运行的问题；检查历次验收、专项验收的遗留问题和工程初期运行中所发现问题的处理情况；对工程重大技术问题作出评价；检查工程尾工安排情况；鉴定工程施工质量；检查工程投资、财务情况；对验收中发现的问题提出处理意见。

（4）竣工技术预验收程序：现场检查工程建设情况并查阅有关工程建设资料；听取项目法人、设计、监理、施工、质量和安全监督机构、运行管理等单位工作报告；听取竣工验收技术鉴定报告和工程质量抽样检测报告；专业工作组讨论并形成各专业工作组意见；讨论并通过竣工技术预验收工作报告；讨论并形成竣工验收鉴定书初稿。

（5）竣工技术预验收工作报告应是竣工验收鉴定书的附件。

20.3.3 竣工验收

竣工验收委员会可设主任委员 1 名，副主任委员以及委员若干名，主任委员应由验收主持单位代表担任。竣工验收委员会应由竣工验收主持单位、有关地方人民政府和部门、有关水行政主管部门和流域管理机构、质量和安全监督机构、运行管理单位的代表以及有关专家组成。工程投资方代表可参加竣工验收委员会。

项目法人、勘测、设计、造价、审计、全过程工程咨询（监理）、施工和主要设备制造（供应）商等单位应派代表参加竣工验收，负责解答验收委员会提出的问题，并应作为被验收单位代表在验收鉴定书上签字。

工程项目质量达到合格以上等级的，竣工验收的质量结论意见应为合格。

竣工验收鉴定书数量应按验收委员会组成单位、工程主要参建单位各 1 份以及归档所需要份数确定。自鉴定书通过之日起 30 个工作日内，应由竣工验收主持单位发送有关单位。

20.3.4 工程移交

（1）工程移交条件：

① 工程通过投入使用验收后，项目法人应及时将工程移交运行管理单位管理，并与其签订工程提前启用协议。

② 竣工验收鉴定书印发后 60 个工作日内，项目法人与运行管理单位应完成工程移交手续。

（2）工程移交包括工程实体、其他固定资产和工程档案资料等，应按照初步设计等有关批准文件进行逐项清点，并办理移交手续。

① 工程实体是指通过投入使用验收或竣工验收前，由全过程工程咨询部组织建设、施工等单位代表，对照工程竣工图纸、安装设备清单等专业工程清点登记造册，并经各参加方代表签字确认的清册中的工程内容。

② 工程档案资料是指经当地建设档案主管机构专项验收合格的档案和各类工程设备随货同行的质量保证资料、安装使用维护技术资料、安装施工单位编制经相关专家评审的操作规程技术资料等。

（3）办理工程移交，应有完整的文字记录和双方法定代表人签字。

（4）工程设备安装、调试与试运行过程中，项目法人应通知运行管理单位派遣相应专业技术人员参加。设备试运行时，设备安装单位编制设备运行培训教材，报监理工程师审查后组织运行管理单位管理技术人员进行操作技术培训。对培训人员进行考核，考核成绩应报当地行业技术管理机构审查。并将审查意见通知运行管理单位，说明成绩不合格人员不能上岗作业。

（5）验收遗留问题及收尾工程处理：

有关验收成果性文件中对验收遗留问题有明确的记载。只要不影响工程正常运行可作为验收遗留问题处理。

在投入使用运行验收中，有关不影响工程正常运行的地面绿化、景观等收尾工程，可在移交后进行处理。

对验收遗留问题及收尾工程处理，由全过程工程咨询部按照竣工验收鉴定书、合同约定等要求督促施工单位限时完成。

验收遗留问题和尾工处理完成后，全过程工程咨询部组织有关单位进行验收，并形成验收成果性文件。项目法人将验收成果性文件报竣工验收主持单位核备。

20.3.5　工程竣工证书颁发

（1）工程质量保修期满后 30 个工作日内，经全过程工程咨询部检查，保修责任范围内的质量缺陷全部处理的，项目法人向施工单位颁发工程质量保修责任终止证书。

（2）工程质量保修期满以及验收遗留问题和尾工处理完成后，项目法人向工程竣工验收主持单位申请领取竣工证书。申请报告应包括以下内容：工程移交情况；工程运行管理情况；验收遗留问题和尾工处理情况；工程质量保修期有关情况等。

竣工验收主持单位应自收到项目法人申请报告后 30 个工作日内决定是否颁发工程竣工证书（正本、副本）。工程竣工证书数量按正本 3 份和副本若干份颁发，正本应由项目法人、运行管理单位和档案部门保存，副本应由工程主要参建单位保存。

颁发竣工证书应符合以下条件：竣工验收鉴定书已印发；工程遗留问题和尾工处理已完成并通过验收；工程已全面移交运行管理单位管理。

工程竣工证书是项目法人全面完成工程项目建设管理任务的证书，也是工程参建单位完成相应工程建设任务的最终证明文件。

20.4　BIM 数字化移交

20.4.1　相关术语

（1）建筑信息模型即 BIM，是指创建并利用数字化模型对建设工程项目的设计、建造和运营全过程进行管理和优化的过程、方法和技术。创建 BIM 模型的软件，应具备三维数字化建模、非几何信息录入、多专业协同设计、二维图纸生成等基本功能。

（2）BIM 模型是指基于 BIM 所产生的数字化建筑模型；BIM 模型的信息由几何信息和非几何属性信息两部分组成。

（3）几何信息是指建筑模型内部和外部空间结构的几何表示；非几何信息是指除几何信息之外的所有信息的集合。

（4）交付物：是指在建筑建模工作中，应用 BIM 并按照一定设计与建模流程所产生的交付成果，包括建筑、结构、机电等多种 BIM 模型和与之对应的图纸、工程资料、工程表格，以及综合协调、模拟分析、可视化等成果文件。

（5）合同交付物，是指设计单位依据建设单位设计需求并以合同为依据形成的与 BIM 相关的交付物。

（6）特定交付物，是指工程建设审批和管理中特定要求的交付物。

（7）构件，是指构成 BIM 模型的基本对象或组件。

（8）构件资源库，是指在 BIM 实施过程中开发、积累并经过加工处理，形成可重复利用的构件的集合。

20.4.2　建模相关要求

（1）长度单位为毫米，使用相对标高，±0.000 即为坐标原点 Z 轴坐标点，建筑、结构和机电使用自己相应的相对标高。

（2）为所有 BIM 数据定义通用坐标系。建筑、结构和机电统一采用一个轴网文件，保证模型整合时能够对齐、对正。

（3）通过审查的有效图纸为数据来源进行建模，根据设计变更为数据来源进行模型更新；模型的拆分应按照建筑专业和结构专业的分类进行。

20.4.3　建模色彩移交要求

（1）建筑专业色彩：图纸已经明确的构件外观色彩按照图纸要求进行建模，图纸未明确构件外观色彩由 BIM 咨询单位确定。

（2）结构专业色彩：系统中已有材质按照软件系统默认色彩，新建材质色彩由 BIM 咨询单位确定。

20.4.4　BIM 数字化移交的成果

（1）BIM 竣工模型：该模型反映了在建筑、结构、机电 BIM 模型施工阶段的修改，将主要系统和设备的竣工信息纳入到 BIM 模型构件中，供运营单位使用，提供外链竣工资料数据库与精确族库。

（2）电子化资料移交清单表与档案室资料保持一致性，电子化表格签名采取水印形式确认，内容详表 20.4。

BIM 的电子工程资料移交表　　　　　　　　　　表 20.4

阶　　段	内　　容
前 期 准 备	开工报告
	单位资质
	图纸会审
	施工组织方案
竣 工 阶 段	分部验收资料及表格
	单位验收资料及表格
	竣工验收报告、备案
竣 工 资 料	各工序针对性照片 50 张
	设备移交表
	各专业施工技术方案
	施工日志、会议纪要、变更设计通知单
	工程资料

（3）由软件导出的 2D 竣工图纸，包括结构、建筑、机电等专业 CAD 竣工图纸及综合管线图。

20.4.5 交付要求

（1）建模单位应保证交付物的准确性。交付物的准确性是指模型和模型构件的形状和尺寸以及模型构件之间的位置关系准确无误。

（2）交付物应保证几何信息和非几何信息能够有效传递。

（3）交付物中的 BIM 模型深度应满足表的要求。

（4）合同交付物中的图纸和信息表格宜由 BIM 模型生成，充分发挥 BIM 模型在交付过程中的作用和价值。

（5）合同交付物中 BIM 模型和与之对应的图纸、信息表格和相关文件共同表达的内容深度，应符合现行《建筑工程设计文件编制深度规定》的要求。

（6）合同交付物的交付内容、交付格式、模型的后续使用和相关的知识产权应在合同中明确规定。

20.5 资产移交

资料移交完成后，按要求向使用单位进行资产移交。移交内容按合同要求，给使用单位进行培训，提供使用手册。培训工作可以提前在项目设备调试阶段进行，以减少缩短项目移交周期。

20.5.1 资产移交组织

项目移交工作应成立工作领导小组，负责协调整体工程移交期间的问题，根据本工程特点基本上可按以下组织方式进行。

20.5.2 移交程序

现场具备移交条件后由全过程咨询单位负责组织，由移交方填写"工程移交单"，接收方、全过程咨询单位、移交方现场核验，若存在问题无法达到移交条件，现场提出整改，待移交方整改完成后，重新确认。确认现场达到移交条件，在"工程移交单"上签字确认。

20.5.3 移交方法

（1）首先进行竣工图及内业资料（含工程使用说明书及产品说明书，工程建设相关资料等）的移交，移交完成后填写"深圳市 GM 水库—QLJ 水库连通工程项目竣工图纸移交单"。

（2）工程移交以现状实物移交为主。各移交小组成员分别接收人员进行现场实物检查验收，检查验收后填写"深圳市 GM 水库—QLJ 水库连通工程项目子分部工程移交单"，分组验收结束后，填写"深圳市 GM 水库—QLJ 水库连通工程项目移交单"。如接收人员要求启动设备试运行，移交人员应派专业人员负责设备开启工作。

20.6　培训工作

针对关键设备的培训工作，移交方邀请厂家对接收使用方人员进行现场培训，培训内容包括系统设计方案、操作原理、操作规程、维护保养注意事项、常见故障检修技术等。移交方要将接收方的相关人员培训到位，达到独立维护、使用设备系统和各类器械及场地的水平。培训结束后，移交方填写"培训表"。同时将设备的维保资料、培训资料、考核资料等过程资料进行整体移交。

20.7　竣工结算与决算

工程结算管理内容根据《深圳市水务局工程结算管理办法》《深圳市水务局工程决算管理办法》编制，完成工程结算工作内容包括：

（1）负责项目结算的总体安排，对项目结算进度负责。

（2）负责在第一次付款前保存归档招标文件、答疑、标底、投标文件、评标报告、会议纪要、中标通知书、合同协议书、全套招标用施工图纸等招标阶段结算资料。

（3）负责办理工程量清单复核报告、设计变更、现场签证、补充合同等结算资料的审批手续。

（4）及时办理设备开箱检查及移交记录、合同外单价分析资料、主材设备价格确定依据、图纸会审纪要、实物移交清单、相关验收证明资料等审批手续。

（5）配合建设单位造价工程师管理的结算工作。检查催办结算资料收集情况和结算审核进度，重点审核竣工资料与现场实际情况的一致性，并在监理单位的结算初审报告上签署意见。

（6）负责协调施工、造价咨询和项目组各成员的结算分歧，督促专业工程师和造价工程师及时办理设计变更等结算资料，必要时召集各方协调解决造价分歧。

（7）负责对造价咨询单位结算工作的管理。并在造价咨询单位的结算审核报告上签署意见。

根据招标文件对项目工程结算管理的要求，将工程管理各阶段与结算工作相关的资料及准备工作汇总，以提高工程结算速度，确保工程结算在规定时间内完成，制定结算工作指引。工程结算表相关内容见表20.7。

工程结算表　　　　　　　　　　　　　　　　　　　　　　　　　**表 20.7**

序号	工程管理各阶段	相 关 资 料	相 关 工 作
一	招标阶段及合同签订	招标文件（含补遗书、答疑书） 投标文件（含技术、商务标书） 抽签结果报告/评标报告/会议纪要 中标通知书 合同协议书 预算（标底）审计通知书（如有） 有效的全套施工图纸一套 其他与招标、合同签订有关的资料	（1）招标及合同签订工作完成后，应在办理第一次进度款支付（或合同签订）时，要求整理一套完整的相关资料，交项目组资料员保管。有条件的可同时保存电子文件。上述资料全过程咨询单位负责整理与督促。 （2）材料设备采购招标应注意要求专业工程师及时将招标文件、投标文件的电子文件提交保存
二	预算（标底）备案		招标工程基本情况简介、中标书、招标文件、合同草案（与招标文件内容有实质变化时提交）以及审计专业局所需的其他资料
三	施工阶段	设计变更图纸、签证单及其申报审批表，备案单，其他相关资料等	（1）施工阶段应及时办理工程变更审批手续、审计备案手续；根据规定需要审计人员到场确认的，应及时通知审计人员；若通知后，审计人员不到场的，也应作好相应记录。此工作需监理、建设单位专业工程师配合完成。 （2）施工阶段遇到与结算有关的问题应及时与审计人员沟通。 （3）甲供材料设备进度款支付时要求提供材料设备进场联合检验交接记录表
四	结算阶段	（1）按《审计办事指南》中的"政府投资项目结算（期中）审计提交资料表"要求承包人整理结算资料，工程监理部、造价咨询单位负责审核； （2）监理部结算审核工作要求； （3）造价咨询单位结算审核工作要求； （4）审计结果征示意见审批； （5）审计报告整理归档	（1）施工阶段后期，全过程咨询单位工程监理部编制结算工作安排（内容包括结算原则、结算资料要求及完成时间要求等），并征求承包人或建设单位意见，使结算工作安排切实可行。 （2）竣工验收后 10 日内，将编制完成的结算工作安排发给各承包人。 （3）若承包人在规定时间内不报送结算资料的，工程监理部应发函催促。 （4）全过程咨询单位应督促造价咨询单位在规定时间内完成结算审核工作。 （5）对造价咨询单位在结算审核过程中遇到的问题，需要建设单位协调处理的，全过程咨询单位应及时通知建设单位、相关专业工程师等共同解决。 （6）造价管理工程师应及时将审核完成的结算报审计部门，并积极配合审核部门完成结算审计工作
五	决算	（1）按有关竣工项目财务决算管理办法，由项目组向财务部门填报决算通知及工程造价明细汇总表； （2）审计报告； （3）设计等服务类合同； （4）尚未结算的工程资料； （5）其他资料	当项目各合同结算审计工作完成后，全过程工程咨询单位书面通知建设单位办理该项目的决算。决算审计期间，造价管理工程师应积极配合财务人员的工作

20.8 保修期管理

20.8.1 工程保修管理

我公司在本项目上执行保修与回访工作制度，保修阶段工作内容如下：

（1）遵照与建设单位签订的全过程工程咨询服务委托合同中约定的工程质量保修期项目管理工作的时间、范围、内容及有关质量保修规定，开展工作。

（2）在承担质量保修期管理工作，委派一名专职人员对建设单位提出的工程质量缺陷进行检查和记录，对承包单位进行修复的工程质量进行验收，合格后予以签认。

（3）我公司对工程质量缺陷原因进行调查分析，并确定责任归属，对非承包单位原因造成的工程质量缺陷，全过程工程管理人员核实修复工程的费用和签署工程款支付证书，并报建设单位。

（4）采用不定期回访和热线电话联络方式协调管理各施工、供货、安装等单位履行各自保修责任。对涉及项目保修的各类合同、文件、资料、整理成册逐次移交建设单位，对各项合同保修收尾的批准支付权仍属建设单位。

（5）依据《建设工程质量管理条例》中对工程质量保修的规定对工程进行保修。

（6）我单位在保修阶段应采取有效方法及措施。

（7）保修阶段的管理工作措施重点：

① 定期关注建筑物沉降，如发现异常情况，应通知设计和质监部门进行分析研究处理。

② 对工程质量问题和质量缺陷进行调查。

③ 保修期间工程运行状态的检查，主要是通过对工程进行观察检查和埋设在建筑物及其地基、水库上的各种仪器与观测标点对建筑物的运行情况进行观测，通过对检查和观测资料的整理分析，来了解工程的运行状况是否正常，掌握工程的运行规律，及时发现工程存在的质量问题，并加以控制，从而确保工程的安全和效益的正常发挥。

④ 对本工程保修阶段的监测，应开展的主要项目：a. 对输水隧洞的监测；b. 对混凝土工程的观测项目有：变形观测、渗流量观测，基础扬压力，河岸绕渗、应力和温度观测等。c. 对土石工程的观测项目有：垂直位移、水平位移、浸润线、渗流量、河岸绕渗、地下水压力、建筑物及其地基的固结等的观测。d. 对荷载的观测项目有:水库水位、风浪、泥沙压力、水温、气温等的观测。

⑤ 长距离输水工程处在复杂的自然条件影响下，受到各种外力的作用，其状态随时都在变化，如加上设计、施工不够完善或运用管理不当，则很容易发生缺陷，必须及时进行维修，防止缺陷扩大。本工程的养护维修，应本着以防为主，防重于修，修重于抢的原则，防止缺陷的发生和发展。在已经发生质量事故的情况下，则应及时采取措施进行修理，保证工程的安全和完整。

在施工阶段对工程质量进行有效的、严格的控制，不留人和质量隐患，使工程竣工每一分部质量均达到设计和施工质量验收标准，同时满足用户的使用功能要求，使建设单位放心使用。实践证明，施工阶段项目管理工作越到位，保修阶段项目管理工作量就会大大减少。

（8）工程保修期限为确保使用单位利益，全过程工程咨询单位承担该工程的保修期服务，根据招标文件、合同文件及有关规定进行保修管理。

（9）工程保修程序

全过程工程咨询单位组织施工单位组成保修小组，指定专人负责。

对较为严重的问题应以照片、录像形式记录，将情况填入维修任务书，由专业技术人员分析存在的问题，找出主要原因，制定方案，经公司有关部门及主管领导审核后，报请建设单位批准确认。

在处理措施确定后，由施工单位组织维修队，维修队按方案进行维修工作，维修质量、工期、安全都应满足建设单位要求，特别注意维修期间应维持使用单位环境的整洁，不影响使用单位的使用。

在维修完成后，由工程监理部与建设单位共同对其进行验收，并做好记录，符合要求后各方签字。

20.8.2 工程后续服务

工程项目交工后回访用户是一种"售后服务"方式和行为，是在项目交付竣工验收后，自签署工程质量保修书起的一定期限内，对发包人和使用人进行工程回访。发现由施工原因造成的质量问题，承包人负责工程保修，直到在正常使用条件下，建设工程的质量保修期结束为止。项目交工后保修是我国工程建设的一项基本法律制度。通过建立和完善回访保修服务制度，贯彻"顾客至上"的服务宗旨，可以展示企业良好的形象。

1. 项目回访保修工作计划

根据本工程具体情况，制定项目回访保修工作计划。

（1）回访保修计划的构成。

回访保修工作计划包括：回访的成员组成及回访时间及主要内容和方式。项目交付竣工验收并签署工程质量保修书，全过程工程咨询单位将回访与保修工作列入议事日程，编制工作计划，规定服务控制程序，纳入质量管理与质量保证体系，是其得到执行的保证。

（2）回访保修工作计划的要求

回访保修工作计划由管理部门统一编制，相关生产部门积极配合，执行单位尽职尽责，履行承诺，搞好项目回访及保修服务。

回访保修工作要有计划、有步骤地进行，根据工程交付竣工验收的先后，交工工程所在区域分别组织。每年年初针对工程交付竣工的情况，按照建设单位、工程名称、保修期限、回访时间安排、参加回访部门及执行单位等事项编制回访计划表，做好回访保修工作计划安排。

根据回访保修工作计划的安排，每次回访结束，执行部门填写"回访工作记录"，撰写回访纪要，执行负责人在回访记录上签字确认。

全部回访工作结束，提出回访服务报告，收集用户对工程质量的评价，分析质量缺陷的原因，总结正反两方面的经验和教训，采取相应的对策措施，加强施工过程质量控制，改进完善全过程工程管理。

2．项目回访工作方式

根据回访计划安排采取灵活多样并有针对性地回访工作方式。同时，坚持项目回访与保修制度，加强与承包人、建设单位及使用人的广泛联系，并按规定的程序开展工作。及时研究解决施工和质量问题，听取建设单位对工程质量、保修管理、在建工程的意见，不断改善项目管理，提高工程质量水平。

（1）例行性回访

按回访工作计划的统一安排，对已交付竣工验收并在保修期限内的工程，组织例行回访，广泛收集用户对工程质量的反映。对回访难以覆盖的地方，采取电话询问方式，也可以适时采取召开一些易于融洽，有益交流的座谈会、茶话会等形式，把回访工作搞活。

（2）季节性回访

主要是针对深圳地区台风季、雨季等季节性特点，容易造不良影响的时间段。针对容易发生质量问题的工程部位进行回访，认真负责和解答用户提出的问题。必要时组织发放有关工程质量保修、维修注意事项的资料，切实贯彻企业服务宗旨，进行工程质量问卷调查，收集反馈工程质量保修信息，对实施效果进行验证和总结。

（3）技术性回访

根据建筑新技术在工程上应用日益增多的情况，通过回访用户的方式，及时了解施工过程中采用新材料、新技术、新工艺、新设备的技术性能，从用户那里获得使用后的第一手材料，掌握设备安装竣工使用后的技术状态，运行中有无安装施工质量缺陷，若发现有质量问题，及时进行处理。

（4）专题性回访

针对本工程中某些特殊工程、重点工程、有影响的工程组织专访，可将服务工作往前延伸，包括交工前对发包人的访问和交工后对使用人的回访，听取他们的意见，为其提供跟踪服务，满足提出的合理要求，改进服务方式和提高质量管理水平。交工验收后仍然要建立联系。

通过回访了解工程交付使用后用户对工程质量评价，分析质量缺陷的原因，对经济责任的性质进行区别、划分，以便于澄清问题，加强质量管理。因设计、施工、供应、建设、使用等不同原因造成的质量问题，由责任方承担经济责任。

第21章 智 慧 建 造

在国内建筑业正在朝现代化、信息化、工业化逐步转型升级的建设大背景下，智慧建造已全面应用到在建项目中，通过应用数字化信息技术，对施工现场的人员、机械设备、环境、安全、文明施工等环节进行信息化、科学化、智能化的全过程监督管理，解决施工现场沟通及信息共享不及时、管理制度落地难等问题。智慧建造在房建项目组中的应用已趋于成熟，在全过程咨询的模式下将智慧建造引入水务项目，打造"智慧水务"的全新建设理念是引领行业创新的一项重要突破。

"智慧水务"是在水利信息化的基础上，高度整合水利信息资源并加以开发利用，通过物联网技术、无线宽带、云计算等新兴技术与水利信息系统的结合，实现水利信息共享和智能管理，有效提升水利工程运用和管理的效率和效能。"智慧水务"涵盖了水文、水质、水资源、供水、排水、防汛防涝等方面，是通过各种信息感测设备，测量水压、水位、水量、水质等水利要素，通过无线终端设备和互联网进行信息传递，以实现信息智能化识别、定位、跟踪、监控、计算、管理、模拟、预测和管理。通过"智慧水务"的建设，有效提高管理效率，降低和杜绝安全隐患的发生概率，提高现代化生产水平和科技信息化含量。

21.1 智慧建造主要内容

通过智慧工地项目的实施，可以将施工现场的施工过程、安全管理、人员管理、绿色施工等内容，从传统的定性表达实现定量表达，实现工地的信息化管理，通过物联网的实施，能将施工现场的人员、机械、环境、进度、质量、安全等内容进行自动数据采集，危险情况自动反应和自动控制，并对以上进行数据记录，为项目管理和工程信息化管理提供数据支撑。智慧工地策划方案主要包括智慧工地系统硬件设备部署方案、智慧工地信息化平台数据传输标准、智慧化工地信息化平台搭建方案、智慧工地信息化平台应用方案等内容，并通过感知层、传输层和应用层的有效搭接来实现，如图21.1。

目前应用成熟的智慧建造体系包括：

（1）工地人员实名制管理系统、人脸识别考勤认证系统、AI智能识别系统；

（2）车辆进出入管理系统；

（3）工地环境实时监控管理系统；

（4）视频监控管理系统；

（5）设备监控系统；

图 21.1　智慧工地整体架构图

（6）其他：无人机、VR 体验馆、无线 WIFI 等安全教育及实时监管措施。

21.2　项目应用情况

　　智慧工地实施旨在对人员、设备、进度、安全等进行智能化、自动化监管，同时将各监测对象进行平台集成展示。智慧工地建设在建筑行业已试行多年，并已得到广泛应用，但对于输水行业尚处于探索阶段，输水工程建设信息化、智能化、精细化管理，创新安全管理模式等已迫在眉睫。下面以深圳市 GM 水库—QLJ 水库连通工程全过程咨询策划为案例，阐述全过程咨询智慧建造策划的主要内容。

21.2.1　应用背景

　　深圳市 GM 水库—QLJ 水库连通工程采用全过程工程咨询管理模式，并在全市率先开展输水工程智慧工地建设试点，引入"智慧水务"的建设理念，通过智慧建造等措施，加大施工现场各项安全设施、防护措施的安全系数，增强从业人员安全意识，提升建筑工地安全生产水平，并解决施工现场沟通及信息共享不及时、管理制度难以实时落地等问题，实现施工现场的智慧化生产。

21.2.2　全过程智慧建造

　　全过程咨询单位以工程全寿命周期为理念，从设计阶段、实施阶段、运维阶段综合考虑智慧建造内容，并结合工程实际特点，有针对性地制定本工程智慧建造策划方案。

　　1. 工程重难点分析

　　（1）工程现场工作线长、工作面广，单靠人力巡检排查，工作效率低，而且难以做到全过程、全方位的监督管理，人员管理较难；

（2）工程施工场地环境复杂，人员监管成本大，问题回溯难；

（3）高发事故危险源较多；

（4）本工程输水管道供水过程中需要保持稳压输送，输水量稳定安全运行要求高；

（5）本工程水库、泵站及输水管道安装大量的电动水闸、电动阀门、水泵、清污拦污设备等水利设施设备，未来水务管理设备设施多，调度要求高，运行难度大；

（6）本工程项目隧洞的特点：埋深大，水压高（0.9MPa），不具备停水检测的条件。

2. 智慧建造策划

策划内容必须结合工程项目的实际情况，确保策划内容的科学性、先进性、可实施性。全过程咨询在行业内具有创新的建设理念、系统的建设理论、丰富的建设经验和实操案例以及优秀的技术人才。在本工程策划中，在设计阶段即开展进行智慧建造内容策划，有针对性的解决工程管理可能遇到的问题，及时消除各项危险源。

（1）搭建人员定位系统，解决施工现场"人的不确定性"因素

① 人脸识别考勤认证系统，如图21.2-1，对投标主要管理人员到岗履职的情况进行如实记录，若主要管理人员出勤率不满足要求时，可依据合同约定及时进行处理，同时提供相应的客观、真实的未履职证据。有助于督促承包人提高履约意识，对项目建设起到积极作用。

② 搭建工地人员实名制管理系统，对班组、工人进行系统的考核和管理；

③ 搭建人员定位系统，工地定位系统是由安全帽型GPS/北斗定位终端、GPRS无线传输系统和工地智能定位服务器三部分构成。根据情况搭配AI智能识别，从而解决工作面广导致人员管理困难的问题。

（2）搭建车辆监控管理系统

在工地出入口设置车辆识别摄像头，如图21.2-2。通过车辆识别系统，实现车牌号识别及车辆出行的统计，同时不需设置专门人员，起到无人监管目的。本工程在每个现场出入口均需布置两个识别摄像头（进、出方向各一个），重点在各工区隧洞出入口、部分现场临时运输道路出入口等位置设置识别摄像头。

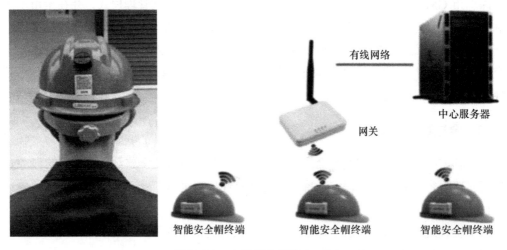

图21.2-1 人员定位系统（一）

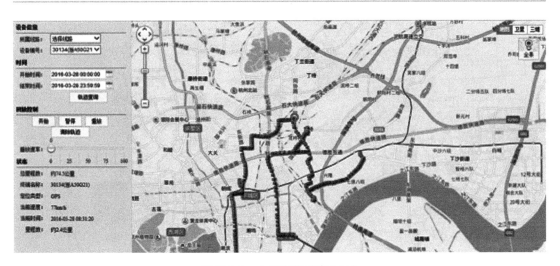

图 21.2-1　人员定位系统（二）

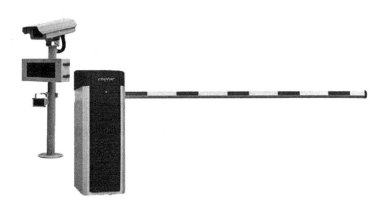

图 21.2-2　车辆监控系统

（3）搭建水质在线监测系统

该输水工程为某市重点输水项目，对水质监测要求高，人工监测周期长，水样获取困难，无法满足现代化水务管理需求。需要自动水质监测系统（如图 21.2-3）进行输水全过程水质监测。搭建水质在线监测系统可以通过实时在线水质监测设备对水源地水质情况进行自动化监测，记录水源地水质变化趋势，并对水质变化进行预报预警，保障水源地饮水安全，有效阻止供水事故的发生；同时通过安装视频监控摄像头实时监控设备安全状况，确保工区生产安全。在集中控制中心将实现整个工区的设备状态监控，对整个工区的控制设备进行远程控制，实时掌握工区设备运行状态，减轻工作人员的劳动强度，同时系统将对历史数据进行实时记录，为领导决策提供丰富的数据支持。

（4）搭建工地环境监测系统，消除环境的不安全因素

主要监测隧洞内气体、扬尘、噪声、风速、风向、PM2.5、PM10 等几项数据为主。根据工地面积大小，在场界周边隔栏、隧洞内高处安装噪声、扬尘自动检测仪、气体监测装置，对颗粒物 PM10、PM2.5、噪声、温度、湿度、气压、风速、风向等数据进行实时监测，通过无线 GPRS 方式传输数据。

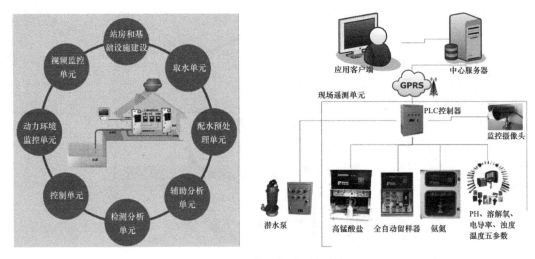

图 21.2-3　在线水质监控系统

（5）搭建隧洞环境监测系统（如图 21.2-4），解决该输水工程隧洞内施工环境条件较差，必须对氧气量、有毒有害气体如瓦斯、一氧化碳等进行环境监测与分析，及时报警疏散人员。通过在干线、支线隧洞内施工作业场所对噪声、有害气体进行数据监测和自动分析，如有可能发生险情，系统第一时间发布预警，并告知施工人员按照应急预案采取措施。同时采用现场雾炮和隧洞爆破水幕等措施控制、处理施工现场扬尘等，最大限度降低施工对周边环境影响，减少有害物排放，从而保证工地空气质量达标，施工安全可控。

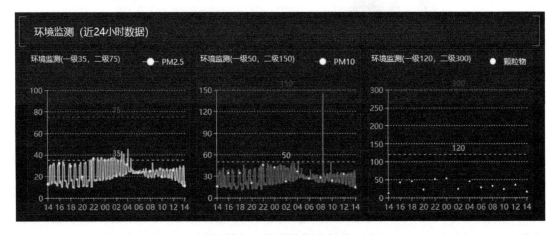

图 21.2-4　环境监控示意图

（6）搭建监控系统，解决施工现场"物的不确定性"因素

本工程视频监控系统包括隧道实时监控程序、门式起重机监控系统、升降机检测系统等。在本工程提升泵站、水库进口闸门、检修阀均采用无人值班工作方式，为加强对泵站、闸门、阀井设备监控，在泵站、闸及阀门处均安装跟踪式摄像机构成监控系统，以达到视频辅助观察现场的作用。通过电脑网络选看图像，并遥控控制远端摄像机的上下左右转动及镜头的伸缩来跟踪画面并放大，可对远程的设备运行状况及现场情景进行直观的了解。

以对现场的观察、监视、管理为目的，可对本工程的中控室、安装间、主机间、进水池等主要摄像部位进行全面实时观察。并通过云台转动、三可变镜头的调整，进行范围的扩展、主要部位的放大，清晰、实时地在监视器上显示出来，便于观察，如图 21.2-5。

图 21.2-5 视频监控系统

（7）基于 BIM＋GIS 技术的智慧监管平台建设

GIS 是一种特定的十分重要的空间信息系统，在计算机软硬件系统支持下，对整个空间中的有关地理分布数据进行采集、储存、管理、运算、分析、显示和描述的技术系统，同时 GIS 可以完成大场景地形渲染及空间分析，具有强大三维功能和空间分析能力。GIS 平台具有海量地理信息空间可视化功能，为输水工程空间分析与量测、选线设计提供辅助。同时三维 GIS 可视化场景，整合施工场地及料场等相关工程设施，为工程施工总布置提供直观信息支持。

BIM 侧重于工程内部信息的三维精细化管理，对于地理空间信息的分析，模型周围地理环境的展示略有不足；GIS 面向从宏观到微观的海量地理空间数据，侧重于大范围、宏观的数据管理和可视化分析与应用，但场景内部建筑物缺少完整的信息描述。将 BIM 于 GIS 结合，优势互补，高精度的 BIM 模型作为 GIS 系统的数据源，GIS 可提供 BIM 模型周围三维地形的渲染，两者的融合有利于本输水工程建设的统筹管控，提高输水工程建设和管理水平。

改输水工程基于 BIM＋GIS 智慧监管平台的构建是基于 GIS 系统建立项目区域性数字化场地，并结合 BIM 模型将施工现场采集的动态监测数据、图像、视频等集成到平台下。

创建地形数据模型，三维地形数据文件可简单理解为影像图与数字高程模型的叠加，通过收集工程区域遥感航测影像数据、高程数据、河流道路等地形矢量数据，利用 GIS 相关软件处理生成能真实反映工程现状的三维数据模型。

创建本输水工程建筑物的三维空间场景，工程输水建筑物种类繁多，主要由始发井、隧洞、生活生产工区、取水口、泵站和交通桥等建筑物组成，对于工程长距离输水而言，线路中隶属同一种类的建筑物数量繁多但形式相近，因此本输水工程建模过程中，采用 BIM 建模软件建立输水建筑物模型，通过建立构件族库为模型的可变性、可重用性、并行设计提供保障。

3. 实施阶段的智慧建造策划

在设计阶段有针对性的规划智慧建造实施内容，实施阶段可以通过搭建预警及处理机制，充分发挥智慧建造的优势。

（1）预警实施过程

当各监测项目出现异常情况时，系统能够自动进行预报警，通过手机或 PC 端发出相关预报警信息，记录现场安全隐患问题，并将隐患信息推送给监理、项目经理、安全主管等。该输水工程智慧工地实施内容均具有预报警功能，报警方式见图 21.2-6 所示。

图 21.2-6　报警方式

（2）应急处置实施流程

当各监测项目出现异常情况时，系统能够自动进行预报警，通过手机或 PC 端发出相关预报警信息，施工总包安全员接收到相关预报警信息时，及时到现场进行查看，如果是一般安全问题，则立即要求相关班组当场解决，解决不掉时形成问题记录，责令限期改正；如果安全问题比较严重，安全管理员应将问题推送给安全部长、项目经理、监理等，并由相关部门发出整改通知单，责令相关单位限期改正直至问题的解决，最终形成安全问题的闭环。该输水工程应急处置流程见图 21.2-7 所示。

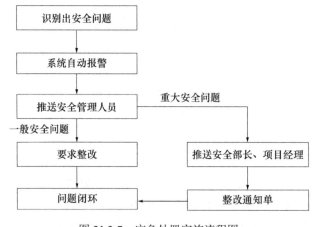

图 21.2-7　应急处置实施流程图

（3）现场维保要求

施工总包将负责保障系统 24h 正常运行的系统维护，包括操作系统维护、数据库维护以及系统安全防护、系统迁移、数据优化、服务器性能监控等。对系统运作和故障情况的支持、服务需满足以下要求：

重大故障：由于系统原因造成系统瘫痪或由于应用软件原因造成对大量用户的服务无法正常进行；30 分钟内响应，4 小时之内恢复正常运行。

严重故障：由于系统原因导致系统部分功能丧失，或因应用软件问题影响部分用户的服务无法正常进行，或者该故障对系统存在重大隐患；1 小时内响应，1 天之内恢复正常运行。

轻微故障：系统或应用故障基本不影响业务；1 天之内响应，1 周之内恢复正常运行。

（4）本工程智慧工地的检查考核

在智慧工地实施阶段，对以下关键点进行针对性的检查考核管理，做好施工单位的智慧工地实施管控工作：

① 审查承包单位编制的智慧工地实施方案，方案应有具体实施时间计划安排、系统实施团队及相关职责分工、具体实施子系统内容、系统运维方案等。

② 智慧工地在施工期间应保持正常使用状态，正常使用率不低于 90%，故障影响系统运行时间不得超过 1 周。

③ 每季度检查智慧工地运维团队的组建和运维人员的到位情况，运维方案的执行情况。

④ 每半年对施工方提交的智慧工地经济效益及社会效益总结分析报告进行评审，对运行效益不好的要求施工方制定整改方案，并检查落实。

⑤ 每季度检查施工单位制定的智慧工地系统项目现场实施管理办法的落实情况。

⑥ 组织对标段内的各施工方的智慧工地建设情况进行评比，选出最优方，并组织全标段施工参建方进行观摩学习。

（5）安全教育

安全管理应以预防为主，为了彻底消除安全隐患，提高作业人员安全意识，该输水工程配备 VR 安全教育体验系统。

VR 安全体验系统，利用前沿成熟的 VR 及 AR 技术，配备精良优质的硬件产品（VR头盔、眼镜、手柄、基站、VR 服务器、3D 投影仪或智能电视等），充分考量工程施工中各个阶段的安全隐患，以纯三维动态的形式逼真模拟出 VR 应用场景，虚拟元素创造现实世界的极致安全教育沉浸体验，完美拉近未来与现在、死亡与生存的距离，巨大的刺激迫使施工现场无论是管理人员还是作业工人正视安全隐患，提升安全意识，预防安全事故。

同时，引入工程项目 BIM 模型和质量样板模型，通过 VR 真实展示优势，如图 21.2-8，让使用者身临其境，了解工程和施工质量要求。

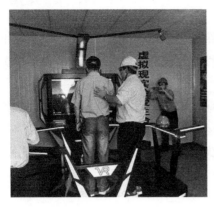

图 20.2-8　VR 安全体验

① 安全教育

利用 VR 技术的高度沉浸感、现实感的特点，将施工现场无法真实模拟的安全隐患和伤害后果引入虚拟现实中，让工人在虚拟场景中体会各安全隐患及所带来的伤害后果，在其心灵上产生触动，引起其心灵深处对安全的重视，起到安全培训深入人心的效果，从而达到安全生产的目的。

② 质量展示

前期通过将工程质量样板建成模型，后期工程质量教育体验可通过 VR 全景真实展示，帮助施工人员了解使用质量要求。同时一次建模可多次使用，节省了建设单位重复建设质量样板的成本。

③ BIM 漫游

利用 VR 技术，结合项目模拟体验使用数据平台上的 BIM 模型，直接体验 BIM 漫游。

④ 输水工程 VR 体验馆建设

该工程输水隧洞全长 42.1km。本输水工程建议在 5 个工区的生活管理区设置 VR 安全教育体验馆，建议重点在隧洞爆炸逃生安全体验、隧洞涌水涌泥安全体验、隧洞坍塌、隧洞施工触电安全体验、隧洞高空坠物打击体验、隧洞台车高空坠落伤害体验、隧洞消防灭火体验等。

第22章 项目廉政管理

本项目属大型政府投资建设项目，建设线路长，建设工作内容多，参建单位多，项目穿越建成区，实施边界条件复杂，为保证项目总体建设目标的实现，设定"工程优良、干部优秀、工程经得起历史的检验"的廉政管理目标，对此必须有严格廉政管理和保密管理作为基础保障。

"百年大计，质量为本""质量安全第一"的意识，已深入工程建设相关单位人心。特别强调的是，在牢固树立工程质量安全意识的同时，筑牢廉政建设的道德防线，严格遵守廉政准则，牢固树立红线意识。

建设工程环节多，监督管理广，从业人员成分杂，开展廉政管理工作必须有的放矢。必须要求全体参建单位及参建人员一定要以案为鉴，牢固树立工程质量、廉政建设"双安全"意识，并自觉付诸行动，以对历史、对人民、对工程高度负责的使命感、责任心，从廉政建设入手，以廉保质、以廉促建、以廉促优。

22.1 廉政管理总则

（1）为加强工程咨询单位对本工程项目监督管理，促进项目建设管理人员高效廉洁履行职责，确保项目"依法、规范、高效"建设，特制定本方案。

（2）项目部人员必须认真学习建设单位"工程参建单位廉政守则""廉政建设工作的实施方案"等文件，严格遵守廉洁保密自律的有关规定，自觉接受各方的监督。

（3）廉政监督遵循用权受监督、违纪要追究的原则，立足关口前移、超前防范，重点强化事前监督和事中监督，把廉政监督始终贯穿到项目建设各个环节中，防止和杜绝腐败现象的发生。

（4）项目负责人及各主要负责人要以身作则，认真履行"一岗双责"，坚持工程建设与廉洁监督同时抓，对所属人员强化教育、加强管理、严格监督，确保在工作中不发生违法违纪行为。

22.2 廉政组织管理

（1）建立廉政建设领导责任制，工程咨询单位项目负责人对项目部的廉政建设负领导责任。项目部各部门负责人根据分工，对职责范围内的廉政建设负直接领导责任。

（2）廉政工作日常管理由综合管理部负责，开展廉政教育参观活动、定期召开廉政教育警示会议、组织签订廉政承诺书、监督日常廉政制度执行、对举报问题初步复核、执行内部行政处理决定。

（3）在项目部组建后，签订"项目部廉洁保密自律责任书""项目部员工廉洁保密自律责任书"。

（4）坚持民主集中制，实行集体领导，分工合作。杜绝各行其是，各自为政。

（5）在项目部选拔任用各部门负责人的问题上，坚持任人唯贤，反对任人唯亲；坚持集体讨论，反对个人说了算。

（6）抓好廉政教育。管理好班子，带好队伍。管好家庭成员及身边的员工。

22.3　廉政管理内容

（1）严格执行建设项目前期工作程序。

在办理项目立项、可研工作中，严格按照项目的建设规模、建设内容和建设标准，向有关部门申请批复，不得与其他参建单位里外勾结，收受贿赂。

（2）图纸设计应按相关政策规定和程序进行招投标确定设计单位，不得收受回扣等。

（3）工程招投标工作的廉政建设

① 严格执行招投标法，遵循公开、公平、公正和诚实信用的原则，落实廉政建设的有关规定。

② 建立招标、评标监督机制。邀请深圳市纪委等有关部门对资格预审、评标、定标实行全方位监督，增加招投标的透明度，保证招投标工作的严肃性。

③ 在评标过程中，严格审查投标人投标资格，严格执行评标条款，不搞"关系标""人情标""形式标"。

④ 要严格按照招标投标法等法律法规规定，按程序办事，避免在招标投标领域的违法违规，有效遏制恶性低价竞争和串标、围标、陪标等行为。尤其要注意以下环节：① 项目决策是否按规定集体决策。② 招标投标程序是否规范。③ 付款是否符合合同相关条款的要求。同时严格执行中标公示程序，必要时到检察机关查询中标候选单位近 3 年是否有行贿犯罪记录；在签订施工合同时，同步签订廉政协议，开展中标人廉政约谈等规定动作等。

⑤ 参加评标人员，要坚持"客观、公正、科学"的原则，不得私下接触投标人，收受投标人的财物或其他好处，或利用评标工作的权力，提出有失公允的评审意见。

（4）工程建设中的廉政管理

① 严格按照批准的设计和合同要求，组织工程施工，任何个人不得违反规定程序，随意修改设计、改变标准或调整工程规模。

② 项目实施过程中由于不可预见因素造成的重大设计变更，应按相关程序报审，经批准后实施。未经批准而变更实施的，一律按有关规定追究相关责任人责任。

工程变更是工程建设过程中容易产生权钱交易等腐败现象的重要环节。要杜绝随意变更工程量和工程造价，降低工程管理等级，扩大工程概算和规模，使公开招投标变成一种形式，催生腐败现象。如有需要可实施公开论证制度、联合会审制度、变更复验制度等措施，取得了较好的效果，有效地杜绝不合理变更。

③ 不得利用职权向工程承包单位承揽工程、推销材料或设备，或由其子女、配偶、亲属、身边工作人员供应材料和设备。

（5）在项目部组建后，按公司规定签订"项目总监质量终身责任书""项目部员工质量终身责任书"。

（6）认真履行工程检查制度，严把工程质量关，不得利用工程质量等级、技术标准、施工工艺、操作规程、检测试验等手段损害国家和单位利益。

（7）加强对建设资金管理力度，确保建设资金的安全和有效运行，坚持项目资金专款专用，不得截留、挤占和挪用。

（8）严格执行财务管理的有关规定，建设资金严格按合同规定实行计量支付。不得以资金拨付为手段谋取私利。

（9）工程竣工验收要按照国家有关规定和程序进行，不得利用工程质量等级评定、工程决算、竣工资料编制、工程遗留问题处理等搞弄虚作假、谋取私利。

（10）认真执行建设项目使用效能后评价制度，严格按照国家有关文件规定及建设项目各阶段的正式文件和建成投产后的实际情况为依据。分析建设规模、建设方案、工程概算、建设工期、工程质量、经济效益、财务效益等各项技术经济指标的变化及其原因，以检验项目决策及设计、施工的科学合理。

（11）坚持员工廉政风险"零容忍"制度，对员工的监管从公司、项目部及部门开展三级管理和教育，持续深入开展廉政建设"三必谈"，即员工到岗必谈廉政、内部会议必谈廉政、工程例会必谈廉政。同时加强对各职能部门的监督监管，特别要加强招标、设计管理、质量验收、工程计量等廉政风险点的防控和监管。

22.4　廉政管理制度

（1）不准违反中央、省、市有关反腐保廉工作的一系列规定。

（2）不准经办与建筑工程有关的企业及中介机构。

（3）不准收受与工程建设有关的单位和个人赠送的现金、有价证券、支付凭证和高级娱乐、健身场所的门票。

（4）不准到企业和相关单位报销应有本人及其配偶、子女支付的个人费用。

（5）不准违反国家及《深圳经济特区建设工程施工招标投标条例》等招投标方面的相关规定。

（6）不准参加有工程建设有关单位出资的宴请、娱乐、健身、赴港澳及出国旅游等活动。

（7）不准与工程建设有关的企业或个人一起进行赌钱性质的娱乐活动，包括打麻将、玩纸牌等。

（8）不准以任何理由、任何方式向中标单位推荐队伍或建筑材料。

（9）不准违反规定进行现场变更和签证。

（10）不准违反程序支付工程款。

22.5 廉政监督管理形式

（1）综合部设立廉政监督员和各方公共监督渠道，廉政监督员要严格执行廉政监督制度，定期反馈汇报廉政监督情况。

（2）以召开座谈会、受理举报投诉等形式，了解掌握项目廉政建设情况，对发现的苗头性、倾向性问题，单独或会同分管负责人对有关当事人进行廉政谈话，提出改正要求，并督促整改落实。

（3）实行廉政监督检查制度，每季度对项目建设进行一次廉洁工作检查，分析存在的问题和原因，制定改进措施，推进项目廉洁工作。

（4）查处问责。

在项目建设中如有违反下列行为之一的，将严肃查处：

① 违反有关建设法规，不执行建设程序、未按规定办理相关建设手续的；

② 违反招投标管理规定，规避招标，未按规定实行公开招标的；

③ 违反招投标管理制度，造成重大影响或损失的；

④ 不履行法律规定的职责，对工程现场管理不力，发生严重安全质量事故的；

⑤ 在工程建设中管理人员收受贿赂或接受施工方、设备料供应方财物或有价证券的；

⑥ 对工程管理不力，渎职失职，造成浪费或损失的；

⑦ 其他违反有关法律法规或制度规定的行为。

（5）加强廉政制度建设。

1）要认真执行制度，接受各级监督管理。既要认真贯彻落实建设工程各项法律、法规、规章制度，又要贯彻落实深圳市、深圳市 SW 局的有关廉政管理制度规定，例如认真学习并贯彻深圳市 SW 局有关廉政管理规定、参建单位工作人员廉洁诚信承诺书等。要按照相关规章制度进行贯宣、教育，对工程建设各环节发生的问题进行责任追究。

2）要制定完善制度。结合实际情况，制定工程项目建设各环节廉政建设制度规定或措施。包括把工作中的有效做法形成制度，长期坚持。

（6）建设一支廉洁的建设队伍。

① 要求内部所有人员做到"四不"：不接受各方宴请和礼物；不指定和介绍工程承包业务；不指定和推荐所用建筑材料；不向任何单位提出外出考察、安排亲朋好友工作等变相要求。在各种诱惑面前要增强自我抵抗能力，在容易发生送、请的环节上，要坚决做到"请不到、送不要"。

② 管理人员定期交流要制度化等。

（7）工程项目建设各个环节都要按有关法律法规的要求进行公示、公告等，全方位公开运行，阳光操作。

22.6　对参建方的廉政管理

（1）参与本工程项目建设的全体人员要认真学习深圳市委、市政府关于实行党风廉政建设责任制的有关规定，切实把本工程建设的廉政工作落到实处。

（2）各参建单位各级领导干部不准以私人名义承揽工程建设、设计等项目，从中谋取私利；不准家属、子女和其他亲属在自己管辖范围内分包项目活动、承揽工程及劳务承包。

（3）各级管理人员在工程建设、工程发包及其他采购中，必须遵守公开、公平、公正的原则，不得以任何形式收受对方回扣、佣金和其他好处费。

（4）各级管理人员应保持积极的生活态度，严禁参与黄、赌、毒等非法和不健康的活动；建设、施工、监理单位的工作人员在上班时间严禁喝酒。

（5）建设、施工、监理单位在工程建设中必须严格执行合同文件，自觉按合同办事；增强服务意识，不断改进工作作风，不得故意刁难所管辖单位或劳务承包人的正常业务工作。

（6）各级组织要建立健全廉政制度，开展廉政教育，设立工程建设廉政告示牌，公布举报电话，监督并认真查处违法违纪行为。

（7）参建单位都必须自觉接受建设、财政、发改等行政主管部门开展的业务监督，以及审计部门开展的审计监督。积极接受相关单位开展的检查监督，主动配合他们的工作。同时，广泛接受社会、群众的监督，通过监督进一步提高廉政的自觉性。特别强调，如有企业涉案，要积极配合办案机关的调查，实事求是地提供真实资料证据和相关情况，不得做伪证、假证，甚至篡改证据。

（8）全体参建人员必须遵守"工程参建单位廉政守则（暂行）"，即：

① 不得在工程招投标、材料设备采购、品牌入库、专业分包、变更签证、质量安全检查、工程款支付、工程验收、工程结算、履约评价、工程评优等业务活动中，向建设单位或其他参建单位工作人员赠送红包礼金或输送利益（包括财物、财产性利益与非财产性利益）；

② 不得为利益相关人和建设单位工作人员牵线搭桥、创造条件进行利益输送，或者代为传递信息、传递财物；

③ 不得邀请建设单位或其他参建单位的工作人员参加可能影响客观、公正履职的宴请、旅游、健身、娱乐等活动，以及出入私人会所等高消费场所；

④ 不得通过给予专业分包、劳务分包、开设商店等方式，为市 SW 局及其他参建单位的工作人员及其近亲属违规谋利提供便利；

⑤ 不得安排与建设单位工作人员有近亲属关系的员工从事同项目的管理工作；

⑥ 不得为建设单位工作人员报销应由其个人支付的费用；

⑦不得与建设单位工作人员一同进行打麻将、赌博等有输送利益性质的活动；

⑧不得与建设单位工作人员一同进行高尔夫等高消费运动；

⑨不得将车辆、住房等违规借给建设单位工作人员使用；

⑩不得邀请或接受建设单位工作人员资格证挂靠及支付报酬。

如有违反，一经查实，将依规定予以不良行为记录，并视情节严重程度移交有关部门处理。

（9）附则

本方案与国家、地方，尤其是深圳市 SW 局有关廉政方面管理规定（章）配套执行。

第23章 工作文件编制内容

项目工作文件是指导项目人员和各参建单位尽快进入岗位角色、开展工作的指导性文件，全过程工程咨询单位进入现场后，在充分调研的基础上，根据项目特点、建设单位的有关要求和项目进展情况及时组织编制。根据企业对项目部的指导文件要求，项目工作文件暂定清单如表23，实施过程中及时根据需要予以补充与调整。

项目工作文件清单 表23

序号	内　　容	计划编制完成时间	责任人	备　注
1	项目管理实施策划			
2	项目形象策划			
3	项目管理手册			
4	有关法律法规汇编			
5	现行规范清单			
6	招标采购管理实施细则			
7	勘察设计管理实施细则			
8	工程管理实施细则			
9	工程监理规划和各专业监理实施细则			
10	工程移交实施细则			
11	工程培训手册			
12	项目后评价报告			
13	…			
14	…			

第三篇

其他水利项目案例

本篇选取了五个其他水利、水务方面的全过程（或阶段）工程咨询的总结案例，如水环境治理、污水处理、饮水、供水等方面，通过各个项目管理成效和经验教训总结，可以使读者深入了解类似项目全过程工程咨询的改进方向，更加能够在实际运用的过程中突显全过程工程咨询的成效。

第24章　深圳市某区消除黑臭水体治理工程

24.1　建设背景

深圳市某区委区政府为坚决贯彻绿水青山就是金山银山的理念，全面加强水生态环境建设，重点推进了城市水污染治理，围绕2019年深圳市全面消除黑臭水体这一目标，制定《深圳市某区全面消除黑臭水体攻坚实施方案（2019～2020）》，要求全区上下落实深圳市全面消除黑臭水体攻坚实施方案，坚决以硬作风、硬措施打赢黑臭水体整治攻坚战。同时，为了完善"科学、居住、产业"三大功能，高起点规划某中心区，打造一流的营商环境，努力实现更好的生态环境等，全区治水投入60亿元以上资金，开展46个治水项目，确保全水域、全天候不黑不臭。为此，某区统一部署2019年全面消除黑臭水体治理工作，由某区水务局组织落实全面消除黑臭水体治理工作推进，全区各职能部门、各街道社区全力配合各项工作开展。以污水厂站服务范围为片区，以小微水体治理为切入点，以上溯管网、下接河道为主体，围绕"黑臭河流、小微水体、面源污染、污水干支管网断头管疏通、雨污分流、污水厂提标、生态补水、河道两岸整体提升"等八个方面全面铺开。

24.2　项目概况

24.2.1　治理范围

本项目治理范围包括支流水系治理、小微水体治理、暗涵小河汊治理、初雨调蓄、干支管网完善、污水厂站拓能、正本清源、面源污染治理、生态补水等。

24.2.2　工程类别

市政公用工程、水利工程，工程等级二级。

24.2.3　投资性质与项目总投资

政府投资100%，工程估算投资额313478.17万元。

24.2.4 建设项目设计标准与设计技术路线

根据《国务院关于印发水污染防治行动计划的通知》（国发〔2015〕17号）、《住建部、环保部关于印发城市黑臭水体治理工作指南的通知》（建城〔2015〕130）和《广东省打好污染防治攻坚战三年行动计划（2018～2020）》《深圳市城市黑臭水体治理攻坚实施方案（2018～2019）》《深圳市某区全面消除黑臭水体攻坚实施方案（2019～2020）》等文件，项目建设设计标准与技术路线如下：

1. 设计标准

（1）全面消除黑臭水体：干流、一级支流水质达 V 类水标准，全面提升某区水环境质量，河流断面消除劣 V 类，保证旱季污水零直排。立足于典型小水体打造靓丽风景线。

（2）治理标准：防洪排水标准支流水系 20 年一遇，小微水体 3 年一遇。截污治污标准，支流水系 7mm/1.5h，保障率大于 80%，小微水体截流标准 $n_0 = 3～5$。

2. 设计技术路线

（1）高标准、全覆盖：污水"全收集、全处理、全回收"；黑臭水体排查整治等 8 项全覆盖。

（2）秉承理念、面对现实：雨污分流、正本清源、生态修复、海绵城市；面源治理难度，居民文明素质提升的长期性。

（3）互联互通、分散调蓄、三水分离：厂、站、管网系统调度，互联互通；建设一批初雨截流管和分散调蓄池；污水、清水、混流水系统相对分离。

24.2.5 项目特点

（1）面积大、战线长：光明、新湖、凤凰、玉塘四个街道全覆盖，面积 139.63km^2；治理水系 71 条，排水干支管网，管道清淤等。

（2）任务重、工期紧：9 大工程类别（支流水系、小微水体、暗涵小河汊、初雨调蓄、干支管网完善、正本清源、面源污染、生态补水和污水厂拓能等）。

（3）标准高、投资大：干流、一级支流水质达 V 类水标准，河流断面消除劣 V 类，保证旱季污水零直排；截污治污标准，支流水系 7mm/1.5h，保障率大于 80%，小微水体截流标准 $n_0 = 3～5$。

（4）地形复杂、制约因素多：工程施工绝大部分在交通道路、居民小区范围，车辆行人川流不息，且地下综合管线交叉、跨路跨河多；建设时间正处于主汛期，河流渠道围堰导流困难大，雨污水管道不能停止运行。

（5）项目建设过程中相应阶段，要接受市、省和国家环保部门抽检，必须全市"一盘棋"围绕茅洲河干流水系各支流系统完成。

（6）某区地处受沿海季风气候影响强烈区域，主汛期雨水频繁且量大，常有台风袭击，不可预计的不良气候因素多，可能对工程施工进度、质量、安全带来风险。

（7）工程承发包与管理模式复杂，全过程工程咨询部组织协调非常重要。按照建设单位思路，计划"建设单位＋EPC＋全过程工程咨询＋第三方监督"承发包管理模式。建设单位成立指挥部（项目部＋技术督导部＋合同管理造价部、办公室），EPC（牵头、设计、施工采购）联合体总承包，全过程工程咨询，第三方监督（造价审计、质量安全巡视、质量安全监督）。

24.2.6 工程的重点与难点

为有针对性地开展工作，提高工作效率，全过程工程咨询管理人员进入现场后，即对项目特点进行了分析，梳理出咨询工作的重点与难点。

1. 地质勘察的重点

（1）全面收集与项目治理有关的资料。主要是深入、收集历年建设的既有综合管线竣工资料，又有拟建工程建筑物情况，包括地理位置、地形地貌、场地标高、基础形式、埋深、荷载、地基允许承载力及变形等。

（2）确认勘察依据。经过对项目区域分析，选择《城乡规划工程地质勘察规范》CJJ 57—2012、《市政工程勘察规范》CJJ 56—2012、《室外给排水和燃气热力工程抗震设计规范》GB 50032—2016等为主要勘察依据，结合当地相关技术标准进行勘察。

（3）理清项目勘察等级及勘察目的。查明场地周围附近有无影响工程稳定性的不良地质，并提出防治方案；查明场地岩土层的成因、时代、地层结构，分析评价场地和地基的稳定性、均匀性；确定岩土层的物理力学性质，为设计提供所需的岩土参数；查明场地类别、地震烈度和地震效应，并判断有无液化可能性；查明场地地下水埋藏情况，评价地下水的腐蚀性，论证对基础和运行的不良影响，并提出防治措施。

（4）勘察点布置方案的确定。勘探孔距孔深要满足相关规范要求，勘察点位置及孔口标高必须明确高程系统控制点，明确项目所需要土工试验与有针对性的取样。

（5）水文地质评价勘察。自然地理及气候主要包括干流河流水系，洪水位及正常水位，地下水类型、水量、水质、补给来源及常年水位变化幅度等水文特征。

2. 地质勘察的难点

（1）准确、真实分析判定场地岩土工程地质条件是地质勘察的难点。

（2）本工程地处城市建筑物集密区，加上多年来部分综合管线建设缺乏统一规划，竣工资料难以收集齐全。要进行全方位工程地质勘察和物探，获取准确资料依据也是地质勘察的难点。

（3）众多管道年久失修，对其破损检测也是地质勘察与物探的难点。

3. 工程设计与技术管理的重点

（1）正确理解建设单位的项目建设意图，熟悉工程建设法律法规、技术标准、规范规程和地方规章，掌握项目基础资料；

（2）根据项目建设为EPC承发包模式，设计文件内容与工程概算按照审批的初设文件控制；

（3）城市消除黑臭水体，按照互联互通、分散调蓄、三水分离的技术路线，实行河渠、市政、景观等综合治理设计审查；

（4）对河道的径流面积、过流断面、行洪水位、岸坡结构，截流（排）水管道的汇流范围、管径、纵坡、排放口与标高及施工工艺，初雨调蓄池的位置规划、控制范围、调蓄容量、处理工艺、水质达标，生态补水的水源、流量、路由、管径和相应补水模数等，进行审查校核；

（5）对方案设计、施工图设计的结构布局、建筑材料、工程设备质量选用、构件几何尺寸设计、施工工艺选择等审查，控制工程造价；

（6）审查施工图设计文件，避免图纸与施工现场的"错、漏、碰、缺"现象，控制设计变更；

（7）对通过相应工程措施，是否能够实现消黑系统工程达到初（小）雨截流标准7mm/1.5h，雨季保障率80%、小微水体截流标准 $n_0 = 3 \sim 5$ 目标的审查；

（8）设计过程中加强对既有管线的合理保护，防止因施工造成城市断水、断电、断气和通信信号中断，保障城市正常生产生活。

4. 工程设计与技术管理的难点

（1）本工程勘察与初步设计由于工作量大、时间短、范围广，难以把控初设成果文件的深度、广度，在施工图过程中难以控制工程变更；

（2）本工程建设范围广、面积大，单体工程多且分散；合同工期紧，设计图纸审查专业多、工作量、审查程序复杂，施工图纸需求紧张，施工图设计进度控制难度大；

（3）老城区、城中村综合管线交叉错综复杂，种类管道材质、直径、管底标高，由于建设时间长缺乏竣工资料，加之当前地勘物探手段的局限性，在正本清源、点源污染治理设计时，管道走向和管底设计标高难以准确把握；

（4）城市人口多，生活污水管道不能停止运行，在修复或新旧管道接驳时工艺设计的合理选择；

（5）城市闹市区、居民集中区破旧管道修复无法开挖，采用新技术、新材料、新工艺，保证工程质量的耐久性设计等。

5. 施工阶段管理的重点与难点

（1）质量管理的重点与难点

① 管道纵线、基底标高、纵坡、检查井位置与井底标高，河道纵线、底标高、纵坡、边坡、堤顶标高等施工放样复核与验收重点；

② 建筑物、管道基础处理是重点；

③ 管道接口采用的材料与施工工艺是重点；

④ 节制闸、调蓄池机电设备、管道、管件材料进场检验是重点；

⑤ 管道施工完成后的水压、闭水、闭气等功能试验是重点；

⑥ 调蓄池、节制闸、桥梁等建筑物（构筑物）基础、结构钢筋混凝土质量是重点；

⑦ 设备调试（机电、管道与试运行验收是重点）；

⑧ 污水处理厂、截流管排口、河道水质达标以后再进行质量验收是难点等。

（2）安全文明施工管理的重点与难点

① 管道基槽开挖高边坡支护、土方运输、防尘是重点；

② 调蓄池、检查井深基坑支护、降水是重点；

③ 施工围挡安全防护、道路交通疏解是重点；

④ 施工临时用电管理是重点；

⑤ 设备进场、安装超重吊装措施是重点；

⑥ 塔吊等垂直运输机械安装验收与运行维护是重点；

⑦ 河道施工围堰防汛是重点；

⑧ 厢涵、暗涵等有限空间与既有管道内除污施工毒气、污染防治是重点；

⑨ 工地分散进行文明施工实现"六个百分之百"是难点等。

（3）进度管理的重点与难点

① 项目总工期分解到年、月、周进度计划，落实兑现于各工区、工段是重点；

② 工程范围广、单体多，分包施工单位与总包年、月、周进度计划步调一致逐项落实是重点；

③ 以干、支流水系为单元工期，分解各单体工程进行统一开工时间、统一验收交工是难点；

④ 河流、截污管道总口水质达标进行统一验收是难点等。

24.2.7　采取的应对措施

针对项目上述重点和难点，全过程工程咨询的应对措施如下：

（1）根据工程特点和专业面，从全公司抽调水利、市政专业骨干，组建本项目设计监理和技术管理团队；

（2）以公司的设计院团队为依托，成立项目设计监理和技术管理专家组。同时聘请有关水利专业外部专家进行指导，解决设计监理工作的难点；

（3）编制设计和技术咨询管理工作细则，做好各阶段工作计划，建立健全设计和技术管理制度，组织内部学习并向相关单位宣贯，要求配合执行；

（4）执行设计和技术和管理程序，跟踪落实相关单位审核审批流转时间，确保勘察、设计与施工顺利进行；

（5）掌握设计与技术管理依据，严格审查设计图纸（方案），健全设计、建设单位和施工设计文件审查等各方管控互动机制，层层把关，基本做到设计质量优化、工程造价可控和设计进度满足施工需要。

24.3　咨询服务内容与工作分解

本项目全过程咨询服务内容由项目全过程项目管理和工程监理两部分组成，包括但不限于：

（1）代表建设单位从中标公示结束之日起到项目移交的全生命周期进行全过程管理，对整个建设项目进行全过程的计划、监督、控制和协调，以达到建设单位的目标要求；在规定的预算内保质、保安全按期完成，含前期设计阶段管理、招采阶段管理、施工阶段全过程管理、竣工验收管理、后评估管理、收尾、移交管理；工作内容包括但不限于合同管理、投资管理、质量管理、进度管理、风险管理，文明施工管理，安全施工管理等，以及发包人要求的与本建设项目管理相关的工作。

（2）施工图设计阶段、施工阶段及保修阶段等所涉及的工程监理服务（涉及燃气工程监理服务不在本次招标范围内）、后续相关监理配套服务工作等。

根据合同约定的服务内容，公司首先组织投标人员到位，成立以项目负责人为首，包括综合管理部、设计技术部、造价合约部和工程监理部组成的全过程工程咨询项目管理机构，各部门与项目各人员定岗、定责。为保证项目工作有序展开，项目负责人组织项目相关人员在充分了解建设单位管理制度与流程、当地法律法规有关要求的基础上，对咨询服务内容进行分解，并结合项目特点和具体要求编制《深圳市某区消除黑臭水治理工程全过程工程咨询管理手册》，作为指导项目开展的工作文件，手册内容包括项目概况、组织机构和岗位职责、工作制度与流程、项目目标管理与控制措施、工作用表、创优管控方案与措施、廉政管理和项目宣传管理等。全过程工程咨询各部门以此为基础，编制出"综合管理实施细则""设计与技术管理实施细则""造价合约管理实施细则""档案与信息管理实施细则""工程监理规划"和各专业"监理实施细则"等。

24.4　咨询管理成效

本工程规模大，影响范围广，时间紧、任务重。全过程工程咨询单位作为项目管家，在整个项目的管理中，起着非常重要的作用。项目人员以专业的水准、热情的服务，赢得了各方的赞誉，在诸多方面取得了实际成效，显示出全过程工程咨询在水务行业有着勃勃生机和美好前景。

24.4.1　勘察（物探）设计文件审查

（1）工程规划文件审查，主要审查"某区全面消除黑臭水体治理规划"1份。

（2）地质勘察报告审查

审查"某区全面消除黑臭水体治理工程地质勘察报告"（初步设计阶段）第一版、"某区全面消除黑臭水体治理工程地质图册"（初步设计阶段）第一版；审查"某区全面消除黑臭水体治理工程地质勘察报告"（施工图设计阶段）（新湖街道、光明街道、凤凰街道、玉塘街道）第一版；施工过程中根据需要，指导设计院提出补勘（物探）任务书81份。

（3）初步设计文件审查

①初步设计报告1份；

②初步设计图册7份；

③ 初步设计师概算 4 册。

（4）施工设计图纸审查

工程设计阶段，设定里程碑节点 4 个，包括初步设计、第一批子项目施工图、第二批子项目施工图和新增项目施工图，通过全过程工程咨询单位的有效协调和无缝对接，里程碑节点全部按要求实现。对于工程设计质量的管理，设计咨询工程师在组织现场工程师审查的同时，积极协调对接公司后援专家团队，共同把关设计质量，合计审查施工设计图子项目 425 个，计图纸 6418 份，提出设计问题与优化建议 6000 余条，节省投资约 7000 万元。

24.4.2 目标管理

1. 进度目标控制

按照项目管理合同约定，设计监理（施工图设计阶段）自 2019 年 3 月 25 日起至 2019 年 6 月 30 日止，共 95 日历天。由于项目内容的可变性，项目实施过程中建设内容不断增加，经全过程工程咨询努力协调，全部设计工作至 2019 年 12 月底基本完成。

2. 质量目标控制

在审查过程中坚持批准的项目初步设计标准，遵照建设技术路线，严格控制施工图设计质量，做好以下工作：

（1）执行国家、地方有关建设工程施工图文件设计、法律法规、强制性条文、技术规范、规程和规章制度，对设计文件的法规政策性、专业技术性、建设内容必要性进行审查。

（2）实行"一审查三综合二核对"的程序。① 审查设计单位首先提供的白图；收集综合技术督导部、强审与设计监理审查意见，通知设计院落实审查意见；② 核对设计院修改回复单（附电子图样），符合要求的通知设计院出具蓝图并送强审单位加盖图纸审查合格印章；③ 收到合格图纸后再与三方审查意见的一致性核对，无误后才下发施工。实施过程中，按照专业分工，责任到人，实行审查负责制。对收到的设计文件进行专业对口认真审查，由审查人员以单个子项目出具审查意见，并附上电话号码便于设计工程师联系交流。

（3）对审查意见有争议的图纸，及时组织技术督导部、设计院领导深入现场调研核查，保证设计图纸针对性、真实性和质量。

（4）经统计共审查施工设计图纸子项目 425 个，计 6418 份。共出具审查意见"项目管理联系单" 220 号（份），提出审查意见 2022 条。其中：合同范围子项 1541 条；第一、二批新增子项 229 条；第三批新增子项 47 条；工程变更子项 162 条；电力管线迁改 2 条；通信管线迁改 13 条；燃气管线迁改 5 条。

24.4.3 投资目标控制

以初步设计文件为依据，坚持功能齐全、安全可靠、经济合理、环境协调、使用耐久等原则，对项目建设的必要性和经济性，运用价值工程理论和现场调研、核查方法，进行设计方案比选与优化减少工程造价。

（1）ML-22 楼村社区排洪渠 2、3、4、8，ML-27 楼村水支流 9、10，YML04、06、08、10、11 楼村水支流等 11 个子项目，经现场踏勘这些工程属农田水利硬化排灌沟渠，浆砌石挡土墙完好，渠道内无黑臭水体，只有少量垃圾、泥土、杂草。渠道一侧是农田（菜地），一侧是生产路。如果按照初步设计拆除重建，就要占用农田、破坏道路、修建临时便道、进行青苗补偿。根据本工程建设消除黑臭水体目标和项目建设的必要性与经济性，我们建议此子项目施工图设计时，保留原有渠道，只作清淤、除杂草、修补破损。据估算减少投资 7152.38 万元。

（2）加强电力、燃气等管线专业深化设计项目分包设计图纸审查。实行深化设计图纸经 EPC 主体设计院对专业项目先行核查与主体的重复性、必要性，提出书面意见后，再报设计监理、技术督导部和强审单位审查。电力管线迁改配套工程深化设计施工设计图审查时，通过现场调查核对发现 XZ-02 新陂头河北二支（洪湖排洪渠）电力管线迁改项目，主体结构和截流管道施工完全不影响电力管线，没有迁改的必要因而被取消；YED-18 鹅颈水南支 1、2 顶管施工已取消，所以 20kV 电缆迁改也应取消；干管完善及互联互通工程塘尾站 F63、65110kV、F2510kV、长生路、7 号路 24kV 电缆迁改等项目，现场施工对电力线缆影响不大，审查时被取消，上述取消项目造价估算 4590 多万元。

以上工程估算减少投资共 11742.38 万元。同时，在审查过程中对有些子项的结构和材料使用方面，所提出优化方案减少的工程造价未统计。

24.4.4　组织协调

（1）为了加强施工设计图纸审查过程中设计院、技术督导部、强审等单位的互相沟通与交流，设计监理部组织建立了设计图纸审查 QQ 群和微信群，对审查过程中发现的问题在群内互动，收到了信息流畅、及时统一、加快出图进度的效果。

（2）多次组织召开设计方案专题讨论协调会议，互相交流、统一认识；参加深基坑及支护设计方案专家评审。

（3）通过日报、周报、月报、专题报告向技术督导部汇报请示工作，今年共提交设计监理日报 276 份、周报 39 份、月报 8 份、专题报告和建议 3 份。

（4）根据工程建设需要配合项目管家、施工监理及时深入施工现场处理相关技术性问题。

24.4.5　风险管理

EPC 总承包模式设计风险对于建设单位来说，主要控制设计单位通过扩大设计范围、采用超常规建筑材料与工程设备提高质量标准、加大构件尺寸过度设计增大工程量、增加检测项目或提高监测标准等手段增大工程造价。设计提供施工设计图纸不及时，可能造成因待图影响施工进度。咨询项目部做了以下设计风险管理工作：

（1）以初步设计文件为依据，对与初步设计文件不符的子项，必须予以澄清；

（2）对于与初步设计图纸中的结构不一致或设计采用的工程材料、设备质量等级有明显区别的，要求设计院说明理由，并经建设单位审查同意后才予接收审查；

（3）对结构件设计尺寸进行复核，发现不合理的要求重新计算后设计；

（4）对增加检测项目或提高监测标准的，按照相关规范规定通知设计院进行修改；对监测单位不合理方案，在审查时以联系单形式通知纠正等。

24.4.6 综合成效

本项目建成后，水体清澈，初步效果已经显现（见图24.4-1、图24.4-2），其科学的国家水质达标考核已经通过，彻底消除了黑臭水体。该区主要13条支流，在深圳市率先100%通过黑臭水体达标考核（见图24.4-3）。2019年12月10日《南方日报（数字报）》第SC06版对此进行了专题报道①（见图24.4-4）。

图24.4-1 某区木墩河中游治理后的景象　　图24.4-2 某区楼村水北一支治理后的景象

序号	河流名称	监测断面	辖区	时间	氨氮	总磷	水质类别	黑臭评价	备注
1	上下村排洪渠	排涝泵站	光明	16:00	1.93	0.23	V类	不黑不臭	开闸入干流
2	公明排洪渠	水闸上游	光明	16:46	1.77	0.07	V类	不黑不臭	开闸入干流
3	马田排洪渠	马田排洪渠闸前	光明	15:27	1.52	0.09	V类	不黑不臭	总口截污
4	木墩河	木墩河河口	光明	11:19	1.41	0.21	IV类	不黑不臭	直排干流
5	新陂头水	新陂头水河口	光明	12:44	1.40	0.20	IV类	不黑不臭	直排干流
6	大凼水	大凼水河口	光明	9:39	1.31	0.30	IV类	不黑不臭	直排干流
7	东坑水	东坑水河口	光明	10:23	1.12	0.04	IV类	不黑不臭	直排干流
8	白沙坑水	白沙坑水河口	光明	14:12	1.12	0.13	V类	不黑不臭	总口截污
9	楼村水	楼村水河口	光明	11:59	1.07	0.16	IV类	不黑不臭	直排干流
10	鹅颈水	鹅颈水河口	光明	8:57	0.85	0.31	V类	不黑不臭	直排干流
11	玉田河	玉田河河口	光明	8:12	0.69	0.30	IV类	不黑不臭	直排干流
12	西田水	西田	光明	13:28	0.34	0.04	IV类	不黑不臭	直排干流
13	合水口排洪渠	水闸上游	光明	/	/	/	/		施工，不具备采样条件

图24.4-3 黑臭水体考核达标

---

① 南方日报：http://epaper.southcn.com/nfdaily/html/2019-12/10/content_7837349.htm

图 24.4-4　专题报道

根据目前已经实施的成效来看，基本达到了建设单位的初衷。在优化投资的基础上快速、高效、优质的推进项目的开展，可以说全过程工程咨询模式是目前咨询领域的最佳模式，随着时间的推进，会提供更多的效益来回报建设单位、回报社会。

24.5　经验教训

该项目是全国水环境治理采取 EPC 总承包模式＋全过程咨询模式最早的项目之一，没有成熟经验可供参考，全过程工程咨询单位只能切合实际，遵循一定的治水技术路线，少走弯路。以下几个方面的经验教训，还需进行总结和改进：

24.5.1　设计与设计管理的不足与建议

1. 设计与设计管理的不足

（1）在审查过程中由于工作量大、时间紧，个别设计人员对个别子项目设计图纸的标高错误标注问题未有发现，造成图纸错误；

（2）施工设计图纸总说明、工艺大样图部分内容，设计人员采用复制粘贴的方式绘制，对相应子项目施工缺乏针对性。尽管包括我司在内的技术督导部、强审单位反复提出，但结果不尽人意。

（3）由于初步设计工作量大、时间短，少数子项初设成果的广度未能满足施工图设计要求，造成里程碑节点 2019 年 6 月 30 日以后出现一些新增内容与变更，致使设计监理与技术管理合同额外工作量增加。

（4）由于无法落实"项目管理合同"通用条款 3.2.2（14）义务，勘察设计单位对设计监理、技术督导和强审单位就少数子项提出的审查意见，反复修改、多次审查，无法落实 24 小时一次性修改到位，影响出图质量和进度。

2. 设计与设计管理持续改进的建议

（1）进一步加强设计监理人员学习与自我修养，提高设计监理与技术管理专业水平与技术能力。

（2）要求建设单位支持设计监理履行合同义务和行使相关权力，理顺有关项目管理关系。

（3）进一步落实设计监理与技术管理制度，加强对勘察设计单位管理，提高勘察设计与管理工作质量与效率。

（4）加强组织协调，做好勘察、设计与施工单位之间联系沟通管理工作，正确处理施工现场技术需求关系。

24.5.2　工程管理持续改进的建议

（1）总承包单位对分包单位的掌控力度不够，导致一些指令不能够彻底落实到位，施工面广线长，容易出现管理脱节现象。

（2）因为政府的原因，在全过程咨询项目公司还没有介入，有的工作面已经实施，对后期计量的精度把控带来比较大的影响。

（3）水治理是个上下游全流域一起实施的综合体工程，单独靠工程治理很难达到理想的效果，甚至二次、三次清淤，反复治理，浪费资金。

24.5.3　全过程工程管理改进的建议

（1）分包队伍的选择，要严格执行规定的程序，全过程咨询单位要有比较大的话语权，而不能够由 EPC 总承包单位独断专行。

（2）在政府主导的项目中，不能只把全过程咨询单位当摆设，必须实实在在的授权给全过程工程咨询单位，才能充分发挥全过程咨询的作用，实现高质量建设目标。

（3）水治理尤其是跨区域的河流，必须有更高一层的领导进行协调，统一指挥。比如，本项目的茅州河、新披头河等，跨越深圳、东莞等市的河流治理，涉及多个城市和区域，单凭个别城市单独治理是达不到最佳效果的。

总之，河流综合治理及海绵城市建设、碧道建设、亲水公园等，都是未来国家在水环境治理大力推广的领域，在这个领域只有认真总结经验，才能避免全过程工程咨询的误区，达到质量最优、工期最短、投资最省的最终目的。

第 25 章　杭州市某净水厂工程

现如今，我国城市高速发展，然而与城市发展配套的市政基础设施严重滞后，如城市污水处理系统的规划及工程实施规模。水资源短缺和水污染加剧构成的水危机成为城市管理最严峻的问题之一。随着人们生活水平的日益提高，对环境质量的要求也日益剧增。

自 2015 年《环境保护法》的修订实施和《水十条》发布以来，水安全正在成为新时期经济社会发展的基础性、全局性和战略性问题。

伴随着污水处理厂提标改造，水处理、供水规模的不断提高以及污泥处理、中水回用比例的提高，也为水处理行业带来了大量的发展机会，水处理市场开始呈现井喷式发展，众多行业内企业都欲领跑国内水处理市场，中国的水处理市场在未来很长一个时期都将处于一个"黄金增长期"。

环境治理尤其是水处理项目建设越来越多，本章结合某净水厂工程项目管理工作实践，对项目进行简要介绍，简述水处理项目的管理流程，梳理总结项目管理经验，以期对类似项目的管理具有一定的借鉴意义。

25.1　项目概况

25.1.1　项目简介

（1）工程名称：杭州市某净水厂工程。

（2）工程规模及内容：建设工程概算为 154150.00 万元，为新建 20 万 m^3/日污水处理厂一座（含 30t/日污泥半干化处理设施和 4150m^2 附属用房），污水处理厂至高位井 DN1800 的尾水排放管 9.3km，20 万 m^3/日尾水排放口一座，室外总体及绿化公园，科普项目提升部分、项目展示。

（3）项目建设期：780 日历天，正式开工日期 2016 年 12 月 19 日，实际竣工运营日期 2019 年 6 月 9 日。

（4）工程概况：处理规模为 20 万 m^3/d，总变化系数 KZ = 1.3，最大流量 26 万 m^3/d。工程用地总面积 49420m^2，总建筑面积 83036.36m^2，工程总投资约 15.5 亿元，建设工程造价约 9 亿元，工期 2 年。

工程采用水解＋膜生物反应器（MBR）污水处理工艺，其中生化部分采用改良 A/A/O 工艺。包含负二层预处理、水解、生化、MBR 膜池及负一层脱水、鼓风、加药、除臭等各设备间。处理后的出水达到国标一级 A 标准排放至钱塘江。污泥处理采用一体化离心浓缩脱水工艺，消毒采用臭氧设备，除臭采用生物除臭工艺。

污水经过城市污水管网收集到厂外区域总泵站，提升后经压力管输送至本污水厂内，依次经过细格栅、曝气沉砂池、精细格栅、水解池、生化池、膜处理后，最后经产水泵加压、消毒后出水，处理后的尾水经厂区尾水泵站提升后，通过尾水排放管输送，经高位井排入钱塘江。

主体工程为地下二层污水处理构筑物。地下建筑面积 78343.37m²，基坑平面尺寸约 143m×289m，底板顶至顶板上表面 12.65m，开挖深度 15.45m，底板厚 1100mm，中板厚 120～300mm，顶板厚 300～600mm 不等，下层墙板厚 1000mm，上层墙板厚 600mm，内隔墙厚多为 300mm。围护结构采用钻孔灌注桩加止水帷幕，内设二道钢筋混凝土内支撑。

工程采用钻孔灌注桩基础，桩径分 1100mm、900mm 两种，桩距 7～8m。底板、外墙、顶板采用防水混凝土 C35、P8，膜池部位采用 C40、P8，其余结构构件多为 C30、C35 混凝土。

25.1.2 工程管理服务范围、内容

（1）项目管理内容：在委托人的授权范围内，履行全过程工程咨询服务内容中项目管理＋工程监理的服务内容。对工程的投资、质量和建设工期采用科学的方法与手段，进行全过程控制。协调有关单位之间的关系，向建设单位提交完整的档案资料。

（2）本工程的服务期从签订合同之日开始至通过竣工验收交付使用、并向建设单位提交完整的档案资料及检查、督促施工单位整理提交各项技术资料后通过有关部门备案为止。

（3）服务范围：该净水厂的所有内容（包括净水厂、部分厂外管网、室外总体），受建设单位委托对工程建设相关的工作和对施工阶段进行质量、进度、投资控制、合同、信息管理，协调有关单位之间的关系，督促承包方强化安全管理工作。

25.1.3 建设目标

本工程的建设目标如表 25.1。

建设目标 表 25.1

内容	质量控制	进度控制	投资控制	安全文明
目标	合格，并争创钱江杯	合同及建设单位合理要求	计量无较大偏差，确保不超概算 15.4 亿元	创浙江省市政公用工程安全文明施工标准化工地、零伤亡事故

25.1.4 工程特点分析

1. 设计特点：污水厂构筑物全地下布置和先进的处理工艺

改变以前常规污水处理厂的分散式布局模式，将各种设备间组团化、集成化，组拼成

预处理区、水解区、生化区、膜区、污泥处理区、尾水排放区六个模块，中间保留必要的人行、检修、管线通道。

厂区竖向分为地面层、地下负一层、负二层，将主要构筑物布置在地下，将臭源、噪声源隔绝于地下，杜绝了噪声、恶臭污染。同时，污水就地回用，临近水体受益，协同解决河道补水，源源不断的活水又能大大改善下游河道两岸的城市环境。

设计采用先进的膜生物反应器（MBR）技术。采用 MBR 技术最显著的一个特点是减少建设用地。MBR 技术是膜分离技术和污水生物处理技术的结合。

污水处理厂采用地埋式，工程造价增加，运行控制灵活，维护难度增加，运行费用较高。但突破单个项目工程经济分析的观念，就整个城市设计的角度看，地埋污水处理厂的价性比远远高于地面污水处理厂；主要表现在土地资源的最大化利用和对城市环境设计的综合优化上。因此，结合城市土地利用、再生水回用、拆迁安置、环境改善等总体分析，能实现城市建设经济效益和社会效益综合最佳，效果图见图 25.1。

图 25.1 杭州市某净水厂效果图

2. 工程施工特点

（1）地下挖深大，箱体结构复杂，层高较高，预留预埋多，主体结构施工难度大。

（2）超长大体积混凝土施工质量是结构施工控制重点和难点。

（3）安全风险因素多；除深基坑、高支模、顶管施工、起重设备安拆等常规重大危险源外，预留和施工洞口多、有限空间施工、大型设备吊装、高空作业多、交叉作业多是该类项目的显著特点。

（4）设备、管道安装工程量大，后期交叉施工多。

25. 2　咨询管理实施情况

25. 2. 1　咨询策划

项目策划贯穿整个项目建设过程，对项目管理的顶层设计有重要意义。要实现项目目标，必须做好项目策划和工作统筹。只有对组织机构、设计管理、招采、进度、质量安全、调试运行管理等方面科学策划，才能为工程的高效率、高质量建造以及科学可控打好基础。针对本项目特点，通过对项目需求、定位、目标深入细致分析，结合以往水处理工程的管理经验和教训，遵循分层级、分时段策划原则，项目管理机构第一步在明确指导思想并对建设单位管理机构、管理制度大致明晰的基础上，主动与建设单位主要领导沟通，阐述对本项目的认识和管理思路。通过沟通，与建设单位达成共识，争取建设单位对项目管理机构的认可和信任，为后续顺利开展工作赢得了主动。通过对项目实施情况的回顾，体会和总结如下：

（1）策划是引领。水处理项目相比于房建和轨道交通项目有着不同特点，其建设管理流程、行业标准和把控关键要素、须具备的能力要求都有其自身特点，需要一个熟悉水务建设工程流程和管理经验的总牵头人进行各项策划，其中最核心的是团队策划、工期策划、技术策划、质量安全风险源控制策划。

（2）实施阶段统筹很重要。项目是系统工程，涉及多要素、多参建单位、多专业、多系统，要以管网建设、水处理、泥处理、电气、自控等在内的总工艺全貌为引领，站在项目全局勾勒管控项目，确定各阶段工作重点、工期控制点。

（3）项目成功的关键在于预控。了解熟悉工艺全貌、流程和各类设备的基础上，分析研判项目前期、土建施工阶段、中后期各个不同阶段"三控三管一协调"的重难点、风险因素，做好预控和中后期协调是关键。

25. 2. 2　项目前期管理流程

项目的报批报建工作是否能按计划日程落地，直接影响项目能否顺利进展，关系着项目工期目标的实现。鉴于此，必须熟悉建设工程开工手续流程和项目前期管理流程。项目开始之初，项目人员搜集当地建设程序要求，了解开工手续的前提条件和建设项目管理流程，分别如图 25.2-1、图 25.2-2。

上图分别是办理前期开工手续审批流程和某地水处理项目管理一般流程。当然，不同的项目需审批、核准、备案的资料和程序有所区别，不同的地方须提交的资料也略有不同，随着机构改革的不断深入和调整，审批部门也在变化，须提前与相关主管部门对接，列出工作清单、资料清单，才能更高效的开展工作。

项目前期工作千头万绪，经归纳、梳理，各阶段工作要点如下；实践中，可以根据工作要点有的放矢地去逐个完成销项。

办理建设工程前期开工审批手续流程图

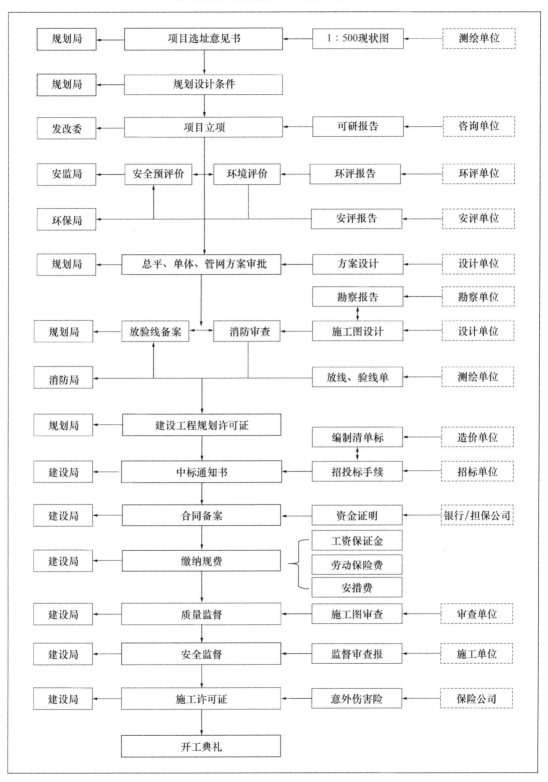

图 25.2-1　办理建设工程前期开工手续审批流程图

建设工程项目管理流程图

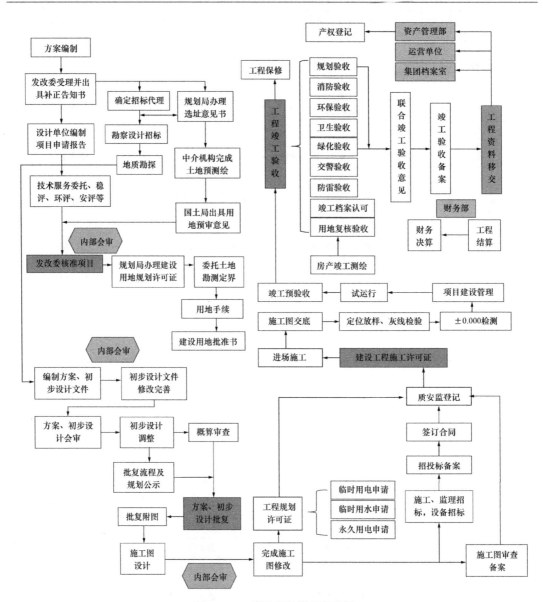

图 25.2-2 建设项目管理流程图

前期阶段核准要点：

（1）土地权属及地下管线调查；

（2）新设水厂、管线需要规划选址论证；

（3）取水口、排污口相关论证；

（4）方案设计阶段组织专家论证；

（5）稳评报告；

（6）大型项目第三方评估；

（7）专项技术服务。

设计阶段工作要点：

（1）方案、初步设计的审查；

（2）主要工艺设备的选择、招标。

施工前期阶段工作要点：

（1）施工招标；

（2）施工涉及河道、河堤、高架、高速、铁路审批。

25.2.3　项目各阶段重难点分析

通过对项目各阶段重难点分析，达到掌控重点、把控难点、降低风险点的目的，项目各阶段重难点分析表详见 25.2-1。

项目各阶段重难点分析表　　　　表 25.2-1

序号	阶段	内容	序号	阶段	内容
1	决策阶段	项目定位（功能性、实用性、集约占地、周边环境）	9	施工阶段	深基坑、密闭空间、高空作业、吊装作业、顶管作业、水下作业、场区排水、洞口防护安全等重大危险源控制
2	决策阶段	建设模式（传统模式、EPC、全过程咨询）	10	施工阶段	大体积混凝土裂缝及防渗漏、洞口封堵、管道焊接及防腐、水泥处理设备次序及工艺标准、机房柜体安装工艺
3	方案阶段	方案阶段（环境调查，水质标准，工艺选型，平面布局，池型选择，设备选型，选址及近远期结合、实施次序。由技术、信息、生产部门和咨询单位提资与把控）	11	施工阶段	里程碑计划节点、施工总体部署、工作面及时交接
4	初步设计阶段	初步设计（非标设备、参数选择、总体及构筑物内部布局合理性）；深基坑、泵房、竖井设计支护设计及选型，进出水位置选择及设计；管线线路及穿越建筑物、道路、不良地质的方案比选，管线防腐设计，桩型桩径选择等	12	调试及验收阶段	单机调试、联动调试方案及预案、试运行手册、管线切割方案及预案、吊装设备验收、危险品申报，各单项及工程预验收
5	施工图设计阶段	施工图阶段（细节、专业图审、消防审查、有关论证）	13	移交阶段	消缺、遗留问题整改
6	招采阶段	设备招标：潜在投标人摸底、用户需求书编制与审核、总分包方式及是否含安装的确定	14	移交阶段	备品备件交接
7	招采阶段	条件设置、标段划分、范围内容界定、工期确定（施工标）设备标（品牌、集成）	15	运行阶段	运行、脱泥、检修等班组人员配置，管理制度及人员责任心，备品备件配备，数据分析上报，状态评估
8	施工阶段	设备配合（设计联络会及设计优化、设备采购合同落地及分批供货计划）			

25.2.4 设计管理

设计管理按阶段划分为方案设计、初步设计和施工图设计阶段的管理，作为全过程工程咨询单位，主要工作基本从初步设计开始。管控的目的是优化去风险，减少施工过程中的变更。

方案设计阶段的对现有管网、雨污分流采集排查、环境调查，为方案设计准确提资进水水质、水量，确定出水水质标准，从技术、经济、社会效益综合考虑采用工艺和设备选型，平面布局是否合理，是否涉及外围条件改造提升。

初步设计阶段审查管网和各构筑物及内部布局的合理性，对非标设备、新技术须先行招标提供设计导图。在扩大初步设计阶段优化论证桩基选型、深基坑支护类型、出水口设计，核查运行期间巡检通道是否畅通、设备检修吊装空间是否方便，卫生间及拖把池布置能否满足人员作业需求，综合楼功能房间布局合理性。

施工图设计阶段重点是细节考虑、超长池体裂缝技术措施、围护支撑体系是否有利于结构施工从而保证混凝土浇捣质量，防水材料选择、结构各专业图审、管线碰撞和消防审查，如表 25.2-2。

设计审查内容与管控方法 表 25.2-2

审查内容及举例	除施工图图审外，应进行深基坑支护方案论证、桩基论证，从技术、经济、便于施工综合考虑采用何种支撑体系，基坑支护和桩基的设计往往工程所在地设计院更有经验
	例如防水设计：地下室顶板防水设计做法采用"4厚SBS耐穿刺防水卷材＋3厚聚合物水泥防水涂料"，满足一级防水要求，似乎比较合理，但仔细审查就有问题，因为两种材料一种属于沥青基材料，一种是以有机高分子聚合物作为主要基料，材性无法匹配且不相容。将下层聚合物水泥防水涂料改成非固化橡胶沥青防水涂料就更合理，避免施工期间变更
	细节考虑： 1. 例如池内集水坑的设置，构筑物池体面积很大，即便工艺上不需要，建议适当设置集水坑，以便于施工期间排水； 2. 对于各种支架、吊架、托架，因管线直径从10cm至1800cm大小不同、重量各异，往往设计不妥或错误，譬如每线槽吊架桥架强度复核； 3. 有些沟渠设计结构梁较密，不便于后期定尺管道安装； 4. 内支撑结构设计是否便于结构施工； 5. 综合楼：各功能房间布局合理性，外立面细节的确定等
设计管控方法	设计深度审查：类似项目设计一般由工艺设计负责人担任项目负责人，设计团队往往对工艺设计较为精通细致，存在对建筑装饰做法、支架、路基、罩棚等一些部位设计不合理或设计深度不够、表述不清，须加强对设计深度、合理性的审查。 建议在施工图初版完成后，由建设单位或管理单位聘请专家对各专业图纸进行一次专业审查，加上建设单位和管理单位的审查意见，对接反馈让设计单位进行优化
	设计驻场服务：前期、结构施工期间和安装阶段不同专业设计师提供驻场服务

25.2.5 项目实施策划及管控措施

1. 组织策划及人员配置

合理的管理组织架构、分工、人员配置是保证工作质量和效率的关键。根据服务内容和范围，本工程设定了综合管理、设计管理、招采管理、监理人员的工作岗位。

根据以往工程经验，项目人员按照综合管理：招采管理：设计管理：工程监理为 1：2：3：7 的比例配置，人员根据项目进展情况不同阶段有计划的分批进场。

2. 工期策划与控制

项目规模及涉及范围不同，工期各异。项目伊始，需要策划分析并制定里程碑节点，即前期工作完成时间、项目招采时间、工程分期开工到竣工几个节点工期。一般中等水处理项目前期工作需要半年甚至更长时间，该阶段要结合各项审批、核准、批复进展同步完成方案和初步设计批复，跟踪盯紧施工图设计进度。

实施阶段，应根据定额工期，结合项目需求，确定合理的项目施工和服务工期，根据工程特点和外部条件确定设备（集成商）招标选定——土建施工——桩基完成——结构封顶——安装施工——单机调试——通水调试——联调等里程碑节点时间，尽早部署管线施工完成和室外总体交叉施工。

需要注意的是：

（1）尽早完成关键线路上的土建工程，可考虑分批分区先行施工，抓桩基进度，紧前不紧后；因构筑物的两端设备安装工程量大，即结构要按照水处理工艺线路，"抓两端抢半边""修通道先配电"组织施工，以便安装尽早介入。

（2）尽早完成设备机房、配电室交接，便于设备尽早安装。

（3）统筹满水试验，考虑满水试验时间，尽早完成预处理、膜处理、生化池防水防腐处理。

（4）督促设备安装单位编报设备合同签订时间、设备生产周期、设备到场时间，做到设备、管线订货合同尽早签订，跟踪设备及时到场。须根据工程进度和进度计划做好动态掌控，有时一个附件、配件的滞后都能影响整个安装工程进度。尽早完成调试方案、试运行手册，材料药剂准备，充分考虑联调、试运行时间。

（5）督促设计单位及时完成各专项设计，如综合楼内精装修及总控室、展示模型、化验室、厨房专项设计和厂区公园设计工作。督促建设单位尽早完成各标段招标工作，尽早完成外管网及高压工程的施工。

（6）充分考虑影响施工进度的风险因素，譬如施工期间排水、冬雨季施工对进度的影响、进口设备到货周期等因素，分析研判尽早预控，通过例会、对接会、项目推进会、通知单等多种手段，确保周进度、月进度、阶段进度计划的实现，出现偏差督促及时纠偏。

（7）对于控制系统编程、设备调试方案及计划、运行管理手册等工作需重点关注，尽早完成。

根据类似工程经验，建设一座 20 万 m^3/d 规模的全地埋污水处理厂需要 25～28 个月，本工程工期分解情况为桩基 3～4 个月，挖土及围护结构 4 个月，基础及结构流水作业 8 个月，二次结构、防水防腐等土建工程收尾 3 个月，满水试验 15 天，安装工程 4.5 个月，装饰装修、单机调试、联调 2 个月。

3. 资金使用计划

项目伊始，根据工期控制计划、工程概预算编制资金使用计划，包括勘察、设计、技术服务、咨询、监测、检测、监理、各施工标、试运行、化验、办公设备采购资金，编制年度资金使用计划。

4. 标段划分策划及施工队伍选择

合理的标段划分对于工程的顺利实施具有重要作用，是决定招标结果的重要因素，原则是合理合法，利于工程实施。对于较长、涉及区块较大的管网工程，可均衡工作量分段分片划分标段；对于厂区建设，一般将所有构筑物、综合楼等土建工程划分为一个包，水电通风空调等一个安装包，设备供货、集成、安装一个包，供电、厂区总体单独发包。

全地埋污水处理厂专业性较强、施工难度较高，建议在招标文件中：

（1）对资格条件的设置上结合项目规模特点设置，评分细则上对企业资信、业绩、项目负责人类似工程业绩设置得分档，以便选择到有实力、技术管理能力强、有类似规模工程施工经验的单位，这是保证工程质量和顺利实施的关键。

（2）对招标范围及内容、工作界面的划分必须合理、清晰，注意设备标准统一匹配，对各专业总包配合费、暂定金额、暂估价和暂列金额根据项目实际情况合理设置、确定，明确材料价格调差的有关约定条款，按照有关规定上限明确各分包标段配合费，便于实施过程中的协调和管控。

招标顺序：非标件或新技术设备招标（如有）——设备集成包——土建（含管网）——安装包（含供电）——办公设备——室外总体。

5. 建议采用 BIM 技术

（1）地埋式污水处理厂采用集约化的设计，设备、工艺管道、通风、除臭、消防、电气、行车等均设置在一个有限的地下空间内，对管线综合、施工部署、工期控制、运维管理都提出很高的要求。为优化管线、更好的控制施工安全、质量、进度、效益等，建议采用 BIM 技术管理项目。BIM 模型应建立一整套标准及绘制流程。

（2）方式：可由建设单位指定设计单位建模，施工、管理、建设单位应用 BIM 技术进行管理，也可以包含在安装或性能包（设备采购安装调试或自控包）内，如采用第二种方式，建议以合理暂定金额方式列入报价。

（3）优点：通过创建建筑、结构、机电、设备等专业模型，全方位展示各区建筑、管线设备情况，有利于工程管理人员对工程的全局掌控，对图纸进行全面的了解和认知，大大提高在施工管理中的工作效率。

通过建模，可以进行管道、设备碰撞检查及优化，减少不必要的设计变更和经济损失，进行施工方案的模拟、进度计划编制，生成 3D 实时漫游，提高运维管理效率。

25.2.6 实施阶段管控要点

1. 前期准备工作和项目管理制度的建立健全

包含桩基施工用电负荷、三通一平、管线迁改、技术联络会和变更管理制度、质量安全管理规定、检查考核制度处罚措施等的制定。

2. 工程技术、管理资料

污水处理厂工程是多专业的综合性工程，包括土建工程、机电设备安装工程、仪表测试安装工程、自动化系统安装工程、环境和市政配套工程等，《城镇污水处理厂工程质量验收规范》GB 50334 仅对污水处理厂需要重点控制的内容提出要求，国家已有大量相关的专业验收规范，因此该规范可与《建筑工程施工质量验收统一标准》GB 50300、《给水排水构筑物工程施工及验收规范》GB 50141 等有关标准配套使用。需要注意的是在《城镇污水处理厂工程质量验收规范》GB 50334 中，对构筑物工程是根据不同功能池体划分检验批，而全地埋污水处理厂构筑物是一个综合单体，机械的套用规范表格会与土建施工方案有不吻合之处，存在一定的难度，即涉及构筑物质量验收表格方面，工程类别属于市政，工作内容类似房建，故工程实施前期应尽早征询当地建设工程质量监督站和工程档案管理部门意见，由参建各方共同确定单位、分部、分项检验批划分及报审用表、清单。

实施中，应督促各施工单位报审、报验资料的及时性、完整性、规范性，督促各施工单位按照《城镇污水处理厂工程质量验收规范》GB 50334 规定及时整理归档资料，做好资料台账。

3. 技术联络会

设备招标完成后，应尽早组织设备总包（集成）单位、设备厂家、建设单位技术、生产运行各部门、设计单位、监理单位召开技术联络会（含设备和安装）。设备总包单位为召开技术联络会的主要责任单位，明确一联会、二联会需要解决的问题，完善会议纪要，督促设备总包单位配合设计单位尽快完成设计优化，该项工作越早越好，应在主体结构施工前完成施工图的优化设计。

4. 质量管控方法和手段

（1）审核质量管理和保证体系；

（2）项目单位子单位分部分项检验批划分及验收评定标准确定；

（3）样板引路制度、首件验收制度、联合验收制、样品封样制度、开箱验收制度、隐蔽验收、量测试验、满水试验；

（4）安装工艺标准制定及执行；

（5）几个重点：大体积混凝土裂缝控制、管道焊接、管道池体防腐质量。

5. 安全管控

除高空作业、现场用电这些重大危险源外，深基坑、密闭空间施工、防腐施工、顶管施工、高支模、格构柱塔吊、管线穿铁路河道等都需要按规定程序做专家论证，时刻检查众多洞口规范围护、做好吊装旁站，充分考虑施工期间排水这些风险源控制非常重要。

图 25.2-3　钢筋、模板、预留预埋联合验收

图 25.2-4　设备开箱验收

图 25.2-5　高支模架巡查

图 25.2-6　有限空间防腐施工

6. 投资的管控

根据项目特点及所涉及的工作内容，项目实施过程中工程造价应重点注意从以下几个方面进行管控，如表 25.2-3。

项目实施过程中工程造价重点管控内容　　　　　　　表 25.2-3

投资决策阶段	项目的选址、有没有预留土地、是否分期实施、怎么分期建设、本期建设规模、采用的处理工艺、主管线建设长度、需要哪些配套设施、是否涉及其他改建升级等
设计阶段	能有效控制工程项目的总投资，根据批准的设计概算进行设计。对于大型全地埋污水处理厂项目，应主要关注桩的设计优化、围护结构设计技术经济性优化比对、结构配筋优化、管线材质确定、设备优化、由设备优化引起的结构优化、设备品牌及选型、防水材料等几个方面，应在设计过程中和招标前至少完成对土建结构设计图纸的审查和优化工作
施工阶段	包含预付款支付审核、进度款支付审核、变更审核，结算工程量审核等内容，注意：一是按合同支付，二是变更程序符合费用变更相关制度，三是对变更做好技术经济性分析比对，四是完善合同管理，合同中尽量减少模糊定义导致的歧义现象发生，产生不必要的麻烦造成工期拖延

竣工结算阶段	主要是审核工作

重点：

1. 设计优化（如前述）。

2. 设备集成商（或供货施工单位）标段招标尽量提前，以便尽早完成合同谈判及水处理系统技术优化设计联络会尽早召开。通过合同谈判，实现技术偏离的纠正，保证水处理功能目标的实现；通过至少两次设计联络会完成合同谈判遗留问题，完成设备配置、子系统技术方案优化、内外部接口、设备参数及规格尺寸、管线规格等，根据供货厂家图纸优化以具备施工图条件。也以便在土建实施的早期尽早完成对结构工程的优化变更，避免造成土建返工增加工程费用。

3. 招标文件及清单编制：建议选取两家单位编制工程量清单，便于比对，避免差错漏项，全过程工程咨询单位协助建设单位组织招标代理机构、清单编制单位等一起对招标文件中工作内容、工作界面划分进行梳理。

（1）从便于施工阶段管控和尽量减少现场签证的角度考虑，清单编制应把现场地下基础破除、沟壑处理、现场主道施工、供排水接引等纳入工程量清单。

（2）对于场地桩基施工条件，应根据地质和桩机作业条件，从满足施工角度考虑周全措施费，建议估算数额并要求按不可调进行报价。

（3）对总分包配合费按专业标段明确费率，暂列金额应偏大列入。

（4）应明确各施工单位工作界面划分和总包配合工作内容，尽量减少模糊定义。

4. 实施过程中，明确并落实变更制度，尽量控制减少变更，尤其是对于投标文件中不平衡报价的子目，应从技术和经济两方面分析，审查变更理由是否充分，按照合同文件规定界定是否是必须增加的费用等

7. 调试与运行管理

（1）调试是由供应厂家技术人员交底督导、由安装单位完成设备安装后，为保证设备能够正常运行的必须程序。作为程序的正确性不仅仅表现为正常功能的完成上，更重要的是对意外情况的正确处理。调试由厂家和安装单位、集成单位的专业技术、调试人员共同完成，咨询、监理单位和建设（运行）单位负责检查、监督。

（2）调试前应编制调试方案，并报咨询、监理单位和建设单位审批。调试应在具备内外部及人员、药剂、电力等条件后进行。调试方案包括但不限于以下内容：项目概述、调试依据内容目标、调试条件与准备、各单机调试、联动调试、工艺调试、污泥处理与处置、水量平衡、应急预案、培训计划、运行管理手册、工艺控制流程、验收工作、安全质量措施、调试计划、调试期间药剂需求量等。

（3）运行前应编报运营管理方案，运营管理方案包括但不限于以下内容：项目概况、编制依据、总体工艺方案（污水、污泥、除臭处理工艺流程、尾水消毒处理）、建（构）筑物工艺设计（含设备清单）、运营管理方案等。其中运营管理方案包含组织体系、制度建设、各设备运行管理及维护方案、应急处理预案、环境保护等。

（4）运维应根据水厂的处理能力和项目特点确定人员配置，合理确定运行班组、脱泥班组、检修班组，设备、控制、电气人员须配套，运维人员必须通过专业系统的培训，技术水平要达标，必须要有责任心。运维人员须不断总结经验，及时反馈处理存在的问题，对运行状态有正确的研判和处理。

8. 信息与合同管理

应由信息员和造价、安全管理人员管理，做好分工，项目负责人应熟悉合同主要条款。

组织项目部有关人员学习每标段合同文件，建立合同台账，支付台账，各类资料台账，做好每家施工单位进场后的资料交底工作，利用微信、QQ群等及时传达有关信息。

利用合同措施做好"三控三管一协调"工作。

9. 协调工作

项目涉及各责任主体单位和政府主管部门，施工单位多，交叉作业多，协调工作非常重要。

工程前期：配合建设单位做好报批报建工作，督促设计出图进度，审查设计质量并及时反馈设计落实，充分理解设计意图和施工控制要点，将工作思路和管控思想向建设单位汇报达到统一，制定项目管理制度。

明确各单位职责、强调主动互相点对点沟通和并联工作制，保障信息畅达，明辨问题根源，灵活处理，及时并敢于拍板解决存在问题，制度管人、有令则行。

争取建设单位和主管部门的支持，做好与设计单位的沟通工作，充分考虑施工单位的利益，既要利用合同措施等手段对施工单位做好管控，又要积极帮助建设单位、施工单位出谋划策、提出好的建议。

总之，全地埋污水处理厂的建设是一个系统工程，要以按期实现功能为导向，重视风险管理、安全管理工作，做好预控；要以工艺为引领，盯好混凝土施工质量，统筹协调设备、安装与土建交叉施工，把好原材料、设备验收这些基础性工作，提前解决影响工程进展的现场和技术问题，才能有的放矢的做好各项管理工作，实现项目预期目标。

25.3　课题研究成果

（1）项目实施期间，编写完成的《跳仓法综合技术在超长地下结构裂缝控制的应用》与《浅谈全地埋污水处理厂工程的项目管理控制》两篇论文，分别在《建设监理》杂志2018年11月总第233期和2019年6月总第240期发表。

（2）通过公司BIM研究中心培训，依托公司科技信息部的支持，完成对项目BIM技术成果的审查和优化，积累了水处理项目BIM技术应用的经验。

（3）通过在项目实施期间对若干在建和运行的污水处理厂的调研和考察，完成了对水处理项目建设模式优缺点比对和设计方案优缺点总结。

（4）项目实施期间，完成了《临时用电管理》、《桩基工程监理总结》、《污水处理工艺》、《地埋式污水处理厂通风空调设计介绍与方案审查》等若干技术总结文章，制定了《有限空间施工管理办法》。

（5）在混凝土结构施工运用"跳仓法"综合技术过程中，通过与混凝土厂家技术部门的研讨、试验室分析工作及现场跟踪观测，对采取"跳仓法"施工技术的混凝土配合比取得了混凝土收缩性能的关键数据。

25.4　技术与管理创新

（1）充分利用社会资源，聘请同济大学教授给予指导，在地下超长、超大混凝土结构施工中成功运用"跳仓法"综合技术，有效的控制了混凝土裂缝，缩短了工期。

（2）采用 BIM 技术，对技术管理人员更快的熟悉图纸、工艺起到显著作用，对管线碰撞问题提前发现并优化，有效地指导施工，提高了效率。

（3）项目实施期间，委托专业环境监测单位对项目实施过程进行全方位、全过程的环境监测，对施工期间建筑垃圾处理、污水处理排放、大气污染控制、噪声控制、环境优化管理提升效果显著。

（4）借鉴轨道交通工程施工"首件验收制"和"轨行区施工期间管理规定""设备房移交管理办法"等相关成熟实用的制度，在项目管理中推行"首件验收制""联合验收制""配电室设备房移交管理办法""有限空间施工请销点制度"，在结构完成后，室内第一时间安装摄像头，对违规作业行为起到很好的震慑作用，有利于后期成品保护。这些管理手段的应用，既提高了工作质量与工程质量，又减少了安全隐患。

25.5　目标管理成效

1. 设计管理成效

（1）针对墙板更易出现裂缝，建议设计单位将原设计板墙分布筋（间距150mm）调整为细而密配置，间距控制在 100 ～ 120mm，有效的控制了混凝土裂缝。

（2）原设计桩径 1100mm 灌注桩入岩深度 7000mm，通过试桩施工和研究地勘报告，建议由地勘单位补勘，重新提供补正桩基设计参数，将入岩深度调整为 2500mm，既节省了造价，又加快了施工进度。

（3）设计出图进度方面，通过有效的出图计划控制，未出现出图滞后现象。

2. 进度控制成效

通过技术、组织、合同措施控制，如期完成进度目标、保证运行，赢得中央环保督查组的肯定。

3. 质量管理成效

制定项目管理手册和先进管理手段的运用，工程一次验收合格。

4. 安全管理成效

评为"浙江省市政工程标化工地"，实施期间是杭州市在建示范工地观摩现场。

5. 投资管理成效

严格招投标、合同签订中的投资控制工作，严格按合同进行计量、计价、变更确认及决算的审核，投资控制在预算范围内。

25.6 工程亮点和社会效益

1. 工程亮点

（1）公园式厂区

地面设计为绿化水景和园林式建筑风格，白墙黛瓦，亭台水榭，绿树成荫，水波荡漾，创造出赏心悦目、清新怡人的环境，整个厂区建设成为集"人工湿地＋市民休憩＋运动休闲＋文化展示"功能于一体的高颜值公园。周边环境受益，地面的生态景观彻底打破了人们对污水处理厂的传统认识，这有效地破解了"邻避效应"。

（2）科普教育、文化展示

实施中，将地下负一层廊道提升改造，通过装修并结合声光电技术，把项目污水处理工艺淋漓尽致的展示出来，形象生动，既科普了水处理的知识，又美化了工作环境。在综合楼一楼单独划出一个区域，利用装饰装修和声光电技术介绍环境治理知识，先进新颖，令人耳目一新。

2. 社会效益

（1）该项目是目前浙江省规模最大的全地埋式净水厂，既达到了日处理20万吨污水的设计目标，又节省土地约60%，增加绿化面积20%，极大改善了周边生态环境。

（2）项目成为余杭区乃至杭州市的科普教育基地，接待了全国各地同行的观摩学习、效行。

图25.6-1 建成后厂区图   图25.6-2 负一层廊道墙面工艺展示

25.7 项目运维效果与项目后评价

项目建设规模为20万 m^3/d ，自2019年6月9日运行以来，日处理污水规模达到设计标准，出水标准达到并优于 GB 18918—2002《城镇污水处理厂污染物排放标准》中的一级A标准。项目的建成投运，极大地改善了周边水体环境，对治理水污染，保护当地流域水质和生态平衡起到十分重要的作用。目前未进行官方委托的专业机构项目后评价。

项目建成运行以来，省市区各级建设和环境保护部门多次到项目观摩、检查，项目建设成效得到省市区党政领导和各级住建、环保部门主要领导的高度肯定和赞誉。全国各地水务部门多次莅临项目现场考察观摩学习。

25.8　管理经验教训

1. 实施经验

（1）策划先行、统筹管理、加强预控；对于项目的顺利实施具有非常重要的作用。

（2）设计管理过程中，多去听取生产、运行部门的优化意见。

（3）民用通信与安装工程同步施工。

2. 项目管理不足

设计方面：① 卸泥区域未充分预估卸泥期间，密闭效果不好，导致除臭风压不够，影响除臭效果。② 膜池栏杆安装方式设计不合理，拆卸不方便。③ 脱泥机配套转子泵设计不合理，未考虑相互备用。

招采方面：① 招投文件仍存在各标段界面、接口划分不清晰。② 对现场地质地况情况预估评判不足，土建清单编制对保证桩机进场条件的场地处理费偏少。

管理方面：① 前期非标件定标工作有遗漏。② 对设备仓储库房要求标准不高。

3. 管理心得

（1）水厂建设，其工艺选定、设备选型关系工程造价和功能实现效果，应在掌握进水水质指标、工艺性能、熟悉系统设备的基础上尽可能提出建设性建议，优化工艺组合。

（2）水厂选址和建设方案应在多方调研和考察的基础上，考虑远近期规划，合理确定设计方案。目前地埋式污水厂有多种设计方案，如厂区地面建设成为公园、公交首末站、地上物业、污泥就地干化处理用于发电的等多种形式，要结合城市规划，充分利用土地资源，发挥最大经济和社会效益。要有科学的决策机制。

（3）水务建造，要结合水务行业信息化发展趋势，将项目建设融入智慧水务建设，打造全面感知、广泛协同、智能决策、贴心服务的"智慧水务"，实现控制数字化、管理协同化、决策科学化、服务主动化。

第 26 章　金华市某污水处理厂三期工程

26.1　项目背景

金华市某污水处理厂工程为 1999 年国家 2000 亿国债项目,省、市重点建设工程。采取一次性规划设计,分期建设的方案实施(如图 26.1),规划设计总规模为日处理污水 32 万 m^3,目前运行的为一期工程,由日处理污水 8 万 m^3。污水处理厂 1 座、厂外提升泵站 2 座、截污干管 25.6km 组成,于 2000 年 3 月开工建设,2002 年 7 月投入运行,2006 年 12 月通过省环保局组织的环保专项验收。一期工程总投资 1.6 亿元,占地面积 189 亩。采用 SBR 工艺,处理水质达到《城镇污水处理厂污染物排放标准》GB 18918—2002 一级 B 类的要求。

二期扩建工程于 2012 年建设,建设进水管道及厂外提升泵站 16 万 m^3/d,污水厂扩建规模 8 万 m^3/d,同时对一期提标,出水标准为一级 A,扩建尾水排放管至 32 万 m^3/d,尾水排入金华江,二期扩建采用改良 SBR 工艺+深度处理,工程总投资约 2.9 亿,2014 年 12 月竣工,目前在调试中,剩余污泥经重力浓缩、深度脱水后送至电厂掺烧。

根据 2014 年修编的《金华市区城镇排水综合规划》,金华市某污水处理厂主要承担中心城区浙赣铁路线以东片区等区域污水治理,具体包括婺城新区龙蟠区块、桐溪工业小区、金磐开发区新区、市开发区、多湖区块、金东新城区、仙桥区块、城北综合园区、江北中心城区、罗店区块等建设用地面积 89km²,以及雅畈、岭下、江东、安地、塘雅、澧浦等六镇建设用地面积 17km²,总服务区域建设用地面积为 106km²。

随着金华市城镇空间布局优化,人口集聚、土地集约,污水量剧增,现有污水处理设施已满足不了发展的需要,污水未经处理直接排入金华江,对水体造成严重的污染,为此该污水处理厂三期扩建的实施,进一步增加污水处理厂的处理规模,已是当务之急。

该污水厂的扩建,对进一步保护、提高金华江水环境质量,优化市区综合发展环境,逐步实现水资源有效利用,进一步推进金华市发展目标——"深入推进生态大市建设,推进资源节约型和环境友好型社会全面构建,使经济发展、人口布局与资源环境承载能力更趋协调"。

图 26.1　金华市某污水处理厂工程鸟瞰图

26.2　项目概况及项目特点

26.2.1　项目概况

（1）工程规模：包含细格栅间一座、曝气除油沉沙池一座、AAO 生物反应及沉淀池一座、高效沉淀池一座、纤维转盘滤池一座、加氯消毒间一栋、污泥浓缩池两座、除臭生物滤池两座、生反池控制室一栋、机修间一栋、化验中心一栋、流量计井四座、阀门井六座及其他设备改造等（详表 26.2-1）。出水达到国家一级 A 标准，生产构筑物、辅助建筑物的工程安全等级为二级，设计使用年限 50 年。建设规模 8 万吨／日。

（2）工程概算：28916.24 万元人民币。建安工程中标造价 8932.4111 万元，设备及安装工程约 8000 万元。

（3）项目建设工期：计划开工日期 2016 年 2 月 3 日，计划竣工日期 2017 年 2 月 18 日，工期总日历天数 380 天。

建、构筑物及工程量一览表　　　　　　　　　　表 26.2-1

编　号	名　称	单　位	数　量	备　注
1	粗格栅及污水提升泵房	座	1	已建改造、增加设备
2	细格栅	座	1	新建、设计规模 8 万 m^3/d
3	曝气除油沉砂池	座	1	新建、设计规模 8 万 m^3/d
4	生物反应沉淀池	座	1	新建、设计规模 8 万 m^3/d
5	高效沉淀池	座	1	新建、土建规模 16 万 m^3/d 设备规模 8 万 m^3/d

编　号	名　称	单　位	数　量	备　注
6	纤维转盘滤池	座	1	新建、土建规模16万 m³/d 设备规模8万 m³/d
7	紫外线消毒渠	座	1	已建改造、增加设备
8	鼓风机及配电间	栋	1	已建改造、增加设备
9	加药间及乙酸钠投加间	栋	1	已建改造、增加设备
10	加纳消毒间	栋	1	新建、设计规模32万 m³/d
11	配泥井	栋	1	已建改造
12	污泥浓缩池	座	2	新建、设计规模16万 m³/d
13	污泥脱水间	栋	1	已建改造、增加设备
14	除臭生物池	座	2	新建
15	一期SBR反应池	座	2	已建改造、增加设备
16	生反池控制室	栋	1	新建
17	机修间	栋	1	新建
18	化验中心	栋	1	新建
19	流量井	座	2	新建
20	阀门井	座	1	新建

26.2.2　项目特点、难点、关键点

1. 项目特点

（1）工程规模较大、功能较全

本工程实施后，该污水处理厂处理总规模达到24万 m³/d，属于规模较大的污水处理厂。根据《城市污水处理厂工程项目建设标准》（修订）的分类标准，属于Ⅲ类污水厂。污水厂内设污水、污泥、除臭、中水回用等处理设施，同时预留远期扩建、深度处理用地，功能较全。

（2）进水污染物浓度一般，但波动较大，冲击负荷较大

2010年7月29日，住房和城乡建设部颁布实施了新的《污水排入城市下水道水质标准》CJ 343—2010，从2011年1月1日起实施。《污水排入城市下水道水质标准》CJ 343—2010中规定的污水水质指标限值可以看作是城镇污水处理厂进水水质的最高限值。根据《污水排入城市下水道水质标准》CJ 343—2010规定：下水道末端污水处理厂采用二级处理时，排入城镇下水道的污水水质应符合B等级的规定。

《污水排入城市下水道水质标准》CJ 343—2010要求的排水入城市下水道水质标准见

下表 26.2-2。

污水排入城市下水道水质标准指　　　　　　　　表 26.2-2

序号	控制项目名称	单位	A 等级	B 等级	C 等级
1	水温	℃	35	35	35
2	色度	倍	50	50	60
3	悬浮物	mg/l	400	400	300
4	pH 值		6.5～9.5	6.5～9.5	6.5～9.5
5	BOD_5	mg/l	350	350	150
6	COD_{cr}	mg/l	500（800）	500（800）	300
7	$NH_4\text{-}N$	mg/l	45	45	25
8	TN	mg/l	70	70	45
9	TP	mg/l	8	8	5

注：括号内的数据为污水处理厂新建或改、扩建，且 $BOD_5/COD_{cr} > 0.4$ 时控制指标的最高允许值。

本工程设计进水水质总体上能够达到 B 等级的规定，但是污水厂服务范围内有较多的工业废水，对污水厂正常运行的冲击负荷较大。

（3）污水处理厂总体布局及水力高程已基本形成

污水处理厂经过一、二期建设，总体布局已基本形成，厂前区、预处理区、二级处理区、深度处理区、污泥处理区分区明确，同时预留远期中水回用区、污泥深度脱水区。

污水厂进水泵房、出水紫外消毒池及出水计量排放管均已建成，三、四期工程只能在现有基础上进行细化设计。

2. 项目难点

（1）主要污染物的去除

从一期进、出水水质来看，进水波动较大，出水达标率（一级 B）为 100%，出水 BOD_5、$NH_3\text{-}N$ 等指标优于原设计指标，基本可以达到一级 A 标准；但 SS、COD_{cr}、TN、TP 等指标不能稳定达到一级 A 标准。而二期目前正在运行调试中，从各项调试数据来看，除 TN 外的各项指标基本达到一级 A 标准，但 1～2 月份 TN 基本不达标，3～4 月份，在外加优质碳源后，TN 达标率有所提高，目前仍在运行调试。因此，主要污染物 TN 的去除是本工程的难点和重点。

（2）与一、二期已建工程的协调统一

该污水处理厂分期建设，因此，三期工程的建设应与一期、二期已建工程协调统一，包括总平面布置、水力高程、预处理、二级处理、深度处理、污泥处理、中水回用等方面均应做到协调统一。同时，二期工程设计时，考虑与一期出水采用混合达标的方式，但从目前二期工程的调试、试运行情况来看，实现混合达标难度很大。因此，三期扩建需兼顾一期工程的提标。

（3）对 110kV 高压走廊的避让与保护

该污水处理厂内目前已建有 110kV 高压走廊，对总平面布置、构筑物的施工等均产生一定的影响。因此，在总平面布置、构筑物施工措施等方面均需要做好避让与保护。

（4）一期 SBR 反应池的改造

一期采用 SBR 工艺，在二期扩建时，预留了前置缺氧池强化脱氮，但是由于 SBR 是变水位的处理工艺，改造后对原有运行模式改变较大。

3. 项目关键点

（1）生化水处理工艺的可靠性和灵活性

COD_{cr} 和 TN 等是污水处理厂节能减排的重要控制指标，工艺的选择必须确保各项污染物指标稳定达标，稳妥可靠。同时，该污水处理厂服务范围中尚有不少工业废水，污水处理厂的进水水质波动较大。水处理工艺的选择在重点考虑安全可靠性的同时，必须考虑其灵活性，以适应不同季节、不同时期进水水质的变化。

（2）总平面布置的优化

污水处理厂总平面布置的优劣直接影响工艺流程、物流、人流是否顺畅，影响工人巡视、操作是否方便，同时也直接影响各个功能分区之间的衔接及水力高程的优化，影响近远期工程的结合和协调。因此，需要结合构筑物设计，对总平面布置进行优化。

（3）构筑物和设备选型

在工艺流程和设计参数基本确定的情况下，构筑物及设备选型直接关系到处理效果、能耗水平及自动化水平的高低，同时也直接决定了整个工程维护维修工作量的大小。尤其是污水处理厂关键设备的选型可能影响整个项目的成败，如提升泵、鼓风机、潜水搅拌器、脱水机、消化池搅拌设备等，必须广泛调研、认真比选，选择高效节能、稳妥可靠、有较多应用实例的设备。

（4）结构形式的选择和地基处理和抗浮方案

针对不同的构筑物，根据其平面尺寸和工艺布置要求，采取不同的结构形式。根据构筑物的作用荷载大小、基础埋深、正常运行和检修放空的要求，采取不同的地基处理和抗浮方案。

26.3 项目实施情况

26.3.1 项目服务范围及内容

1. 项目管理服务范围及内容

在委托人的授权范围内，履行工程项目建设管理的义务（不包括与土地费有关的工作）。包括项目策划、工程建设手续办理、设计管理（含优化）、施工图审查、造价管理、招标管理、施工管理、竣工验收、决算及移交管理、工程保修咨询管理。对整个工程建设的质量、进度、投资、安全、合同、信息及组织协调所有方面进行全面控制和管理等方面工作。

2. 工程监理服务范围及内容

本工程监理为金华市某污水处理厂三期工程基础、构筑物、工艺管道、附属设施、设备安装等工程全过程监理。具体内容包括施工准备阶段、施工阶段各工序、各部位的监理以及工程备案验收证书取得至签发缺陷责任终止证书和工程结算、审计的监理、服务工作。对该工程投资控制、进度控制、质量控制、建设安全监管及文明施工的有效管理、组织协调，并进行工程合同管理和信息管理等方面工作。

26.3.2　项目目标

（1）质量目标：① 设计要求的质量标准：满足现行的国家、地方、行业技术标准、设计规范；② 施工要求的质量标准：符合现行建设工程施工质量验收规范和标准及施工图纸要求，一次性验收合格，确保"双龙杯"，力争"钱江杯"。

（2）进度目标：施工总工期为380天。具体开工日期以开工报告为准，竣工日期以项目全部完成竣工验收合格为准（含消防、节能、环保等所有专项验收）。

（3）投资目标：确保项目实际投资不得超过最后经批准的项目概算总费用。

（4）安全目标：杜绝重大伤亡事故，轻伤事故发生率控制在5‰以内；杜绝火灾、中毒、环境污染等事件。

26.3.3　组织架构

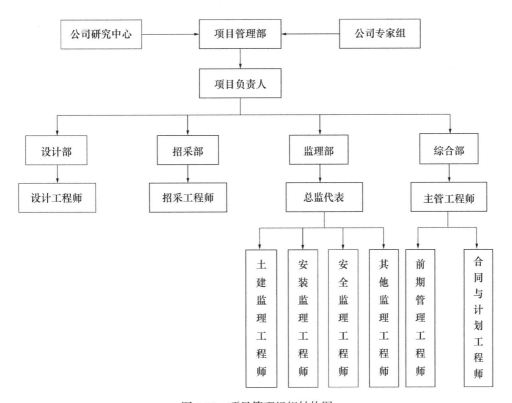

图 26.3　项目管理组织结构图

26.3.4 咨询服务方法

（1）编制项目管理手册：为明确全体参建单位职能分工，促进全体参建单位高度紧密配合，提高参建单位的责任意识，约束参建单位全面履行合同约定的各项义务，确保工程建设期间本工程的各项管理工作规范、有序，真正实现通过对项目建设全过程、一体化、专业化的管理，达到项目资源最佳配置和优化，最终确保项目投资效益最大化，全面实现项目预定目标的根本目的，依据国家、省及市现行的有关建设行业法律、行政法规及项目管理规范的相关要求，以现代项目管理理论为指导、本着责权对应的基本原则，针对工程实际编制《项目管理手册》，作为本项目建设期间指导、规范全体参建单位、参建人员日常建设行为的纲领性文件。

（2）编制项目总体计划、定期纠偏：编制并适时调整项目实施阶段工程建设进度总控制计划并上报委托人审定贯彻执行。根据整体工作计划可以督促、协助参加项目建设的各方按照上述总控制计划的要求，编制各自的工作计划，使之相互协调，构成二级计划系统，应检查各方计划的执行情况，通知有关单位采取措施赶上计划进度要求。对项目前期推进和项目施工进展较总体工作计划出现延误时，项目管理部及时分析误差原因，召开纠偏专题会，及时解决影响项目实施的因素，保证项目实施正常进行。

（3）严格执行合同管理。由项目管理公司和建设单位负责招标工程类及相关合同的签订，签订之后，项目管理公司和建设单位向合同执行单位进行交底，说明工期、质量、工程范围、工程界面划分、付款方式、发包单位职责（即甲供材料设备、甲方限价、甲方分包等范围）总分包的关系等需要在合同实际执行过程中需要特别注意的问题，以便各岗位人员协调、配合。其他类合同由执行部门根据合同实际情况安排交底。任何部门在落实业务、开展工作时，都必须严格按照合同约定进行，严厉禁止实际管理操作与合同约定脱节的情况产生。在合同已发生或可能发生违约，或者发生与合同有关的争议时，合同执行部门的经办人员须及时向部门负责人报告，并采取预防措施，较大情况可请示主管高层领导。合同在执行过程中，当出现合同约定的情况，需要对合同进行变更、解除时，必须由合同执行部门经办人发起，由合同执行部门负责人审核，相关部门参与会签、审批。通过后，通知合同对方解除合同。

（4）节能增效策划。考虑到高效低耗设备的选用节能的重要措施，通过优选先进设备淘汰替换落后低效设备。在方案比选期间，建议建设单位选用智能生物控制系统对内外回流比及曝气量进行优化，在普通污水厂内外回流比相对恒定且按最不利条件设计，当污泥沉降性能良好，回流浓度高或反硝化速率高，出水 $NO3-N$ 很低的情况下，大回流比不仅没有必要且耗能浪费。采用智能生物控制系统可根据实际水质条件和运行情况，自动给出最佳工况点的各项控制参数，配合变频回流泵，通过调风量风机及比例风量调节装置可实现能耗和运行状态的最优化，节电效益显著。

（5）强化质量控制。施工阶段项目管理质量控制任务主要是通过对施工单位和人员的资质、材料和设备、施工机械和机具、施工方案和方法、施工环境实施全面控制，以期达到施工质量目标。通过采取"一个原则""两个重点""三个阶段""四个手段"强化了施工质量控制。其中，一个原则即工程质量是整个监理工作的核心，监理工程师监督施工单位按合同、技术规范、设计图纸的要求施工是监理工作的原则；两个重点即重点管控重要的分部分项工程（地基基础、主体结构、建筑屋面、室外配套、混凝土结构、给排水、采暖、电气照明），重点加强关键部位（土建工程如基础、钢筋、混凝土屋面、防水；市政工程如二沉池、高效反应池、污泥浓缩池等构筑物，室外道路及景观；安装工程如机电设备安装及调试）巡检和验收。三个阶段即施工准备阶段（审查施工单位人力、材料、机械设备配备是否合理；审查拟定施工方案、技术、质量保证措施、原材料的检验是否合乎要求）、施工阶段（旁站、巡视及平行检验，检查施工工序是否按规范和经审批的方案进行，并对施工工程中的原材料、半成品和成品进行抽查）、成品验收阶段（通过检测和验评该分项或分部已完工程是否达到规范要求的质量标准和误差允许范围）。四个手段即旁站、量测、试验、指令性文件。

26.4 管理成效

该项目目前已经投入运行，在项目建设阶段，全过程工程咨询单位参与了前期的项目报批报建、方案及初步设计管理及审查、前期造价咨询、施工图设计管理、现场施工管理、评优策划及实施、预决算管理以及后期运维管理等工作。在质量及进度总控目标的指导下，项目部通过项目实施阶段的合理策划，协助建设单位快速的梳理各类事项，提供专业化、科学化的管理，运用系统、科学、合理的计划、组织、指挥、协调和控制，使得项目质量、进度、投资、创优等目标全部实现，管理成效比较显著。

26.4.1 功能优化

项目部借助公司专家团队的力量，对项目使用功能和节能增效方面提供了合理化的建议，优化了设计并得到了建设单位及相关职能部门的认可，也为金华生态环境建设和市区经济的可持续发展做出了新的贡献。主要包括：

1. 采用智能生物控制系统对内外回流比及曝气量进行优化

普通污水厂内外回流比相对恒定且按最不利条件设计，当污泥沉降性能良好，回流浓度高或反硝化速率高，出水 NO3-N 很低的情况下，大回流比不仅没有必要且耗能浪费。采用智能生物控制系统可根据实际水质条件和运行情况，自动给出最佳工况点的各项控制参数，配合变频回流泵，通过调风量风机及比例风量调节装置可实现能耗和运行状态的最优化，节电效益显著。

2. 建筑专业的节能措施

（1）外墙墙体材料为 240mm 厚加气混凝土砌块。

（2）外墙采用外保温构造措施，外保温建筑构造的保温层为 EPS 板。

（3）门窗选用塑钢低辐射中空玻璃门窗。

（4）透明外门的型材和玻璃要求与外窗相同，不透明外门采用保温门，内设保温棉。

（5）屋面保温层采用挤塑聚苯乙烯泡沫塑料板（XPS板），以满足屋面的传热系数要求。

（6）热桥部位处理：采用外墙外保温，保温层贴至女儿墙顶。

3. 电气专业的节能措施

变压器负载率、事故保证率满足规范要求，变压器运行于高效区，降低了变压器损耗，减少日常电能损耗。变压器采用干式变压器，消除了消防隐患，大大降低了维护管理的工作量。

4. 仪表专业的节能措施

选用先进的控制仪表系统，对曝气池的溶解氧，进水流量等实行自动监测，通过PLC实现最佳控制，合理调整工况，保证高效工作。

26.4.2　进度管控成效

（1）编制的各类工作计划及项目管理手册、作业指导书等，很好地指导了项目实施工作；招标方案的策划，为该项目承包商的招标指明了方向，也为后续管理工作奠定了基础。项目前期及招采进展未曾拖延。

（2）项目部根据项目实施总控计划，对项目施工阶段的主要节点目标进行了分解和细化，认真审核了施工总进度计划。在施工过程中，采取年计划、季度计划、月计划、周计划、日计划等措施，牢牢把控了各施工主要节点的完成时间。在出现进度偏差较大时，及时组织施工、建设等单位召开专题会议，分析进度偏差原因，制定合理的赶工计划，及时纠偏。最终，实现了项目建设周期提前10天完成的成效。

26.4.3　投资管控成效

在项目实施过程中，项目管理严格执行省市区政府的相关文件，严格招投标、合同签订中的投资控制工作，严格按合同进行计量、计价、变更确认及决算的审核，投资控制在预算范围内。加强施工过程中各环节的控制，节约投资，控制成本，提高效益。最终，项目审计结算时没有发生超概算现象。

26.4.4　质量管控成效

项目部对工程质量进行全面的控制，消除质量隐患，杜绝重大质量事故，确保工程质量全部达到国家施工验收规范合格的规定，项目施工阶段各分部分项工程合格率达到100%。

本项目质量目标是确保"双龙杯"，力争"钱江杯"。项目部根据评优目标，提前策划、合理组织实施、积极参加奖项评选。最终，本项目在2018年3月5日，获评2018年度金华市建设工程双龙杯（优质工程）;在2018年3月28日，获评2018年度浙江省市政（优质工程）金奖;在2018年7月27日，获评2018年度浙江省建设工程钱江杯（优质工程）奖。

26.4.5　安全管理成效

在安全管理方面，项目管理部及监理部定期组织施工单位召开安全专题会议，对现场存在的安全隐患进行通报，并指定专人督促限期整改。同时，根据项目推进情况，提前预测下阶段安全管控重点，通过提前策划交底、组织安全培训等方式，提高安全管理成效。最终，项目实施全周期安全生产事故零发生。

26.5　项目运行情况

该污水处理厂三期扩建工程于 2015 年底开工建设，设计日处理污水量 8 万吨，生化处理采用多模式 A2/O 工艺，深度处理采用混凝沉淀＋过滤＋消毒工艺，污水排放执行国家一级 A 排放标准要求。为加快工程进度，工程建设项目管理与监理单位及各参建单位充分发扬建设铁军精神，全力克服项目建设中遇到的各项困难，精心组织施工，抢抓工期，克难攻坚，全力以赴确保工程保质保量竣工。

2017 年 6 月 20 日，该污水处理厂三期扩建工程正式投产试运行，比预定的建设计划提前 10 天，出水全面达到一级 A 标准。当天，金华市委副书记、市长暨军民，副市长祝伦根到现场视察了工程投产试运行情况。在前期经过出水调试后，出水质量达到设计要求，并通过优化处理系统，进一步提升市区水质净化的能力，有效缓解了一期、二期工程的运行压力。

26.6　项目实施经验

26.6.1　策划先行，保障项目目标实现

通过项目管理单位的前期策划与咨询，能够充分发挥出专业化团队的优势，通过进行项目建设实施策划方案，组织运用系统工程的观点、理论和方法对建设工程项目周期内的所有工作（包括项目建议书、可行性研究、评估论证、设计、采购、施工、验收等）进行策划、计划、组织、指挥、协调和控制，有效的保障项目建设各项目标的实现。

26.6.2　多能结合，保证项目建设标准

项目管理与监理一体化服务，对项目报批报建、设计管理、招采管理、合同管理、投资管理、施工管理等多方功能进行了有机结合，使得各参建单位形成了命运共同体，减小了建设方的管理压力。与多单项咨询不同，通过整合的项目管理与监理一体化服务使得各单项被动服务变成了主动管理咨询服务，更能够站在建设方的角度去积极主动提供服务，对高标准的建设要求有着极大的保证作用。

26.6.3 综合管理，提高项目建设效率

项目管理与监理一体化服务是全过程工程咨询服务的前身，它不仅在时间跨度上、专业融合上、咨询内容上、服务手段上、咨询收费上得到集中统一，而且有更多职权、手段，便于进度、质量、安全文明、造价控制，为真正做到事前、事中控制提供可能；解决了传统的碎片化管理多方担责实为互不担责、管理效率低下的问题，减少了工作对接、提高了工作效率、减轻建设单位工作协调负担，提高规避风险的意识、提高管理水平、提升了服务质量。

26.6.4 合理设计，投资效益最大化

在各项使用功能明确的情况下，全过程工程咨询能够运用其特有的资源整合能力，利用大数据筛选各项功能投资最佳方案，对节约投资或使投资效益最大化起着较高的作用。

第27章 台州市某区农村饮用水达标提标 （供水一体化）工程

27.1 项目背景

为贯彻落实乡村振兴战略，优化农村基本公共服务，促进城乡统筹发展，解决农村供水短板，进一步提升农村饮用水安全保障水平，根据《浙江省农村饮用水达标提标行动计划（2018—2020年）》要求，大力实施农村饮用水达标提标工程，加快实现农村群众由"有水喝"向"喝好水"转变，促进城乡基本公共服务普惠化、均等化，为全面决胜高水平小康社会提供强有力的支撑和保障。

台州市某区计划通过三年（2018～2020年）专项行动，总投资7.8亿元，实施农村饮用水达标提标（供水一体化）工程，实现新改扩建各类供水工程77处，改善256个行政村、惠及21.9万农村人口。

27.2 项目概况及特点

27.2.1 项目概况

工程通过该区水厂二期以及十四个乡镇街道的供水工程进行新（改）扩建，实现该区农村饮用水达标提标（供水一体化）。项目建设后，该区14个乡镇由1座城市水厂、3座乡镇水厂、11个联村供水工程、46个单村供水工程供水，涉及行政村250个，受益人口为20万人，其中管网延伸10万人、联村供水7万人、单村供水3万人。工程概算总投资为67226.60万元，其中建安费暂估4.7亿元。

27.2.2 建设内容

主要建设内容为该区水厂二期、城市管网延伸（供水一体化）、新建扩建集中供水工程、标准化改造建设单村供水工程、水源建设等。

（1）水厂二期：新建20万 m^3/d 规模水厂一座，新建综合池、V型滤池、水质监测中心综合楼及部分建筑物改造和设备安装等；水厂二期（改扩建）效果图见图27.2-1。

（2）城市管网延伸：实施城乡供水一体化，管网延伸工程覆盖北洋、院桥、茅畲、沙埠、头陀、新前、澄江、江口等8乡镇街道、106个行政村的供水范围。其中该区农村饮用水达标提标（供水一体化）工程一标段和二标段、北洋二级管网和特产村三级管网、澄江街道仙浦喻村和江田村三级管网已实施。

图 27.2-1 某区水厂二期（改扩建）效果图

（3）乡镇水厂供水工程：改造宁溪镇水厂、改扩屿头乡水厂（已部分实施）、新建上郑乡水厂，覆盖宁溪镇、屿头乡、上郑乡共65个行政村的供水范围；图27.2-2为新建上郑乡水厂效果图。

图 27.2-2 新建上郑乡水厂效果图

（4）联村供水工程：新改扩11个联村水站（其中宁溪乌岩头已部分实施），覆盖宁溪、平田、上垟、屿头、富山、北洋6个乡镇、36个行政村的供水范围；

（5）单村供水工程：标准化建设改造单村供水工程46个（北洋岙里村供水工程已部分实施）；

（6）水厂二期工程水源拟从沙埠镇邱家村台州市供水三期工程管线的预留接口引水，

就地新建一座原水增压泵房，将从台州市供水三期工程管线所引原水（长潭水库来水），在邱家村附近加压后接入 HN 水厂备用水管线，通过太湖山隧洞后自流至厂区内。

乡镇水厂、联村、单村供水工程根据水源情况新建山塘、拦水堰和原水输水管；根据水质情况新建或改造净水站；根据供水范围的改变情况新改建入村的干管；对于村内管道在运行过程中的跑、冒、滴、漏和老化破损问题突出，入户不规范的，按需进行改造。

水厂二期工程按照浙江现代化水厂标准建设，乡镇水厂、联村／单村供水水质指标遵照《生活饮用水卫生标准》GB 5749—2006 的要求。

27.3　咨询服务范围及内容

HN 区农村饮用水达标提标（供水一体化）工程的咨询服务包括以下工作内容：

1. 项目管理服务

（1）履行工程项目建设管理的义务（除与土地费有关的工作），包括协助建设单位进行工程建设手续办理（包含规划、立项、用地、质监、临时水电、用地许可、工程规划许可、施工许可等所有手续）、设计单位协调（施工图阶段）、招标管理、现场综合管理、竣工验收、结算及移交（合同中明确具体工作内容）管理。

（2）协助建设单位施工图报审、概预算送审、施工管理、装修管理及移交管理，对整个工程建设的质量、进度、投资、安全、合同、信息及组织协调所有方面进行全面控制和管理、工程保修期内的缺陷修复督促管理。

（3）协助建设单位组织设计单位进行工程设计优化并提出设计优化意见、组织技术经济方案比选（施工图阶段）。设计过程中新技术的应用管理。

（4）协助建设单位做好本项目实施过程中所有合约的编制、审核、风险控制，包括项目实施过程中（联系单变更、索赔管理、证据资料的收集整理存档、工程档案管理（含档案验收））等管理服务工作。

（5）协助建设单位做好审计、法务、组织项目后评估等。

（6）协助建设单位组织无价材料的市场询价工作。

（7）项目全过程施工管理直至各专项验收（如规划、国土、环保、档案、水利、气象、排污、交通等）、综合竣工验收合格、竣工备案、档案归档、整体移交等。

（8）协助建设单位选择建筑材料、装修材料、设备、供应商等工作；统筹协调做好招标采购组织工作，为各招标工作开展做好考察调研等准备工作。

（9）对工程变更联系单及竣工结算进行复核，协助委托人办理工程结算、对上报的工程结算书进行初审，并配合审计单位的结算审计工作，办理工程决算并整理相关资料。

（10）协助建设单位做好项目推进过程中与项目管理相关的其他工作。

2. 工程监理内容

主要包括施工准备阶段前期工作、施工阶段全过程监理以及工程结算、保修阶段的监理。具体监理工作按《建设工程监理规范》GB 50319—2013、《房屋建筑工程和市政基础设施工程竣工验收暂行规定》及《施工旁站监理管理办法》、《浙江省水利工程标准化管理验收办法》浙水标【2017】5号、《浙江省水利厅关于加强重大水利工程质量管理的意见》、《水利工程建设监理规定》（中华人民共和国水利部令第28号）、《水利工程建设项目施工监理规范》（SL 288—2003）等组织实施。

（1）施工过程阶段监理。协助建设单位和承包商编写开工报告、全面检查开工前各项准备工作、报建设单位批准后由总监理工程师签发开工令；协助建设单位组织设计交底和图纸会审；协助建设单位审查和确认承包商选择的分包商；审查和批准承包商的施工组织设计、重要施工技术方案、施工进度计划、施工质量保证体系和施工安全保证体系；对工程进行全过程的监理，加强巡视和旁站监督，对不符合规范和质量标准的工序、分项、分部工程和不安全的施工作业，通知承包商停工整改或返工并报告建设单位；组织分部、分项工程和隐蔽工程的检查验收；协助建设单位、设计人、承包商及监理提出的工程变更，签认工程变更通知和工程变更费用报审表；进行工程计量，签发工程款支付申请表，竣工结算文件，公正处理和有效控制工程现场签证；定期召开工程例会，对每月的工程进度、质量和安全环卫情况通过监理月报向建设单位进行总结汇报，检查和解决工程中存在的问题和需要协调解决的问题；督促和检查承包商整理合同文件和技术档案资料，使之符合城建档案归档的要求；督促承包商做好现场安全防护、消防、文明施工及卫生工作，并对现场有关问题向承包商提出书面意见。

（2）施工验收阶段监理。组织工程竣工初步验收，审核和签署工程竣工申请报告；参加建设单位组织的竣工验收，签署竣工验收文件和竣工移交证书；记录未完成工作及需修改的事项，以保证承包商在认可的工期内完工；检定及核对所有承包商交回之竣工图及资料；协助建设单位与承包商完成工程总结算之有关工作；协助建设单位整理完整的竣工验收修补清单。

（3）工程缺陷责任期。记录未完成工程或需修改的事项，设置专人检查承包商在保修书规定内容和范围内缺陷修复的质量，监督承包商完工；对使用单位反映的工程缺陷原因及责任进行调查和确认，并协助进行处理；协助建设单位按保修合同的规定结算保修抵押金；做好保修期监理工作的记录和总结。

3. 招标代理

承担项目总承包施工单位的招标工作，包括实地考察及资格预审、发布招标公告、编制招标文件、组织开标评标、草拟合同、合同备案、招投标存档资料的移交等全过程代理工作。

4. 造价管理

对建设项目实施过程的合法性、真实性、规范性进行跟踪审计监督。本项目初步设计概算审核、工程量清单和施工图预算审核、施工过程造价控制（工程洽商、变更、合同争议和索赔等事项的处置，提出具体的解决措施及方案）、工程结算审核和相关财务管理服务工作，具体内容包括但不限于：

（1）制定概算控制方案并实施，启动EPC工程招标工作前，编制满足EPC要求招标的工程清单；

（2）提出工程实施用款计划，工程计量支付审核；

（3）同步独立编制概、预算（招标控制价、工程量清单），并对初步设计单位编制的概算和 EPC 工程总承包单位编制的预算（招标控制价、工程量清单）进行审核，协助委托人进行工程决算初审并整理相关资料；

（4）对工程变更联系单及竣工结算进行审核，协助委托人办理工程结算、工程决算并整理相关资料；

（5）编制工程造价计价依据及对工程造价进行控制和提供有关工程造价信息资料等全过程跟踪审计服务；

（6）结算审核所需的资料。

27.4　实施策划

1. 采用 EPC 总承包模式

对全过程工程咨询单位熟悉现场情况、了解工程可研、初步设计及有关批复意见，确保工程任务、标准前后一致，依靠专业技能，将各方资源充分调动，在合适的经济支出下得到最佳的社会效益、完成本工程各项目标。

2. 施工工期

施工工期如表 27.4。

施工工期计划　　　　　　　　　　　　　表 27.4

项 目 名 称	完（竣）工时间
单村工程	2020 年 07 月 15 日（30% 具备通水条件） 2020 年 07 月 30 日（全部具备通水条件）
联村工程	2020 年 07 月 15 日（10% 具备通水条件） 2020 年 08 月 30 日（全部具备通水条件）
上郑乡水厂工程	2020 年 09 月 15 日
宁溪镇水厂工程	2020 年 08 月 15 日
屿头乡水厂工程	2020 年 07 月 15 日
城市管网延伸	2020 年 7 月 25 日
HN 水厂二期工程主体结构（含总平管线）	2020 年 12 月 31 日
HN 水厂二期工程	2021 年 06 月 30 日

3. 管理成效

本工程采用全过程工程咨询模式，突破了原有工程管理上的众多服务单位、机构平行工作，自行其是，相互形成信息孤岛，难以形成合力甚至效果相互抵消的现象。在本工程地域广大且处于乡村，工程实施过程中的艰辛、波折不一而足，施工效率降低、管理消散现象严重，多种因素叠加，项目目标实现的难度加倍。建设单位在之前工程建设中就察觉

问题所在，故推动社会化一体性的工程咨询单位来承担有关的工程项目周期内的所有工作
（可行性研究评估论证、设计、采购、施工、验收、后评价等）进行计划、组织、指挥、
协调和控制。在 EPC 承包单位的招标中就显示出优越性，建设单位只要一家单位、一个
接口，扎口非常容易，沟通成本大大降低，避免了许多信息传达中的扭曲、失控。工程后
期带来了更多的收益，我公司作为国内领先全过程工程咨询单位，人才众多，工程经验丰
富，企业文化建设到位，员工乐于奉献；在本工程实施过程中，通过咨询单位内部调配，
可以随时补充管理人员，极大破解建设单位编制限制人手紧缺难题，全过程工程咨询工程
师在现场解决掉大部分问题，特别是乡村居民要求多、意见多，第一时间解决问题才能让
民生工程得到乡民理解支持，保证了工程顺利推进。

27.5 工程经验

27.5.1 招标最高限价的确定

招标最高限价如表 27.5。

招标最高限价表 表 27.5

序号	费 用 名 称	最高投标限价（万元）
一	勘测设计费	639
二	HN 水厂二期（建安工程费）	9476.82
三	设备购置费	10182.78
四	水利工程（1＋2＋3＋4）	16834.57
1	建筑工程（建安工程费）	16327.26
2	施工临时工程	205.91
3	安全文明施工费	227.31
4	保险费	74.09
五	智慧水务、三套无负压设备和 EPC 单位水质监测中心专业实验室布置及水质监测中心水质检测设备（仪表）	3830（暂估）
	合计	40963.17

本项目 EPC 承包工作内容以批复后的 CJ 勘测规划设计研究有限责任公司编制的初步
设计报告所列有关的前期服务、勘察、测量、设计（含专项设计、深化设计）、采购、施
工、安装、调试、试运行、验收、培训以及质量保修、运行等内容，并包含履约期间成果
报审、施工手续审批、评审等所有工作。招标最高限价以有关水利工程定额、水利设计取
费定额编制预算及周全的设备市场询价后确定，尽可能符合当前市场价格，为此全过程工
程咨询单位不惜推迟 EPC 招标文件的发放。

为确保工程顺利实施，避免后续产生歧义引发纠纷，全过程咨询单位项目部由经验丰富的成员组成前期现场组，走遍了工程所在的山村，收集了拟建场地及运输道路的影像资料，对项目施工的难点和风险点有了充分的认识，在招标文件中对拟建场地的现状作了风险提示，也对招标控制价的编制提供了详实的依据（如：水厂二期地面上的存量泥浆及杂物清运、偏远山区的材料设备运费问题等）。

图 27.5-1　上郑乡拟建水厂进场道路

图 27.5-2　无人机拍摄的拟建 HN 水厂二期场地及周边

本项目点多面广，为加快推进项目建设和积累相关经验，经上级批准，本项目设立了三个示范点和两个先行段。考虑到项目整体验收的需要，全过程工程咨询项目部对该部分现场的施工界面进行了再次认定，提出招标报价中应包含总包配合费，后续验收时资料归总整理责任。

招标最高限价以有关水利工程定额、水利设计取费定额编制预算及周边的设备市场询价后确定（水厂二期项目按建筑工程定额计），尽可能符合当前市场价格，为此全过程工程咨询单位不惜推迟 EPC 招标文件的发放。

实践证明，精准的市场调查（包括众多水厂用户调查）基础上形成的招标控制价保证了本工程顺利实施基础。

27.5.2　采用 EPC 总承包模式

该区农村饮用水达标提标（供水一体化）工程采用 EPC 总承包模式，优选承包人成为项目成败关键。全过程工程咨询项目部首先和建设单位进行沟通，初步了解建设单位对 EPC 承包人的资质要求，招标部对符合相关资质的各类潜在承包人数量进行统计后将结果告知建设单位，并提出相关建议。经多次开会讨论，报经主管部门同意，最终确定本工程 EPC 承包人资格条件设置为：

（1）投标人具备以下条件之一：

① 工程设计综合资质甲级；

② 同时具有市政公用行业工程设计甲级资质和水利行业工程设计乙级及以上资质；

③ 同时具有市政公用行业（给水工程）专业甲级和水利行业工程设计乙级及以上资质。

（2）投标人业绩：

投标人自 2015 年 1 月 1 日以来，单独完成过概算投资额 1 亿元及以上的市政工程或水利工程设计业绩。

水利工程设计业绩必须包含：引水工程、泵站建设工程、水源工程其中一项；

市政工程设计业绩必须包含:净水处理工程、污水处理工程、泵站建设工程其中一项；

（3）项目负责人要求给水排水专业、国家注册公用设备工程师、高级工程师。

通过以上条件设置来保证本工程 EPC 承包单位既有专业性水准、又具备相应的资源、经验。

27.5.3　本工程 EPC 总承包单位评标关键条款

（1）以资信评分（20 分）、技术评分（40 分）、商务评审（40 分）三者总分确定得分最高的一名候选人。

① 资信评分依据。投标人资质、投标人业绩、投标人奖项、项目负责人业绩、项目负责人奖项、设计团队成员等，其中投标人或项目总负责人业绩、奖项得分举例如下：

2015 年 1 月 1 日以来以项目总负责人身份承担过市政工程（或水利工程）EPC（设计采购施工）总承包或市政工程（或水利工程）设计施工总承包工作且单个合同额 1 亿元及以上的，得 2 分。

2015 年以来项目总负责人身份完成市政工程（或水利工程）获国家优质工程奖或中国水利工程优质（大禹）奖或中国市政金杯奖，得 1 分。

② 投标文件的技术评分占 40 分，按照评标专家对以下内容进行评分后，取平均值得到。

a. EPC 总体实施方案；b. 初步设计深化；c. 工艺设计方案；d. 总体设计方案；e. 本项目设计和施工的重难点及解决方案；f. 智慧水务建设；g. 项目管理要点；h. 施工组织设计；i. 工程调试、试运行方案及协助运营方案、运行经验；j. 施工总平面布置，安全文明施工，标化工地等十大项。

③ 投标文件的商务评审评定分值为 40 分，这部分主要得到一个基准价，基准价计算：

a. 在投标家数多于 9 家时，取中间 60% 的家数的商务报价，去掉报价高的和报价低的（各去除 20%）；

b. 若投标家数 6 至 9 家，剔除 1 个最高价和 1 个最低价后的有效报价的算术平均值作为评标基准价；

c. 在 5 家以下，取所有有效报价的算术平均值作为评标基准价；

d. 在算术平均值（P）计算中，如有报价高于或低于算术平均值（P）10% 的，则将该报价去掉，再在余下的投标报价中重新计算修正投标报价的算术平均值（P）。仅修正一次。

以评标基准价为基础，将各投标人的评标价与评标基准价比较，计算出偏离基准价的百分数后，再进行计分。计算如下：

投标报价等于评标基准价时，得满分 40 分；

投标报价相对评标基准价每高 1 个百分点扣报价分 0.3 分；

投标单位报价相对评标基准价每低 1 个百分点扣报价分 0.2 分。

（2）本工程 EPC 承包单位不允许联合体投标，避免出现施工承包单位牵头现象，故以允许招标选定的 EPC 实施单位再次分包的形式解决大部分设计单位不具备施工资质的问题。

（3）分包内容：本项目勘测（如需）、专项设计（如有）和工程施工等，分包人的选择需报全过程工程咨询单位审核，建设单位同意。

（4）结合建设单位经验，为解决后续的水厂运行中遇到的专业水质监测中心设备采购问题，EPC 招标条款设计为：

本项目水质监测中心专业实验室布置及水质监测中心水质检测设备（仪表）和智慧水务部分以暂估价形式纳入本次 EPC 总承包范围，由发包人与 EPC 总承包单位共同通过招标方式确定分包单位。

（5）本工程 EPC 承包单位结算价由以下内容累加得到：勘测设计费、设备购置费、HN 水厂二期合同范围内的建安工程费的最终结算价款、建筑工程（水利工程）合同范围内的建安工程费的最终结算价款、施工临时工程（水利工程）、安全文明施工费（水利工程）、保险费（水利工程）、合同范围外变更价款、智慧水务、三套无负压设备和 EPC 单位水质监测中心专业实验室布置及水质监测中心水质检测设备（仪表）的结算价。

第28章　台州市某区引水工程

28.1　项目背景

2017年，台州市发布了《台州市某区建设行动方案》，明确加速某区建设，通过120km² 的经济发展试验区，打造台州经济社会发展新引擎，加快跻身全省经济总量第二方阵，提升台州在全省战略格局地位。

为缓解台州市该区用水紧张矛盾，进而顺利推进该区域经济战略的实施，台州市某区引水工程从台州市供水三期原水输水总管取水（已预留），从院桥镇占堂村输水至温岭市、玉环市，可基本解决两地供水区域的用水紧张问题，为湾区经济的发展提供用水保障。

台州市某区引水工程进一步完善提高整个台州市供水系统安全性，与现有已建引（供）水工程串联在一个供水系统中，提高原水系统事故互备能力，同时规划将各县市区清水管网连通，进一步提高供水可靠性、应急事故处置能力，形成更为灵活的调度系统。

28.2　项目概况及特点

28.2.1　项目概况

本工程起点位于台州市院桥镇，穿越大溪镇、温峤镇、坞根镇和城南街道，至玉环市清港镇某区净水厂，再以配水干管引至玉环市区，水源为长潭水库和朱溪水库。

工程动态总投资184635.88万元，静态总投资170565.24万元。其中工程部分投资约147600万元。

28.2.2　供水规模

该工程近期（2025年）引（供）水规模15万 m³/d（其中玉环市10万 m³/d，温岭市5万 m³/d），远期（2030年）最大引水能力30万 m³/d（其中玉环市20万 m³/d，温岭市10万 m³/d）。

28.2.3　工程等级与类别

该引水工程等别为Ⅲ等，原水加压泵站、原水输水管道、原水输水隧洞、净水厂以及清水输配水干管等主要建筑物级别为 3 级，次要建筑物级别为 4 级。设计供水保证率 95%。

该引水工程合理使用年限为 50 年，原水加压泵站、原水输水管道、原水输水隧洞、净水厂以及清水输配水干管等建筑物合理使用年限为 50 年。原水输水隧洞所处环境条件类别为二类，占堂输水管道、塘岭——沙岸输水管道、花金输水管道、小溪输水管道及桐山输水管道环境条件类别为二 b 类，兆岙——马鞍山输水管道、马鞍山——江上输水管道、江厦输水管道及九眼港输水管道环境条件类别为三 a 类。

28.2.4 工程建设内容

本工程由原水加压泵站、输水管线和分流接口，净水厂以及清水输水干管等组成。

（1）原水加压泵站工程：按远期最大输水能力 33 万 m^3/d 设计，近期设备安装最大规模为 16.5 万 m^3/d。

（2）原水输水管线工程：新建原水输水管线 39.88km，单管单洞布置，其中原水输水管道 18.52km，大溪镇分流接口前管道采用 DN1800 钢管，管道长 4.47km；温岭市从大溪镇分流接口引水；大溪镇分流接口后到某区净水厂，管道采用 DN1600 钢管，管道长 14.05km。输水隧洞长 21.36km，开挖断面采用 3.3m×3.35m 和 3.6×3.5m 城门洞形，全线采用混凝土衬砌。衬砌后断面为 2.6m×2.6m 城门洞形。

（3）净水厂工程：在玉环市某镇新建净水厂，近期规模 10 万 m^3/d，远期规模 20 万 m^3/d。工程包括配水稳压井、综合池、滤池及反冲洗泵房、清水池、送水泵房及配电间、排泥及回用水池、污泥浓缩池、平衡池、脱水机房、加药加氯间、机修仓库等。净水厂效果图见图 28.2。

图 28.2 净水厂效果图

（4）清水输配水工程：新建清水输配水管线 17km，起点为新建台州市某区水厂出水管，终点为珠港大道与绕城线交叉口。

28.2.5 工程用地及搬迁安置

工程占地总面积 362.9 亩，其中耕地 252.3 亩，林地 110.6 亩。工程建设涉及生产安置人口 377 人，无搬迁安置人口。

28.2.6 技术特点

（1）水泵按照运行费用兼顾投资费用，近期选用低压电机，远期输水量增大改用高压电机（水厂泵房近期选 10kV 高压电机）。

（2）泵站、水厂 10kV 电源进线均按远期最终用电确定进线线路大小。

（3）水厂选用加强常规处理工艺。

（4）隧洞开挖

石方洞挖采用光面爆破施工，隧洞以全断面开挖为主，采用手风钻造孔，炸药光面爆破，人工平台车装药爆破。局部地质条件差的洞段视情况采用台阶开挖，穿河隧洞段及隧洞浅埋段等不良地质洞段须严格进行控制爆破，采用微台阶法等工法，确保施工安全。

28.3 工程咨询服务工作

28.3.1 项目总控

本项目规模大、线路长，涉及的点线不可预料且问题多，因此项目总控非常关键。在类似工程实践经验基础上，有针对性预测工程实施的不利因素，在项目策划、准备期即予以认真研究，并针对性提前安排相关措施。重点内容有线路走向、征用地、电力迁改、临时弃渣场地、临时用电等。

28.3.2 工程监理

包括施工准备阶段前期工作、施工阶段全过程监理以及工程结算、保修阶段的监理。具体监理工作按《建设工程监理规范》GB/T 50319—2013、《浙江省水利厅关于加强重大水利工程质量管理的意见》、《水利工程建设监理规定》（水利部令第 28 号）、《水利工程施工监理规范》SL 288—2014 等组织实施。

（1）施工过程阶段监理：协助建设单位和承包商编写开工报告、全面检查开工前各项准备工作、报建设单位批准后由总监理工程师签发开工令；协助建设单位组织设计交底和图纸会审；协助建设单位审查和确认承包商选择的分包商；审查和批准承包商的施工组织设计、重要施工技术方案、施工进度计划、施工质量保证体系和施工安全保证体系；对工程进行全过程的监理，加强巡视和旁站监督，对不符合规范和质量标准的工序、分项、分部工程和不安全的施工作业，通知承包商停工整改或返工并报告建设单位；组织分部、分项工程和隐蔽工程的检查验收；协助建设单位、设计人、承包商及监理提出的工程变更，签认工程变更通知和工程变更费用报审表；进行工程计量，签发工程款支付申请表，竣工结算文件，公正处理和有效控制工程现场签证；定期召开工程例会，对每月的工程进度、质量和安全环卫情况通过监理月报向建设单位进行总结汇报，检查和解决工程中存在的问题和需要协调解决的问题；督促和检查承包商整理合同文件和技术档案资料，使之符合城建档案归档的要求；督促承包商做好现场安全防护、消防、文明施工及卫生工作，并对现场有关问题向承包商提出书面意见。

（2）施工验收阶段监理：组织工程竣工初步验收，审核和签署工程竣工申请报告；参加建设单位组织的竣工验收，签署竣工验收文件和竣工移交证书；记录未完成工作及需修改的事项，以保证承包商在认可的工期内完工；检定及核对所有承包商交回之竣工图及资料；协助建设单位与承包商完成工程总结算之有关工作；协助建设单位整理完整的竣工验收修补清单。

（3）工程缺陷责任期：记录未完成工程或需修改的事项，设置专人检查承包商在保修书规定内容和范围内缺陷修复的质量，监督承包商完工；对使用单位反映的工程缺陷原因及责任进行调查和确认，并协助进行处理；协助建设单位按保修合同的规定结算保修抵押金；做好保修期监理工作的记录和总结。

爆破监理依照公安部民爆管理法规单独招标。

28.3.3　项目管理

协助建设单位进行工程建设手续办理（包含规划、立项、用地、质监、临时水电、用地许可、工程规划许可、施工许可等所有手续）、设计单位协调（施工图阶段）、招标管理、现场综合管理、竣工验收、结算及移交管理。

协助建设单位做好审计、法务、组织项目后评估等。协助组织无价材料的市场询价工作。

项目全过程施工管理及各专项验收（如规划、国土、环保、档案、水利、气象、排污、交通等）、综合竣工验收、竣工备案、档案归档、整体移交等；对工程变更联系单及竣工结算进行复核，协助委托人办理工程结算、对上报的工程结算书进行初审，并配合审计单位的结算审计工作。

28.4　咨询管理策划

（1）工程筹建期为 6 个月，工程准备期为 2 个月，主体工程 40 个月，工程完建期为 2 个月，交叉工期 2 个月，本工程施工总工期 42 个月。

（2）工程动态总投资 184635.88 万元，静态总投资 170565.24 万元。其中工程部分投资约 147600 万元。工程部分静态投资约 147600 万元。因此，对征地拆迁、关键线路上工程先行开工、重要设备采购优先调集资源，先行研究、提前决策，形成一系列文件，提前启动程序，使之按照节点有序落实。

（3）工程标段及合同结构，除工程服务类以外（有咨询服务、设计勘察服务、清单编制、跟踪审计、招标代理服务、监理服务、爆破监理、超前地质预报、水土保持监测等）主要施工标段为：原水输水管道工程施工总承包、隧洞施工总承包1～3标、水厂施工总承包、清水管网施工总承包、设备安装施工标（另外单独发包）。

加强同各分指挥部（乡镇）沟通协调，及时解决政策处理问题，避免形成工程卡阻点。对有关延误苗头第一时间上报，加大各级联动，掌握工程主动权。

28.5　咨询管理成效

28.5.1　投资管理成效

按照设计多方案比选优化原则，在设计阶段采取精细比选，不仅技术可行，更是采用成熟可靠的输水、净水、施工工艺，在匡算20亿元基础上，投资大幅减低，节约投资3亿元以上。

28.5.2　设计管理成效

1. 玉环市、温岭市需水量预测分析

采用多种预测方法：综合用水量指标法、综合生活用水比例相关法、年用水增长率法，相互校验。

依据规划用水人口、人均综合用水指标、规划综合生活用水指标、综合生活／工业比例系数（近期、远期）、2012～2016年两市供水量各自年均增长率，本工程预测成果与相关规划比较、与三条红线总量控制指标比较确保预测成果基本合理。

2. 重要技术方案进行比选

对原水引水管线、隧洞位置、水厂选址、配水干管线路、顶管线路、水厂工艺、顶管沉井等均进行了多方案比选，在技术可行基础上，做到投资效益最佳。

（1）对埋地管道基础处理，依据地基持力层情况，管道底部铺设厚30～50cm、厚50～80cm石粉垫层。

在地基变化段，设基础处理过渡段，适应沉降变形管槽基础处理采用水泥搅拌桩，水泥搅拌桩直径600mm，桩间距0.8m，桩长10.0m，管槽底部铺设厚30cm石粉垫层；其余部位过渡段管槽底部软土层先采用石渣挤淤，然后铺设厚30cm石粉垫层。

管道穿越高铁、高速、国道和省道高架桥，淤泥和淤泥质软土层地段基础采用水泥搅拌桩处理。对沉井地基上部为淤泥及淤泥质黏土层，沉井四周、井壁外侧1.0m处采用高压旋喷桩进行封闭，以形成连续筒体。高压旋喷桩桩径800mm，桩间距0.6m，桩长20.0m。为加强顶管工作井后壁强度，沉井井壁外依据土体强度采用原状土或布置4排高压旋喷桩，高压旋喷桩桩径800mm，桩间距、排距0.6m，桩长15.0m，或布置4～6根ϕ1000mm的C30混凝土灌注桩，桩长20.0m、25.0m、30.0m不等。沉井底部地基分别采用原状基础或高压旋喷桩处理，桩长 6m、8m、12m。

水厂厂区软基处理采用真空预压处理。

（2）水厂处理工艺比选

考虑运行安全、可靠、便捷和低成本等生产管理要素，采用适用、可靠和先进的水处理技术，建设符合工程总体要求、效率高、节约水资源的环境友好型和资源节约型水厂，供水水质满足《生活饮用水卫生标准》GB 5749—2006，达到《浙江省城市供水现代化水厂评价标准》中的出厂水水质要求。

在目前常用的城市自来水厂处理工艺中全面比较，即以混凝、沉淀、过滤为代表的常规处理工艺，以臭氧、活性炭为代表的深度处理工艺，以生物处理为代表的预处理工艺和以超滤为代表的膜处理工艺等几类中，最终选择加强型常规处理工艺。

（3）水锤防治计算与比选

管线稳态流均满足压力限值。当长潭水库水位大于 30m 时，采用重力流。当长潭水库水位小于 30m 时，为水泵加压供水。在无水锤防护措施时，水泵断电后，远期沿线在较大范围均出现负压，其中，最大负压达到 −15.77m。通过计算，排除了不可行的首尾空气罐、空气阀防护方案，可选单向塔方案（沿线 5 处 2×DN1200 单向阀及 200m³ 或 450m³ 单向塔）、双向调压塔方案（上游、1 号施工支洞兼用）。

28.5.3　招采管理成效

依照工程有序开展，相互衔接、工期合理、避免浪费、留有余地原则，目前已经完成：

某区供水隧洞群 1～3 标施工总承包、某区水厂施工总承包、原水输水管道工程施工总承包单位并进场施工，另外对水厂软基真空预压、水厂附属综合楼、业务楼、后勤楼施工进行招标。

服务类的招标完成隧洞群、水厂、原水输水管线各监理单位，隧洞群爆破安全监理、隧洞群质量检测、隧洞地质超前预报及安全监测，水保监测及验收服务单位。最先完成并开始工作的有招标代理及造价咨询服务、工程量清单预算招标控制价审核单位。厂（站）景观设计单位。最主要的服务招标是前期咨询及勘察设计单位，承担了工程的项目建议书、可行性研究报告以及相关专题编制，工程的初步设计、施工图设计（含水土保持工程设计）及专项设计，工程的勘察、测量。另外对建筑安装工程一切险及第三者责任险保险人也招标选择。本工程后期将对清水配水管线施工、监理，设备关键设备采购、设备安装施工、室内二次装修设计，海绵城市设计进行招标。

28.5.4　环境和生态保护

工程不涉及其他饮用水源保护区、自然保护区、风景名胜区等特殊、重要生态敏感保护区。输水线路约 2.2km 位于江厦省级森林公园七一塘景区内，但不涉及一级保护区范围。

本工程建设期内通过设置污废水处理设施、管理措施及工程措施控制水、声污染；固体废物采取了合理可行的处置方案，可以达到环境保护、生态环境保护目标。

28.5.5　水土流失防治

水土流失防治责任范围面积138.98hm²。工程建设可能产生的水土流失总量为4.46万t，新增水土流失总量为4.37万t。施工期水土流失最严重，重点关注埋管工程、穿越工程、弃渣场、施工临时设施区等。

水土流失防治执行建设类项目一级标准。项目应达到以下目标：扰动土地整治率97%，水土流失总治理度97%，土壤流失控制比1.67，拦渣率95%，林草植被恢复率99%，林草覆盖率27%。

项目水土流失分为四个防治分区：即Ⅰ区～Ⅳ区，分别为管线工程防治区、厂站工程防治区、弃渣场防治区、施工临时设施防治区。

28.5.6　科研成果及课题研究

对有关隧洞衬砌质量控制、敏感环境监测、水厂地基处理、管道补口防腐质量控制、软土地基管道埋设安全及工后沉降控制、泥水平衡机械顶管泥浆处理、文明施工标准化等一系列工程问题进行攻关，采取走出去、迎进来、博采众长，成立工作室专项研究等并进行相关课题研究。

第四篇

附　录

本篇为附录，主要收集整理了全过程工程咨询相关的政策文件，以及工作开展过程中实际运用的相关工作用表等，使读者能够清晰完整的了解全过程工程的政策体系，并且在实际工作中能够借鉴或参考相关用表。

附录1 全过程工程咨询法律法规汇编

自2017年国务院办公厅发布"国办发〔2017〕19号"文后，全过程工程咨询服务模式试点工作全面铺开，国家部委和省市等陆续发文，这里仅摘录部分文件名称和文号，有需要的读者可以按文索骥。

1. 国务院文件

国务院办公厅《关于促进建筑业持续健康发展的意见》（国办发〔2017〕19号）

2. 部委文件

（1）住房和城乡建设部《关于开展全过程工程咨询试点工作的通知》（建市〔2017〕101号）

（2）住房和城乡建设部《关于印发贯彻落实〈促进建筑业持续健康发展意见〉重点任务工作方案的通知》（建市〔2017〕137号）

（3）住房和城乡建设部《关于促进工程监理行业转型升级创新发展的意见》（建市〔2017〕145号）

（4）国家发展和改革委员会《工程咨询行业管理办法》（2017第9号令）

（5）住房和城乡建设部《关于征求推进全过程工程咨询服务发展的指导意见（征求意见稿）和建设工程咨询服务合同示范文本（征求意见稿）意见的函》（建市监函〔2018〕9号）

（6）国家发展改革委《住房和城乡建设部关于推进全过程工程咨询服务发展的指导意见》（发改投资规〔2019〕515号）

3. 省（市）级有关文件

（1）浙江省住建厅《浙江省关于印发〈浙江省全过程工程咨询试点工作方案〉的通知》（建建发〔2017〕208号）

（2）浙江省发展改革委 浙江省住建厅关于贯彻落实《国家发展改革委 住房城乡建设部关于推进全过程工程咨询服务发展的指导意见》的实施意见（浙发改基综〔2019〕324号）

（3）浙江省发展改革委 浙江省住建厅关于印发《浙江省推进全过程工程咨询试点工作方案》的通知》（浙发改基综〔2019〕368号）

（4）杭州市城乡建设委员会《关于印发〈杭州市全过程工程咨询试点工作方案〉的通知》（杭建市发〔2017〕395号）

（5）江苏省住建厅《印发〈关于推进工程建设全过程项目管理咨询服务的指导意见〉的通知》（苏建建管〔2016〕730号）

（6）江苏省住建厅《关于印发〈江苏省全过程工程咨询服务合同示范文本（试行）〉和〈江苏省全过程工程咨询服务导则（试行）〉的通知》（苏建科〔2018〕940 号）

（7）江苏省发展改革委《江苏省住建厅关于推进综合性全过程工程咨询服务发展的通知》（发改投资发〔2019〕655 号）

（8）广东省住建厅《关于印发〈广东省全过程工程咨询试点工作实施方案〉的通知》（粤建市〔2017〕167 号）

（9）福建省住建厅 福建省发展改革委《福建省财政厅关于印发〈福建省全过程工程咨询试点工作方案〉的通知》（闽建科〔2017〕36 号）

（10）四川住建厅《关于印发〈四川省全过程工程咨询试点工作方案〉的通知》（川建发〔2017〕11 号）

（11）湖南省住建厅《关于印发湖南省全过程工程咨询试点工作方案和第一批试点名单的通知》（湘建设函〔2017〕446 号）

（12）湖南省住建厅《关于印发全过程工程咨询工作试行文本的通知》（湘建设〔2018〕17 号）

（13）广西自治区住建厅《关于印发〈广西全过程工程咨询试点工作方案〉的通知》（桂建发〔2018〕2 号）

（14）广西自治区住建厅《关于印发广西壮族自治区房屋建筑和市政工程全过程工程咨询服务招标文件范本（试行）的通知》（桂建发〔2018〕20 号）

（15）宁夏自治区住建厅《关于印〈发全过程工程咨询试点工作方案〉》（宁建（建）发〔2018〕31 号）

（16）内蒙古自治区住建厅《关于开展全过程工程咨询试点工作的通知》（内建工〔2018〕544 号）

（17）黑龙江省住建厅《关于开展全过程工程咨询试点工作的通知》（黑建函〔2017〕376 号）

（18）吉林省住建厅《关于印发〈关于推进全过程工程咨询服务发展的指导意见〉的通知》（吉建办〔2018〕28 号）

（19）河南省住建厅《关于印发〈河南省全过程工程咨询试点工作方案（试行）〉的通知》（豫建设标〔2018〕44 号）

（20）贵州省住建厅《关于公布第一批全过程工程咨询试点企业和试点项目的通知》（黔建建字〔2018〕229 号）

（21）陕西住建厅《关于开展全过程工程咨询试点的通知》（陕建发〔2018〕388 号）

（22）陕西省住建厅《关于印发〈陕西省全过程工程咨询服务导则（试行）〉〈陕西省全过程工程咨询服务合同示范文本（试行）〉的通知》（陕建发〔2019〕1007 号）

（23）山东省住建厅 山东省发展改革委《关于在房屋建筑和市政工程领域加快推行全过程工程咨询服务的指导意见》（鲁建建管字〔2019〕19 号）

（24）安徽省住建厅 安徽省发展改革委 安徽省公安厅 安徽省财政厅 安徽省交通运输

厅 安徽省水利厅 安徽省通信管理局《关于印发〈安徽省开展全过程工程咨询试点工作方案〉的通知》（建市〔2018〕138号）

（25）重庆市住建委《关于印发〈重庆市全过程工程咨询第一批试点企业名单〉的通知》（渝建〔2018〕600号）

附录2 全过程工程咨询工作用表

全过程工程咨询单位进场后，应立即组织咨询大纲的编制，大纲中应包括适用于本项目的工作用表，以便各参建单位进场后统一标准。工作用表的选用或编制，原则上应符合国家和地方有关部门（特别是工程档案管理部门）的要求，对要求中没有的表格的选用或编制应征得建设单位的认可，应结合全过程咨询单位的指导用表并结合建设单位的有关制度与工作流程要求进行。现场其他参建单位进场后，有关表格的格式与要求也要结合其要求适当调整，工作用表的选用或编制以符合工程项目需要、方便项目管理为目的。

根据公司以往管理经验，这里给出全过程咨询项目管理机构内部用表和项目用表的参考用表，供类似项目参考。

1. 项目内部用表

项目内部用表指全过程工程咨询单位项目咨询机构内部使用的表格，内容包括：

（1）固定资产请购单（附表1-1）

（2）基础设施／设备报废申请（附表1-2）

（3）低值易耗品（基础设施／设备）请购单（附表1-3）

（4）项目部办公用品购置台账（附表1-4）

（5）物品入库登记单（附表1-5）

（6）固定资产购置台账（附表1-6）

（7）固定资产使用台账（附表1-7）

（8）书籍、资料领用登记表（附表1-8）

（9）文件传阅单（附表1-9）

（10）项目管理费收取情况记录表（附表1-10）

（11）项目部人员构成台账（附表1-11）

（12）项目部大事记管理台账（附表1-12）

（13）档案台账（附表1-13）

（14）卷内目录（附表1-14）

固定资产请购单　　　　　　　　　　　　　　　　　附表 1-1

项目名称：

项目	品 名	数量	单位价格（元）	总金额（元）
1				
2				
3				
总额（元）				

申请理由及要求：

申请部门负责人签字： 年　月　日	项目经理签字： 年　月　日

分公司经理意见：

签　字：

年　月　日

事业部意见：

签　字：

年　月　日

企业发展部意见：

签　字：

年　月　日

总经理审批意见：

签　字：

年　月　日

基础设施 / 设备报废申请　　　　　　　　　　　　　　　　附表 1-2

项目名称：

设备名称		设备编号		
价格		设备类别	□ 大型	□ 小型
购置时间		责任人		

封存 / 报废理由：

申请部门：

企业发展部意见：

申请部门：

审 批 意 见	

低值易耗品（基础设施／设备）请购单　　　

项目名称：

项目	品　名	数量	单位价格（元）	总金额（元）
1				
2				
3				
4				
总额（元）				

申请理由及要求：

申请部门负责人签字： 年　月　日	项目经理签字： 年　月　日

分公司经理意见：

　　　　　　　　　　　　　　签　字：

　　　　　　　　　　　　　　　　　年　月　日

事业部意见：

　　　　　　　　　　　　　　签　字：

　　　　　　　　　　　　　　　　　年　月　日

企业发展部意见：

　　　　　　　　　　　　　　签　字：

　　　　　　　　　　　　　　　　　年　月　日

总经理审批意见：

　　　　　　　　　　　　　　签　字：

　　　　　　　　　　　　　　　　　年　月　日

项目部办公用品购置台账　　　　　附表 1-4

项目名称：

序号	物品名称	购置时间	购置数量	价格（元）		购置渠道	备注
				单价	总价		
1							
2							
3							
4							
5							
6							
7							
8							
9							
10							
11							
12							
13							
14							
15							
16							
17							
18							
19							
20							

物品入库登记单

项目名称：

名　称	规　格	单　位	数　量	单　价	总　价	请购部门	备　注

管理人：

固定资产购置台账　　　　　　　　　　　　　附表1-6

项目名称：

序　号	资 产 名 称	时　间	价　格	数　量	购 置 渠 道	备　注

管理人：

固定资产使用台账   附表 1-7

项目名称：

序　　号	资 产 名 称	时　　间	数　　量	使 用 情 况	转 接 人

管理人：

书籍、资料领用登记表　　　　　　　　　　　　　　　　　　　　附表 1-8

项目名称：

序　号	书籍、资料名称	数　量	单　价（元）	总　价（元）	日　期	领用部门及人员签字

管理人：

文件传阅单

项目名称：

文件名称				
来文单位		收文日期	年 月 日	
编　　号		发放号		
文件主题				
传 阅 范 围				
序　　号	阅 件 人	传 阅 日 期	归 还 日 期	阅 后 意 见

项目管理费收取情况记录表　　　　附表 1-10

工程名称			
建设单位			
项目经理		项目部进场日期	
施工合同开工日期		施工合同竣工日期	
免费服务期		延期费	
管理费合同金额（万元）			
原管理费是否有调整的空间			
按实调整管理费条件			
合同管理范围增加情况			

序号	管理合同付款方式条款	预计完成时间	实际完成时间	该次所收取款项数量（万元）
备注				

项目部人员构成台账

项目名称：

序号	姓名	身份证号码	专业	性别	学历	岗位证书及编号	职称	项目部岗位	到项目部时间	离开项目部时间	联系电话

项目大事记管理台账　　　　　　　　　　附表 1-12

项目名称:

序　号	时　间	内　容	成　果	政 府 批 件	收 费 依 据	成 果 存 放	电子文件地址

注: 项目大事记如: 项目建议书批复、可行性研究报告批复、设计文件批复、三证一书批复、领导视察、工程里程碑节点等。

档案台账

项目名称：

序　号	文 件 名 称	单位 / 属性	归档日期 / 阶段	卷　号	备　注

卷内目录　　　　　　　　　　　附表 1-14

项目名称：

序号	文件名称 / 期号	单位 / 属性	形成时间 / 阶段	收文时间	备注
1	工程咨询管理工作周报 /001	咨询部 / 综	20××/×/×/ 方案	20××/×/×/	在档

2. 项目用表

项目用表指全过程工程咨询项目咨询机构与项目各参建单位共同使用的表格,该类表格可以结合项目特点、各单位要求等,根据项目实际需要予以调整。内容包括:

(1)会议纪要签到表(附表2-1)

(2)进场原材料/构配件/设备/施工试验验收记录台账(附表2-2)

(3)招投标信息一览表(附表2-3)

(4)合同信息汇总表(附表2-4)

(5)项目支付总台账(附表2-5)

(6)单项工程支付台账(附表2-6)

(7)相关法律、法规及其他要求一览表(附表2-7)

(8)现场签证表(附表2-8)

(9)索赔及现场签证计价汇总表(附表2-9)

(10)通用报审表(附表2-10)

会议纪要签到表　　　　　　　　　　　　　　附表 2-1

工程名称				
会议名称		地 点		
主 持 人		时 间		
议题				
参会单位及人员	单 位 名 称		人 员 姓 名	
备注:				

(会议纪要内容见前附页)

进场原材料 / 构配件 / 设备 / 施工试验验收记录台账　　　附表 2-2

工程名称											专业类别						
序号	验收记录名称（规格、型号）	生产厂家	进场日期	进场数量	合格证编号	复试报告编号	试验项目名称	样品编号	取样部位	取样组数	取样日期	试验单位	试验报告编号	试验项目结论	验收责任人	使用部位	见证人员	备注

（本表为横表，参考使用时注意调整）

招投标信息一览表　　　　　　　　　　　　　　　　　　　　附表 2-3

序号	招标项目名称	招标代理公司	发布招标公告的时间	报名的投标单位	发售招标文件时间	购买招标文件单位	现场踏勘、答疑时间	开标时间	评标前三名单位	公示时间	发出中标通知书时间	中标单位	备注

（本表为横表，参考使用时注意调整）

合同信息汇总表

序号	合同编号	名称	单位名称	合同金额（暂定）	签订时间	合同形式	合同类型	履约担保及预付款保函担保	担保金额（元）	保函有效期	合同约定返还时间	到约定时间是否返还	备注

注：1. 合同形成方式可分为：政府采购、公开招投标、直接委托、公开竞争性谈判等；合同金额一栏中如合同金额是暂定价，在合同金额一栏中注明为暂定金额。

2. 合同类型一栏可分为：施工类合同、材料设备采购类合同、咨询服务类合同等；履约担保与预付款保函类型可分为：保证金、银行保函等。

3. 本表为横表，参考使用时注意调整。

项目支付总台账

附表 2-5

工程名称： 项目部名称：

序号	合同内容	收款单位	合同额（元）	审定金额（元）	付款明细			累计付款金额（元）	余额（元）	备注
					按合同付款比率	应付金额（元）	实付金额（元）			

（本表为横表，参考使用时注意调整）

单项工程支付台账

附表 2-6

工程名称：　　　　　　　　　项目部名称：

合同编号			合同名称					单位名称				
项目名称	申报单位	支付次数	申报金额（元）	项目部审核金额（元）	建设单位或审核单位审核金额（元）	支付金额（元）	支付金额占合同总额的百分数	余额（元）	合同金额（元）	合同约定支付条件	备注

（本表为横表，参考使用时注意调整）

相关法律、法规及其他要求一览表

类别	序号	名 称	生 效 日 期	内 容 摘 要	对应公司活动
法律法规					

现场签证表

附表 2-8

项目名称：_____　　　　　　　　　　编号：_____

施工部位		日期	××××年×月×日

致：_____

根据_____，___年___月___日的口头指令或你方（监理人）___年___月___日的书面通知，我方要求完成此项功能工作，应支付价款金额为（大写）_____，（小写）_____，请予核准。

附：1. 签证事由及原因：
　　2. 附图及计算式：
　　3. 证明材料：

承包人（章）_____

承包人代表：_____

日　　期：_____

复核意见：

你方提出的此项签证申请经复核：

□ 不同意此项签证，具体意见见附件。

□ 同意此项签证，签证金额的计算，由造价工程师复核。

监理单位（章）_____

监理工程师：_____

日　　期：_____

复核意见：

□ 此项签证按承包人中标的计日工单价计算，金额为（大写）

（小写）　　　　　　　　　元。

□ 此签证因无计日工单价，金额为（大写）

（小写）　　　　　　　　　元。

造价单位（章）：_____

造价工程师：_____

日　　期：_____

审核意见：

□ 不同意此项索赔。

□ 同意此项索赔，与本期进度款同期支付。

咨询单位（章）_____

项目经理：_____

日　　期：_____

审核意见：

□ 不同意此项索赔。

□ 同意此项索赔，与本期进度款同期支付。

发包人（章）_____

发包人代表：_____

日　　期：_____

注：1. 在选择栏中的"□"内作标识"√"。

　　2. 本表一式四份，由承包人填报，相关单位各存一份。

索赔及现场签证计价汇总表

附表 2-9

项目名称：　　　　　　　　　单　位：　　　　　　第　页　共　页

序号	索赔及签证名称	单位	数量	单价	合价	索赔及签证依据

注：签证及索赔依据是指经双方认可的签证单和索赔依据的编号。

通用报审表

附表 2-10

　　工程名称:＿＿＿＿＿＿＿＿＿＿　　　　　　　　　　　　　　　编号:＿＿＿＿＿＿＿

致:＿＿＿＿＿＿＿＿＿

事由:

内容:

报审单位(章):＿＿＿＿＿＿＿

负 责 人:＿＿＿＿＿＿＿

日　　期:＿＿＿＿＿＿＿

审查意见:

咨询部(章):＿＿＿＿＿＿＿

经理/咨询工程师:＿＿＿＿＿＿＿

日　　期:＿＿＿＿＿＿＿

审定意见:

建设单位(章):＿＿＿＿＿＿＿

负 责 人:＿＿＿＿＿＿＿

日　　期:＿＿＿＿＿＿＿

　　注:本表一式三份,经咨询部审核后,建设单位、咨询单位、报审单位各存一份。

参 考 文 献

［1］广东省住房和城市建设厅. 广东省住房和城乡建设厅关于征求《建设项目全过程工程咨询服务指引
（咨询企业版）（征求意见稿）》和《建设项目全过程工程咨询服务指引（投资人版）（征求意见稿）》
意见的函（粤建市商〔2018〕26 号）［Z］. 2018.

［2］陕西省住房和城市建设厅. 关于印发《陕西省全过程工程咨询服务导则（试行）》《陕西省全过程工
程咨询服务合同示范文本（试行）》的通知（陕建发〔2019〕1007 号）［Z］. 2019.

［3］建设工程咨询分类标准 GB/T 50852—2013［S］. 北京：中国建筑工业出版社，2013.

［4］建设工程项目管理规范 GB/T 50326—2017［S］. 北京：中国建筑工业出版社，2017.

［5］海绵城市建设评价标准 GB/T 51345—2018［S］. 北京：中国建筑工业出版社，2018.

［6］360 百科. 咨询. https://baike.so.com/doc/1371425-1449624.html.

［7］杨卫东等. 全过程工程咨询实践指南［M］. 北京：中国建筑工业出版社，2018.

［8］360 百科. 水利. https://baike.so.com/doc/5233986-5466789.html.

［9］国家发展改革委. 工程咨询业 2010-2015 年发展规划纲要［Z］. 2010-2-11.

［10］水利工程建设程序管理暂行规定.（水利部水建〔1998〕16 号，2019 年 5 月 10 日水利部令第 50 号
第四次修订）［Z］. 2019.

［11］贺春雷，孙正东. 重大水利项目推行全过程工程咨询探讨［J］. 中国水利，2019（08）：35-36.

［12］钟添明. 绿色建筑在水利工程配套设施中的应用［J］. 水能经济，2016（8）：250-250.

［13］深圳市水务局. 深圳市水务工程项目海绵城市建设技术指引（试行）［Z］. 2018.

［14］黄钰. 探索水利水电工程施工合同履行瑕疵引起索赔纠纷的解决办法［J］. 中外企业家，2018
（30）：218.

［15］中华人民共和国国家发展改革委.《关于开展政府和社会资本合作的指导意见》（发改投资〔2014〕
2724 号）［Z］. 2014.

［16］中华人民共和国财政部.《关于推广运用政府和社会资本合作模式有关问题的通知》（财金〔2014〕
76 号）［Z］. 2014.

［17］全国人民共和国财政部. 财政部关于印发《政府和社会资本合作项目采购管理办法》的通知
［Z］. 2015.

［18］湖南省水利厅. 水务 PPP 项目操作要点：［Z］. 2017.

［19］李万能，陈黎. 无人机遥感技术在水利管理中的应用探讨［J］. 亚热带水土保持，2017，29（01）：
41-43 ＋ 57.

［20］南方日报：http://epaper.southcn.com/nfdaily/html/2019-12/10/content_7837349.htm.

后 记

为健全全过程工程咨询管理制度，完善工程建设组织模式，培养有国际竞争力的企业，2017年5月2日，住房城乡建设部正式启动了全过程工程咨询试点工作，浙江江南工程管理股份有限公司成为第一批全过程工程咨询试点企业之一，也开启了从监理、项目管理转型全过程工程咨询的道路。

作为试点企业之一，公司在承接大量房屋建筑工程项目全过程工程咨询业务的同时，还以不同的服务形式承接了消除黑臭水体治理、供水、污水治理、水环境提升等不同类型的项目咨询与管理，培养了一批全过程工程咨询管理人才。

现阶段，全过程工程咨询处于起步发展阶段，管理经验仍有待不断总结与分享，尤其是水利水务项目的全过程工程咨询服务模式，更是少之又少。公司在深圳某水利项目全过程工程咨询实施过程中，咨询工程师们在查阅相关参考文献时，发现国内有关全过程工程咨询的项目研究多偏向于房屋建筑工程领域，相关论文、著作也是以房屋建筑工程领域项目研究居多，有关全过程工程咨询指南、实践指南、实践案例等书籍，对水利类项目鲜有涉及，行业各咨询服务单位和建设单位对于水利类项目全过程工程咨询参考书籍和资料翘首以盼。因此，我们在深圳市某水利全过程工程咨询项目的实施过程中，成立课题组，以此为依托，结合公司其他代表项目对水利水务项目全过程工程咨询做了较多的创新性探索和研究实践，编制成《水利项目全过程工程咨询实践与案例》与同行们分享，以期抛砖引玉，促进水利领域全过程工程咨询的研究与行业发展。鉴于公司在工程建设其他领域先后承接了比较多的以全过程工程咨询模式实施的项目，实施过程中也总结积累了很多管理经验与教训，计划编制成案例系列丛书。

本书由浙江江南工程管理股份有限公司组织编写，参编人员包括公司全过程工程咨询服务资深专家、公司机关相关研究人员和项目一线员工等，既有理论基础，又有较高的可实施性、可操作性，可用于指导工程项目全过程工程咨询服务各工作内容的开展，也可作工程管理类学生参考用书。

本书在编制过程中，公司相关部门、行业内的一些专家及相关单位给予了大力支持和工作指导，本书引用的工程案例项目的建设单位、工程参建其他单位等单位和个人也提供了无私帮助，以及其他给予本书编制提供支持的单位和个人，参加本书审稿的同事除编委人员外，还有温宗仙、吴皓晨、梁灵鹏、侯林果、李冬、干汗峰、陈伟军等，在此一并表示感谢！